建设工程软件培训教材

Revit 构件制作实战详解

上海磐晟建筑工程有限公司　编著

中国建筑工业出版社

图书在版编目（CIP）数据

Revit 构件制作实战详解/上海磐晟建筑工程有限公司
编著 .—北京：中国建筑工业出版社，2016.7
建设工程软件培训教材
ISBN 978-7-112-19567-1

Ⅰ.①R… Ⅱ.①上… Ⅲ.①建筑设计—计算机辅助
设计—应用软件—技术培训—教材 Ⅳ.①TU201.4

中国版本图书馆 CIP 数据核字（2016）第 152958 号

　　本教材以 Autodesk Revit 2016 为操作平台，图文结合，由浅入深，全面地
介绍 Revit 构件的参数化构建方法与技巧。

　　全书共分为 11 个部分，主要内容为：软件界面介绍、理解"族"的概念、
创建形状的基本方法、Revit 中的点图元及其属性、Revit 中线图元的属性、
Revit 常用函数及参数、公式、族的一般创建流程、二维族练习、三维族练习、
Dynamo 简介等。

　　本教材内容详实，可供建筑设计、BIM 应用等相关人员的培训、自学之用。

责任编辑：朱首明　李　明　李　阳　周　觅
责任校对：王宇枢　李美娜

建设工程软件培训教材
Revit 构件制作实战详解
上海磐晟建筑工程有限公司　编著

*

中国建筑工业出版社出版、发行（北京西郊百万庄）
各地新华书店、建筑书店经销
唐山龙达图文制作有限公司制版
北京君升印刷有限公司印刷

*

开本：787×1092 毫米　1/16　印张：28½　字数：692 千字
2016 年 12 月第一版　2016 年 12 月第一次印刷
定价：**73.00** 元
ISBN 978-7-112-19567-1
（28803）

前　　言

　　本教程的核心内容，是探索建筑信息模型参数化构件的建立方法，所选择的软件是欧特克公司的 Revit，所以书中很明显的一个特点就是，几乎各个练习都会涉及很多关于族的操作。就概念而言，对于建筑信息模型，其中所包含的信息内容是至关重要的。当然，所谓的"信息"并不是越多越好，因为"录入信息"这件事本身就是有成本的，所以通常的情况可能是"根据需要完成的工作目标，在创建模型的过程中，输入足够必要的信息"。

　　使用 Revit 软件，建立一个项目文件以后，就可以在其中添加数据、形状、图形等内容，而这些内容都是集合在一个单独的文件当中，构成一个"项目文件"。但是，大家都知道，几乎是每个项目中，都有一些特定的内容是需要特别定制的。Revit 软件当中的族编辑器就是这样一个强大的工具，可以用于创建这些需要专门定制的多种多样的内容。

　　在教程中，我们首先还是熟悉整体性的概念，然后深入学习并创建一些具体类别的族，例如注释族和模型族，来复习和加深印象。在创建过程中，通过可修改的尺寸标注、材质及可视化特性，来形成最终的具备参数化特征的构件，以满足建筑信息模型对构件的使用要求，实现"易于使用、快速调整"的目标。

　　在练习中，我们会尝试多种不同的参数类型：控制长度、角度、驱动阵列图元数量的参数，以及能够在明细表当中报告相关信息的参数。还会练习一些比较复杂的公式和条件语句，来处理多种情况下的不同结果，以参数来驱动图元之间复杂的关系，并防止这些构件因为输入错误信息而崩溃。读者可以在我公司网站 http://www.pansbim.com 的下载专区和 QQ 群（565486497、188010755）找到与书中内容对应的配套文件或者自己创建一个全新的文件来进行练习。

　　本书框架由上海磐晟建筑工程有限公司董事长刘仲宝先生负责总策划，主要内容由编写组的耿旭光、张远思执笔编写。在创作过程中得到了西安市建筑业协会、宁夏建设教育协会的大力协助和支持，在此向他们表示衷心感谢！

　　希望在读完本书以后，能够对您的工作产生有益的帮助。

目　　录

1 软件界面介绍

Revit 软件是一个庞大而复杂的软件，这一点从它的安装包的大小就可以看出来。在用户使用 Revit 软件的过程中，因为有不同的任务，所以可能是直接创建模型图元，也可能是做一个构件族，有时又是在研究早期的概念方案。这些任务都有各自的特点，操作流程和所用工具也有一些差别。在 Revit 软件中设置有多个互相之间差别较大的工作环境，以执行不同的功能。这些不同的环境和界面，对于初学者来说往往是一个难点，所以本书中首先要介绍这部分内容。

1.1 项 目 环 境

首先来看项目环境。在创建一个项目文件时，或打开一个项目文件后，都会进入这样的界面。我们使用软件自带的"建筑样板"来创建一个新文件，开始这一节的学习。

1.1.1 可以通过"开始"菜单或双击图标来打开 Revit 软件，通常情况下显示的界面如图 1.1.1-1 所示。在窗口顶部标题栏的左侧有两个内容：一个是当前软件的版本号；另一个就是当前这个窗口的名称，"最近使用的文件"。在这里列出了最近打开过的模型和族，单击对应的缩略图就可以将该文件再次打开，或者使用其他按钮执行别的操作。以中部的黑色水平细线为分界线，上方为与项目文件有关的按钮，下方是与族文件有关的

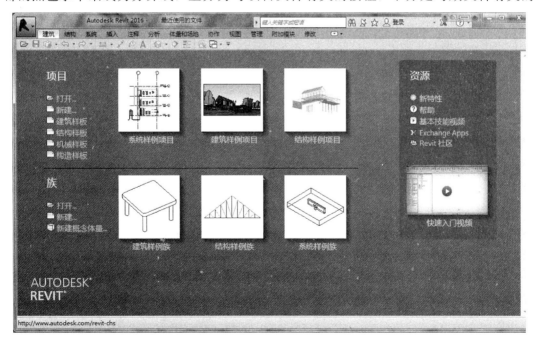

图 1.1.1-1 初始界面：最近使用的文件

按钮。窗口右侧是访问学习资源和快速入门视频的链接。

1.1.2 点击左侧"项目"文字下方的"建筑样板"，就可以从该样板新建一个项目文件，默认视图是"楼层平面：标高1"。为了查看方便，图1.1.2-1中已经把"项目浏览器"窗口拖过来放到右边，"属性"选项板仍然留在左边。读者的软件界面可能和图1.1.2-1有一些不一样，比如"快速访问工具栏"的位置，图1.1.2-1中的已经设置为"在功能区下方显示快速访问工具栏"，通常这个工具栏的默认位置是在功能区的上方。设置在功能区下方以后，在使用其中的某些工具时，光标的移动距离可以短一点，另外就是标题栏的位置空一点，可以有足够的宽度来显示当前文件和视图的名称。图1.1.2-1中左侧的"属性"选项板，其中显示的内容与当前用户所选择的图元有关，如果用户没有选择任何内容，且没有激活任何其他工具或者命令，那么选项板中会显示当前视图的实例属性。右侧为"项目浏览器"，其中包含了当前项目的视图、明细表、族、组等内容。点击"＋"号可以将分支展开以显示下一层项目，之后"＋"号会自动转为"－"号，如果再次点击这个"－"号，那么已经展开的分支会立即折叠起来，仅显示分支名称。

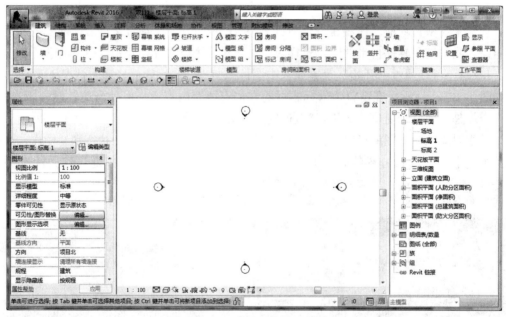

图1.1.2-1 项目文件的用户界面

在操作过程中，"属性"选项板的使用频率非常高。用户经常要在这里选择、查看、比较和修改各类图元的属性值。用户还可以根据自己的使用习惯将该选项板固定到绘图区的左侧或右侧，并将其设置为合适的宽度。通常在操作过程中，需要打开"属性"选项板。如果已经将其关闭，可以通过访问"视图"选项卡中"窗口"面板的"用户界面"，再勾选列表中的"属性"，以打开这个窗口。通过"属性"选项板，可以执行很多任务，例如：设置当前视图的视图比例和详细程度；查看某个图元类别的数量等。在图1.1.2-2中，位于选项板上方的是"类型选择器"，因为已经按默认快捷键"wa"激活放置墙的工具，所以显示的都是关于墙类型的信息，点击后会展开可用类型的列表，如图1.1.2-3所示。单击"类型选择器"时，会显示一个带有放大镜图标的搜索框。如图1.1.2-4所示，可以在搜索框中输入关键词来搜索符合要求的类型。

图 1.1.2-2 属性选项板

图 1.1.2-3 类型选择器和它的下拉列表

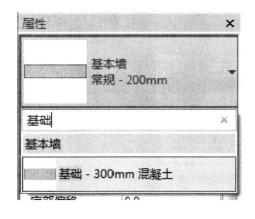

图 1.1.2-4 类型选择器的搜索框

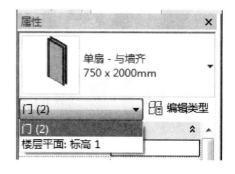

图 1.1.2-5 在选择相同类型的图元时，
属性过滤器中的内容

　　紧挨着类型选择器下方的是"属性过滤器"和"编辑类型"按钮。在创建图元时，在属性过滤器中会显示新图元的类别，例如"新建墙""新建门"。在选择图元时，在这里会显示选择集内的情况，例如"门（2）"或者"通用（5）"，前者表示选择了属于"门"类别的两个图元，如图 1.1.2-5 所示；后者表示选择了属于不同类别的总共五个图元，如图 1.1.2-6 所示。也可以在属性过滤器的下拉列表中选择特定的类别，查看该类图元的属性，如图 1.1.2-7 所示，查看当前所选图元中的两个窗族实例的属性信息，而这样的操作并不会破坏对这五个图元的"整体的选择"。

　　在属性过滤器右侧是"编辑类型"按钮，选择一个模型图元后单击该按钮，将会打开"类型属性"对话框，如图 1.1.2-8 所示，可以在这个对话框中查看和编辑该图元所属族类型的属性。如果在没有选择任何图元时点击"编辑类型"按钮，则显示当前视图的类型属性。在"项目浏览器"中双击"族"分支下的某个族类型，会打开该类型的"类型属性"对话框，也可取得同样效果。当选择了多个族类型或者族类别的图元时，"编辑类型"按钮以灰色显示，不能使用。

图 1.1.2-6　在选择不同类型的多个
图元时，属性过滤器中的内容

图 1.1.2-7　使用属性过滤器查看
选择集中部分图元的属性

图 1.1.2-8　"类型属性"对话框

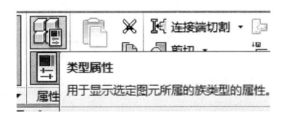

图 1.1.2-9　选项卡上的"类型属性"按钮

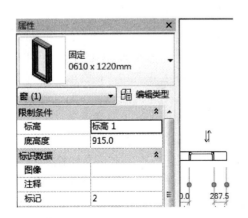

图 1.1.2-10　某个窗族实例的属性信息

图 1.1.2-11　某个墙族实例的属性信息

在属性选项板的其余位置，往往以多个分组来列出图元的实例属性。用户可以修改的属性都以黑色显示。以灰色显示的属性，一般都是图元的只读属性，例如墙体的"面积"和"体积"，或者该属性是受到了其他参数的影响。如图1.1.2-10所示，是关于一个窗族实例的属性，而图1.1.2-11是关于一片墙体的属性。

在项目浏览器中的任何一个项目上单击鼠标右键，会弹出如图1.1.2-12所示的快捷菜单。选择其中的"搜索"，会打开"在项目浏览器中搜索"对话框，如图1.1.2-13所示。用户可以在这里查找需要的内容。

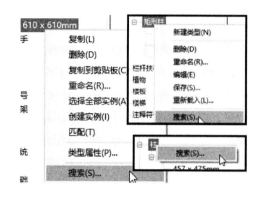

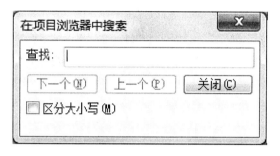

图1.1.2-12　右键快捷菜单会因单击　　　　图1.1.2-13　选择"搜索"后打开此对话框
　　　　　位置而显示不同的内容

1.1.3　常用视图操作中的组合键有以下几个，"鼠标滚轮"为以光标位置为基点来缩放视图，"按下中键后移动"为平移视图，"按下中键＋Shift后移动"为转动视图，"按住鼠标中键并按住Ctrl键，上下移动鼠标"将按照当前视图中心为基点来缩放视图，"按Ctrl＋Tab"将在打开的各个视图之间切换，双击项目浏览器"视图"下的视图名称，可以打开与之对应的视图。单击快速访问工具栏的"小房子"按钮，即"默认三维视图"，如图1.1.3-1所示，可以切换到默认的三维视图。

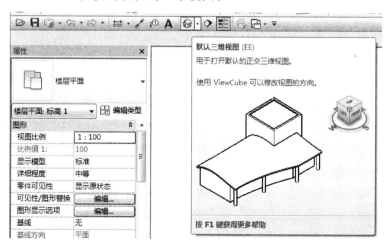

图1.1.3-1　快速访问工具栏中的"默认三维视图"按钮

5

1.1.4 在功能区，提供了用户在操作中可能需要的所有工具。这些工具首先以选项卡进行分类，在各个选项卡里面又按照"面板"的形式把性质相近的工具再组织一次。各个面板的位置可以调整，但是不能离开原属选项卡，如图 1.1.4-1 所示。

图 1.1.4-1 选项卡中会包含多个面板

注意：在"修改"选项卡中，显示的内容和当前执行的命令及操作内容有关，见图 1.1.4-2～图 1.1.4-4 的对比，图 1.1.4-2 是没有选择任何图元、任何命令时的"修改"选项卡，图 1.1.4-3 是激活"墙"命令时的关联选项卡，图 1.1.4-4 是选择了一个窗族实例时的关联选项卡，在标题位置会以浅绿色进行标识，和其他固有的选项卡作为区别。这个样式在帮助文档中称为"上下文功能区选项卡"，我们有时候也称之为"关联选项卡"。在关联选项卡中，有些面板的标题位置也是浅绿色的，表明这些面板中的工具与正在执行的操作是相关的，如果取消选择或者是退出当前命令，那么该类型的面板会自动消失。

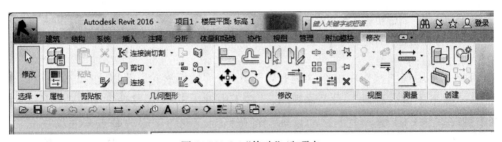

图 1.1.4-2 "修改"选项卡

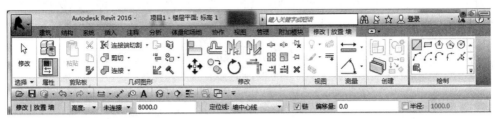

图 1.1.4-3 激活"墙"命令时的关联选项卡

图 1.1.4-4 选择窗图元后的关联选项卡

　　用户可以根据自己的喜好，自行将选项卡中的面板拖放到合适的位置。把光标放到显示面板标题的浅灰色横条上面，按住鼠标左键不放再拖动，即可将面板拖出该选项卡，这时它将成为一个浮动的面板，可以把它放在绘图区域的比较方便使用的位置，甚至放到Revit软件窗口的外部，如图1.1.4-5所示；光标再次放到面板上时，在面板的两边会立即浮出垂直的灰色长条，如图1.1.4-6、图1.1.4-7所示，其中右侧长条的顶部有一个按钮，光标靠近以后会显示"将面板返回到功能区"，点击这个小按钮，该面板将自动返回到选项卡内的原位置，用户当然也可以自己手动拖放回去，给它换一个新位置。要注意的是，不能离开原属选项卡。

图1.1.4-5　面板可移到软件窗口外部　　　　　图1.1.4-6　面板两侧浮动显示的区域

图1.1.4-7　使面板快速返回选项卡的按钮

　　1.1.5　在项目浏览器中，展开"立面"分支（图1.1.5-1），双击下一级的"南"以打开南立面，再展开"楼层平面"分支（图1.1.5-2），双击其中的"标高2"以打开标高2的楼层平面视图，按组合键"WT"，这是默认的用于"平铺视图"的快捷键，如图1.1.5-3所示，这样就可以在多个视图里面观察模型的情况。

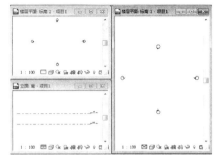

图1.1.5-1　立面　　　　　图1.1.5-2　楼层平面　　　　　图1.1.5-3　平铺视图

　　1.1.6　使用滚轮放大视图查看下方的南立面标记，移动光标靠近它的下半部分，显示如图 1.1.6-1，点击它以后会变成如图 1.1.6-2 中左图所示的样子，周围还有三个空心小方块，如果单击其中任意一个，则会立即生成一个新的立面，同时以黑色填充所对应的三角形，如图 1.1.6-3 所示，如果再次点击这个小方块，则会弹出一个警告，通知用户有一个视图将被删除，如图 1.1.6-4 所示，在消息框中点击"确定"按钮，那么新生成的立面会被删掉，立面标记也恢复为原来的样子，如图 1.1.6-5 所示。

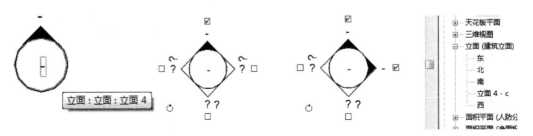

图 1.1.6-1　靠近立面标记　　　　图 1.1.6-2　单击立面标记符号　　　图 1.1.6-3　勾选右侧复
　时的提示信息　　　　　　　　　中的圆圈后的状态　　　　　　　选框后会增加一个立面视图

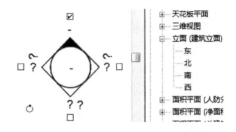

图 1.1.6-4　取消勾选时的提示信息　　　　　图 1.1.6-5　对应的立面视图将会被删除

在绘图区域的空白处点击，取消选择，移动光标点击立面标记的黑色三角部分，显示如图 1.1.6-6 所示，会有一条蓝色细线穿过圆圈的中间，绘制于这条蓝色细线下方的图元，在南立面视图是看不到的。移动光标靠近这条线，它会加粗高亮显示，同时显示提示信息"拖曳"，按下鼠标左键以后就可以进行拖动了（图 1.1.6-7）。同样的，在把这条蓝线调整到新位置的时候，线条下方的图元或者图元的部分仍然是看不到的。

图 1.1.6-6　单击立面标记上部区域后的图像　　　图 1.1.6-7　点击选择它后可以拖动

1.1.7　快速访问工具栏，用户可以自己定义它在功能区的位置，"上方"还是"下方"，如图 1.1.7-1 所示；也可以自定义其中的工具和工具排布的顺序，如图 1.1.7-2 所示。

1.1.8　功能区和绘图区域之间的长的横条是选项栏，在没有选择任何图元、执行任何命令时，它是空白的。这里显示的内容是动态变化的，会列出一些关键属性和选项。在

图 1.1.7-1 右键单击快速访问工具栏时的快捷菜单

图 1.1.7-2 "快速访问工具栏"的自定义对话框

用户进行操作时，会显示相关内容，如图 1.1.8-1～图 1.1.8-4 的对比，其中图 1.1.8-1 是创建墙体时的样子，图 1.1.8-2 为添加窗时的样子，图 1.1.8-3 为阵列墙体时的样子，图 1.1.8-4 为创建构件楼梯时的样子。选项栏通常位于功能区下方，也可以把它移动到 "Revit" 窗口的底部，停靠在状态栏的上方，在选项栏上单击鼠标右键，如图 1.1.8-5 所示，然后选择"固定在底部"即可。

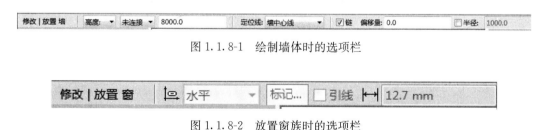

图 1.1.8-1 绘制墙体时的选项栏

图 1.1.8-2 放置窗族时的选项栏

图 1.1.8-3 对墙图元阵列时的选项栏

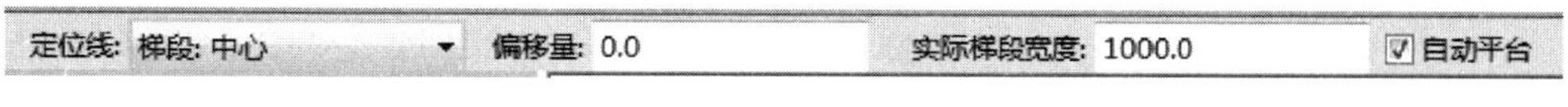

图 1.1.8-4 绘制构件楼梯时的选项栏

图 1.1.8-5　右键单击选项栏时的快捷菜单

1.1.9　位于窗口右下角的是选择开关控制栏，其中有六个按钮，如图 1.1.9-1 所示，用于控制可供选择的图元以及选择行为。在功能区任意一个选项卡点击位于最左侧的"选择"按钮，如图 1.1.9-2 所示，也可以展开同样的选项，如图 1.1.9-3 所示；经常用到的有"按面选择图元"，如图 1.1.9-4 所

图 1.1.9-1　选择开关控制栏

示，需要打开这个选项，操作方便一些；对于链接和锁定的图元，有时候不需要选择它们，这两个选项就可以关闭，这样当鼠标划过或者点击这些图元时，就不会选中它们了。

图 1.1.9-2　选项卡上"选择"按钮的位置　　　　图 1.1.9-3　"选择"按钮的下拉列表

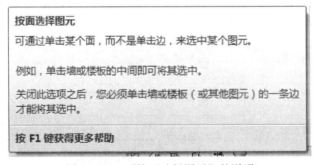

图 1.1.9-4　"按面选择图元"的说明

1.1.10　Revit 软件内置了丰富的提示信息，以帮助用户快速的熟悉软件功能、促进更有效率的工作。其中一种方式就是通过键盘操作来访问应用程序菜单、快速访问工具栏和功能区的选项卡。按 Alt 键可以显示按键提示，如图 1.1.10-1 所示，如果继续按下与某个功能区选项卡对应的按键提示，可以切换到该选项卡，例如在图 1.1.10-1 的情况下再按下"t"以后，会切换到"体量和场地"选项卡，同时也会自动显示该选项卡内所有工具和控件的按键提示，如图 1.1.10-2 所示；这时如果再按下"sc"则会激活"场地构件命令"，默认的构件往往是一棵树，如果按下"t"，则会激活"地形表面"工具。如图

1.1.10-3 所示，是在图 1.1.10-1 的情况下按"m"以后切换到"修改"选项卡的样子，其中有很多编辑工具，所以这个"按键提示"在某种程度上接近于"快捷键"的功能。

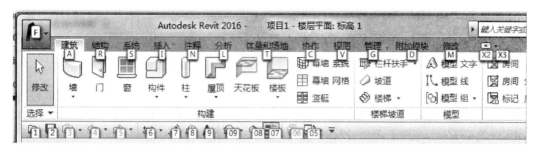

图 1.1.10-1　显示按键提示

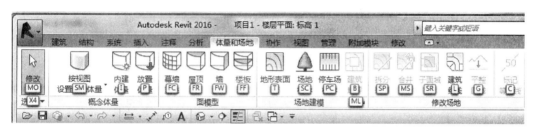

图 1.1.10-2　选项卡内的按键提示

图 1.1.10-3　"修改"选项卡内的按键提示

1.1.11　对于初学者而言，显示在软件窗口底部的状态栏，是一个需要经常观察的位置。在操作过程中，特别是使用某一工具时，状态栏左侧会显示下一步操作的提示，告诉我们现在"应该做什么了"或者"可以……并可以……"。在光标靠近或者滑过图元或构件时，图元或构件本身会蓝色高亮显示，同时在状态栏左侧位置显示这个族和类型的名称。如图 1.1.11-1 所示，随着用户的操作，这些提示信息随时在自动的更新，所以这些内容是一个很好的参考。

单击可输入墙起始点。	墙:基本墙:常规 - 200mm	单击 墙 以放置 窗	拾取墙以创建线。
不能将插入对象放置在主体之外。将不会复制这些图元。		选择边或线	

图 1.1.11-1　在状态栏显示的提示信息举例

1.1.12　状态栏的右侧会显示其他控件，同时因为项目文件本身创建内容不同，会有一些差别，对比下面的图 1.1.12-1、图 1.1.12-2、图 1.1.12-3 就可以发现，其中右侧多了"排除选项"和"仅可编辑项"。在项目文件中创建工作集以后，状态栏会增加一个"仅可编辑项"选择框，这样可以在选择时仅选择那些可编辑的工作共享构件。在项目文件中创建了"设计选项"以后，状态栏会增加一个"排除选项"选择框，勾选以后，在进行选择时会主动排除属于设计选项的构件。

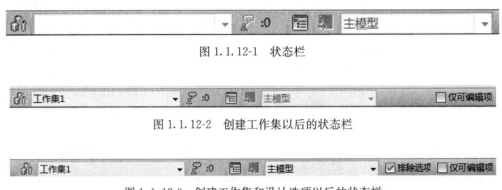

图 1.1.12-1　状态栏

图 1.1.12-2　创建工作集以后的状态栏

图 1.1.12-3　创建工作集和设计选项以后的状态栏

1.1.13　以上对项目环境做了一个大致的介绍，其中的一些细节，需要在学习和操作过程中反复体验和记忆。在刚刚开始学习的时候，最好是养成一个习惯，在操作过程中边做边观察，"左看看右看看"。或者可以理解为基本的"两横两竖"，"两横"是指上部的功能区、选项栏、快速访问工具栏，和下部的状态栏、视图控制栏、选择开关控制栏，"两竖"是指属性选项板和项目浏览器。在这些位置，包含了很多属性、提示、选项，在刚刚起步时多观察，学习中就可以少走弯路，提高效率。

1.2　族编辑器环境

"族编辑器"是 Revit 软件中常用的一种编辑环境，我们能够在其中创建所需要的多种多样的族。Revit 提供了多种方式来访问"族编辑器"环境，例如，在文件夹中双击一个族文件；在软件中通过程序菜单来打开一个族，如图 1.2.0-1 所示；在软件中通过程序菜单使用族样板来新建一个族；在 Revit 项目文件的绘图区域中双击一个族实例，这种方

图 1.2.0-1　通过程序菜单打开 Revit 族

式需要在"选项"对话框中设置对应的"双击选项"，如图 1.2.0-2、图 1.2.0-3 所示；在项目浏览器中族的名称上右键单击，如果是可载入族，那么弹出的快捷菜单里会有"编辑"选项，点击后会进入族编辑器，如图 1.2.0-4、图 1.2.0-5 所示，进入族编辑器之后，就可以对这个族进行修改了。如果是内建族，那么可以选择"在位编辑"，在项目环境中内预置的"族编辑器"中进行修改，这个是下一节的内容。

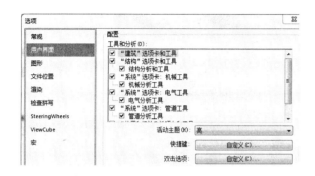

图 1.2.0-2 "选项"对话框"用户界面"面板中的"双击选项"　　图 1.2.0-3 "自定义双击设置"对话框

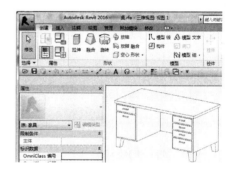

图 1.2.0-4 一个可载入族的右键快捷菜单　　　　图 1.2.0-5 在族编辑器中打开这个族

1.2.1　"族编辑器"与 Revit 软件中的项目环境具有相似的外观，二者区别在于选项卡的数量及所包含的工具有明显不同。同时，由于各个族样板内的设置不同，所以功能区选项卡以及选项卡内的工具都会有一些差异。本节练习中将使用不同的族样板来创建族文件，以熟悉他们的界面，初步了解其特点。打开软件，在"最近使用的文件"窗口左侧，点击"族"下面的"新建…"按钮，如图 1.2.1-1 所示，打开"新族—选择样板文件"对话框，如图 1.2.1-2 所示，在其中选择"公制常规模型"族样板，单击右下角的"打开"按钮，就进入到族编辑器界面，可以编辑这个新族了。

功能区如图 1.2.1-3 所示，其中包含的选项卡的数量比较项目文件的已经少了很多，排在最前面的是"创建"选项卡，列出了五种创建实心形状的方式，右侧有"连接

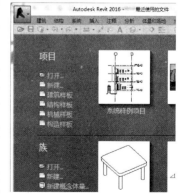

图 1.2.1-1 下方第二个"新建"按钮

13

图 1.2.1-2　选择族样板

件"面板,用于在制作各专业配件时向形状添加连接件。查看属性选项板,在没有选择任何图元、执行任何命令时,显示的是族的属性,如图 1.2.1-4 所示。项目环境中如果是同样状态的话,显示的是当前视图的视图属性,这一点有明显不同。查看右侧的项目浏览器,可以看到当前平面视图是"参照标高"的平面视图,如图 1.2.1-5 所示,点击选中"参照标高",它的名称会整体蓝色高亮显示,如图 1.2.1-6 所示,这时转移一下注意方向,回头去看属性选项板,其中的内容已经变为关于"楼层平面"的信息了,如图1.2.1-7 所示,这时可以在里面设置视图比例、图形替换、裁剪区域、视图范围等属性。从这里可以看出这个软件的一个特点,窗口中所显示界面、提供的工具,都是和用户的行为密切相关的,所以在开始学习的过程中,"多看一看、多点一点",是有好处的。

图 1.2.1-3　族编辑器界面的功能区

图 1.2.1-4　未选择任何图元及命令时的属性选项板

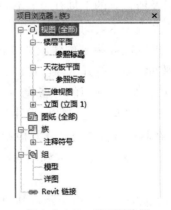

图 1.2.1-5　项目浏览器

图 1.2.1-6 在项目浏览器中
选择"参照标高"平面

图 1.2.1-7 属性选项板中显示
"参照标高"平面视图的信息

在绘图区域中间可以看到有两条绿色的虚线，移动光标靠近水平的那条以后，可以看到它会加粗并蓝色高亮显示，光标附近还有提示信息，如图 1.2.1-8 所示，所以它并不是一条线，而是一个参照平面，因为与当前视图是互相垂直的关系，所以投影后的结果看上去是一条线。点击选中它，在一端会显示这个参照平面的名称，同时有一个锁定符号，表示这个平面已经是锁定在当前位置的状态，如图 1.2.1-9 所示。点击"快速访问工具栏"里面的小房子图标，如图 1.2.1-10 所示，打开默认三维视图，会发现在三维视图里面看不到刚才平面视图里的两个参照平面，这是当前这类族的特点，在三维视图中默认不显示参照平面。

图 1.2.1-8 关于参照平面的提示信息   图 1.2.1-9 这个参照平面已经被锁定

图 1.2.1-10 打开默认三维视图

1.2.2 关闭这个族，返回"最近使用的文件"界面，点击"族"下面的"新建…"按钮，打开"新族—选择样板文件"对话框，在其中选择"公制轮廓"族样板，点击右下角的"打开按钮"，新建一个轮廓族。初始的默认视图，仍然是"参照标高"平面视图。观察功能区（图 1.2.2-1），可以看到，和"公制常规模型"类型的族，差别还是很明显的，因为这是一个二维的轮廓族，所以没有用于创建三维形状的工具；在快速访问工具栏上，"默认三维视图"的图标也是灰色的，表示"不可用"，这也是因为族本身是"二维"的特征，不需要以三维形式来观察或者操作。选项卡中的工具，自然也有很多差别。再查看属性选项板和项目浏览器，和"公制常规模型"的相比也简单了一些，如图1.2.2-2、图1.2.2-3所示。

图1.2.2-1　轮廓族的功能区

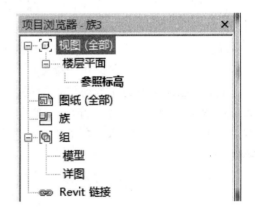

图1.2.2-2　轮廓族的属性选项板　　　　　　图1.2.2-3　轮廓族的项目浏览器

1.2.3　关闭这个族，返回"最近使用的文件"界面，点击"族"下面的"新建…"按钮，打开"新族—选择样板文件"对话框，在其中选择"公制栏杆—嵌板"族样板，点击右下角的"打开"按钮，新建一个公制栏杆嵌板族。如图1.2.3-1所示，可以看到功能区"创建"选项卡中连接件面板内的工具全部都是灰色的。默认初始视图是左立面，如图1.2.3-2、图1.2.3-3所示，在绘图区域中，已经预置了多个参照平面、尺寸标注和相关参数，作为创建嵌板形状时的参照。点击功能区"创建"选项卡"属性"面板的"族类型"按钮，如图1.2.3-4所示，打开"族类型"对话框，如图1.2.3-5所示，其中已经预置了六个参数。

图1.2.3-1　"公制栏杆—嵌板"族的功能区

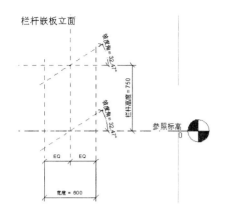

图 1.2.3-2 左立面视图

图 1.2.3-3 项目浏览器

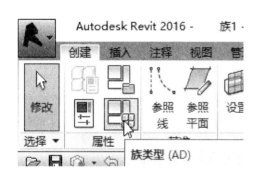

图 1.2.3-4 "族类型"按钮

图 1.2.3-5 样板中预置的参数

点击"确定"按钮关闭"族类型"对话框，并关闭这个族，返回到"最近使用的文件"界面。

1.2.4 点击"族"下面的"新建…"按钮，打开"新族—选择样板文件"对话框，在其中选择"自适应公制常规模型"族样板，通常它的位置在列表的最后面，因为它名称的拼音首字母是"z"，在字母表里就是排在最后面的。点击右下角的"打开"按钮，新建一个自适应公制常规模型族。查看功能区，对比之前的"公制常规模型"，会发现在它的创建选项卡里没有那些"拉伸"、"放样"之类的形状创建工具，如图 1.2.4-1 所示，在

图 1.2.4-1 自适应公制常规型族的功能区

17

"绘制"面板中只有绘制线条、参照点和参照平面的工具。初始视图是"默认三维视图"，视图背景为渐变色，上深下浅，图中两个相交且垂直的参照平面的迹线显示为绿色，如图1.2.4-2所示，参照标高的标头始终停留在视图右侧；查看项目浏览器，如图1.2.4-3所示，其中有楼层平面、天花板平面、立面等常规视图。点击选择三维视图中的一个参照平面，如图1.2.4-4所示，会发现这个参照平面并没有被锁定。关闭这个族。

图1.2.4-2 默认三维视图

图1.2.4-3 项目浏览器 　　　　　　图1.2.4-4 预置的参照平面没有被锁定

1.2.5 在"最近使用的文件"界面，点击"族"下面的"新建…"按钮，打开"新族—选择样板文件"对话框，在其中选择"基于公制幕墙嵌板填充图案"族样板，初始视图是默认三维视图。如图1.2.5-1所示，查看功能区选项卡，会发现"参照平面"的按钮是灰色的，说明在当前视图中无法创建新的参照平面。查看项目浏览器，如图1.2.5-2所示，其中的视图类型比较少，但是样板中预置的填充图案族有十六个类型，还是比较多的。视图中已经预置了一个瓷砖填充图案网格，如图1.2.5-3所示，选择它以后，在属性

图1.2.5-1 嵌板族的功能区

18

选项板会显示它的参数，如图 1.2.5-4 所示；点击类型选择器，会展开可用类型的下拉列表，所列出的类型与图 1.2.5-2 所示的相同。读者可以更换为其他的形式，查看瓷砖填充图案网格的变化。关闭这个族。

图 1.2.5-2　项目浏览器

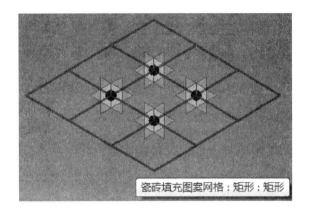

图 1.2.5-3　瓷砖填充图案网格

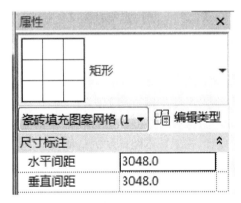

图 1.2.5-4　瓷砖填充图案网格的属性

　　1.2.6　在"最近使用的文件"界面，点击"族"下面的"新建概念体量…"按钮，打开"新概念体量—选择样板文件"对话框，在其中选择"公制体量"族样板，初始视图是默认三维视图。如图 1.2.6-1 所示，查看功能区选项卡，其中也没有形状创建工具，在"绘制"面板有创建线条、参照点和参照平面的工具。视图背景为渐变色，上浅下深，图中两个相交且垂直的参照平面的迹线显示为紫色，如图 1.2.6-2 所示，参照标高的标头始终在视图左侧；在项目浏览器当中，如图 1.2.6-3 所示，已经预先载入了填充图案族。这

图 1.2.6-1　概念体量文件的功能区

个环境里创建的是体量族，用户可以从这些族开始，载入项目环境中以后，通过应用墙、屋顶、楼板和幕墙系统来创建其他的，具有更多细节的建筑结构。这个环境又被称为"CDE"，即"Conceptual Design Environment"的首字母简写。因为"体量族"本身也还是族的概念，它使用"Revit"用户界面，并创建可以驻留于项目环境之外的新体量族，所以我们在这里仍然把它算作是"族编辑器环境"内的一个种类。

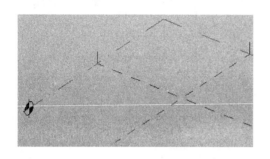

图 1.2.6-2　默认三维视图

图 1.2.6-3　项目浏览器

1.3　内建模型环境

在进入内建模型环境之前，先介绍一下"内建图元"。这里所说的"内建图元"，是由用户在项目环境中创建的自定义图元，其中的关键词是"项目"和"自定义"。这类图元适用于一些特别的场合，例如仅需使用极少次数的特殊形状，甚至只有一次；或者是与项目中的其他图元有参照关系，而这种关系并不适合在族编辑器中进行模拟。用户可以根据自己的需要，在项目文件中创建若干互不相同的内建图元，也可以将同一个内建图元复制以后布置在不同的位置。但是内建图元有一个很明显的特点，就是每一个内建族仅拥有一个类型，无法通过"复制"的方式创建属于同一个内建族的多个类型。当我们把一个内建族复制后，会生成一个新的内建族，而不是通常情况下的"该族的一个新的实例"。如果在项目浏览器当中查看这些复制出来的内建族，会发现每个族下面都是有且仅有一个类型；在进行一次新的复制操作以后，又会增加一行，表示又多了一个新的内建族。这些内建族无法以"族"的形式保存到项目文件之外，但是仍然可以通过其他方法在项目之间传递或复制，不过这样的操作会增大文件大小并使软件性能降低。创建内建图元时所使用的工具，与在族编辑器内创建可载入族时所使用的工具，有很多都是相同的。

1.3.1　打开软件，选择"建筑样板"新建一个项目文件，点击功能区"创建"选项卡"构建"面板"构件"命令的黑色小箭头，展开下拉列表，点击"内建模型"，如图1.3.1-1所示。在"族类别和族参数"对话框中，需要先确定这个族的类别以后，才能进入下一步的创建具体形状的环节。如图 1.3.1-2 所示，选择"屋顶"，点击"确定"按钮，打开"名称"对话框，在这里输入这个内建族的名称。如图 1.3.1-3 所示，默认名称是族的类别加上一个从"1"开始的编号。如果已经有同名的内建族存在，如图 1.3.1-4 所示，会弹出提示信息"重命名族"，选择"是"将返回原对话框以修改名称，选择"否"会退出创建内建族的流程。

图 1.3.1-1 内建模型

图 1.3.1-2 设置内建模型的族类别

图 1.3.1-3 设置内建族的名称

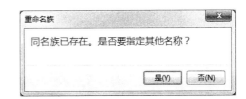

图 1.3.1-4 重命名提示

1.3.2 确定名称以后，可以看到功能区的选项卡立即变成了图 1.3.2-1 的样子，其中的面板和工具，有很多都是和族编辑器中的"公制常规模型"是一样的。查看绘图区域，会发现平面视图中的立面符号已经变为浅灰色，软件以这种方式来提醒用户，"已经进入另外一种环境"。点击"创建"选项卡"形状"面板的"拉伸"按钮，在"修改 | 创建拉伸"关联选项卡中的"绘制"面板选择"矩形"工具，如图 1.3.2-2 所示，然后在绘图区域点击两次，沿对角线方向指定两个角点来绘制一个矩形，如图 1.3.2-3 所示，矩形的尺寸自己确定，接着点击图 1.3.2-2 中"模式"面板的绿色对勾，执行命令"完成编辑模式"，以结束草图的绘制并生成相关形状，返回到"修改 | 拉伸"选项卡，因为在形状刚刚创建完毕时，默认是选中它的状态。如图 1.3.2-4 所示，点击"在位编辑器"面板中的"完成模型"，这样就完成了一个内建族的创建。

图 1.3.2-1 内建模型编辑界面

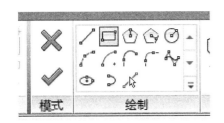

图 1.3.2-2 在绘制面板选择矩形工具

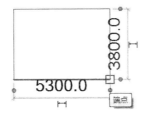

图 1.3.2-3 绘制矩形

图 1.3.2-4 完成模型以生成一个内建模型族

1.3.3　在项目浏览器当中，展开"族"下面的"屋顶"，如图
1.3.3-1 所示，可以看到内建族"屋顶 1"已经在里面了。在绘图区
域选择这个内建族，在属性选项板点击"编辑类型"按钮，打开"类
型属性"对话框，如图 1.3.3-2 所示，会发现窗口顶部的"族"和
"类型"后面都是空的，右侧的"载入"、"复制"、"重命名"，这三个
按钮都是灰色，点击"确定"按钮关闭"类型属性"对话框。

图 1.3.3-1　在项目
浏览器中查看内建族

在绘图区域，保持对这个内建族的选择，按下 Ctrl 键，光标放
在族的表面按下鼠标左键后进行拖动，这样就复制了一个新的内建
族。查看项目浏览器，在进行完"复制内建族"的操作以后，分支里
面多了一个叫作"屋顶 2"的族，如图 1.3.3-3 所示，它包含一个类
型叫作"屋顶 1"。在类型名称上右键单击，如图 1.3.3-4 所示，可以
选择快捷菜单中的"重命名"来修改其名称。如果继续复制这个族，
则每次复制以后，都会生成一个新族。所以，如果对最初的那个内建族进行了修改，那么
这个修改是无法传递到其他那几个复制出来的族的，此时，无论是继续对其他个体进行同
样的修改，还是删掉以后再进行一次复制的工作，其实都已经浪费了时间。所以要谨慎的
使用"内建"的方式。

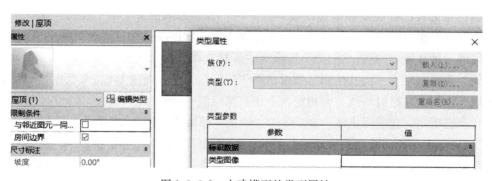

图 1.3.3-2　内建模型的类型属性

图 1.3.3-3　在项目浏览器中查看复制后的内建族　　图 1.3.3-4　右键单击"族类型"时的快捷菜单

在使用内建图元时一定要注意以下问题，即内建图元不能被保存为单独的族文件，且
在复制后的多个副本之间也无法传递修改。如果需要在其他项目中加入已经存在的内建图
元，或者是所需要的内建图元类似于其他项目中已有的内建图元，那么可以将该内建图元
通过"复制/粘贴"的方法来传递到项目中或将其作为组载入项目中。

　　1.3.4　点击左上角的程序菜单按钮，移动光标指向展开列表里的"新建"，在右侧的侧拉菜单显示以后，移动光标点击其中的"项目"，或者直接点击下拉菜单里的"新建"也可以，如图 1.3.4-1 所示，打开"新建项目"对话框，在样板文件列表里选择"建筑样板"，点击"确定"，如图 1.3.4-2 所示，这样就新建了一个项目文件，按"Ctrl＋Tab"组合键，返回刚才的第一个项目文件，选择一个内建族，按"Ctrl＋C"把它复制到剪贴板，再按"Ctrl＋Tab"组合键，返回刚刚创建的第二个项目文件，按"Ctrl＋V"，如图 1.3.4-3 所示，可以看到有两个预览图像，其中一个双线的图像不会随着光标移动，表示这个内建族在之前项目文件中的位置，另外一个单线的图像可以跟随光标移动，单击鼠标左键放置＋实例，这样就把这个内建族粘贴到新项目文件里了。

图 1.3.4-1　新建一个项目文件

图 1.3.4-2　选择"建筑样板"

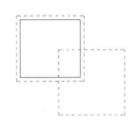

图 1.3.4-3　粘贴一个内建族

　　1.3.5　关闭第二个项目文件。在第一个项目文件中，选择一个内建族，在"修改｜屋顶"关联选项卡"创建"面板中，如图 1.3.5-1 所示，点击"创建组"命令，打开"创建模型组"对话框，保持默认名称，如图 1.3.5-2 所示，点击"确定"按钮关闭这个对话框。在项目浏览器中查看，如图 1.3.5-3 所示，已经多了一个模型组，在这个模型组上单击鼠标右键，在弹出的快捷菜单中选择"保存组"，如图 1.3.5-4 所示，打开"保存组"对话框，如图 1.3.5-5 所示，用户可以在其中指定一个合适的存放位置，以及一个与组里的内容对应的、有意义的名字，方便以后的定位和调用。点击保存按钮，这样就以"组"的形式把这个内建族存为了一个".rvt"后缀格式的单独文件。

图 1.3.5-1　创建组

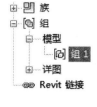

图 1.3.5-2　输入组的名称　　　　　　　图 1.3.5-3　在项目浏览器中查看组

图 1.3.5-4　右键单击组时的快捷菜单　　　图 1.3.5-5　"保存组"对话框

1.3.6　在绘图区域中，逐个选择内建族和组并用键盘的"Delete"键将其删除，全部删除完毕之后检查项目浏览器"屋顶"和"组"分支下的内容，会发现"屋顶"分支下已经没有再列出任何一个内建族，"组"分支下的"组 1"还在。如果是可载入族，在删除文件中的族实例以后，族本身还是会存在于项目浏览器当中的，这是内建族和可载入族之间一个很明显的区别。

1.3.7　在"组 1"上单击鼠标右键，选择"删除"，这样就在当前文件里面，彻底清除了练习中所创建的内建族。这时，"模型"分支前面的加号会消失，如图 1.3.7-1 所示。下面练习载入一个内建族，就直接在这个文件里就可以了。在功能区"插入"选项卡"从库中载入"面板点击"作为组载入"，如图 1.3.7-2 所示，打开"将文件作为组载入"对话框，如图 1.3.7-3 所示，找到刚才保存模型组 1 的位置，选择该文件，点击打开按钮，再去查看项目浏览器"模型"前面又有了加号，如图 1.3.7-4 所示，点击加号展开列表，可以看到其中列出的"组 1"，在名称上按下左键不松开，向绘图区域内拖动，可以

图 1.3.7-1　在项目浏览器中查看"组"的内容

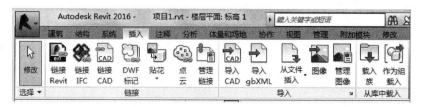

图 1.3.7-2　作为组载入

看到光标位置有这个组的预览图像，点击一次就会放置一个组，如图 1.3.7-5 所示，默认是"连续放置"的方式。点击两次以后，按 Esc 键退出放置组的命令。查看项目浏览器，可以发现，随着模型组的放置，"屋顶"分支下增加了内建族的名称，且内建族的数量和组的数量是相等的。

图 1.3.7-3 "将文件作为组载入"对话框

图 1.3.7-4 在项目浏览器中查看"组"的内容

图 1.3.7-5 放置组实例

1.3.8 通过以上练习，希望读者能够理解内建模型族的创建方式和适用条件，以及在不同项目之间传递的方法。因为它的特殊性，所以不适合那种需要布置多个相同实例的情况，否则会给后续的模型维护带来麻烦。关闭这个文件。

1.4 内建体量环境

内建体量和内建模型，都是内建图元，他们的应用条件也是相似的。在内建体量环境中，软件没有提供三维标高，参照平面在三维视图中也是不可见的。下面我们通过练习来熟悉访问内建体量环境的方式，以及体量族的特殊性质。

1.4.1 选择"建筑样板"新建一个项目文件，在功能区"体量和场地"选项卡"概念体量"面板，点击"内建体量"，如图 1.4.1-1 所示，弹出"体量—显示体量已启用"窗口（图 1.4.1-2），通知我们当前视图的显示设置已经有了改变。点击窗口右下角的"关闭"按钮，那么马上又会打开"名称"对话框，在这里可以输入这个内建体量族的名称，输入"内建体量环境"，点击"确定"按钮（图 1.4.1-3），这时就进入了内建的概念设计环境，如图 1.4.1-4 所示，功能区的选项卡及其中的工具，和前面介绍的概念设计环境有很多相同的地方。

图 1.4.1-1　内建体量

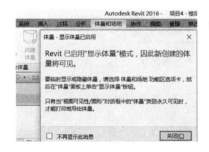

图 1.4.1-2　关于"显示体量"的提示

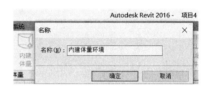

图 1.4.1-3　输入体量族的名称

图 1.4.1-4　内建体量编辑界面

1.4.2　当然差别也很明显，视图中没有预置的参照平面。点击"创建"选项卡"绘制"面板的"圆形"工具，如图 1.4.2-1 所示，在绘图区域绘制一个圆形，按两次 Esc 键结束绘制命令，如图 1.4.2-2 所示。选中这个圆形，再点击"修改｜线"关联选项卡"形状"面板"创建形状"下面的"实心形状"，如图 1.4.2-3 所示。

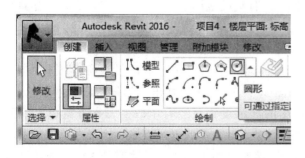

图 1.4.2-1　绘制面板

图 1.4.2-2　绘制圆形

图 1.4.2-3　创建实心形状

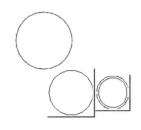

图 1.4.2-4　预览图像"圆柱"

　　这时绘图区域里会有预览图像，如图 1.4.2-4、图 1.4.2-5 的对比，原因是，"基于模型线的圆形，可以生成圆柱和球体两种结果"，所以软件需要用户来做出选择。读者可以选择任意一种。然后点击功能区任意一个选项卡里"在位编辑器"面板的"完成体量"，如图 1.4.2-6 所示，这样就完成了一个内建体量族的创建。

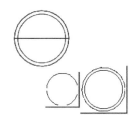

图 1.4.2-5　预览图像"球体"

图 1.4.2-6　完成体量以生成一个内建体量族

　　1.4.3　查看功能区"体量和场地"选项卡"概念体量"面板，左侧的第一个按钮现在显示为"显示体量形状和楼层"，如图 1.4.3-1 所示，之前的状态是图 1.4.3-2 的样子，为"按视图设置显示体量"。这是因为体量族是一类比较特殊的族，所以针对它有专门的设置。点击下拉列表，展开图 1.4.3-3 所示的菜单，选择第一个选项，查看绘图区域，会发现刚才创建的内建体量族已经看不到了。这并不是说把这个族给删掉了，而只是根据设置，它已经处于"不显示"的状态了。

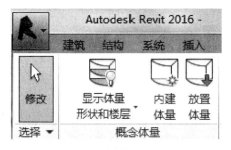

图 1.4.3-1　显示体量形状和楼层

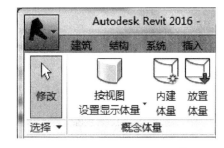

图 1.4.3-2　按视图设置显示体量

　　1.4.4　在功能区"视图"选项卡"图形"面板，如图 1.4.4-1 所示，点击"可见性/图形"按钮，打开当前视图的"可见性/图形替换"对话框，如图 1.4.4-2 所示，在"模

27

型类别"选项卡里可以看到，"体量"这个类别前面没有被勾选，这表明在"楼层平面：标高1"视图中，体量族应当是"看不到的"。不过因为这个"显示体量形状和楼层"的选项具有更高的优先级，所以如果在"可见性/图形替换"对话框里没有勾选"体量"，但是在"体量和场地"选项卡里设置为"显示体量形状和楼层"，那么在这个视图中创建的内建体量族是可以看到的。在"视图"选项卡把此处设置改为"显示体量形状和楼层"，按"Ctrl＋S"组合键保存这个文件并将其关闭。然后再打开，会发

现体量族又看不到了，检查"视图"选项卡"概念体量"面板 图1.4.3-3 可用选项列表
会发现已经自动切换为"按视图设置显示体量"。所以，如果希
望始终能够看到这个体量族，应该在"可见性/图形替换"对话框里，勾选"可见性"那一栏"体量"前面的复选框。

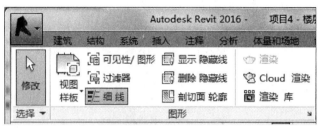

图1.4.4-1 "可见性/图形"按钮   图1.4.4-2 "可见性/图形替换"对话框

1.4.5 和内建模型族一样，内建体量族无法保存为单独的族文件，但是可以用"组"的形式保存出去。同样的，最好是仅用它来表示"与项目中其他图元有关的形状"。如果是需要在一个项目中放置一个体量族的多个实例或者在多个项目中使用体量族时，建议使用可载入体量族。创建可载入体量族，需要使用"概念设计环境"，见本章1.2的1.2.6。

1.4.6 最后再总结一下内建族的共同特点，首先是内建族存在于创建它的项目文件中，并且复制后的各内建图元之间没有联系，尽管它们看上去是一样的，但是它们都是独立的一个个的新的族，而不是通常我们认为的"某个族的多个实例"，因此如果你修改了其中的一个，其他的是不会有什么变化的。其次就是，每个复制后的实例，尽管它们的外观是一样的而且在复制时也没有做任何的修改，但是在用明细表进行统计的时候，每一个内建族在明细表里面都是单独的占据一行的位置，因为它们已经是"不同"的族了，但是这样的结果往往不是人们希望的，因为占去了太多的位置，一般都是经过设置以后，同类型的图元占据一行，按照类型进行合计。第三，没有方法可以把一个内建族转化为一个构件族，某些情况下，我们可以在项目和族之间复制粘贴草图线或者其他二维图元，但是我们不能在项目和族之间复制几何形体，唯一的方法是重新在族编辑器里再来一次。

总结：对于初学者来说，这几种不同的界面，以及其中的内建的方式，可能会带来不少的困惑。熟记各自的访问方式和界面特征，尽量理解其中的意义，多打开软件操作几次，会对后面的练习有很大帮助。

2 理解"族"的概念

在上一章的练习里面，我们已经接触了一些具体的族和族样板。要明确的一点是，我们在 Revit 软件中所操作的图元，都是各种不同类别、不同类型的族的实例。在这个软件中，"族"是一个很重要也是很基本的概念。在创建模型时、在操作视图时、在添加注释或者是定义项目设置时，都是在和族打交道。

2.1 族的层级和归属关系

在一个 Revit 项目中，总是会包含有各种各样的二维族、三维族，无论其是否有具体的形状，都可以理解为是组成该项目的"构件"。他们都以自己的方式，携带了不同类别、不同形式的信息。族和这些信息，都是项目的组成部分。

在"族"的概念体系中，首先是按照"类别"对族进行分类，所反映的是该类图元最基本的特征。例如在模型图元中，常见的类别有墙、楼板、门、家具、风管等。在软件中，"类别"是已经预先定义好的，用户无法进行添加、修改、删除的操作。每个类别下面都含有与之相对应的、不同的族。

"族"是在所属的"类别"下面，根据不同的属性再次进行划分的结果。例如对于"家具"的类别，用户可以使用族样板来创建一个全新的沙发族，并根据自己的需要，在其中添加参数。

在具体的一个族中，可以根据更加细致的标准，划分为多个"类型"。例如对于一个沙发族，可以按照"尺寸"或者"面料"，设置不同的类型。用户可以对这些类型进行修改、复制或删除等操作。

在被使用到项目中以后，例如布置到房间中的一个沙发，他占用了一定的面积，在三维空间中也有自己的位置，这时他是"该类型的一个实例"。如果布置了三个这样的沙发，那么就是"该类型的三个实例"。对于模型图元，当在绘图区进行操作时，操作对象都是"某个族的某个类型下面的实例"。打个比方，可以按照下面这个方式来理解，"水果→苹果→红苹果→装在袋子里面的五个苹果"。

以上就是这样的一个顺序，从高到低，类别→族→类型→实例。或者可以反过来进行理解，我们在模型中看到的一个桌子、一块楼板，这些都是实例，它们各自属于某个类型，这个类型属于特定的族，这个族归于一个类别。

下面以默认建筑样板新建一个项目文件，在"建筑"选项卡点击"门"工具。"门"是一个类别，下面有不同的族来表示各种各样的门。在属性选项板，点击类型选择

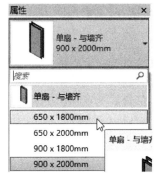

图 2.1-1 类型选择器的下拉列表

器右边的下拉箭头，展开列表，可以看到当前的门族是"单扇—与墙齐"，具有按照尺寸划分的四个类型，如图 2.1-1 所示，它们的类型名称就已经反映了门的尺寸。

但是在这个列表中，我们并不会看到实例，因为族的实例是放置在项目中具有特定位置的，一个一个的图元。

我们再来总结一下这个从高到低的顺序：类别、族、类型、实例。

以上谈到的是族的层级，下一节我们讨论三种不同种类的族，划分方式和本节有所不同。

2.2　学习"族"的概念

在上一节中我们学习了 Revit 中各种图元的层级和归属关系，而且几乎我们在软件当中的操作总是在以这样或者那样的形式来操作某个族。

本节着重讨论各种不同类型的族，互相之间的差别。

在 Revit 中有三种类型的族：系统族、内建族、可载入族。为了更好地理解这几种类型，下面会以简单的基本实例来进行说明。

这对于进行后续的练习是有益的。

有一个很重要的概念，务必要清楚，按照这个标准，族可以分为两个大类：有一些是我们可以编辑修改的，还有一些我们是无法编辑的。

我们先开始讨论系统族，顾名思义，系统族是内建到软件系统当中的。作为用户，我们无法编辑一个系统族。

我们作为用户可以对这些系统族的某些参数进行设置，但是系统族的大部分特征还是会保持其原有的样子。

我们无法对系统族进行全面的自定义内容的修改。

下一个类型是内建族。这是一类比较特殊的族。

它意味着"在项目环境中所创建的自定义图元"，具体方法和形式我们稍后再说。

第三个类型就是构件族，或者称之为"可载入族"，很多时候也简称为"族"。

这个类型有几个不同的名字，在本书中，当我们在族编辑器里进行操作时，所提到的"族"，就是指这第三种类型。这种类型的族，我们可以进行充分的自定义，从无到有的按照自己的需要来创建其中的内容。

接下来对于这三种类型，我们分别举例说明，这样可以更加清晰直观地理解它们的含义。

打开本书配套文件，"2.2 族的类型"。

打开文件后的默认视图为"楼层平面：标高 1"。在其中预置的图元均已被锁定。

可以看到有一些墙体，墙是一个很好的系统族的例子。关于墙的族都是提前内建到软件系统中的。也就是说，作为墙体，是已经在 Revit 中进行了预定义的。我们作为用户无法再来定义"怎么样才算是墙体"。这时要注意，不要把"创建新的墙类型"认为是"创建新的墙族"。

在绘图区域，选择墙体以后，可以在类型选择器里更换为其他的类型，也可以单击

"编辑类型"按钮，来修改当前墙体的类型设置。也可以在"类型属性"对话框中单击"复制"按钮，创建新的墙类型。

对于系统族，例如楼板和屋顶，都可以进行以上操作。

无法执行的操作是"创建、复制、修改或删除系统族"。

在选中一个系统族的实例以后，注意查看关联选项卡，面板中并没有"编辑族"按钮。所以我们无法在此处访问到族编辑器，并在其中创建一个"墙族"。我们也没有办法从一个外部文件中载入一个墙族。切换到"建筑"选项卡选择"墙"工具，查看关联选项卡，面板上并没有"载入族"按钮。所以，是否具有这两个按钮就是系统族和可载入族之间很明显的差别。在我们不知道所选中的图元是系统族还是可载入族的时候，去查看一下关联选项卡面板的内容，根据特征来判断。

可以与门族进行一个对比。

选择"门"工具，如图 2.2.0-1 所示，可以看到关联选项卡面板有"载入族"按钮，以及在选择"窗"、"柱"等工具时，都会有这个按钮。如果选择属于该类型任何一个图元，例如家具、门、窗，那么会在关联选项卡面板看到一个"编辑族"按钮。表明这些都是可载入族，或是构件族。这种类型的族是本书的重点。

图 2.2.0-1　添加门时的关联选项卡

接下来讨论内建族。这是一个特殊的类型，是可以编辑的。

在这类族中，和那些从族编辑器里创建的可载入族一样，我们可以创建自己需要的自定义内容。这些内容往往和项目中其他部分是有关联的，所以并不适合在族编辑器中创建。例如，与墙体的洞口形状有关的族，要在族编辑器里模拟项目中的情况，可能并不是很方便，因此就采用内建的方式。

总之，就是在特定情况下，才会去采用内建族的方式。要特别注意的是，内建族确实是"独特"和"独一无二"的。如果创建了一个内建族，并复制到了项目中的其他位置，那么就是创建了一个全新的族的实例。它们不会表现的像是一个相同族类型的两个实例。所以，如果修改了第一个内建族，所做的修改不会传递到刚刚复制出来的第二个族，这个特点和可载入族/构件族具有很大的差别，一定要牢记。

使用内建族的情况，往往是因为需要参照项目中的其他几何图形，使其在所参照的几何图形发生变化时进行相应大小调整和其他调整。创建内建图元时，"Revit"将为该内建图元创建一个族，该族仅包含单个族类型。

如果是希望达到"一处修改处处更新"的效果,那么要避免使用内建族。

总结一下:内建族是三种类型中的一种,它们有一些有趣的特性,但是也有很大的局限性,使用的时候要慎重。

本书中大部分内容,在讨论"族"的时候,指的是可载入族/构件族,它们的特点是,"在族编辑器中创建,载入到项目中使用"。

2.3　使用模型族和注释族

上一节我们讨论了系统族和非系统族——可载入族/构件族,之间的差别。

在接下来的教程里,我们会把那些可以在族编辑器里操作的种类,都一律简称为"族"。这样在表达上简洁一点。

本节重点讨论可载入族中的两种主要类型,就是模型族和注释族。

下面是关于族的分类情况列表,见表 2.3-1。

族的分类　　　　　　　　　　　　　　　　　　　　　　表 2.3-1

族的分类	举　例	说　明
系统族	墙、楼板、天花板、屋顶 风管、管道 能够影响项目环境且包含标高、轴网、图纸和视口类型的系统设置也是系统族	系统族可以创建要在建筑现场装配的基本图元。系统族是在 Revit 中预定义的。用户不能将其从外部文件中载入到项目中,也不能将其保存到项目之外的位置
可载入族	窗、门、橱柜、装置、家具和植物 锅炉、热水器、空气处理设备和卫浴装置 符号和标题栏	可载入族是用于创建下列构件的族;可载入族是用于创建下列构件的族;通常购买、提供并安装在建筑内和建筑周围的系统构件;常规自定义的一些注释图元
内建族	所支持的相应类别,例如:专用设备、体量、停车场、卫浴装置、地形、场地、墙、天花板、家具、屋顶、常规模型、楼板等	需要创建当前项目专有的独特构件时所创建的独特图元。可以创建内建几何图形,以便它可参照其他项目几何图形,使其在所参照的几何图形发生变化时进行相应大小调整和其他调整。创建内建图元时,Revit 将为该内建图元创建一个族,该族包含单个族类型

对于模型图元,又可以分为两种类型,分别是主体图元和模型构件。主体图元其实也就是系统族的另外一个名称,在表格中可以看到,它们是墙体、楼板、屋顶。构件族,也是可载入族,在族编辑器中创建,在项目中属于模型图元,是建筑物的一部分。所以,可以明确的是,主体图元和构件图元都是用于表示项目中的真实物体,在现实生活中这些物体是我们可以看到和触摸到的,但是仍然要记得,只有构件图元的类型是我们可以在族编辑器里操作的。

后续章节里,我们讨论的多数都是这种类型的族。其中会有家具的例子以及门,还有其他的一些构件类型。它们都用于在项目中表现那些客观环境里真实存在的东西:不管是买来以后安装在建筑项目的某个位置,还是在建筑项目的现场就地生产的。

开始讨论注释图元和视图专有图元之前,我们需要首先明确,它们并不是真实存在的物体,它们仅是用于描述设计内容,用于指示设计成果的细节,目的是使设计成果更容易、更迅速地被辨认和看明白。

这些内容包括：符号、标记、文字和尺寸标注。文字和尺寸标注都是系统族，所以我们不会尝试在族编辑器里去操作它们。但是标记和符号是可以在族编辑器里操作的，针对这两个类型，后续章节里我们会有专门的练习。

详图构件族也在这个分支，所以它们都是视图专有图元，这三类都可以在族编辑器里操作。

另一个类型是基准图元，其中包含轴网、标高、参照平面。这三种形式的图元都无法在族编辑器里进行编辑和修改。但是它们仍然是非常重要的，几乎伴随着我们处理项目的整个过程。

基准图元中的参照平面是非常重要的，在开始练习模型族时，再详细讨论。

在整个表格当中，我们可以看到很多种类的族，但是因为本书的重点是族编辑器的使用，所以我们在后续章节里面，只讨论其中的部分内容。书中主要的篇幅还是集中于模型族，少部分在注释族和视图专有的类型上面。

2.4 使用族库和其他外部资源

这一节我们讨论一下，操作中的注意事项，或者说是捷径。

一般情况下，载入一个现成的族并在项目中使用，是效率比较高的做法。如果手边恰巧没有你需要的族或者类型，那么可以找一个与之近似的族，做一些快速地修改，来使其符合你的要求。

如果找不到的话，那当然就只好自己做一个了。

本书中的重点是，自己创建族时所遵循的流程，以及使用的工具和技巧。

在这个过程中，会学习逐步的操作以及完整的流程和全套的工具。这些自己制作的内容，可以和下载的那些族，或者从其他渠道得到的族，进行对比，本质上并没有什么不同。

所以我们先来熟悉一下要遵循的基本步骤，后续章节中的练习多数也是完全从零开始来创建具体的内容。接下来要做的第一件事情就是找到一个合适的族。

对于多数公司的员工而言，第一个要查找的地方是公司自己的标准族库。假定公司内部有专人从事这项建立公司标准族库的工作。那么首先要去的地方，肯定就是这个内部的族库。第二个要去寻找的地方，是欧特克公司提供的，随软件安装的族库。这个和用户所处的区域有关。这个族库里面有很多种类的族，有一些是欧特克公司根据地区情况而准备的，可以在其中进行选择。其中的一些是非常基本的，还有一些是很好的练习素材。然后就是线上的一些族库，通过搜索引擎，我们可以找到相当多的资源，提供更多的选择机会。

假设在以上的某个位置找到了一个族，作为后续工作的开始，那么通常对工作效率的提高是有明显帮助的。在族编辑器中打开它，做一些修改，这样比完全的新建一个族要快得多了。当然，用户也可以选择，自己动手来做完全部的工作。

如果找不到满足要求的族，那么就只好自己动手来做了。本书中的例子，很多都是这样的，从样板开始，完全的新建一个族。

　　在安装软件时附带的默认族库，取决于用户所在的地区，当然也可以在安装时选择其他所需要的内容。我们所接触的多数是以公制尺寸为主的族库。有很多线上的族库，来自于软件厂家或者是某类产品的制造商。平时可以多搜集一些这方面的资源，即使不能直接使用，也可以作为建模时的参考。

　　通常我们要找的就是 RFA 格式的，这正是 Revit 里族文件的后缀。不管怎样，一般来说，找到一个近似的族然后进行少量的修改，是创建所需内容的比较快捷的方式。如果找不到合适的，那么就只好从头开始自己来进行全部的创建工作了。

　　在线上资源中，由制造商提供的关于他们产品的内容，可能会具有很高的精细度，有一些则不是。所以在使用的时候一定要预先仔细检查。打开这些族，检查其中的内容，判断是否适合你的项目的需要。

3　创建形状的基本方法

在建筑信息模型中，三维形状是最基本的图元，他们不仅仅直观地展示了建筑物的组成和细节，还携带了其他大量的信息。当用户在软件中操作时，有相当多的时间是在建立和修改各种三维形状。与系统族有关的形状往往会比较简单，例如墙体、楼板。本章内容，重点是通过练习掌握在族编辑器中创建形状、修改形状的方法。

Revit 软件在族环境内为用户提供了两种完全不同的形状创建方式。第一种很好理解，用户根据所需形状的特点，先在五个形状类型当中做出选择，然后按照所选形状的规则来绘制包含轮廓和路径的草图，之后再完成创建。第二种则是先由用户来绘制线条（或表面），然后由软件根据当前选择集的内容来自动判断可以生成的结果。如果软件所"猜测"的结果多于一个，会以缩略图的形式列出这些形状，用户从中选择一个合适的就可以了。所以第二种方式更自由一些，难度也稍大，在练习时也需要读者多花些时间。

第一种方式的代表是使用"公制常规模型"族样板创建的可载入族。前面的练习中已经接触过这样的界面，在功能区"创建"选项卡的"形状"面板中列出了五类实心形状的名称，右侧为"空心形状"下拉列表，不管是实心还是空心，其创建规则是一样的。

第二种方式的代表是使用"公制体量"族样板创建的可载入族。这种方式也存在于"自适应公制常规模型""基于公制幕墙嵌板填充图案""基于填充图案的公制常规模型"当中。相比于前面的常规方式，这种"猜测"的方式所创建的形状有很大的自由度，可以得到更加复杂多样的三维形状，甚至没有体积的单一表面。在创建形状时所使用的图元也不仅仅限于路径和轮廓，还可以使用其他形状的边缘或者表面。在后续的章节中我们会分别逐步练习。

3.1　初步比较"自由"与"指定"的不同

本节通过在"概念设计环境"和"公制常规模型"中的练习，生成一些基本的形状，来直观地感受这两种方式的特点，进行一个初步的比较。

3.1.1　打开软件，点击程序窗口左侧的"新建概念体量…"，如图 3.1.1-1 所示，打开"新概念体量—选择样板文件"对话框，如图 3.1.1-2 所示，选择"公制体量"族样板，点击"打开"按钮，如图 3.1.1-3 所示，初始界面是默认三维视图，这个角度相当于在东南方向俯视西南方向。

3.1.2　在功能区"创建"选项卡"绘制"面板中点

图 3.1.1-1　选择"新建概念体量…"

图 3.1.1-2　选择样板文件

图 3.1.1-3　初始界面为默认三维视图

击"矩形"工具，如图 3.1.2-1 所示，在视图中左上角和右上角的范围里分别绘制一个矩形，如图 3.1.2-2 所示。在这个"绘制"面板中，有两个类型的线条可供选用，就是图 3.1.2-1 里面看到的"模型"和"参照"，如果我们没有在"模型"和"参照"之中进行选择，而是直接点击了面板中右侧的某个绘制工具，那么默认将以"模型"的类型来绘制线条。图 3.1.2-2 中矩形的线条现在就是"模型"性质的，默认外观为黑色。移动光标靠近右侧的矩形，如图

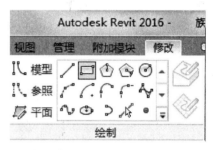

图 3.1.2-1　在绘制面板选择矩形工具

3.1.2-3 所示，可以看到它会整体的转为加粗的蓝色高亮显示的线条，同时在光标旁边会有一个提示"墙或线链"，软件以这种方式来提醒我们"预先选择"的图元是哪些。单击鼠标左键，选择这个矩形。

图 3.1.2-2　绘制两个矩形

图 3.1.2-3　蓝色高亮显示可选择的图元

3.1.3　查看属性选项板，如图 3.1.3-1 所示，因为选择的是"线链"，所以虽然只单击了一次，但是选中的是矩形的四条边，那么在属性过滤器里，自然也就是同样的数量，注意在这里它们的属性名称是"线（体量）"。在"标识数据"下有个"是参照线"的属性，现在是没有勾选的状态。也就是说，模型线和参照线是可以互相转化的。勾选这个属性，如图 3.1.3-2 所示，查看属性选项板和绘图区域里矩形的变化。这时线条的性质已经转为"参照线"，其特点我们会在后续章节中详细介绍。在绘图区域的空白位置点击，取消对这个矩形的选择，如图 3.1.3-3 所示，对比这两个矩形，分别是黑色和紫色。

 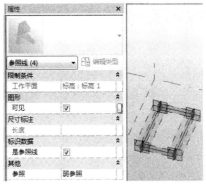 

图 3.1.3-1 查看属
性选项板

图 3.1.3-2 转换为参照
线以后的状态

图 3.1.3-3 对比参照线与
模型线的外观

3.1.4 选中左上角的矩形，方法和前面一样，光标靠近后点击一次即可。注意是"点击"不是"框选"，框选可能会少选了线条或者是多选了旁边的参照平面。在"修改｜线"关联选项卡"形状"面板，直接点击上部按钮，如图 3.1.4-1 所示，或者是点击图 3.1.4-2 中的下拉箭头，展开菜单以后点击其中的"实心形状"，如图 3.1.4-3 所示。

图 3.1.4-1 点击上部图标

图 3.1.4-2 点击"创建形状"

图 3.1.4-3 选择下拉列
表中的"实心形状"

这时会生成一个长方体，顶部的面显示为蓝色，表示已经被选中，如图 3.1.4-4 所示，旁边有一个临时尺寸标注，告诉我们现在这个盒子的高度。因为所绘制矩形的大小可能会不一样，所以长方体的高度会有差别，较大的矩形最后会生成高度较大的长方体。点击绘图区域的空白位置，取消对长方体顶部表面的选择。现在点击选择参照线形式的矩形，在"修改｜参照线"关联选项卡"形状"面板点击"创建形状"，查看绘图区域，如图 3.1.4-5 所示，会显示两个预览图像，光标靠近其中任意一个时，图像会放大，如图 3.1.4-6 所示，同时矩形所在的位置会生成所对应形状的线框图。点击选择左侧图像以生成一个长方体，查看结果，会发现长方体顶部的表面也是被选中的，同时有一个锁定符号，如图 3.1.4-7 所示，表示这个表面是已经被锁定的，只能沿着蓝色箭头的方向移动。点击绘图区域的空白位置，取消对这个表面的选择。这是在概念设计环境中创建形状的一种典型的方式，"绘制二维线条，选择二维线条来生成形状"。在有多于一个的结果时，会提供不同方案供用户选择。

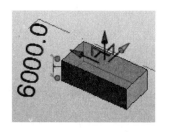

图 3.1.4-4　生成形状以后

图 3.1.4-5　预览图像

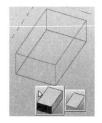

图 3.1.4-6　预览图像

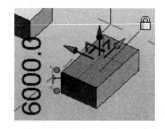

图 3.1.4-7　生成形状以后

　　3.1.5　下面再绘制两个圆形，并依次创建形状，看看会有什么不同。如果这时还停留在"修改"选项卡，可以看到这里也有"绘制"面板，其中的工具和"创建"选项卡里面的一样。点击"圆形"工具，如图 3.1.5-1 所示，在绘图区左下角和右下角分别绘制一个圆形，如图 3.1.5-2 所示，可以修改临时尺寸标注的数字，以修改圆形的大小。和前面的步骤一样，仅选择第二个圆形，在属性选项板勾选它的"是参照线"属性，在"修改｜参照线"关联选项卡"形状"面板点击"创建形状"，查看绘图区域，如图 3.1.5-3 所示，会显示两个预览图像，分别是一个圆柱和没有厚度的圆片，任选一个即可。

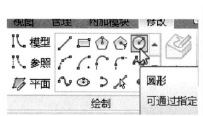

图 3.1.5-1　选择
"圆形"工具

图 3.1.5-2　绘制两
个圆形

图 3.1.5-3　创建形状时
的预览图像

　　仅选择模型线的圆形，在"修改｜线"关联选项卡"形状"面板点击"创建形状"，查看绘图区域，可以看到这次也是有两个结果，如图 3.1.5-4 所示，除了圆柱以外还有一个球体，点击预览图像中的球体以生成形状。最后结果如图 3.1.5-5 所示。从这个小练习中可以看出，在"概念设计环境"下创建形状，最后的结果是需要软件自身来"猜测"的。如果选择集中的内容只会产生一种结果，那么就直接生成，如果不止一种，就会以预览图像的方式以供用户从中选择。

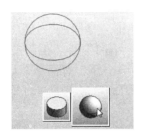

图 3.1.5-4　创建形状时的预览图像

图 3.1.5-5　对比生成形状的结果

3.1.6　在绘图区域中按照从左到右的方向框选右下角的圆柱，注意选择框要把圆柱体全部覆盖，如图 3.1.6-1 所示，是"左上到右下"还是"左下到右上"都可以。查看属性选项板，如图 3.1.6-2 所示，属性过滤器显示为"通用（2）"，点开下拉列表，可以看到其中含有一个参照线和一个"形式"，这个形式自然就是那个圆柱体。在空白处点击，取消对这两个图元的选择，框选左下角的球体，查看属性选项板，如图 3.1.6-3 所示，在属性过滤器里就只有一个形式了。这表明在使用线条创建形状以后，参照线本身还在并且也还是原来的位置，而如果是模型线，则线条会消失只留下创建出来的形状。而且，从模型线开始所创建的形状，创建完毕之后是可以立即进行修改的，比如它的点、边、面都可以在选中以后就进行三个方向的移动，如果是从参照线开始所创建的形状，比如刚才练习的方块，在选中形状的点、边、面时，会出现锁定符号，如图 3.1.6-4 所示，表示有锁定关系，能够进行移动的方向可能只有一个。读者可以根据自己的需求，选择合适的方式来创建形状。

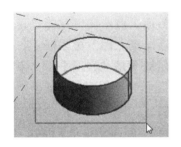

图 3.1.6-1　框选圆柱体

图 3.1.6-2　查看属性过滤器

图 3.1.6-3　框选球体后查看属性过滤器

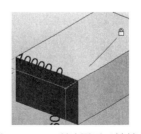

图 3.1.6-4　所选图元已被锁定

3.1.7 读者可以继续绘制圆弧、折线、椭圆等不同的线条，闭合的或者是开放的，创建新的形状来进行对比。绘制时注意查看选项栏的"放置平面"，默认的放置平面"标高1"，但是在操作过程中可能会因为修改形状而自动切换到"参照点"，如图3.1.7-1所示，为了便于查看绘制结果，可以在列表里点击"标高：标高1"再切换回去。如果是画成类似图3.1.7-2这样的线条，因为产生了交叉，会弹出一个警告对话框，如图3.1.7-3所示，告诉我们将无法创建这个形状。点击"取消"按钮，调整线条为不交叉的情况，就可以生成单面的、没有体积的形式了。

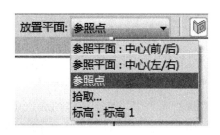

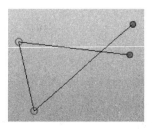

图 3.1.7-1　选项栏中显示的"放置平面"的信息　　　　图 3.1.7-2　线条存在交叉

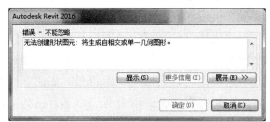

图 3.1.7-3　报错信息

3.1.8 把这个文件关闭。在"最近使用的文件"界面，点击窗口左侧"族"下方的"新建…"按钮，如图3.1.8-1所示，打开"新族—选择样板文件"对话框，在其中选择"公制常规模型"族样板，点击"打开"按钮。默认初始视图是"楼层平面：参照标高"。观察功能区"创建"选项卡，如图3.1.8-2所示，在"形状"面板列出了五种类型，移动光标靠近"拉伸"按钮，如果没有修改过软件默认设置的话，会显示工具提示信息，再多停留约一秒钟，会展开更详细的说明，还包含一个小动画，如图3.1.8-3所示，演示建立草图线后生成形状的过程。在这个环境下，就是需要先选择好形状的生成方式，然后再绘制草图线或路径、截面，生成唯一的结果。

图 3.1.8-1　新建一个族　　　图 3.1.8-2　"创建"选项卡"形状"面板　　　图 3.1.8-3　工具提示信息

3.1.9 点击"快速访问工具栏"里的小房子按钮，打开默认三维视图，这样便于查看最后生成的结果。点击功能区"创建"选项卡"形状"面板的"拉伸"按钮，在"修改｜创建拉伸"关联选项卡"绘制"面板选择"矩形"工具，绘制三个矩形，如图 3.1.9-1所示，其中一个大的矩形套住了两个小的矩形。绘制时，如果软件检查到有平行、延伸、垂直等等这样的关系时，会以蓝色高亮的方式给出提示。点击模式面板的绿色对勾，即"完成编辑模式"按钮，会立即退出草图模式并生成这个形状，如图 3.1.9-2所示，默认的拉伸厚度是 250 mm，所以如果矩形的尺寸越大，最后生成的形状看上去就越扁。选择这个形状，可以看到在它的表面有很多的蓝色三角形箭头，如图 3.1.9-3所示，表示可以直接推拉这些箭头来修改形状。

图 3.1.9-1 绘制草图   图 3.1.9-2 生成形状   图 3.1.9-3 选择形状
                                                    以后显示了造型操纵柄

对比概念设计环境中由软件"猜测"的方式，两者之间的差异是很明显的。我们会在后续的章节中详细介绍各个类型的操作方法。总之要牢记这个区别，是"先画线再创建"，还是"先指定形状生成方式再去画线"。在概念设计环境还有另外一个特点，线条的性质对最终结果是有影响的。

3.2 最常用的类型——拉伸

创建三维形体可能是一个曲折的过程，不像是绘制二维线条那么容易。有时候，我们只是误以为自己正在创建"某个形状"，而实际得到的最后结果却不是想象的那个样子。在有些情况下，我们还需要先创建一个作为辅助参照作用的几何形体，之后再利用它来创建所需要的最后的形状。有时候我们需要创建一个复杂的参数化的形状，来使我们设计的外形能够按照输入的参数进行改变。这些技巧是非常有用的，在本章接下来的部分里，我们首先还是要练习一些基本形状类型的创建方法，这样在以后需要创建形状时，能够按形状的特点来选择正确的方式和工具。从本节开始，学习上一节中提到的"公制常规模型"的方式。总共有五种不同的形状类型：拉伸、融合、旋转、放样、放样融合。这五种形状类型都有对应的实心形状和空心形状。

选择哪个类型是很重要的，通常情况下，我们应该使用最简单最直接的形状来表现所要做的模型，同时不要忘记，这些几何形状可能会以怎样的方式进行变化，这些变化是否满足将来可能存在的调整。

这一节我们先从"拉伸"形状开始。观察我们周围的环境，无论是建筑物本身还是与建筑有关的产品，它们的形状组成里面最多的就是各种大小、各种比例的"方盒子"，或者说是"方块"，还有很多构件，本身的截面比较复杂，但是在各处都具有相同截面，同时沿长度方向的各个边线互相都是平行的，例如铝合金门窗的框料。这些形状都可以使用"拉伸"的方式来制作。在族编辑器中，我们可以根据实际需要来创建实心拉伸或空心拉伸。虽然"拉伸"是基于工作平面创建的形状，但是拉伸厚度的起点或者终点不是必须位于工作平面中。这个拉伸形状只是利用这个工作平面来绘制草图，并把拉伸方向设置为垂直于这个工作平面的方向。在绘制前后，都可以设置拉伸形状的厚度。在参照标高平面视图里，初始工作平面默认为是"参照标高"本身。工作平面也可以来自于其他形状的表面、参照线自身携带的平面、参照平面、参照点的平面。

3.2.1　打开软件，在"最近使用的文件"界面，点击窗口左侧"族"下方的"新建族…"，打开"新族—选择样板文件"对话框，在其中选择"公制常规模型"族样板，点击"打开"按钮，开始时的默认视图是参照标高平面视图。点击"创建"选项卡"形状"面板里面的"拉伸"按钮，在"修改｜创建拉伸"关联选项卡"绘制"面板选择"矩形"工具，在平面视图的右上角绘制一个矩形，如图 3.2.1-1 所示，查看属性选项板中的信息，如图 3.2.1-2 所示，其中"工作平面"一栏是灰色显示的，当前的工作平面是"标高：参照标高"，"灰色显示"的意思是表示在属性选项板里不能直接修改这个属性。在"限制条件"下的"拉伸起点"和"拉伸终点"之间的差值决定了这个拉伸形状的高度，在这里，终点的数值可以比起点的数值小，这样形状将会反方向的生成。点击"修改｜创建拉伸"关联选项卡"模式"面板的"完成编辑模式"。在窗口底部的视图控制栏，点击"视觉样式"，如图 3.2.1-3 所示，切换为"着色"模式。选择这个拉伸形状，光标放在形状表面以后可以按下左键拖动它，或者用旋转工具把它转动一下，如图 3.2.1-4 所示，它的移动范围是在"参照标高"这个平面以内。如果在属性选项板修改"拉伸起点"或"拉伸终点"的数值，那么形状高度的变化方向也是垂直于参照标高的。

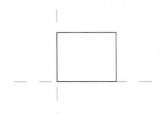

图 3.2.1-1　绘制草图

图 3.2.1-2　拉伸形状的信息

图 3.2.1-3　修改视觉样式

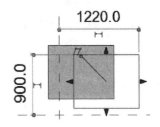

图 3.2.1-4　移动这个形状

3.2.2 在项目浏览器里，展开立面分支，双击其中的"前"以切换到前立面，选择这个形状并拖动它，会发现它现在只能以平行于参照标高的水平方向来移动了。这是由创建时的工作平面所形成的限制。所以在开始制作之前，务必考虑好这个形状可能变化的运动方向，在合适的视图里进行创建。如图 3.2.2-1 所示，在选中形状之后会显示一个小图标，移动光标靠近这个小图标，显示提示信息"取消关联工作平面"，点击它一次以后查看属性选项板，如图 3.2.2-2 所示，会发现它的"工作平面"属性已经变为"不关联"，这时再选中它，如图 3.2.2-3 所示，就可以在前立面视图里进行旋转和移动了。在参照标高平面视图中，如果不另外指定新的工作平面，Revit 会直接采用当前视图的参照标高作为新创建形状的工作平面。单击"创建"选项卡"工作平面"面板的"设置"按钮，打开"工作平面"对话框，点击"名称"后的下拉列表，可以看到在当前视图可用的工作平面的列表。

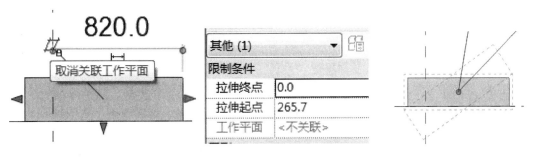

| 图 3.2.2-1 取消关联工作平面 | 图 3.2.2-2 属性选项板中显示的信息 | 图 3.2.2-3 旋转这个形状 |

3.2.3 选择拉伸形状，查看选项栏，有一个属性"深度"，在这里可以输入数值以确定形状的高度，正值或者负值都可以，正负号决定的是拉伸时相对于工作平面的方向。但是不能输入 0，如图 3.2.3-1 所示，那样会报错，因为在公制常规模型族的类型里不支持高度为零的拉伸，这一点和概念设计环境是不一样的。在给"深度"属性输入数值以后，软件会以"拉伸起点"的设置为起点，按照这个数字来计算"拉伸终点"的值，比如拉伸起点为 200，对于"深度"输入"-500"，如图 3.2.3-2 所示，那么拉伸终点的值会是"-300"。选择这个形状，可以使用"修改 | 拉伸"关联选项卡"模式"面板的"可见性设置"工具，来对它的可见性进行设置，后续章节会详细说明。在属性选项板中可以给形

图 3.2.3-1 报错信息

状添加材质和材质参数，如图 3.2.3-3 所示，要注意的是那个用于打开材质浏览器的按钮，在点击了"材质"属性后面那一栏以后，它才会显示出来。在其他的很多位置也有这个特点，那个位置确实是有一个按钮或者下拉箭头的，但是如果你没有点击一下的话，它们是不显示的。

图 3.2.3-2 "深度"可以是负值

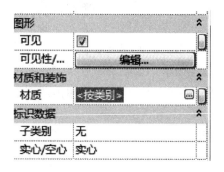

图 3.2.3-3 可以为形状添加材质

在"材质"属性最右侧的小方块是"关联族参数"按钮，如图 3.2.3-4 所示。点击以后会打开"关联族参数"对话框，如图 3.2.3-5 所示。在这里可以为这个形状添加一个参数，以参数来携带材质，这样在以后的使用中，在项目中可以通过修改这个族的材质参数值来修改材质，就不必再打开族编辑器来修改这个族了，提高操作效率。因为是在"材质"属性后面点击"关联族参数"按钮来打开这个对话框的，所以在对话框中的"参数类型"已经默认设置为"材质"，如果是点击"可见"属性后面的"关联族参数"按钮，那么"参数类型"会默认设置为"是/否"，如图 3.2.3-6 所示，因为对于"可见性"而言只有两个状态。同样的，如果点击"拉伸起点"后面的"关联族参数"按钮，"参数类型"的设置为"长度"，读者可以自行尝试。

图 3.2.3-4 材质属性右侧的 "关联族参数"按钮

图 3.2.3-5 与"材质"属性对 应的"关联族参数"对话框

图 3.2.3-6 与"可见"属性对 应的"关联族参数"对话框

3.2.4　选择这个形状并删掉它。接下来做一个练习，人为的制造一些错误的情况，来熟悉创建拉伸时绘制草图的规则。切换到参照标高平面视图，在"创建"选项卡"基准"面板点击"参照平面"按钮，如图 3.2.4-1 所示，在绘图区右侧绘制一个垂直的参照平面，如图 3.2.4-2 所示。因为默认的方式是连续绘制，所以在两次单击完成一个参照平面的绘制以后，仍然处于"放置参照平面"的状态，观察功能区，"修改｜放置参照平面"关联选项卡是激活的状态，其标题区域显示为浅绿色。按两次 Esc 键退出绘制参照平面的命令。在"创建"选项卡点击"形状"面板的"拉伸"，在"修改｜创建拉伸"关联选项卡"绘制"面板选择"圆形"工具，在绘图区右侧绘制一个圆形。绘制一个圆形需要单击两次，第一次单击是确定圆心的位置，第二次单击确定圆的半径，在绘制过程中，如图3.2.4-3 和图 3.2.4-4 所示，程序窗口左下角的状态栏都会有相应的提示信息。

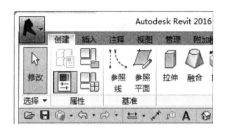

图 3.2.4-1 参照平面

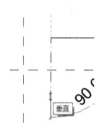

图 3.2.4-2 绘制一个参照平面

图 3.2.4-3 绘制圆形时的提示信息

图 3.2.4-4 绘制圆形时的提示信息

选择这个圆形，查看属性选项板，如图 3.2.4-5所示，勾选"中心标记可见"，之后会发现在圆心位置多了一个小的十字标记，如图 3.2.4-6 所示，借助于这个标记，我们可以把圆形锁定到刚才绘制的参照平面上，之后再移动参照平面的时候，就可以带动圆形一起移动了。点击"修改｜创建拉伸"关联选项卡"修改"面板左上角的第一个按钮，如图3.2.4-7 所示，这是"对齐"工具，将一个或多个

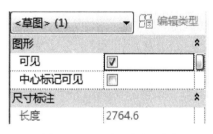

图 3.2.4-5 中心标记可见

图元与选定图元对齐。操作时注意，首次拾取的是提供基准的目标图元，第二次拾取的是要对齐过去的图元。

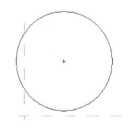

图 3.2.4-6 圆心处的十字小叉

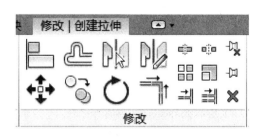

图 3.2.4-7 对齐工具

移动光标靠近刚才绘制的参照平面，当距离足够近（在屏幕的实际距离约 2 mm），如图 3.2.4-8 所示，对齐工具能够辨认到这个参照平面时，参照平面本身会以加粗的蓝色高亮显示作为给用户的提示，点击它一次，这时会沿着参照平面的方向产生一条很长的淡蓝色虚线。再去单击圆心位置的十字标记，如图 3.2.4-9 所示，圆形会立即向参照平面移动过去，同时出现一个锁定符号。点击这个符号，把圆形锁定到参照平面。使用矩形工具在圆内部绘制一个矩形，并使一个角与圆形有交叉，如图 3.2.4-10 所示，点击关联选项卡模式面板的完成编辑模式按钮，会立即弹出一个警告对话框，如图 3.2.4-11 所示，提示我们，因为有线条重叠了所以无法生成形状。点击"继续"按钮关闭这个警告，在绘图区从左到右框选这个矩形，或者移动光标悬停到矩形的一条边上，先不要去点击它，等它变蓝色显示以后按一次键盘上的 Tab 键，在矩形的四条边都变为蓝色以后点击左键，以"线链"的方式选中整个矩形。选择矩形以后把它移动到圆形的内部，如图 3.2.4-12 所示，这时再去点击"完成编辑模式"就可以顺利生成形状。

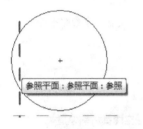

图 3.2.4-8　先点击
参照平面

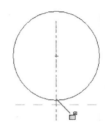

图 3.2.4-9　再点击圆
心处的十字叉

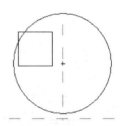

图 3.2.4-10　绘制矩形
且与圆形相交

图 3.2.4-11　报错信息

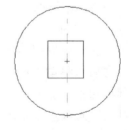

图 3.2.4-12　移动矩形使其不与圆形相交

3.2.5　选中之前绘制的参照平面并移动，如图 3.2.5-1 所示，可以看到拉伸的外轮廓会跟着一起移动，因为圆形的圆心是锁定到了这个参照平面的，里面矩形的空心部分会留在原地不动。继续拖动参照平面，当外轮廓的圆形与内部的矩形有交叉时，形状会消失并弹出报错的对话框，如图 3.2.5-2 所示，所以在进行族内部形状设计的时候，要充分考虑可能的变化情况以及这个变化是否合理。选中这个形状，点击"修改｜拉伸"关联选项卡"模式"面板的"编辑拉伸"，如图 3.2.5-3 所示，这样我们就又返回了草图编辑模式。

在圆形的外部画一条单独的线段，不与圆形交叉，如图 3.2.5-4 所示，点击"完成编辑模式"后会报错，如图 3.2.5-5 所示，其中说明了错误的原因和关键词"闭合的环"，也在绘图区以高亮显示的方式指明了是哪个图元有错误。所以，在有报错信息出现时，要耐心地看一下，分析是什么原因导致的错误，去绘图区找一找，看看是哪个图元被高亮显示了。点击"继续"按钮关闭这个窗口，删掉这个线段。使用直线工具沿着矩形的右边绘制一条较短的线段，如图 3.2.5-6 所示，因为发生了重叠，所以会立即有一个警告信息弹出，同时，那个有重叠线条的位置也改变了颜色。但是这个警告信息和前面的那个不同，只要有任何一个操作，比如用中键平移视图、左键有一次单击，这个警告信息就会立即消失，线条本身也会恢复为正常的颜色。在没有清理重叠的线条时，去单击"完成编辑模式"，如图 3.2.5-7 所示，软件会给出这样的提示，有重叠关系的线条也会变为黄色。那么点击"继续"再返回修改就可以了。有一些错误，如果是握着鼠标不动只用"看"的方式来查找，可能很难发现原因到底在哪里。以刚才的情况为例，如果框选这个矩形再查看属性过滤器，如图 3.2.5-8 所示，就会发现这个矩形包含了五条草图线，当然也不排除有线段首尾衔接的可能性，那么这个矩形，现在就是值得检查的对象。

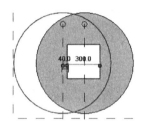

图 3.2.5-1　移动通过圆心的参照平面

图 3.2.5-2　报错信息

图 3.2.5-3　编辑拉伸

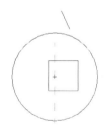

图 3.2.5-4　添加一条草图线

图 3.2.5-5　关于开放线条的报错信息

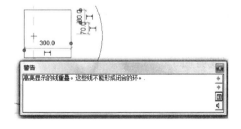

图 3.2.5-6　关于绘制时出现重叠线条的报错信息

3.2.6　点击"创建"选项卡"形状"面板"空心形状"下拉菜单里的"空心拉伸"，如图 3.2.6-1 所示，选择"矩形"工具在上一个拉伸的角部绘制一个矩形，如图 3.2.6-2 所示，点击"完成编辑模式"，如图 3.2.6-3 所示，会立即发生剪切。

图 3.2.5-7 完成形状时发现有重叠线条的报错信息

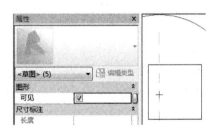

图 3.2.5-8 框选矩形查看属性过滤器

图 3.2.6-1 空心拉伸

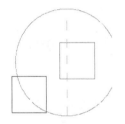

图 3.2.6-2 绘制矩形草图

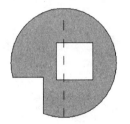

图 3.2.6-3 完成后发生剪切

在圆形的左上角创建一个实心拉伸，如图 3.2.6-4 的位置，选中这个新添加的拉伸形状，在属性选项板"标识数据"下把"实心/空心"属性换为"空心"，如图 3.2.6-5 所示，这时原先为灰色显示的实心拉伸形状会变为浅黄色半透明，并且与第一个形状没有发生剪切，如图 3.2.6-6 所示。通常是这样的，如果是由实心形状转换的空心形状，多数情况下不会自动与实心形状发生剪切。在功能区"修改"选项卡"几何图形"面板点击"剪切"工具，如图 3.2.6-7 所示，然后依次拾取这两个形状，先点击哪个都可以，这样就可以完成剪切了。

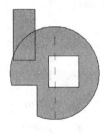

图 3.2.6-4 创建一个实心形状

图 3.2.6-5 把实心形状转为空心形状

48

图 3.2.6-6　并未发生剪切　　　　　　　　图 3.2.6-7　"剪切"工具

移动光标靠近剪切后的拉伸形状，光标处的提示信息为"拉伸"，预览图会显示它剪切之前的原始轮廓，如图 3.2.6-8 所示，点击选中它，查看属性选项板，如图 3.2.6-9 所示，在"标识数据"下已经没有"实心/空心"属性了，同时，在绘图区会显示这三个形状在没有剪切之前的样子。在绘图区空白处单击，再移动光标放到形状表面，按一下 Tab 键，光标处的提示信息变为"连接的实心几何图形"，如图 3.2.6-10 所示，单击选中它，可以看到只显示了剪切之后的结果，如图 3.2.6-11 所示，不再显示用于剪切的两个空心形状。

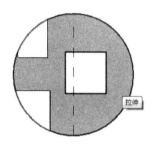

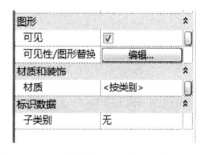

图 3.2.6-8　关于待选图元的提示信息　　　图 3.2.6-9　被剪切过的实心形状的属性

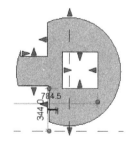

图 3.2.6-10　待选图元为剪切后的结果　　　图 3.2.6-11　被选中的剪切结果

以上练习中，拉伸的高度都是默认值"250 mm"，默认打开了"按面选择图元"和"选择时拖拽图元"，如图 3.6.6-12 所示，请读者练习时注意。

在创建可载入族时，"拉伸"的形式是出现频率最高的，它的特点是基于工作平面绘制二维轮廓，再以垂直于工作平面的方向形成厚度。如果用作轮廓的草图线有

图 3.2.6-12　关于"选择"的选项

不符合规则的情况，例如有重合、未闭合或者交叉，那么将无法生成形状。已经创建完毕的拉伸形状，可以取消其与工作平面的关联关系，之后就可以在其他视图自由的移动、转动这个形状了。

3.3　高凳练习—其他四种类型的形状

本节我们通过制作一个凳子的练习，学习另外四种类型的形状创建方法，分别是融合、旋转、放样、放样融合。先通过旋转制作凳子的顶部，再通过放样给凳子的边缘添加一些细节，最后用融合和放样融合来创建凳子腿，并比较这两种类型的不同之处。

这个类型使用一个或更多的二维轮廓，围绕作为"轴"的线段进行旋转而生成形状。在生成旋转时默认的角度是 360°，我们也可以调节这个值，比如改为 180°，那么就是旋转了一半。旋转轴可以与旋转造型的边界重合，那样会产生一个表面封闭的形状。如果旋转造型远离旋转轴，那么会产生一个环形的形状。读者可以观察一下自己的周围，有哪些形状可以使用旋转的方式来创建。

3.3.1　打开软件，用上一节的方法，新建一个族，选择"公制常规模型"族样板，初始视图是参照标高平面视图。在项目浏览器中，双击立面分支下的"前"，切换到前立面视图，我们将在这个视图创建一个旋转形状作为凳子的顶部。点击"创建"选项卡"基准"面板的"参照平面"，在参照标高的上方绘制一个水平的参照平面，会立即出现一个临时尺寸标注，是参照标高到参照平面的距离，在没有结束"放置参照平面"命令的状态下也可以修改这个距离，移动光标到临时尺寸标注的文字部分，在文字周围会出现一个蓝色外框，如图 3.3.1-1 所示，同时光标旁边显示提示信息"编辑尺寸标注长度"，点击一次，如图 3.3.1-2 所示，会激活一个文本框，在其中输入"750"，然后移动光标在绘图区其他位

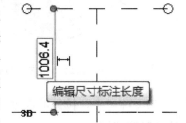

图 3.3.1-1　移动光标靠近临时尺寸标注的文字部分

置点击一次，这个修改就会自动生效了。调节好高度以后，按两次 Esc 键退出放置参照平面的命令。单击"创建"选项卡"形状"面板的"旋转"，就进入了草图模式。在"修改｜创建旋转"关联选项卡"绘制"面板上，已经自动选择了"边界线"的"直线"工具，如图 3.3.1-3 所示。

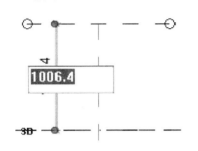

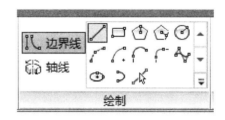

图 3.3.1-2 激活文本框   图 3.3.1-3 选择"直线"工具

3.3.2 如图 3.3.2-1 所示，捕捉到新绘制参照平面和垂直参照平面的交点处，作为第一点，水平向右移动光标，在小键盘输入"150"并按 Enter 键，这样就绘制出一段长度为 150 mm 的水平线段。向下垂直移动鼠标，在移动时软件会显示光标的移动距离，如图 3.3.2-2 所示，根据提示绘制一段长度为 40 mm 的垂直线段。绘制中注意，视图范围的大小会影响移动时步长的大小，滑动鼠标滚轮，当放大这个位置时，步长会减小，甚至可能会出现带有小数点的值，读者可以仔细体会。然后向左再向上绘制两段直线，围合成一个矩形，如图 3.3.2-3 所示的样子。

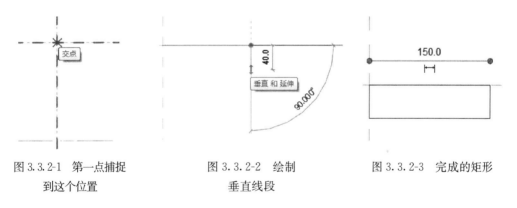

图 3.3.2-1 第一点捕捉   图 3.3.2-2 绘制   图 3.3.2-3 完成的矩形
　　　　到这个位置　　　　　　　垂直线段

3.3.3 点击关联选项卡"绘制"面板中的"轴线"，如图 3.3.3-1 所示，默认为"直线"方式，在矩形上方沿着垂直的参照平面绘制一条线段，如图 3.3.3-2 所示，最好不要和边界线重合在一起，因为那样在以后修改时可能不方便。这时作为轮廓的边界线和旋转轴都已经准备好了，点击关联选项卡"模式"面板的绿色对勾"完成编辑模式"，如图 3.3.3-3 所示，就可以生成这个旋转形状了。

图 3.3.3-1 绘制轴线

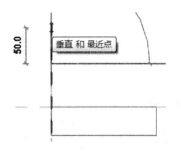

图 3.3.3-2　捕捉到中心参照平面

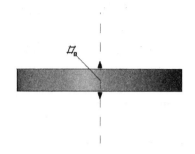

图 3.3.3-3　完成旋转形状

3.3.4　和拉伸形状一样，旋转形状也有自己的规则，如图 3.3.4-1 和图 3.3.4-2 所示，首先仍然是要求"闭合环"。图 3.3.4-3 这样的也不行，会提示"轮廓不能与旋转轴相交"，而图 3.3.4-4 那样的是可允许的。

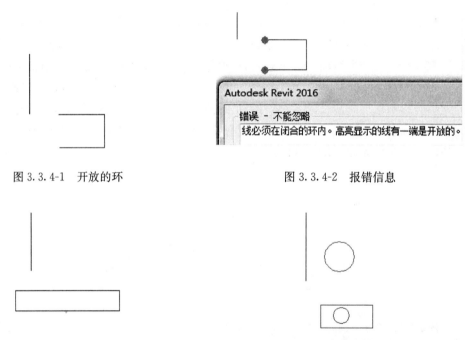

图 3.3.4-1　开放的环

图 3.3.4-2　报错信息

图 3.3.4-3　轮廓与旋转轴相交

图 3.3.4-4　多个闭合环且彼此不相交

3.3.5　选中这个旋转形状，查看属性选项板，在"限制条件"下有"起始角度"和"结束角度"，因为默认是转满一圈的，所以就是从零开始到 360°。点击"材质"属性后面的"〈按类别〉"，在右侧会出现一个小按钮，如图 3.3.5-1 所示，点击这个小按钮，会打开材质浏览器，如图 3.3.5-2 所示，在左下角的材质库里"木材"中选一个材质，光标放到材质名称上面时会显示一个向上的箭头，并提示"将材质添加到文档中"，点击这个小箭头，就可以把需要的材质添加到窗口左上角的"项目材质"列表里。在材质浏览器左上角"项目材质"列表里选择所添加的那个材质，本例中是"柚木"，在窗口右侧的"图形"选项卡中勾选"使用渲染外观"，点击窗口右下角的"确定"按钮，这样就把"柚木"材质加给了这个旋转形状。

材质和装饰		⌃
材质	<按类别>	…
标识数据		⌃
子类别	无	
实心/空心	实心	

图 3.3.5-1 点击后才显示出来的小按钮

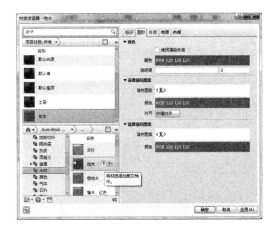

图 3.3.5-2 材质浏览器

3.3.6 现在坐凳的顶部是直边的，我们通过放样给它添加一个圆边，使它更柔和舒适一些。生成一个"放样形状"需要有路径和轮廓，这个轮廓是沿着路径的方向来拉伸的。可以使用这种方式来创建那种"轮廓固定不变但是路径弯曲"的饰条、栏杆扶手等构件。在创建放样形状时要注意，对于某些特定的路径，尤其是多段的弧形或角度较大的折线，轮廓与路径的大小比例，会影响形状是否能够生成，当不可以时软件会立即报错。在快速访问工具栏点击小房子图标，切换到默认三维视图，在程序窗口底部视图控制栏点击"视觉样式"，选择"着色"模式，这样看上去更直观一些。

3.3.7 在功能区"创建"选项卡"形状"面板单击"放样"，在"修改 | 创建放样"关联选项卡"放样"面板点击"拾取路径"，如图 3.3.7-1 所示，我们将拾取旋转形状的边缘来作为放样的路径，这时会激活"拾取三维边"命令，如图 3.3.7-2 所示，功能区的关联选项卡会自动切换为"修改 | 放样>拾取路径"，程序窗口左下角状态栏提示"拾取现有边缘或线"，移动光标靠近旋转形状的上部边缘，可选边缘会以蓝色来高亮显示，如图 3.3.7-3 所示，点击一次就生成一段路径，如图 3.3.7-4 所示，同时在路径中间位置会有一个浅绿色的工作平面，这是后续添加轮廓的平面位置。轮廓的位置默认就是在所绘制第一段路径的中点，所以在绘制路径时要选好位置，方便以后的操作。再移动光标点击圆形的另一半，这样就形成一个完整的路径了，在关联选项卡"模式"面板点击绿色对勾"完成编辑模式"，结束路径的绘制，这时它会从紫色转为黑色。现在已经有了路径，点击"放样"面板的"选择轮廓"按钮，使在它右侧的两个按钮和一个下拉列表从灰色变为黑色，点击"编辑轮廓"按钮，关联选项卡切换为"修改 | 放样>编辑轮廓"，为了更准确地在图 3.3.7-4 中的红点位置添加轮廓，在项目浏览器中双击"右"，切换到右立面（当然左立面也行），如图 3.3.7-5 所示，放大红点位置，如图 3.3.7-6 所示，使用"绘制"面板的圆弧工具绘制一个半圆并用直线连接弧端点，形成一个闭合环，如图 3.3.7-7 所示，这时，轮廓和路径都已经准备好了，点击两次绿色对勾，完成这个放样形状。第一次对勾是退出轮廓编辑模式的。按组合键"Ctrl＋Tab"切换回默认三维模式查看效果，选

中这个放样形状，用之前的方法给它添加"柚木"的材质。

图 3.3.7-1　拾取路径

图 3.3.7-2　拾取三维边

图 3.3.7-3　可选边缘

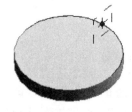

图 3.3.7-4　点击后生成一段路径

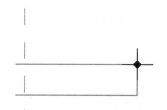

图 3.3.7-5　在右立面视图
查看放置轮廓的位置

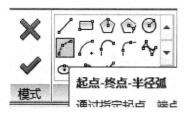

图 3.3.7-6　圆弧工具

图 3.3.7-7　完成绘制的草图

这时会看到在两个形状之间有黑色的分界线，如图 3.3.7-8 所示。点击功能区"修改"选项卡"几何图形"面板的"连接"按钮，或者展开下拉列表选择其中的"连接几何图形"，如图 3.3.7-9 所示，然后依次点击这两个形状，结果如图 3.3.7-10 所示。当然，对于最终的这个形状，如果在创建旋转时绘制如图 3.3.7-11 所示的轮廓，就可以一步到位的生成，本例中主要是练习创建放样的操作方法。

图 3.3.7-8　在三维视图查看完成的形状

图 3.3.7-9　连接几何图形

图 3.3.7-10 连接后的几何图形

图 3.3.7-11 可采用的轮廓与旋转轴

3.3.8 切换到参照标高平面视图，在创建凳子腿之前，我们再练习创建放样的另外一个方法。在功能区"创建"选项卡"形状"面板单击"放样"，在"修改｜创建放样"关联选项卡"放样"面板点击"绘制路径"，如图 3.3.8-1 所示，在绘图区先用直线绘制一条水平线段，换为圆弧工具绘制一段圆弧，再换为直线工具绘制一条线段后结束，如图 3.3.8-2 所示，绘制过程中软件会随时提醒延伸、相切、垂直等几何关系，光标处的图标也会相应改变。点击"完成编辑模

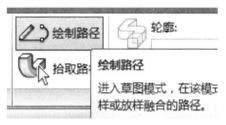

图 3.3.8-1 绘制路径

式"完成路径以后，同之前的操作一样，在"修改｜放样"关联选项卡点击"放样"面板的"选择轮廓"、"编辑轮廓"，这时会弹出"转到视图"对话框（图 3.3.8-3），其中有说明"要编辑草图，请从下列视图中打开草图与屏幕成一定角度的视图"，意思是因为路径本身是位于参照标高平面视图，轮廓所在的工作平面是垂直于路径的，也垂直于参照标高平面，所以要换到其他视图去绘制轮廓。选择右立面，点击对话框底部的"打开视图"按钮，在右立面视图找到那个红点，绘制一个圆形，注意要有合适的半径，本例中是 50mm，点击两次绿色对勾，完成这个放样。

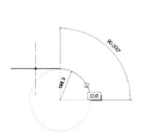

图 3.3.8-2 连续绘制

图 3.3.8-3 转到视图

切换到默认三维视图查看，如图 3.3.8-4 所示，单独选中这个放样，在属性选项板"其他"下有个"轨线分割"属性，勾选以后给"最大线段角度"输入"15"，查看效果，如图 3.3.8-5 所示，放样形状将以切割后的直线管段来拼接这个 90°的转

角，同时在弯头内部的相邻线段之间的夹角为 15°，读者可以测试其他角度观察其变化。不管是哪种方式，都要求是先绘制路径，才可以绘制轮廓。对于轮廓的要求，和之前的类似，必须是闭合环，且不能有交叉、重叠的情况，也不能有自相交的情况。对于比较复杂的放样，建议先以简化后的轮廓来创建形状，在成功以后再返回修改轮廓直到满足需要。我们无法手动的调整轮廓在路径上的位置，规则是这样的，软件自动在所绘制的第一段线条的中点位置，放置一个垂直于路径的标记，来表示绘制轮廓时的平面。如果路径是单一的一段线条，那么会在整个路径的中点放置用于绘制轮廓的工作平面标记。放样的路径可以是单一的闭合路径，比如一个圆形，也可以是单一的开放路径，例如图 3.3.8-4、图 3.3.8-5 中的例子，但是不能有多条路径，否则软件会报错，提示"不允许有一个以上的环"。可以用直线和曲线组合起来绘制路径，在使用"拾取三维边"的方式时，这些直线和曲线可以不在同一个平面内，只要是首尾衔接的组合就可以，也会被视为"一条路径"。

图 3.3.8-4　在默认三维视图查看这个形状　　　图 3.3.8-5　设置"轨线分割"属性后的样子

　　3.3.9　切换到前立面，我们在这视图中用"放样融合"和"融合"两种方式来创建凳腿。点击"创建"选项卡"基准"面板的"参照平面"，如图 3.3.9-1 所示，在关联选项卡"绘制"面板点击"拾取线"，在选项栏给"偏移量"属性输入"40"，然后移动光标靠近位于旋转形状顶部的参照平面的下侧，在出现预览图像时点击一次，这样就在旋转形状底部也添加了一个参照平面。把选项栏的"偏移量"改为"90"，拾取中心（左/右）参照平面，如图 3.3.9-2 所示，在右侧添加一个参照平面。把选项栏的"偏移量"改为"200"，拾取中心（左/右）参照平面，在右侧再添加一个参照平面。点击"创建"选项卡"形状"面板的"放样融合"，在"修改｜放样融合"关联选项卡"放样融合"面板点击"绘制路径"，这时会切换到"修改｜放样融合＞绘制路径"关联选项卡，在"绘制"面板选择"样条曲线"工具，如图 3.3.9-3 所示，然后如图 3.3.9-4 所示，捕捉到两个参照平面的交点，点击一次作为这个样条曲线的起点，垂直向下移动约三分之一的距离点击第二次，如图 3.3.9-5 所示，然后移动到最右侧的参照平面，在距离底部约三分之一的位置点击第三次（图 3.3.9-6），垂直向下移动到参照标高平面点击第四次，按两次 Esc 键结束绘制命令。选中这个样条曲线，如图 3.3.9-7 所示，可以拖动控制点继续调整它的形态，如果想使路径的弧度变化更明显，拖动线段内部的控制点靠向整个高度的中间即可。点击对勾完成路径的绘制，它会立即从紫色变成黑色。

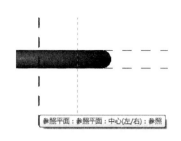

图 3.3.9-1　拾取线　　　　　　图 3.3.9-2　添加一个参照平面　　　　图 3.3.9-3　样条曲线

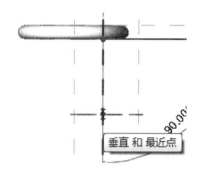

图 3.3.9-4　第一点的捕捉位置　　　　　　　图 3.3.9-5　第二点捕捉位置

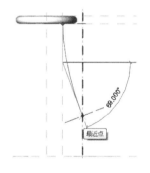

图 3.3.9-6　第三点捕捉位置　　　　　　　图 3.3.9-7　第四点捕捉位置

　　准备好路径以后，我们开始添加轮廓。切换到参照标高平面视图，在"修改｜放样融合"关联选项卡的"放样融合"面板，点击"选择轮廓 1"再点击"编辑轮廓"，这时路径的两个端点里面，靠近左侧的显示为鲜红色，右侧的为浅红色，如图 3.3.9-8 所示，因为在前立面绘制路径时，我们采取的顺序是"从左到右、从上到下"，左边为第一个端点。在关联选项卡"绘制"面板选择"圆形"工具，点击红色小点作为圆心，在小键盘输入"20"作为半径，点击"模式"面板的"完成编辑模式"，这样顶部轮廓就好了。点击关联选项卡"放样融合"面板的"选择轮廓 2""编辑轮廓"，以同样的方式在右侧端点处绘制一个半径为 10 mm 的圆形，如图 3.3.9-9 所示，作为底部轮廓。在关联选项卡，点击两次绿色对勾，完成凳子腿的创建。

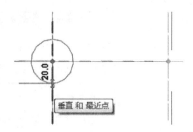

图 3.3.9-8　绘制第一个轮廓

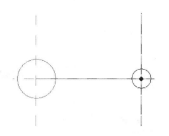

图 3.3.9-9　绘制第二个轮廓

3.3.10　切换到默认三维视图，选择这个放样融合形状，使用之前的方法，也给它添加"柚木"的材质，点击视图控制栏的"视觉样式"选择其中的"真实"，如图 3.3.10-1 所示，查看效果。这只是四条腿中的一条，还需要复制到其他位置。在项目浏览器"立面"分支下双击"前"，打开前立面，仅选择这个放样融合形状，在"修改｜放样融合"关联选项卡"修改"面板点击"镜像—拾取轴"工具，如图 3.3.10-2 所示，在绘图区中点击中心（左/右）参照平面，如图 3.3.10-3 所示，这样就把这个形状复制到了左侧。

图 3.3.10-1　切换到"真实"模式

图 3.3.10-2　镜像工具

切换到参照标高平面视图，现在已经有了左右两侧的凳子腿，还差上下位置的。为了操作方便，我们先把凳子顶部隐藏起来。如图 3.3.10-4 所示，在把光标放到凳子表面以后（先不要点击它），会显示一个提示信息"旋转"，如果靠近边缘则会显示为"放样"，同时这个形状的外轮廓会加粗后显示为蓝色，这时如果点击，只会选择到一个形状，所以我们现在不去点击它。保持光标的位置不变，还是悬停在形状表面就可以，按一下键盘的 Tab 键，可以看到提示信息已

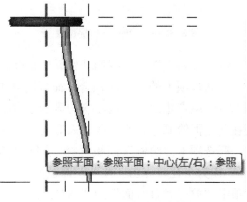

图 3.3.10-3　拾取镜像轴

经变为图 3.3.10-5 中的"连接的实心几何图形"，这时单击一次，就可以选中执行连接命

令以后那个整体的形状。查看属性选项板，因为这是一个连接以后的形状，所以已经没有了用于转换"实心/空心"的属性，如图 3.3.10-6 所示。点击窗口底部视图控制栏的眼镜图标，如图 3.3.10-7 所示，展开列表以后选择其中的"隐藏图元"，这样把凳子的顶部从视图中"临时"的隐藏起来。因为是"临时"的，所以当前视图会添加一个青色的外框作为给用户的提示。

图 3.3.10-4　关于待选图元的提示信息　　　　图 3.3.10-5　关于待选图元的提示信息

图 3.3.10-6　连接后实心形状的属性　　　　图 3.3.10-7　把选择的图元临时隐藏

现在我们复制一条凳子腿到上边的位置。在参照标高平面视图中，选择右侧的放样融合形状，会自动显示图 3.3.10-8 中的符号，移动光标靠近这个符号，提示信息为"取消关联工作平面"。之前在前立面创建这个形状时，默认的工作平面是中心（前/后），如果不取消这个关联的话，这个形状就只能在"参照平面中心（前/后）"的范围内移动了。单击这个符号一次，查看属性选项板中"工作平面"属性，已经显示为灰色的"〈不关联〉"。在功能区"修改｜放样融合"关联选项卡"修改"面板选择"旋转"工具，如图 3.3.10-9 所示，在选项栏勾选"复制"，如图 3.3.10-10 所示，然后点击右侧"旋转中心"后面的"地点"按钮，如图 3.3.10-11 所示，移动光标点击两个凳子腿之间参照平面的交点。这样做的目的是指定新的旋转中心并在旋转过程中执行一次复制。在指定了新的旋转中心以后，随着光标的移动，从旋转中心到光标之间会有一条线段，先点击水平的参照平面，如图 3.3.10-12 所示，再去点击两个凳子腿之间垂直的那个参照平面，如图 3.3.10-13 所示，这样就以旋转操作完成了复制。

现在三条凳子腿中有两个的"工作平面"属性是"不关联"的状态，我们可以重新给它们指定工作平面，以约束它们的活动范围。选中右侧的形状，在功能区"修改｜放样融合"关联选项卡"工作平面"面板，点击"编辑工作平面"，打开"工作平面"对话框，在其中点击展开"名称"后面的下拉列表，如图 3.3.10-14 所示，选择其中的"参照平

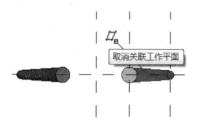

图 3.3.10-8　"取消关联工作平面"的符号

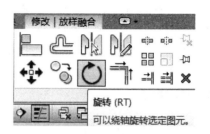

图 3.3.10-9　旋转工具

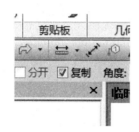

图 3.3.10-10　"旋转"时的选项

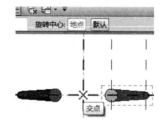

图 3.3.10-11　指定新的旋转中心

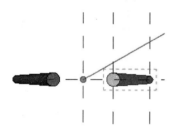

图 3.3.10-12　旋转起点

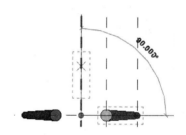

图 3.3.10-13　旋转终点

面：中心（前/后）"，点击确定按钮关闭这个对话框，可以看到，上图 3.3.10-8 中的表示关联工作平面的符号又立即出现了。选择上部的凳子腿，也是同样的操作，选择"参照平面：中心（左/右）"。

图 3.3.10-14　为形状设置工作平面

图 3.3.10-15　报错信息

　　在这里做个小结，放样融合这种形状是由位于起点和终点的两个图形再加上二维路径来确定的，对于图形的要求是单一的闭合环，如果在起点或者终点的位置绘制了两个圆形，则无论是否相交，在点击"完成编辑模式"时都会收到图 3.3.10-15 的信息。创建时所需的路径，可以采取"绘制"的方法，或者是"拾取"的方法，拾取时能够辨认出已有形状的边缘。放样融合的"路径"只支持"单条的直线或曲线"。如果画多了，软件会提示"不允许一条以上的曲线"。本例中是在路径的两端分别绘制了两个轮廓，另外一种方法是使用载入的轮廓族。

3.3.11　对于最后一条凳子腿，我们采用"融合"的方式来创建。先把用于定位的参照平面准备好。在功能区"创建"选项卡"基准"面板点击"参照平面"，在"修改｜放置参照平面"关联选项卡"绘制"面板中点击"拾取线"，在选项栏给"偏移量"属性输入"90"，移动光标靠近"中心（前/后）"参照平面的下方，在有一条虚线出现时，如图 3.3.11-1，点击中心（前/后）参照平面，把选项栏"偏移量"属性值改为"200"，再从下方点击一次中心（前/后）参照平面，结果如下图 3.3.11-2 所示的样子。按两次 Esc 键退出放置参照平面的命令。

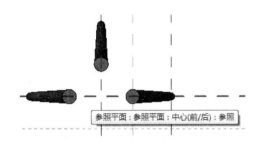

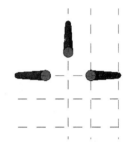

图 3.3.11-1　拾取参照平面　　　　　图 3.3.11-2　添加两个参照平面以后的结果

点击功能区"创建"选项卡"形状"面板的"融合"，会自动切换到"修改｜创建融合底部边界"关联选项卡，顾名思义，当前状态是用于绘制融合形状里较低位置的轮廓，查看属性选项板，当前视图的"工作平面"为参照标高平面。在"绘制"面板点击"圆形"工具，在下图 3.3.11-3 的位置绘制一个半径为 10 mm 的圆形。在关联选项卡模式面板点击"编辑顶部"，如图 3.3.11-4 所示。这时选项卡自动切换为"修改｜创建融合顶部边界"，在"绘制"面板点击"圆形"工具，在图 3.3.11-5 中所示的位置绘制一个半径为 20 mm 的圆形。轮廓绘制完毕，接着设置一下高度，查看属性选项板可以发现，在当前

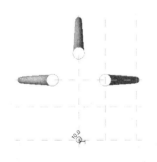

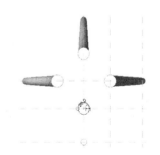

图 3.3.11-3　在这个位置　　　　图 3.3.11-4　编辑顶部　　　图 3.3.11-5　绘制第二个圆形
　　　　　　绘制一个圆形

状态下作为"顶部"的第二端点，它的默认高度是"250 mm"，这显然是不够高的。点击这一栏，删去"250"，输入一个简单的计算式"=750－40"（图 3.3.11-6），在把光标移动到绘图区的时候，软件会自动计算出结果"710"。点击关联选项卡模式面板的绿色对勾"完成编辑模式"，就生成了一个融合形状。选择这个形状，以同样方式给它添加"柚木"材质。切换到默认三维视图，查看效果（图 3.3.11-7）。

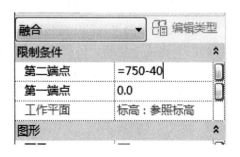

图 3.3.11-6 设置高度

图 3.3.11-7 在默认三维视图查看结果

3.3.12 这两种形状的创建过程中，都可以调用载入的轮廓族，后面再找机会练习。现在再为这个高凳添加一点细节。在项目浏览器"楼层平面"分支下单击"参照标高"，如图 3.3.12-1 所示，保持它为蓝色高亮的被选中状态，在属性选项板"范围"下找到"视图范围"属性，点击它右侧的"编辑"按钮，打开"视图范围"对话框，如图 3.3.12-2 所示，把剖切面后"偏移量"的值改为"250"，这样做的目的是，可以直观地看到在距离参照标高 250 mm 的高度时，凳子腿的水平截面在平面里的位置。点击"确定"按钮关闭"视图范围"对话框。

图 3.3.12-1 在项目浏览器中选择"参照标高"

图 3.3.12-2 打开"视图范围"设置对话框

点击功能区"创建"选项卡"形状"面板的"放样"工具，在"修改 | 放样"关联选项卡"放样"面板点击"绘制路径"，之后会立即切换到"修改 | 放样＞绘制路径"关联选项卡，在"绘制"面板选择"圆心—端点弧"，如图 3.3.12-3 所示，移动光标捕捉到图 3.3.12-4 所示的参照平面的交点后点击一次，以确定圆心，再向左水平移动光标，用小键盘输入"170"以确定半径，再以顺时针方向移动光标绘制一个半圆，如图 3.3.12-5 所示，点击"模式"面板的"完成编辑模式"，完成路径的绘制。半径的大小取决于凳子腿的路径在 250 mm 高度的位置，读者可以根据自己的绘制情况来决定具体数值。在项目浏

览器"立面"分支下双击"右",切换到右立面,这时会发现,路径是位于参照标高平面的,高度不够。不过这不要紧,我们可以在绘制轮廓以后,把轮廓向上移动 250 mm 的距离。点击"修改｜放样"关联选项卡"放样"面板的"选择轮廓"、"编辑轮廓",在"绘制"面板中选择"圆形"工具,捕捉到红点的位置点击一次以确定圆心,移动光标并在小键盘输入"10"后按 Enter 键,如图 3.3.12-6 所示,按两次 Esc 键退出绘制圆形的命令。

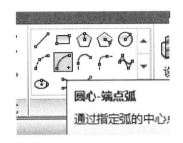

图 3.3.12-3　绘制圆弧

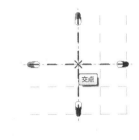

图 3.3.12-4　第一点捕捉的位置

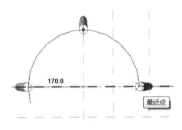

图 3.3.12-5　完成一个圆弧

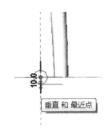

图 3.3.12-6　绘制一个圆形轮廓

　　点击选中这个圆形,在"修改｜放样＞编辑轮廓"关联选项卡的"修改"面板中,如图 3.3.12-7 所示,选择"移动"工具,在绘图区的空白位置单击一次以确定移动起点,把光标向上垂直移动一段距离(注意这时不要点击),在小键盘输入"250"并按一次 Enter 键,这样就把圆形移动到了距离参照标高 250 mm 的位置了,是图 3.3.12-8 中的样子。点击两次绿色对勾,完成这个放样形状的创建。选中这个形状,也给它加上"柚木"的材质。切换到三维视图,查看添加材质后的整体情况。

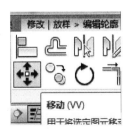

图 3.3.12-7　移动工具

图 3.3.12-8　向上移动 250 mm 距离

　　3.3.13　切换到前立面视图,点击"创建"选项卡"基准"面板的"参照平面",在"绘制"面板选择"拾取线",在选项栏给"偏移量"属性输入"250",移动光标接近参照标高靠上的一侧，在上方有蓝色虚线显示时单击，如图3.3.13-1所示，生成一个新的参照平面，按两次Esc键结束放置参照平面的命令。选择这个参照平面，在属性选项板的"名称"属性右侧点击一下，会有提示符闪动，输入"H250"作为名称。给参照平面命名，可以方便以后的操作，因为只有已经命名的参照，才可以在设置工作平面时出现在下拉列表里。返回参照标高平面视图，同样以拾取的方式添加下图3.3.13-2中的参照平面，偏移距离是160 mm。

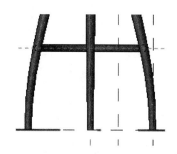

图3.3.13-1 添加一个参照平面

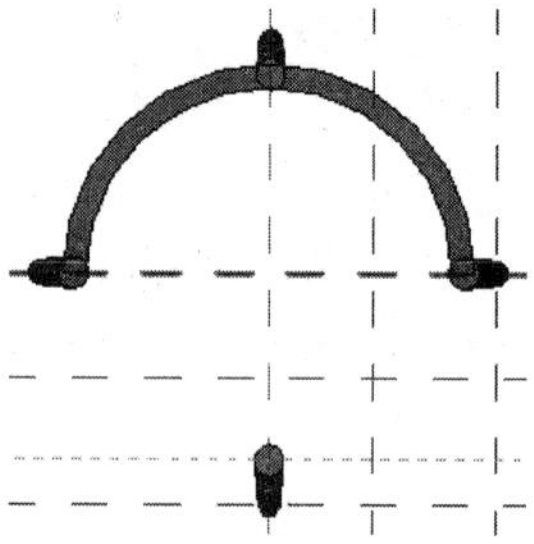

图3.3.13-2 添加一个参照平面

点击"创建"选项卡"形状"面板的"放样"，在关联选项卡的"放样"面板选择"绘制路径"，移动光标捕捉到上一个放样形状端部的中点，如图3.3.13-3所示，软件会给出提示的，同时该位置会显示一个紫色的小三角形。捕捉到中点以后，单击一次，移动光标再捕捉到图3.3.13-4中两个参照平面的交点位置，再单击一次。可以看到图3.3.13-4中的两个参照平面都会蓝色高亮显示。移动光标再去捕捉图3.3.13-5中的中点位置，按两次Esc键结束绘制直线的命令。

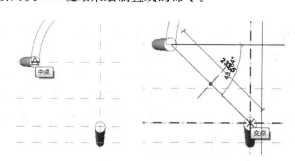

图3.3.13-3 绘制路径时
的第一点

图3.3.13-4 绘制路径
时的第二点

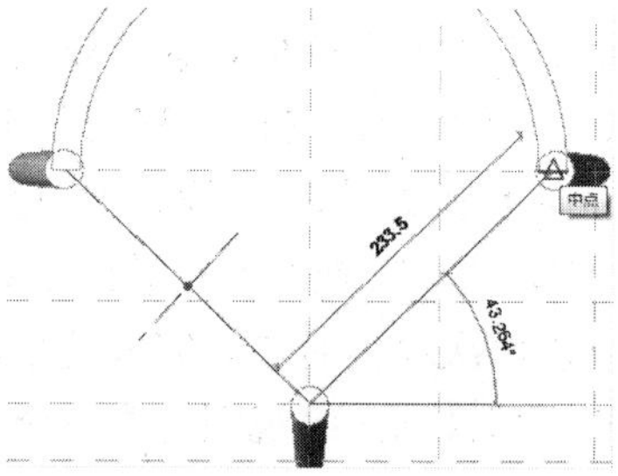

图3.3.13-5 绘制路径时
的第三点

切换到默认三维视图，如图3.3.13-6所示，现在的路径是在最低的位置。点击关联选项卡"工作平面"中的"设置"按钮，如图3.3.13-7所示，打开"工作平面"对话框，如图3.3.13-8所示，点击展开"名称"右侧的下拉列表，可以看到名称为"H250"的参照平面也在列表里面，选择它作为新的工作平面，点击窗口下部的"确定"按钮关闭"工作平面"对话框。这时可以看到，图3.3.13-9中的路径已经移动到了正确的高度。点击关联选项卡"模式"面板的"完成编辑模式"，结束路径的绘制。

图 3.3.13-6　在默认三维视图查看路径

图 3.3.13-7　设置工作平面

图 3.3.13-8　"工作平面"对话框

图 3.3.13-9　查看修改后的状态

点击"放样"面板的"选择轮廓"、"编辑轮廓"，软件自动切换到"修改｜放样＞编辑轮廓"关联选项卡，选择"绘制"面板的"圆形"工具，以图 3.3.13-10 中红点为圆心绘制一个半径为 10 mm 的圆，点击两次绿色对勾，完成这个放样形状。也给它加上"柚木"的材质。切换到默认三维视图，如图 3.3.13-11 所示，查看效果。

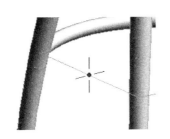

图 3.3.13-10　红点为圆心位置

图 3.3.13-11　在默认三维视图查看效果

本节中主要练习创建形状的方法，所以对族类别、可见性等内容都没有设置。

3.3.14　最后，再做一个整体的回顾。一般的，在创建形状时，作为轮廓的草图线和作为路径的草图线，都是不允许有重叠的；对于轮廓，有的形状类型要求是"单一的一个闭合环"，有的形状类型则支持多个轮廓，这些轮廓可以分开或者互相套在一起，比如在创建旋转时使用"三个同心圆"作为轮廓。在创建形状失败时，软件都会有相关的提示信息，要注意理解这些信息中的意思。在报错的同时，在绘图区的相关图元往往也会高亮显示，所以要注意多观察。

"拉伸"，是把二维轮廓绘制在选定的工作平面上，再以垂直于工作平面的方向，按照设置从拉伸起点开始到拉伸终点，以该轮廓生成形状。在族编辑器的平面视图和立面视图中，都有默认的工作平面，创建拉伸形状时，在属性选项板中可以看到当前视图使用的工作平面。如果不指定新的工作平面，将会采用视图的默认工作平面作为拉伸的工作平面。这一点对于其他的形状也是一样的。

　　"旋转"是指，用一个或多个二维闭合轮廓，围绕旋转轴进行旋转而生成的形状。默认是旋转完整的一圈，也就是360°。可以通过设置相关参数来修改旋转的效果。轮廓和旋转轴是绘制在同一个工作平面的。

　　"放样"是沿指定的路径使用绘制的轮廓（或应用已载入的轮廓族）来创建形状的工具。适用于那些沿着整个路径都有相同截面的产品。路径既可以是单一的闭合图形，也可以是单一的开放图形，但不支持多条路径。路径也可以由直线和曲线组成，并且可以在不同的工作平面上。如果需要选择其他实心几何图形（例如拉伸或融合体）的边，单击功能区关联选项卡上的"拾取三维边"，或者拾取现有绘制线，注意观察状态栏以了解正在拾取的对象。这种拾取方法自动将绘制线锁定到正在拾取的几何图形上，当几何图形发生改变时，路径也会自动随之改变。要注意的是，对于特定的路径，特别是多段的弧形或折线的路径时，如果轮廓不够小，那么可能会因为将要生成的形状与自身产生相交，而导致无法生成形状，软件这时会报错。绘制时的顺序是先画路径才能去画轮廓。

　　"融合"工具可将两个轮廓（边界）融合在一起。默认首先绘制底部边界，然后再绘制顶部边界，如果直接先单击关联选项卡的"编辑顶部"按钮，则会提示草图为空。可以分别为底部边界和顶部边界指定不同的工作平面。底部边界或顶部边界都必须是闭合的，否则会提示"线必须在闭合的环内，高亮显示的线有一端是开放的"。可以使用底部控件或者顶部控件来修改生成后的融合形状。绘制时，"第一端点"的值指的是底部边界相对于绘制时所处视图的工作平面的距离，"第二端点"也是同样的意思。注意，融合形状的深度不能为零。

　　"放样融合"工具可以创建一个具有两个不同轮廓的融合体。两端的轮廓沿着路径向对方进行拟合放样。在创建放样融合形状时，用户可以绘制这些轮廓，或者使用载入的轮廓族。只支持单段路径，否则会报错"不允许一条以上的曲线"。可以采取绘制或者拾取的方式来创建所需路径。

3.4　概念设计环境中的拉伸

　　本节练习在概念设计环境中生成拉伸形状的方法。在这个环境中可以创建要加载到"Revit"项目环境中的概念体量和自适应几何图形。这些图形可以是实心或者空心的，以及只有表面没有厚度的形式，一般称为"网格几何图形"。在这个环境中，可以直接操纵设计中的点、边和面，形成可构建的形状或参数化构件。在完成体量族的创建以后，可以把它载入到项目中来执行各种任务。

　　概念设计环境中的形状类型也可以分为五种，分别是拉伸、旋转、扫描、放样融合、放样。创建过程通常是这样的：绘制线或者闭合环，选择单一图元或者多个图元，然后单击"创建形状"，如果可以生成的形状不止一个，软件会给出预览图像，由用户来确定使用哪个结果。可以使用该命令创建表面、三维实心或空心形状，然后通过三维控件来进行修改、调整。

可以使用以下类型的图元来创建形状：模型线、参照线、由点创建的线、导入的线、另一个形状的边，以及来自嵌套族的线、边、面。下面我们从"拉伸"类型开始，逐步熟悉各种类型的创建方式。

3.4.1　概念设计环境下的"拉伸"不同于前面第二节的那种，有很明显的区别。这个环境下的"拉伸"所使用的轮廓可以是不闭合的，也可以使用其他形状的表面。在使用模型线或参照线的闭合轮廓时，可能会有不止一个的结果，需要用户从中确定一个才会生成形状。不闭合的线条所创建的表面，是没有厚度的，但是可以选中其中单独的表面，再次执行"创建形状"的命令，这时新生成的形状就有厚度了。

3.4.2　对比从模型线创建的图形和从参照线创建的图形，其修改行为不一样，我们在这个练习中做一个比较。打开软件，在窗口左侧"族"下方点击"新建概念体量…"，打开"新概念体量—选择样板文件"对话框，选择"公制体量"族样板，点击"打开"按钮，这样就新建了一个概念体量文件。初始视图是默认三维视图，两个互相垂直的参照平面把标高一平面分成了四个部分。如图 3.4.2-1 所示，绘制面板中提供了两种类型的线条，"模型线"和"参照线"，这两种类型是可以互相转换的。如果直接点击绘制工具，默认将以"模型线"的方式来进行绘制。我们先在左上角使用模型线绘制下图 3.4.2-2 的一些图形，分别是两条长度不同的线段，一个矩形，两个套在一起的圆形。全选这些图形后按下 Ctrl 键不放，把光标放在图形上向右拖动复制一份，保持对这些图形的选择，在属性选项板勾选"是参照线"，如图 3.4.2-3 所示，这样就把模型线转换为参照线了。

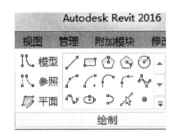　　

图 3.4.2-1　绘制面板　　　图 3.4.2-2　以模型线绘制的图形　　图 3.4.2-3　"是参照线"属性

3.4.3　仅选择左侧模型线那组的较短线段，在功能区"修改｜线"选项卡"形状"面板点击"创建形状"按钮的上部，如图 3.4.3-1 所示，如果点击到下部，则会展开一个下拉列表，如图 3.4.3-2 所示，那么选择其中的"实心形状"。然后对较长的线段执行同样的操作。比较生成的结果，如图 3.4.3-3 所示，会发现都是没有厚度的一个表面，较长的线段所生成的结果更高一些。移动光标靠近这个表面的顶点，会显示图 3.4.3-4 中的提示信息，左键单击一次，选中这个顶点，会显示红、绿、蓝三种颜色的箭头，如图 3.4.3-5 所示，这是该点的三维控件，拖拽箭头就可以使该点沿着箭头做单方向的移动。同样的，选中边缘以后，也会显示三维控件，并可以在三个方向上移动。每两个箭头之间，还有一个平面控件，使选定的部分在特定平面内移动。例如下图 3.4.3-5 中，在红绿两个箭头之间的是蓝色平面控件，移动光标按住这个控件，可以拖动顶点在 XY 平面内移动。

图 3.4.3-1　点击"创建形状"上部的图标　　图 3.4.3-2　或点击"创建形状"展开下拉列表

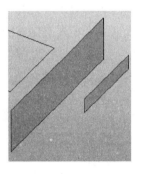

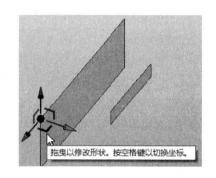

图 3.4.3-3　在默认三维　　　　　图 3.4.3-4　预选图元　　　　图 3.4.3-5　已选择图元的
　　　　　视图查看结果　　　　　　　　　的提示信息　　　　　　　　三维控件

　　3.4.4　对右侧参照线那组的两条线段执行同样的操作，仔细观察会发现，如图 3.4.4-1 所示，在生成形状以后，参照线仍然保留在环境中，当光标指向它的时候，会显示它携带的工作平面。如果选中该表面的顶点，只显示一个锁定符号，而没有三维控件。这是模型线和参照线之间很明显的差别，在生成形状以后，模型线本身就不存在了，而参

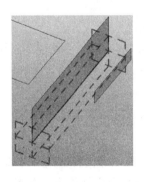
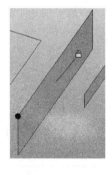
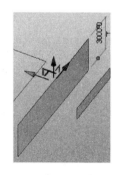

图 3.4.4-1　参照线生成形状　　　　图 3.4.4-2　选择图元以后　　　　图 3.4.4-3　解锁后的图元
　　　　　以后仍然保留在环境中　　　　　　显示的锁定符号　　　　　　　可以自由移动

照线还在，如果修改了参照线，那么将会带动所生成的形状一起变化，除非解除锁定关系；模型线所生成的形状，可以立即编辑修改，而参照线所生成的形状，只在部分方向是可以直接修改的，例如垂直于拉伸时的工作平面，对于其他的方式，在解除锁定之后才可以修改。所以，当需要在图形和所生成的形状之间继续维持控制关系的时候，应当选择参照线的形式。点击图 3.4.4-2 中的锁定符号，再次选择这个顶点，就会出现三维控件了，再选择另外一个顶点或者顶部的边，也会出现三维控件，如图 3.4.4-3 所示，这说明刚才的"解除锁定"是针对这个形状所有子图元的。

3.4.5　选择左侧模型线的矩形，点击关联选项卡的"创建形状"，会直接生成一个长方体，同样操作右侧参照线的矩形，如图 3.4.5-1 所示，软件会给出两个预览图像，移动光标指向其中一个图像，对应的位置会以线框的形式来显示生成后的结果。因为我们选择的是一个矩形，可能的结果包含了一个长方体和一个没有厚度的矩形表面。单击预览图像中左侧的一个，生成这个形状。默认会选择顶部的表面，如图 3.4.5-2 所示，同时既显示了三维控件也显示了锁定符号。在三维控件中，只有蓝色方向的箭头可以操作，另外两个方向仍然是锁定的。如果选择这个形状的顶点、边缘、侧表面，如图 3.4.5-3 所示，则仍然只显示锁定符号。

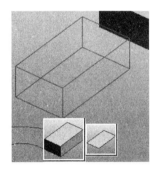 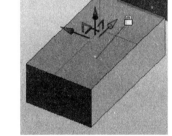 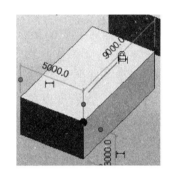

图 3.4.5-1　创建形状时的预览图像　　图 3.4.5-2　顶部表面被选中　　图 3.4.5-3　图元被锁定

3.4.6　同时选择左侧模型线的两个圆形，点击"修改｜线"关联选项卡"形状"面板的"创建形状"，这时会弹出一个报错信息，如图 3.4.6-1 所示，说明软件不支持这样的方式，即使把小圆拖到大圆的外面，也仍然是一样。在常规模型族的创建方式里，草图中是可以有多个闭合环的，这也是两个环境间的一个明显不同。选择小圆，点击"修改｜线"关联选项卡"形状"面板的"创建形状"，和模型线的矩形不同，如

图 3.4.6-1　报错信息

图 3.4.6-2 所示，模型线的圆形在创建形状时有两个可能的结果，点击右侧的预览图像将会生成一个球体。选择大圆，点击关联选项卡的"创建形状"，点击左侧的预览图像，生成一个圆柱体，如图 3.4.6-3 所示，因为较大的图形会生成较大的形状，所以圆柱体包住了球体。

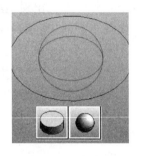

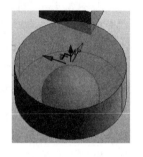

图 3.4.6-2　使用模型线的圆形创建形状时的预览图像　　　图 3.4.6-3　生成圆柱体

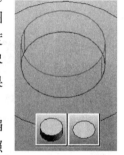

　　3.4.7　经过测试，参照线也不支持两个圆形同时创建形状。在使用单个圆形创建形状时，待选结果与前面的不同，如图 3.4.7-1 所示，其中没有球体了，是一个圆柱体和一个没有厚度的圆片。点击左侧的预览图像，生成一个圆柱体。可以看出，尽管线条的外观特征是一样的，但是因为性质不同，所生成的结果可能也是不同的。

　　3.4.8　我们可以单独选择这些形状的点、边、面来进行编辑，在可选项之间使用 Tab 键来切换。移动光标靠近这个由参照线生成的圆柱体的侧面，如图 3.4.8-1 所示，提示信息为属于"形式"的"形状图元"，按 Tab 键一次，就可以再向下一层访问到形状图元的表面，如图 3.4.8-2 所示，其他可以选择的还有边缘和顶点，如图 3.4.8-3 所示。图 3.4.8-4 中的样子，是分别选

图 3.4.7-1　使用参照
线的圆形创建形状
时的预览图像

中了侧面的边、顶部边缘、侧面的表面，再创建形状以后的结果。这种形状生成方式也是"拉伸"。

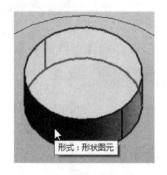

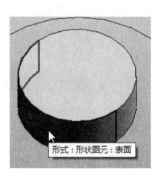

图 3.4.8-1　预选图元的提示信息　　　　　图 3.4.8-2　预选图元的提示信息
（属于形状图元的子图元）

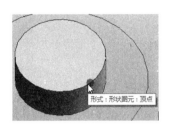

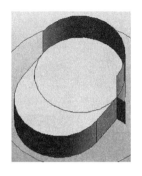

图 3.4.8-3 预选图元的提示信息
（属于形状图元的子图元）

图 3.4.8-4 不同子图元的拉伸结果

3.4.9 选择在圆柱体侧面拉伸出来的形状，查看属性选项板当中的参数，如图 3.4.9-1 所示，其中的正偏移和负偏移，类似于"公制常规模型"方式下的"拉伸起点"、"拉伸终点"。修改"正偏移"的值，这个形状会按照离开圆心的方向变得更厚，给"负偏移"加一个负值，如图 3.4.9-2 所示，新形状会脱开原表面。所以对于圆柱的侧表面，向外侧的是正方向，向内侧的是负方向；如果"负偏移"具有一个负值，则是朝向外侧建立"负拉伸"，会把正方向的拉伸形状给剪切掉一部分。

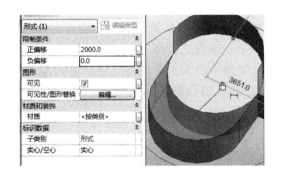

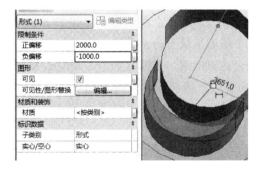

图 3.4.9-1 拉伸形状的属性

图 3.4.9-2 给"负偏移"属性输入一个负值

3.4.10 选择左侧由模型线矩形所生成形状的任意部分，顶点、边缘、表面还是形状本身都可以，在属性选项板点击"实心/空心"属性后的"实心"，展开一个下拉列表，如图 3.4.10-1 所示，选择其中的"空心"，查看绘图区，这个形状会变为浅黄色半透明的状态，如图 3.4.10-2 所示，软件以这种形式来表现一个没有进行剪切的空心形状。选择整个空心形状，移动到大致如图 3.4.10-3 所示的位置，放置以后会发现，实心形状和空心形状之间并没有自动发生剪切。如果空心形状是由实心形状转换过来的，经常会是这样的现象。在功能区"修改"选项卡"几何图形"面板，点击"剪切"按钮，或者展开下拉列表选择其中的"剪切几何图形"，如图 3.4.10-4 所示。

图 3.4.10-1　修改已有形状的"实心/空心"属性

图 3.4.10-2　修改为空心形状以后的状态

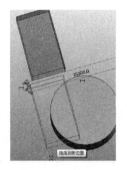

图 3.4.10-3　移动到新位置使其与实心形状相交

图 3.4.10-4　手动执行剪切命令

3.4.11　然后根据状态栏的提示，如图 3.4.11-1 所示，依次拾取圆柱体和这个空心形状，先点击哪个都可以，结果如图 3.4.11-2 所示，剪切之后就不再显示空心形状了，这个角度是从下向上看的。接着如图 3.4.11-3 所示，拾取这个球体，然后向右移动光标到合适的位置，可以看到空心形状以线框的显示又显示出来了，再点击它一次，按两次 Esc 键结束剪切命令。对比图 3.4.11-4 和图 3.4.11-5，可以看到球体也被切去了一块。所以单个空心形状可以对多个实心形状进行剪切。

图 3.4.11-1　执行剪切命令时状态栏的提示信息

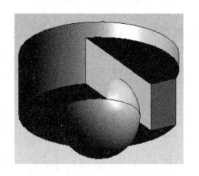

图 3.4.11-2　剪切以后的结果

图 3.4.11-3　不退出剪切命令并拾取球体

图 3.4.11-4 移动光标找到空心形状　　　　　图 3.4.11-5 第二次剪切后的结果

3.4.12 把"光标"放到剪切后的圆柱体的侧面,如图 3.4.12-1 所示,这时的选择对象是主体的侧表面,按 Tab 键一次,如图 3.4.12-2 所示,这时的选择对象是发生剪切之后的结果,再按一次 Tab 键,如图 3.4.12-3 所示,这时线框显示的是发生剪切之前的圆柱体。所以,如果想要继续编辑这些图元,就要用 Tab 键来配合,进行快速灵活的选择。对图元的"选择",往往是进行"编辑"的第一步。

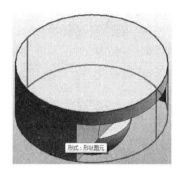

图 3.4.12-1 预选图元的　　　图 3.4.12-2 预选对象为　　　图 3.4.12-3 预选对象为剪
提示信息　　　　　　　　　剪切后的结果　　　　　　　切之前的圆柱体

以上练习中使用的线条都是以标高 1 为工作平面进行绘制的。"标高 1"就是这些线条的"主体"。当主体发生改变时,也会带动形状的变化。例如,在复制了一个标高以后,选中参照线的矩形,在选项栏把它的主体修改为新复制出来的"标高 2",那么会看到这个矩形带着所生成的形状一起移动到了标高 2 的平面,如图 3.4.12-4 所示。

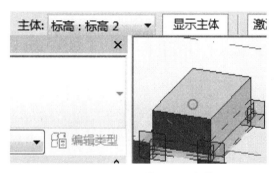

图 3.4.12-4 更换图元的主体

读者可以继续练习其他线型，并对生成的结果进行修改，以熟悉概念设计环境中这种创建形状的方式。

3.5 概念设计环境中其他四种形状类型

其他四种形状类型是旋转、扫描、放样融合、放样，相对于上节的"拉伸"而言，能够创建出更为复杂的形状。我们先从较为简单的旋转开始。

3.5.1 "旋转"类型的特点是，"从位于相同工作平面的线和二维轮廓来生成形状"。其中的线所起的作用是充当"旋转轴"，二维轮廓围绕这条线来旋转以生成三维形状。打开软件，新建一个概念体量族。在初始视图中，也就是默认三维视图，点击功能区"创建"选项卡"绘制"面板的"直线"工具，绘制一条线段，再选择"圆形"工具，在线段旁边绘制四个圆形，如图 3.5.1-1 的样子。线段的绘制顺序是"左上到右下"。之所以布置成这样，是为了测试在不同的组合下，是否会生成旋转，以及旋转的结果。选择线段和图 3.5.1-1 中上方的圆形，点击关联选项卡的"创建形状"，生成结果如图 3.5.1-2 所示，有点像个元宝的样子。移动光标靠近元宝的下半部分，在它的边缘蓝色高亮显示以后，点击一次，查看属性选项板，如图 3.5.1-3 所示，其中的"起始角度"和"结束角度"，说明轮廓绕轴旋转的角度是 180°，不是 360°。再选择元宝的上半部分，就是那个类似枣核的部分，如图 3.5.1-4 所示，可以看出也是转了半圈。在"公制常规模型"族样板的规则里，轮廓往往是默认绕旋转轴一整圈的，为什么在这里变成了半圈？

图 3.5.1-1　以模型线绘制图形

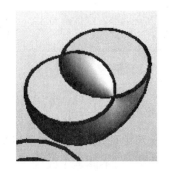

图 3.5.1-2　创建形状后的结果

图 3.5.1-3　这个形状下表面的属性信息

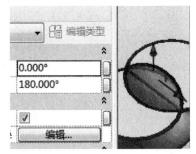

图 3.5.1-4　这个形状上表面
的属性信息

3.5.2　保持对上半部分的选择，修改"结束角度"的值为"150"，选择下半部分，修改"结束角度"的值为"120"，查看绘图区里这个形状的变化。如图 3.5.2-1 所示，是从旋转路径的终点看向起点方向的角度，结合前面圆形轮廓与线段的相对位置关系，可以看出，这个形状默认的规则是"从路径终点看向起点，位于旋转轴一侧的轮廓，以它的所在位置为起点绕旋转轴逆时针转动180°"。这两个属性后面都带有"关联族参数"的按钮，意味着可以对旋转后的结果进行参数控制，所以先了解形状的变化规律是很重要的。

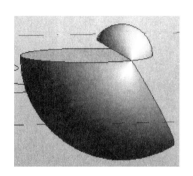

图 3.5.2-1　修改形状表面的属性值
以查看变化的方向

3.5.3　对于这种组合，我们已经有了结论。按多次组合键"Ctrl＋Z"，返回生成形状之前的状态。这次选择线段和那两个套在一起的圆形，点击关联选项卡的"创建形状"，选择形状的上半部分的表面，如图 3.5.3-1 所示，可用看到是一个中空的圆环。属性选项板中的"结束角度"为"360°"，这次是转了完整一圈。但是在选择过程中会发现，在角度数值没有做修改的时候，圆环体的表面是"一半对一半"的。在把"结束角度"的数值改为"290°"以后，如图 3.5.3-2 所示，这两个表面会合为一个表面，这样就已经超过"一半"了。

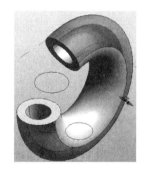

图 3.5.3-1　查看形状的内部结构　　　　图 3.5.3-2　修改属性值以后的形状表面

观察这个形状，它的变化规律和之前的类似，"从路径终点看向起点，位于旋转轴一侧的轮廓，以它的所在位置为起点绕旋转轴逆时针转动360°"。按组合键"Ctrl＋Z"，返回原状态。这次检查单个圆形和线段的情况，选择所生成的形状，调整参数，结果同圆环体的一样。选中形状的任意一个部分，点击"修改｜形式"关联选项卡"形状图元"面板下的"透视"按钮，形状本身会变为半透明，如图 3.5.3-3 所示，并显示旋转轴和旋转轮廓。

移动光标靠近旋转轴的端点，如图 3.5.3-4 所示，这个顶点会蓝色高亮显示，点击选择以后，会显示红绿两个颜色的箭头，因为这个旋转轴在绘制时的方向是水平的，把这个顶点拖动一段距离，两个箭头的颜色都会转为橙色，方向仍然是沿着旋转轴，如图 3.5.3-5、图 3.5.3-6 所示，同样的，轮廓的顶点也是可以选中后拖动并修改形状的。按组合键"Ctrl＋Z"，返回原状态，如图 3.5.3-7 所示，移动较小的圆形与较大的圆形相交，点击关联选项卡的"创建形状"，软件会报错，"无法创建形状"，所以这种组合是不受支持的。

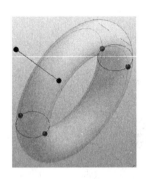

图 3.5.3-3　"透视"模式

图 3.5.3-4　预选图元的提示信息

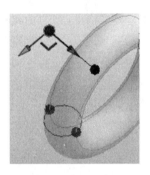

图 3.5.3-5　选择该图元后显示的控件

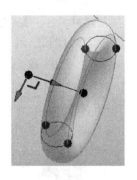

图 3.5.3-6　拖动旋转轴的顶点会影响最终的形状

3.5.4　刚才我们测试的轮廓都是圆形，特点是封闭的，我们接着再补充测试一下开放的轮廓。按组合键"Ctrl＋Z"，返回原状态，用直线工具在线段旁边绘制一个"U"形线条，如图 3.5.4-1 所示，选中这个"U"形线条和线段，点击关联选项卡的"创建形状"，因为有两个可能的结果，软件会给出预览图像，如图 3.5.4-2 所示，点击选择左边的图像以生成一个旋转形状。和之前的圆环体一样，在保持"结束角度"为"360°"时，如图 3.5.4-3 所示，旋转形状的表面是均分为两半，修改"结束角度"为"350°"时，如图 3.5.4-4 所示，之前的两个表面汇合

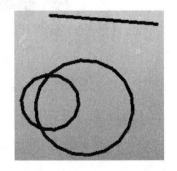

图 3.5.3-7　不受支持的
组合形式

为一个表面。注意，选择形状的顶点、边缘、表面，都可以访问到同样的内容。

图 3.5.4-1　开放的轮廓与旋转轴

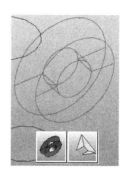

图 3.5.4-2　创建形状时的预览图像

图 3.5.4-3　旋转一周时的样子

图 3.5.4-4　旋转不足一周时的样子

3.5.5　接着继续测试另外一种组合形式，同时使用开放的轮廓和闭合的轮廓。按组合键"Ctrl＋Z"，返回原状态，如图 3.5.5-1 所示，选择一个圆形和这个"U"线条，还有作为旋转轴的线段，点击关联选项卡的"创建形状"，结果软件会提示"无法创建形状图元"，如图 3.5.5-2 所示，也就是说，至少对于现在图 3.5.5-1 的组合形式，软件是不支持的。摸索形状的创建规律，是用好这些工具的基础，所以最好在一开始的时候，就多设想几种可能性，来检查软件的实际表现。

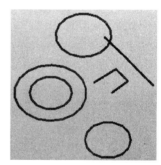

图 3.5.5-1　同时使用开放轮廓与闭合轮廓

3.5.6　我们再测试另外一种形式，利用已有形状的表

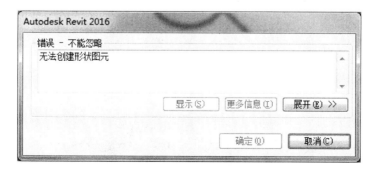

图 3.5.5-2　报错信息

面作为轮廓来生成新形状。在功能区"创建"选项卡"工作平面"面板，点击"显示"按钮后查看绘图区，软件会在当前视图中以淡蓝色的半透明平面来显示正在使用的工作平面。如图 3.5.6-1 所示，说明当前的工作平面是"标高 1"，移动光标靠近图 3.5.6-2 中的蓝色显示的参照平面，在出现关于其名称的提示信息时，点击以选中它，这时会显示一个锁定符号，如图 3.5.6-3 所示，在边缘有四个实心圆点，可以拖曳来修改参照平面的显示范围。在绘图区的空白位置单击，取消对这个参照平面的选择，如图 3.5.6-4 所示，会发现在这个参照平面的位置，仍然是淡蓝色显示的，比刚才的蓝色稍微浅了一点点。这表明，当前视图的"工作平面"已经设置为"中心（左/右）参照平面"了。这也是概念设计环境当中的一个特点，在选择图元的过程中，工作平面可能随时会自动的发生变化。

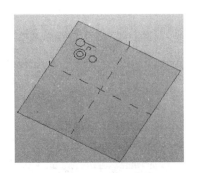

图 3.5.6-1　查看工作平面

图 3.5.6-2　预选图元的信息

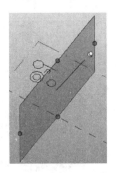

图 3.5.6-3　选择它以设为新的工作平面

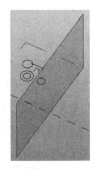

图 3.5.6-4　取消选择后的显示状态

3.5.7　选择"创建"选项卡"绘制"面板的"内接多边形"工具，在选项栏勾选"根据闭合的环生成表面"，如图 3.5.7-1 所示，调整视图的角度，在当前工作平

图 3.5.7-1　内接多边形工具及选项栏的选项

面上绘制一个六边形，绘制完毕后会立即生成一个六边形的表面；切换为直线工具，再在六边形的右侧绘制一条线段，如图 3.5.7-2 所示。按照"从左下到右上"的方向，如图 3.5.7-3 所示，框选这两个图元，点击关联选项卡的"创建形状"，会立即生成一个旋转形状。

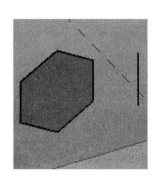

图 3.5.7-2　绘制六边形和一条线段

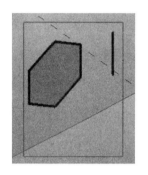

图 3.5.7-3　选择这两个图元

3.5.8 在刚才的过程中，因为是"框选"的方式，所以对于左侧的六边形而言，其实是选中了"形状图元"本身，而不是"形状图元的表面"。按"Ctrl＋Z"返回原状态，移动光标指到六边形表面，如图 3.5.8-1 所示，显示的提示信息表明，现在的待选项是"形状图元"，按一下"Tab"键，如图 3.5.8-2 所示，则待选项为"形状图元的表面"。点

图 3.5.8-1　预选图元的提示信息

图 3.5.8-2　形状图元的表面

击选择表面以后，再按"Ctrl"键选择线段，使用"创建形状"的命令可以生成同样的结果。这是因为在本例中，该形状图元本身是一个没有厚度的、单一表面的图元。如果是图 3.5.8-3 这样的组合形式，一个具有体积的形状图元加一条线段，就无法生成旋转，软件会直接报错。如果是图 3.5.8-4 的组合形式，形状图元的两条相邻边再加上作为旋转轴的线段，则会如图 3.5.8-5 所示一样，有两个可能的结果，其中左边的是旋转形式的结果。

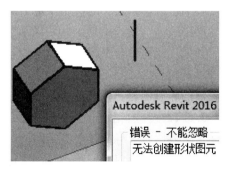

图 3.5.8-3　不支持的组合形式

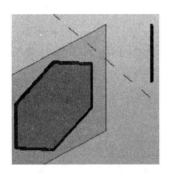

图 3.5.8-4　图元的边缘与线段

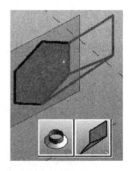

图 3.5.8-5　创建形状时的结果

3.5.9　基于前面的测试，可以初步得出以下结论，在创建旋转形状时，可以使用多个闭合轮廓，但是轮廓之间不能相交，这些轮廓可以互相独立，也可以彼此嵌套在一起。轮廓也可以是开放的单一路径，并可以与旋转轴交叉，不支持分散的多个开放轮廓，不支持同时使用开放轮廓和闭合轮廓。当然，更多更准确的结论，还需要做更多检测才可以得到。前面的练习中，使用的都是模型线，如果是使用参照线，那么在修改形状时，需要修改参照线才可以。

3.5.10　在 2016 版帮助文档目录中的这个"放样"，其实就是之前版本中的"扫描"，在把帮助文档切换为英文版以后，如图 3.5.10-1、图 3.5.10-2 所示，可以看到对应的英文名称为"Sweep"。所以我们对于这类形状就还是采用"扫描"的名字，以防混淆。

－创建实心形状	－ Create a Solid Form
创建表面形状	Create a Surface Form
创建旋转形状	Create a Revolve Form
创建放样形状	**Create a Sweep Form**
创建放样融合形状	Create a Swept Blend Form
创建放样形状	Create a Loft Form

图 3.5.10-1　中文版帮助文档的目录　　　　图 3.5.10-2　英文版帮助文档的目录

3.5.11　创建"扫描"形状的基本规则是这样的："从线和垂直于线绘制的二维轮廓创建扫描形状。扫描中的线用于定义路径，在该路径上使用二维轮廓来创建三维形态。二维轮廓由线条组成，绘制这些线条所使用的工作平面应该垂直于用于定义路径的其他线条。如果二维轮廓是由闭合环组成的，可以使用该轮廓在多分段的路径来创建扫描。如果轮廓不是闭合的，则不能沿多分段路径进行扫描。如果路径中仅包含单段线条，则可以使用开放的轮廓创建扫描。"

3.5.12　我们先练习第一种组合，"闭合轮廓＋多分段路径"。打开软件，新建一个概念体量文件。打开标高 1 平面视图，参照帮助文档中的样式，在左上角使用直线和圆弧绘制图 3.5.12-1 中的形式，作为创建扫描形状时的多分段路径。在创建二维轮廓之前，需要先得到一个垂直于该路径的工作平面，我们通过向线段上添加一个参照点，来得到这样的一个平面。点击"创建"选项卡"绘制"面板的"参照点"工具，如图 3.5.12-2 所示，注意检查右侧为"在面上绘制"的方式，这很重要。移动光标捕捉到线段的中点，如图 3.5.12-3 所示，点击一次。其实捕捉的位置并没有要求必须是线段中点，只要不是恰好在端点上就好，在圆弧上面也行，加在中点只是为了整洁。在线段右边空白区也点击一次，按两次 Esc 键结束添加参照点的命令。查看绘图区，如图 3.5.12-4 所示，如果参照点确实是加到了参照线上，那么应该显示为一个比较小的圆点，如果是自由的参照点，会显示为一个较大的圆点。加到参照线上的参照点，它会自动地调整自己的方向，在自身携带的平面中会有一个垂直于这条线段，且该参照点只能沿着这条线段移动。自由的参照点，在自身携带的平面中会有两个垂直于放置它时的工作平面，且该参照点可以在这个工作平面内自由移动，如果垂直于工作平面进行移动，则会以"偏移量"属性来记录它与工作平面的垂直距离。我们将要创建的形状，需要的是图 3.5.12-4 中左侧的小圆点。切换到默认三维视图，可以看到这两个点也是显示为一大一小，选中右侧的大圆点，显示它的三维控件，可以在三个方向上自由拖动，然后删掉它。

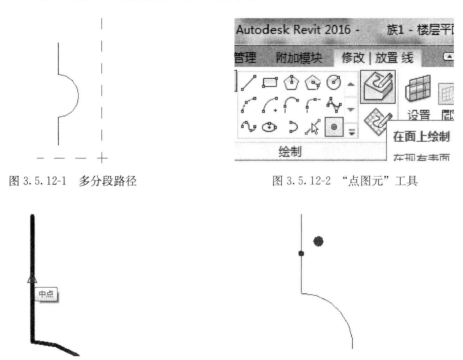

图 3.5.12-1　多分段路径　　　　　　　　图 3.5.12-2　"点图元"工具

图 3.5.12-3　捕捉到线段中点　　　　图 3.5.12-4　添加到线段的参照点与自由放置的参照点

3.5.13　需要先利用这个参照点来设置一个垂直于路径的工作平面，然后再开始绘制二维轮廓。点击功能区"创建"选项卡"工作平面"面板的"设置"按钮，移动光标靠近这个参照点，当距离足够近时，如图 3.5.13-1 所示，会显示一个蓝色高亮的矩形框，这个矩形框所代表的是该参照点所携带的其中一个参照平面的预览图像。因为这个参照点是加到线段上的，所以默认显示的第一个平面是垂直于线段方向的那个平面。保持光标的位置不变，按一次键盘的"Tab"键，可以看到，如图 3.5.13-2 所示，蓝色矩形框不仅改变了大小，还改变了方向，再按一次键盘的"Tab"键，会发现蓝色矩形框又以 90°的方向转了一下，但是大小不再改变了。后两个出现的平面是平行于线段的长度方向的，我们需要的是图 3.5.13-1 中的那个。再按"Tab"键以切换待选平面，在显示出图 3.5.13-1 中的样子时，单击一次鼠标左键。单击"创建"选项卡"工作平面"面板的"显示"按钮，如图 3.5.13-3 所示，这时就可以看到设置后的结果了，有一个淡蓝色的半透明平面穿过这个参照点。点击"创建"选项卡"绘制"面板的"圆形"工具，移动光标捕捉到参照点，如图 3.5.13-4 所示，图中的圆弧是蓝色高亮显示的，同时在参照点处显示一个紫色的小方框，光标处的提示信息为"端点"，这些都表明，现在被捕捉到的图元是圆弧的某个端点在当前工作平面内的投影，而不是参照点本身。再按一次"Tab"键，如图 3.5.13-5 所示，参照点本身转为蓝色显示，同时显示一个带有十字叉的紫色小圆圈，光标处的提示信息为"点"，这表明现在捕捉到的就是这个参照点了。被捕捉对象的意义不同，可能会影响后续形状的生成和修改，所以在开始练习的阶段就要养成一个好习惯，"优先捕捉那个意义正确的部位"，尽管有时候看上去结果是完全一样的。这个圆弧本身是完全处于当前工作平面之外的，所以它不是一个合适的参照。

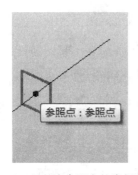

图 3.5.13-1 显示该参照点的常规参照平面

图 3.5.13-2 该参照点所携带的其他参照平面

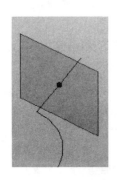

图 3.5.13-3 显示工作平面

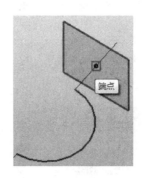

图 3.5.13-4 捕捉到圆弧端点在
当前工作平面内的投影

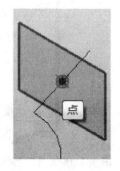

图 3.5.13-5 捕捉到参照点

3.5.14 在提示信息显示为"点"以后，点击鼠标左键，以这个参照点为圆心绘制一个圆形，如图 3.5.14-1 所示，注意，圆形的半径不要太大，否则可能会因为产生"自相交"的情况而不能生成最后的形状。把光标指到路径上的任意一处，如图 3.5.14-2 所示，默认会以"链"的方式进行选择，单击这个路径中的一段线条，就可以把整个路径都选中。按"Ctrl"键，再选中圆形，查看属性选项板中的属性过滤器，如图 3.5.14-3 所示，显示总共有四个线条被选中。单击功能区"修改|线"关联选项卡"形状"面板的"创建

形状"，生成如图 3.5.14 4 中的结果，这样我们就创建了一个"扫描"类型的形状。

图 3.5.14-1　绘制一个圆形

图 3.5.14-2　选择线链

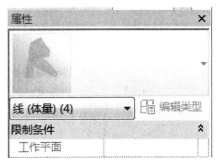

图 3.5.14-3　路径与轮廓总共包含四条线

图 3.5.14-4　生成形状

3.5.15　按组合键"Ctrl＋Z"返回创建形状之前的状态，我们尝试新的组合方式，"多个闭合轮廓＋多分段路径"。继续使用圆形工具，捕捉到参照点的位置，如图 3.5.15-1 所示，提示信息为"中心"，同时之前的那个圆形是蓝色高亮显示的，这说明现在的捕捉对象是已有圆形的圆心。因为这个圆形是完全位于由参照点决定的工作平面之内的，所以就直接捕捉它的圆心为新绘制圆形的圆心，不再切换去捕捉参照点了。稍后读者可以尝试一下，在已经有圆心和参照点重合的情况下，捕捉时按"Tab"键是否还可以顺利切换到参照点？如果捕捉不到参照点，采取什么措施，比如是隐藏路径还是隐藏已有的圆形？在已有圆形的内部绘制一个较小的圆形，之后执行相同的步骤来创建形状，如图 3.5.15-2 所示，生成了一个中空的管状扫描。按组合键"Ctrl＋Z"返回创建形状之前的状态，继续增加闭合轮廓的数量，如图 3.5.15-3、图 3.5.15-4 所示，说明是支持这种方式的。

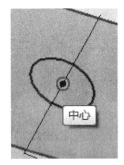

图 3.5.15-1　显示捕捉对象的信息

图 3.5.15-2　生成一个中空的形状

图 3.5.15-3　添加更多的闭合轮廓　　　　　图 3.5.15-4　生成形状

3.5.16　按"Ctrl＋Z"键返回创建形状之前的状态，删去右侧轮廓上部的两个水平线段，如图 3.5.16-1 所示，再执行相同的步骤来创建形状，会弹出一个报错消息，通知我们"无法沿多段路径放样开放的轮廓"。所以现在可以明确地知道，"多分段路径＋开放轮廓"这种方式是不行的。那么下一个要测试的组合自然就是"单段路径＋多个开放轮廓"。点击功能区"创建"选项卡"绘制"面板的"样条曲线"，在选项栏"放置平面"右侧的下拉列表中，把当前视图的工作平面切换为"标高 1"，如图 3.5.16-2 所示，绘制一段如图 3.5.16-3 所示的样条曲线，并在上面添加一个参照点。用前面的方法，以参照点为准设置工作平面，在参照点的左右两侧各添加一个开放轮廓，如图 3.5.16-4 所示，选中这两个轮廓和样条曲线，点击关联选项卡的创建形状，软件会报错"无法创建形状图元"，其中并没有说明原因。

图 3.5.16-1　不支持同时有闭合轮廓和开放的轮廓　　　　　图 3.5.16-2　设置工作平面

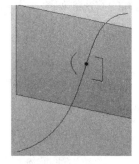

图 3.5.16-3　绘制样条曲线并添加参照点　　　　　图 3.5.16-4　不支持的组合形式：
两个开放轮廓和一条路径

3.5.17　为了证明并不是由于路径过于扭曲，以及可能的轮廓自身形状的原因，单独选择左侧或者右侧的轮廓，并把两个轮廓连接为一个开放轮廓，再与该路径配合，检查是否能够生成形状。结果如图 3.5.17-1 所示，从左到右分别是左侧轮廓、右侧轮廓、连接后的轮廓，共三个结果。所以，看上去的结论就是"单段路径只支持一个开放的轮廓"。当然，更简单的方式是在一个直线的路径上进行测试。

图 3.5.17-1　不同组合
的测试结果

3.5.18　另外一种形状类型"放样融合"，创建方式与"扫描"类型的非常类似。基本规则如下：从绘制的线条和与其垂直的两个或多个二维轮廓创建，线条用于定义生成形状的路径，垂直于它绘制的那些线条作为生成形状时的轮廓，支持闭合轮廓、开放轮廓，以及两者的组合；但是无法沿多段路径创建放样融合。

3.5.19　我们先练习一个基本的组合，"闭合轮廓＋路径"。关闭其他文件，新建一个概念体量文件。在标高 1 平面绘制一个圆弧，以"在面上绘制"的方式，在圆弧上添加三个参照点，其中一个参照点在圆弧的端点，一个在中点，一个距离圆弧的端点留出一段距离，如图 3.5.19-1 所示。使用"设置工作平面"工具，把参照点携带的垂直于圆弧的平面设为新的工作平面，如图 3.5.19-2 所示，并在各平面内绘制一个闭合轮廓，如图 3.5.19-3 所示，本例中使用了圆形、矩形、六边形。注意，在设置好对应的工作平面以后再为每个位置添加轮廓。框选这些内容，查看属性选项板的属性过滤器，显示共有 15 个图元被选中，其中包含 12 条线和 3 个参照点。点击"修改｜选择多个"关联选项卡"形状"面板的"创建形状"，生成如图 3.5.19-4 所示的形状。点击选择这个形状的任意部分，在"修改｜形式"关联选项卡"形状图元"面板点击"透视"，如图 3.5.19-5 所示，很明显，形状的起止位置和轮廓在线段上面的位置是有关系的。这一点和"扫描"类型的不同，扫描的形状将会把轮廓沿着整个路径全部铺过去。

图 3.5.19-1　在圆弧上添加三个参照点

图 3.5.19-2　设置工作平面

3.5.20　按"Ctrl＋Z"返回之前的状态。将下方矩形的顶部水平线段删去，再次选择所有轮廓和路径，点击"创建形状"，软件弹出消息报错，通知"无法生成形状"。点击"取消"按钮关闭这个消息框，把矩形的左侧的垂直边删去，如图 3.5.20-1，再次选择所有轮廓和路径，点击"创建形状"，这次可以生成形状了，选择该形状并点击关联消息框的"透视"，如图 3.5.20-2 所示，显示了开放轮廓是如何连接路径中间闭合轮廓的。所以在同时使用开放轮廓和闭合轮廓的情况下，是否能够生成形状取决于这些轮廓的自身形态。

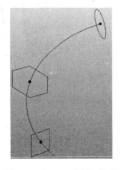

图 3.5.19-3　添加轮廓

图 3.5.19-4　生成形状

图 3.5.19-5　"透视"模式

图 3.5.20-1　将一个轮廓改为开放的

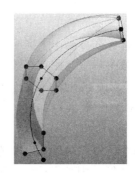

图 3.5.20-2　可以生成形状

3.5.21　另外一种不能生成形状的原因是轮廓的位置。如图 3.5.21-1 中的形式，开放轮廓没有布置在弧形路径的端点处，这三个矩形都有一个顶点和参照点是重合的，并且每个都删去了一条边。这样的组合可以生成图 3.5.21-2 中的形状。按"Ctrl＋Z"键返回，选择位于圆弧上半部分的参照点，按住所显示的参照平面，把它拖到圆弧的端点

图 3.5.21-1　测试三个开放轮廓

图 3.5.21-2　生成形状的结果

位置，如图 3.5.21-3 所示。再使用这些轮廓创建形状时，可能会出现图 3.5.21-4 中的报错信息。点击"取消"按钮返回，依次选中轮廓并使用键盘的方向键，把轮廓都向左偏移一点距离，再次测试就可以生成形状了。按"Ctrl＋Z"键返回，把另外一个轮廓移动到圆弧的另一个端点位置，再次创建时，如图 3.5.21-5 所示，这次的报错信息和前面的一

次还不一样。所以在创建一些特殊形状失败时，发生错误的原因可能是多方面的。通常的解决办法，还是先根据目标形状的特点，构建一个类似的但是更简单的形式，使其能够生成一个基本形状，再在这个基础上进行修改。

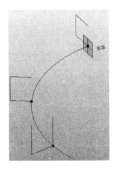

图 3.5.21-3　修改轮廓的位置　　　图 3.5.21-4　报错信息　　　图 3.5.21-5　报错信息

3.5.22　对于已经生成的放样融合形状，在选中它的形状图元、点、边缘、表面时，在关联选项卡模式面板都有"编辑轮廓"工具，点击这个按钮，会进入草图编辑模式，如图 3.5.22-1～图 3.5.22-3 所示，可以对构成这个形状的轮廓、路径进行修改。操作时，在状态栏有相应的提示信息，例如在选择了整个形状图元并点击"编辑轮廓"后，软件会提示我们"拾取要编辑的任何轮廓或路径"，再进行一次选择以后，才会进入草图编辑模式。

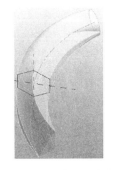

图 3.5.22-1　修改路径　　　图 3.5.22-2　修改端部轮廓　　　图 3.5.22-3　修改中部轮廓

3.5.23　接下来我们练习概念设计环境中的最后一个形状类型"放样"。如图 3.5.23-1 所示，这是在 2016 版的中文帮助中，对"放样"类型的描述。其中第一句话对应的原文是"Create a loft form from 2 or more 2D profiles sketched on separate work planes."把这句话中的"separate"译作"单独的"，可能会使人以为"这些轮廓绘制于同一个工作平面"。而软件中的实际操作情况说明，这个类型的形状在创建时不需要准备路径，只要有轮廓就可以了，并且这些轮廓不能都处于同一个工作平面，各个工作平面之间互不相同，可以是平行的，也可以是不平行的。类似之前"放样融合"的类型，轮廓也支持两种，闭合的轮廓和开放的轮廓。

3.5.24　打开软件，新建一个概念体量文件，在项目浏览器中，展开立面分支，双击其中的"东"，打开东立面。在功能区"创建"选项卡"基准"面板点击"标高"按钮，

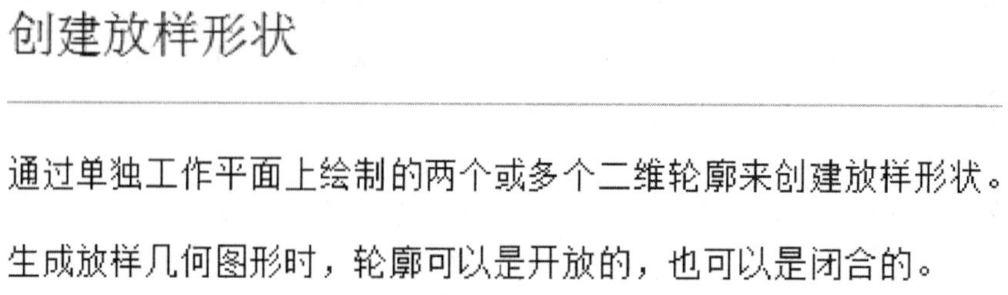

创建放样形状

通过单独工作平面上绘制的两个或多个二维轮廓来创建放样形状。

生成放样几何图形时，轮廓可以是开放的，也可以是闭合的。

图 3.5.23-1　帮助文档截图

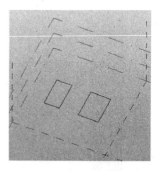

在"标高 1"上方再绘制两个标高，并调节彼此间距为 10 m。关闭东立面。

3.5.25　在默认三维视图中，以"标高 1"为工作平面，绘制两个矩形，如图 3.5.25-1 所示，选中这两个矩形，在"修改｜线"关联选项卡"剪贴板"面板点击"复制到剪贴板"，如图 3.5.25-2 所示，再点击面板左侧"粘贴"下面的黑色小三角箭头，在展开的下拉列表中选择"与选定的标高对齐"，如图 3.5.25-3 所示，会打开"选择标高"对话框，选择其中的"标高 2"和"标高 3"，如图 3.5.25-4 所示，点击"确定"按钮关闭这个对话框。查看绘图区，如图 3.5.25-5 所示，两个矩形已经被复制到了指定的标高平面。

图 3.5.25-1　在"标高 1"
平面绘制两个矩形

图 3.5.25-2　复制到剪贴板

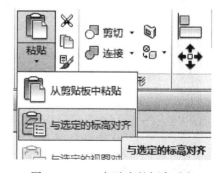

图 3.5.25-3　与选定的标高对齐

图 3.5.25-4　选择标高

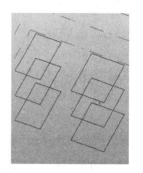

图 3.5.25-5　复制后的结果

3.5.26　为了检查不同形式下放样形状的表现，还需要把矩形稍微修改一下，使互相之间有些差别。如图 3.5.26-1 所示，以"交叉"的方式选择左侧最高处矩形的一条边，然后向矩形内部移动，把顶部的矩形改小一点。以同样的方式，修改右侧"标高 3"的矩形，完成后大致如图 3.5.26-2 所示的样子。框选左侧的三个矩形，点击关联选项卡的"创建形状"；点击选择右侧位于"标高 1"和"标高 2"的两个矩形，再点击关联选项卡的"创建形状"。查看绘图区的结果，如图 3.5.26-3 所示，可以看出，在有三个轮廓的时候，生成的形状具有弯曲的边缘和表面，而右侧的形状只有直边和平面。

 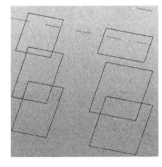 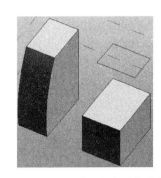

图 3.5.26-1　选择矩形的一条边　　图 3.5.26-2　修改矩形的尺寸　　图 3.5.26-3　对比生成后的形状

3.5.27　按"Ctrl＋Z"后退一步，选择右侧位于"标高 2"的矩形，使用旋转工具把它旋转 30°，如图 3.5.27-1 所示，再次选择右侧"标高 1"和"标高 2"的矩形，点击关联选项卡的"创建形状"，则会生成如图 3.5.27-2 所示的形状，这时它的表面是弯曲的，但是侧面的边缘仍然是直线。点击选择它的顶部，再选择标高 3 的矩形，点击"修改｜选择多个"关联选项卡"形状"面板的"创建形状"，得到如图 3.5.27-3 所示的结果，其特点还和下面的部分一样，表面是弯曲的，侧面的边缘仍然是直线。所以，如果要得到一个弯曲的表面，并且具有弯曲的侧面边缘，那么至少需要三个轮廓才行。

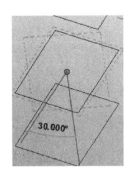  

图 3.5.27-1　旋转矩形　　　　图 3.5.27-2　生成形状　　　　图 3.5.27-3　最终生成的形状

3.5.28　这些矩形都是放置在标高平面的，但是并不意味着，在创建放样形状时，各个工作平面之间必须平行。放置在互相垂直的三个工作平面上的轮廓，也可以生成放样形状，如图 3.5.28-1、图 3.5.28-2 所示。选择刚才生成的第一个放样形状的任意一个部分，顶点、边缘、表面都可以，点击"修改｜形式"关联选项卡"形状图元"面板的"透视"，查看绘图区，是图 3.5.28-3 的样子。虽然在创建这个形状时，我们没有为它指定路径，但是软件会根据二维轮廓计算出图形的中心，这些中心连接以后的曲线作为生成形状的路径。为了区别于其他形状类型里由用户直接定义的路径，放样形状的路径在显示时采用了虚线。这种由系统为构造拉伸和放样而创建的线，被称为"隐式路径"。注意，透视模式一次仅适用于一个形状。在对其他形状应用透视模式时，会自动取消当前形状的透视模式。

图 3.5.28-1　分别在三个
　　　　不同平面内的圆形

图 3.5.28-2　生成形状

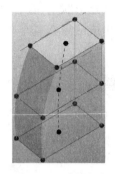

图 3.5.28-3　隐式路径

3.5.29　选择这个放样形状的任意部分，点击关联选项卡形状图元面板的"融合"，如图 3.5.29-1 所示，该形状将退化到生成三维实体之前的状态，如图 3.5.29-2 所示。留下了之前的轮廓以及构成路径的参照点。选择其中一个矩形，查看属性选项板，会发现这个矩形的工作平面已经从"标高 1"变为了"参照点"，如图 3.5.29-3 所示。取消对矩形的选择，点击选择该矩形对应的参照点，查看属性选项板，会发现这个参照点的工作平面是"标高 1"，如图 3.5.29-4 所示。所以，在以上的过程中，相当于是在矩形和标高平面之间增加了"参照点"这样的中间元素。

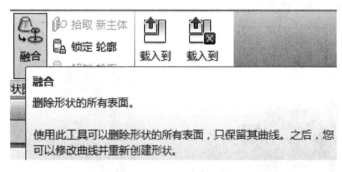

图 3.5.29-1　融合工具

图 3.5.29-2　融合后的结果

图 3.5.29-3　工作平面已经与之前不同

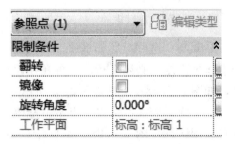

图 3.5.29-4　该参照点的工作平面

3.5.30　仅留下顶部矩形左侧的一条边，把另外三条边都删去，如图 3.5.30-1 所示的样子，选择全部这些线条，点击关联选项卡的"创建形状"，会生成图 3.5.30-2 中的形状。这说明可以同时使用闭合轮廓和开放轮廓来创建放样形状。但是这并不是说，任意的图形组合都可以，如图 3.5.30-3 所示，这种形式的组合就会报错。

图 3.5.30-1　修改轮廓　　　图 3.5.30-2　生成新的形状　　　图 3.5.30-3　不支持的组合形式

　　以上就是概念设计环境中的其他四种形状类型。在第 10 章中我们再练习使用嵌套族的表面或者边缘来创建形状的方法。

　　在创建过程中是需要很多尝试的，并没有这样的一个列表，在其中准确的说明，什么组合和什么比例的图形就可以成功的创建形状，所以需要大家在制作过程中按照基本的构成规则来不断摸索。有的时候是先制作一个条件很特殊的例子，在成功以后再改变其中的条件，逐步推广到更普通的、一般的情况；有时可能恰恰相反，先做一个原理相同但是形式简单的普通例子，然后再逐步细化，使它能够逐渐接近那个需要的样子。不管是"从特殊到一般"，还是"从一般到特殊"，都需要耐心地摸索和尝试。

4 Revit 中的点图元及其属性

在 Revit 软件中，包含有几类功能强大的点图元。本章介绍他们的属性和特点。

4.1 参　照　点

顾名思义，"参照点"是一类具有参照作用的图元。"点"是构成线条的基础，进而组成表面和形状。所以基于这样的传递关系，用户可以通过对"点"的控制，来实现对其他类型图元的掌握和控制。本节中的参照点，可以在以下的几个族样板里找到，分别是"公制体量"、"基于公制幕墙嵌板填充图案"、"基于填充图案的公制常规模型"、"自适应公制常规模型"。在项目环境下无法创建参照点，如果是在内建体量环境中则可以创建。不管是"自由的"还是"基于主体的"，每个参照点都带有三个参照平面，这些平面都可以被设置为工作平面，作为创建新图元的参照。因为自身状态的不同，参照点的属性也会有些变化，了解和熟悉这些特征，是用好这类图元的基础。本节的内容就是关于参照点的创建方法和常用属性。

4.1.1 参照点的几种状态及其属性

根据不同的主体特征，可以把参照点分为以下三种：基于工作平面的可以自由移动的参照点、以其他图元为主体只能做有限范围移动的参照点、没有主体的"不关联"的参照点。这三类点在一定情况下，都可以作为"驱动点"来控制其他图元的形态。

1. 首先来看"基于工作平面的参照点"。打开软件，在"最近使用的文件"界面，如图 4.1.1-1 所示，点击"新建概念体量"，在弹出的"新概念体量-选择样板文件"对话框中，如图 4.1.1-2 所示，以"公制体量"族样板为基础，新建一个族。

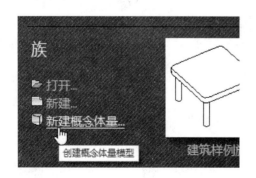

图 4.1.1-1　新建一个概念体量族　　　　　　图 4.1.1-2　选择样板文件

在进入概念设计环境时的初始视图是默认三维视图，观察功能区的选项卡，在"创建"选项卡的"绘制"面板，可以找到"点图元"工具，如图 4.1.1-3 所示。点击左侧的"模型"或者"参照"，可以看到面板中一直都有"点图元"的按钮，但是这并不意味着有

"模型点"和"参照点"的区别。与"模型线"和"参照线"不同,"点图元"工具始终都只创建"参照点"。单击"点图元"按钮,同时查看"绘制"面板的右侧,确认当前选项为"在工作平面上绘制",如图 4.1.1-4 所示。移动光标到绘图区,查看选项栏里"放置平面"属性的信息,显示为"标高:标高 1",如图 4.1.1-5 所示。再查看绘图区里的变化,水平面上已经有一个蓝色高亮显示的矩形框,如图 4.1.1-6 所示,软件用它来代表所要添加的参照点的主体,图中的蓝色圆点为参照点放置之前的预览图像。单击一次即可放置一个参照点,按两次 Esc 键可以结束当前正在执行的命令。

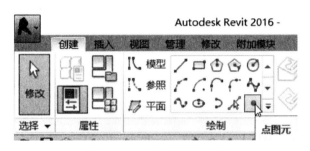

图 4.1.1-3 "点图元"工具

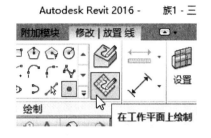

图 4.1.1-4 在工作平面上绘制

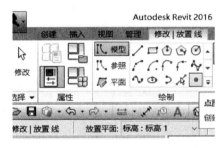

图 4.1.1-5 参照点的"放置平面"属性

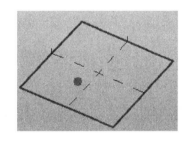

图 4.1.1-6 以蓝色高亮显示的矩形框指示放置平面

在放置前可以更换"放置平面",以参照点添加到别的位置。点击选项栏"放置平面"右侧的下拉箭头,从可用工作平面列表中选择"中心(前/后)"或者"中心(左/右)",再放置参照点时就可以看到,绘图区中蓝色矩形框的位置已经变了,是图 4.1.1-7 和图 4.1.1-8 所示的样子。按下鼠标中键和 Shift 键,在当前三维视图转动并观察,检查这些参照点在空间中的位置。

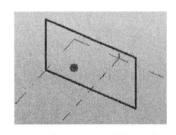

图 4.1.1-7 放置平面为"中心(前/后)"
参照平面

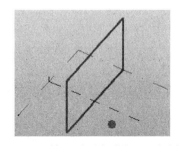

图 4.1.1-8 放置平面为"中心(左/右)"
参照平面

2. 选择放置在标高 1 平面的一个参照点,会显示如图 4.1.1-9 所示的六个三维控件,其中有三个箭头控件和三个平面控件。这些箭头如果从顶部看过去，都是横平竖直的，如图 4.1.1-10。查看属性选项板，如图 4.1.1-11 所示，修改"旋转角度"属性的值为 15°，查看绘图区，参照点的三维控件会变为图 4.1.1-12 的样子，表示的是参照点自己的局部坐标系的方向。局部坐标系的方向是基于族或模型（例如表面、边或参照平面）中参照的特定点。箭头形式的控件是指示轴线方向的，平面控件可以在限定平面内移动。

图 4.1.1-9　三维控件

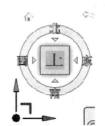

图 4.1.1-10　从顶视图查看三维控件

图 4.1.1-11　参照点的"旋转角度"属性

图 4.1.1-12　局部坐标系的方向会显示为橙色

3. 常见的状态之一是"参照点位于工作平面上"。有很多类型的图元都可以提供工作平面，例如形状的表面、参照点、参照平面、参照线。当需要查看一个参照点的主体时，可以先把这个点选中，然后再检查选项栏"主体"右侧的显示内容，如图 4.1.1-13 所示。在"主体"属性的右侧有"显示主体"的按钮，可以在三维视图中以浅蓝色半透明的矩形平面的形式来直观地显示其主体，如图 4.1.1-14 所示。

图 4.1.1-13　查看照点的主体

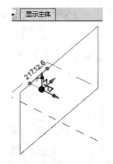

图 4.1.1-14　显示主体

4. 当参照点的主体发生变化时，往往也会带动参照点一起变化。在项目浏览器中展开"立面"并双击其中的"东"，如图 4.1.1-15 所示，使用"创建"选项卡"基准"面板的"标高"工具，如图 4.1.1-16 所示，在"标高 1"上方绘制一个标高，返回三维视图。使用"点图元"命令，并把"放置平面"设置为"标高 2"，如图 4.1.1-17 所示，然后添加若干个参照点，按 Esc 键结束放置命令。选中"标高 2"，修改它的高度，如图4.1.1-18所示，会看到这些参照点也跟着一起动了，因为"标高2"现在是它们的主体。有时会需要更换参照点的主体，那么先选中这个点，在选项栏"主体"属性的下拉菜单里，给这个点指定一个新的主体，如图4.1.1-19所示，或者选择"拾取…"，然后采用"点击"的方式来指定新主体。

图4.1.1-15 在项目浏览器里双击"东"以展开东立面

图4.1.1-16 标高工具

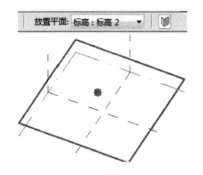

图4.1.1-17 设置放置平面为"标高2"

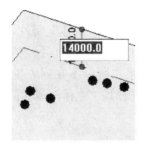

图4.1.1-18 调整标高的高度

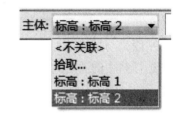

图4.1.1-19 更换主体

4.1.2 常用属性

1. 在创建图元时，经常会用到"设置工作平面"的命令，我们先给它设置一个快捷键。在"创建"选项卡和"修改"选项卡的"工作平面"面板中都有这个命令。打开软件，单击左上方的程序图标，再点击弹出菜单右下角的"选项"按钮，打开"选项"设置对话框，在左侧列表选择"用户界面"，如图4.1.2-1所示，点击"快捷键"属性右侧的"自定义（C）"按钮，打开"快捷键"对话框，在窗口顶部的搜索栏中输入"设置工作"四个字，这时在下方的"指定"列表中会立即列出符合该条件的唯一的一个命令，即"设置工作平面"。然后点击列表中的这个命令，使这一行的背景转为灰色显示，同时激活窗口下方的"按新键"输入栏。用户可以按照个人习惯，在这里输入惯用的组合。在完成输入以后，右侧"指定"按钮上面的加号会从浅绿色转为深绿色，点击它一次，这个字母组合立即显示在该命令的"快捷方式"那一列里面，如图4.1.2-2所示，再点击一次"确定"按钮，关闭这个对话框，这样就完成了该命令的快捷键设置。

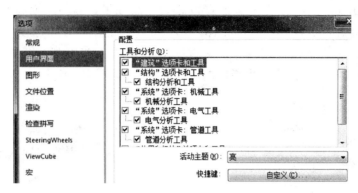

图 4.1.2-1 "选项"对话框

2. 在概念设计环境中，很多图元都可以作为参照点的主体，不仅仅是参照平面或者标高这样的基准图元。选中场景中的参照点以后，可以在选项栏"主体"下拉列表里查看、修改其主体。在修改参照点的主体时，往往要求是与它当前所处平面相平行的其他平面，除非是这个参照点目前的状态是"不关联"。

图 4.1.2-2 设置快捷键

用上一节的方法添加多个标高，在"标高 1"添加一个参照点，选中它以后在选项栏查看其"主体"属性，如图 4.1.2-3 所示，可以看到新添加的其他标高。因为两个中心平面是与标高互相垂直的关系，所以不在列表里面。点击选择其中的"不关联"后，查看其"主体"属性的可选项，如图 4.1.2-4 所示。

图 4.1.2-3 可用主体列表

图 4.1.2-4 可用主体列表

从列表当中选择"标高 2"作为新主体，查看属性选项板，它现在的偏移量为负值，如图 4.1.2-5 所示，修改这个值为 0 和 3500，并查看绘图区的变化。这个属性表示的是，参照点到它主体之间的垂直距离，是参照点的一个重要属性。

在"标高 1"绘制两条参照线，点击"点图元"工具，确认方式为"在面上绘制"，如图

图 4.1.2-5 设置参照点的"偏移量"属性

96

4.1.2-6 所示，在其中的一条参照线上添加一个参照点，再选中这个参照点，并点击关联选项卡"主体"面板的"拾取新主体"，如图 4.1.2-7 所示，然后再点击第 2 条参照线，这个参照点会立即移动到被点击的第二条参照线上。这种更换主体的方式与之前的不同。原因是参照点主体的性质不同，之前的是工作平面，现在的是模型图元。

图 4.1.2-6　在面上绘制

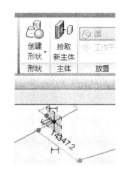

图 4.1.2-7　拾取新主体

3. 依次选中以"标高 2"和参照线为主体的参照点，观察属性选项板，如图 4.1.2-8 和图 4.1.2-9 所示。在主体不同的时候，显示的属性也会有所不同。可以添加参数的属性都有一个特点，在最右边的位置有一个方块小按钮，它的功能是打开"关联族参数"对话框，如图 4.1.2-10 所示，在这里可以选择需要的参数，或者添加新参数。在这些属性当中，后续练习里经常用到的是"旋转角度"和"偏移量"。

图 4.1.2-8　以"标高 2"为　图 4.1.2-9　以参照线为　图 4.1.2-10　"关联族参数"对话框
　　主体的参照点　　　　　　主体的参照点

4. 对比图 4.1.2-11、图 4.1.2-12，可以直观地看到参照点自身的旋转，这时如果勾

图 4.1.2-11　旋转之前的参照点

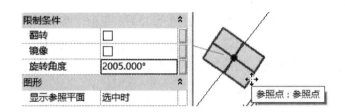

图 4.1.2-12　旋转之后的参照点

选"翻转"和"镜像",可能会看不出有什么变化。这是因为参照点本身的显示方式是关于中心对称的。如图 4.1.2-13 所示,把"显示参照平面"属性改为"始终",并去除对"仅显示常规参照平面"的勾选,就可以看到参照点所携带的三个平面了。在这三个互相垂直的平面上,绘制各不相同的二维图形,比如三角形、矩形、圆形,这时再勾选"翻转"和"镜像",就可以看到变化了,如图 4.1.2-14 所示。在绘制时注意,先设置好工作平面再进行绘制;在各个平面之间切换时,按键盘的 Tab 键。

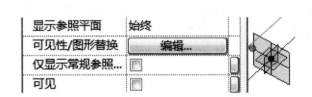

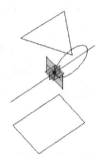

图 4.1.2-13　显示参照点所携带的三个参照平面

图 4.1.2-14　在三个参照平面上绘制不同的图形

5. 用户还可以对参照点的可见性添加参数。默认情况下该属性是不勾选的,那么在把这个族载入到其他环境以后,就会看不到族里的这个参照点。如图 4.1.2-15 所示,如果给这个属性添加参数,那么会自动选择"是否"类型,因为"可见"属性只有两个状态。关于参照点的"名称"属性,对应的是"文字"类型的参数。

图 4.1.2-15　参照点的"可见"属性

6. 参照点还有一个很有意思的功能,"点以交点为主体"。在"标高 1"中绘制两条相交的模型线,在右侧的模型线上添加一个参照点,如图 4.1.2-16 所示,选中这个参照点,点击选项栏的"点以交点为主体"按钮,如图 4.1.2-17 所示,然后再拾取左侧的模型线,这个参照点会立即移动到这两条模型线的交点位置,如图 4.1.2-18 所示。如果移动其中的一条线,改变了交点的位置,则参照点也会同时移动。

设置适当的快捷键,可以提高我们的工作效率,节约时间。快捷键有自己的设置规则,以及一些保留的键,见表 4.1.2-1、表 4.1.2-2。

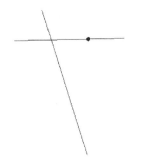

图 4.1.2-16 绘制线段
并添加一个参照点

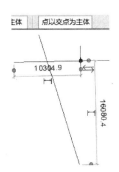

图 4.1.2-17 选择参照点在选项
栏点击"点以交点为主体"

图 4.1.2-18 参照点移动到
两条线段的交点位置

快捷键设置规则　　　　　　　　　　　　　　　　　表 4.1.2-1

序号	规则
1.	一个快捷键可由最多 5 个唯一的字母数字键组成
2.	指定的快捷键可以使用 Ctrl、Shift 和 Alt 键与一个字母数字键的组合键。序列显示在"按新键"字段中。例如,如果按 Ctrl、Shift 和 D,则将显示为 Ctrl+Shift+D
3.	如果快捷键包含 Alt 键,则必须也包含 Ctrl 键和/或 Shift 键
4.	无法指定保留的键
5.	可为每个工具指定多个快捷键
6.	可以将同一个快捷键指定给多个工具。要在执行快捷键时选择所需的工具,请使用状态栏

按快捷键中的一个或多个键时,状态栏会显示那些键,并指示第一个匹配的快捷键及其相应的工具。参考表 4.1.2-2 中的规则:

使用快捷键时的规则　　　　　　　　　　　　　　　表 4.1.2-2

序号	规则
1.	要在其他匹配快捷键中循环显示,请按向下箭头或向右箭头
2.	要以反方向在匹配快捷键列表中循环显示,请按向上箭头或向左箭头
3.	要执行当前显示在状态栏上的工具,而无需键入剩余的键,请按空格键
4.	注意:此功能不适用于包含 Ctrl、Shift 或 Alt 键的快捷键。如果仅有一个快捷键与按下的键相匹配,则状态栏上不显示任何内容

关于保留的键,以下列出了无法在 Revit 的快捷键中使用的键和键序列,见表 4.1.2-3。

Revit 中保留的键　　　　　　　　　　　　　　　　表 4.1.2-3

键	用　　途
Ctrl+F4	关闭打开的项目
Tab 键	继续查看临近或连接图元的选项或选择
Shift+Tab	反向查看临近或连接图元的选项或选择
Shift+W	打开 Steering Wheels
Esc 键	取消图元的放置(按 Esc 键两次将取消编辑器或工具)
F1 键	打开联机帮助

键	用　途
F10 键	显示按键提示
Enter 键	执行操作
空格键	翻转所选图元，修改其方向

4.2　第一类自适应点——放置点（自适应）

在使用"自适应公制常规模型"族样板建立的族中，我们可以通过功能区的命令，把参照点修改为"放置点（自适应）"。这类图元可以用于设计自适应构件，在概念设计环境和项目环境中使用。他们的编号，就是放置构件时插入自适应点的顺序。利用报告参数和"重复"命令，可以创建出具有复杂内在关系的自适应构件，并将这些根据外在条件而变化的信息反映到明细表当中去。另外一类"造型操纵柄点（自适应）"，是下一节的内容。

4.2.1　已经预置在族样板中的自适应点

1. 除了"修改参照点"的创建方法以外，有的族样板中已经预置了自适应点，例如"基于公制幕墙嵌板填充图案"和"基于填充图案的公制常规模型"。任选其中一个作为族样板，新建一个族。在默认三维视图中，移动光标指向网格中的任意一个点，在光标附近会显示信息"自适应点：放置点（编号）"，如图 4.2.1-1 所示，单击一次选中这个点，查看属性选项板，它的类型是"放置点（自适应）"，如图 4.2.1-2 所示。

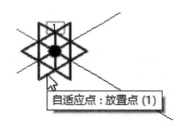

自适应构件	⌃
点	放置点(自适应)
编号	1
显示放置编号	选中时
定向到	主体和环系统 …

图 4.2.1-1　绘图区域中该图元的提示信息　　　图 4.2.1-2　属性选项板中该图元的名称

2. 查看属性选项板，如图 4.2.1-3 所示，能够添加参数的共有 4 个属性，依次为"仅显示常规参照平面"、"可见"、"控制曲线"、"名称"，"放置点（自适应）"一栏为灰色显示，表示该属性不可修改。不同于"自适应公制常规模型"中的自适应点，当前这些点只能以垂直方向移动，不能做水平方向的移动，如图 4.2.1-4 所示。

3. 属性选项板中的"显示放置编号"，可以指定自适应点的编号显示方式。有三个选项，"从不"、"选中时"、"始终"。我们可以把这些点都设置为"始终"，这样在操作时就能够直观地查看点的顺序，比较方便。

4. 使用"自适应公制常规模型"族样板新建一个族。根据帮助文档的说明，我们可以修改参照点来得到自适应点。第一种方法是在选择参照点以后，点击"修改 1 参照点"关联选项卡"自适应构件"面板的"使自适应"按钮，如图 4.2.1-5 所示，第二种方法是在属性选项板中把"点"的属性改为"放置点（自适应）"，如图 4.2.1-6 所示。因为性质不同，自适应点和参照点的外观也不一样，如图 4.2.1-7 所示，右侧的参照点为黑色实心圆点，左侧的"放置点（自适应）"为蓝色实心圆点，并显示了自带的 3 个参照平面。这些图元的外观是由族样板里"对象样式"的设置所决定的。

图 4.2.1-3　自适应点的属性

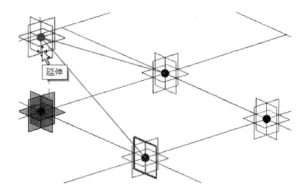

图 4.2.1-4　只能垂直移动

图 4.2.1-5　使自适应

图 4.2.1-6　改为其他的类型

图 4.2.1-7　外观上的差异

点击功能区"管理"选项卡的"对象样式"，如图 4.2.1-8 所示，切换到"注释对象"选项卡，如图 4.2.1-9 所示，可以设置参照点和自适应点的线宽、线颜色、线型图案，以控制他们在视图中的外观。"平面"指的是该点携带的参照平面，"线"指的是这些参照平面的相交线。

图 4.2.1-8　"对象样式"按钮

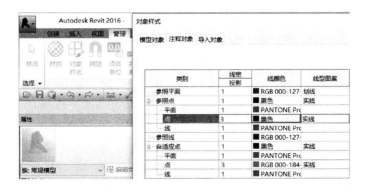

图 4.2.1-9　"对象样式"对话框

101

如果是使用功能区的"使自适应"命令来转换参照点，会直接生成"放置点"的类型。在属性选项板中，可以修改"点"属性，将"放置点"再转为参照点，或者是"造型操纵柄点"。基于这些自适应点所创建的几何图形，一般也被称为"自适应构件"。

4.2.2 放置点（自适应）简介

关闭之前的文件，使用"自适应公制常规模型"族样板再新建一个族。如图 4.2.2-1 所示，使用"点图元"工具，模式为"在工作平面上绘制"，在参照标高平面放置 5 个参照点。选中它们以后，在"修改 | 参照点"关联选项卡"自适应构件"面板点击"使自适应"，全部转换为自适应点，所属类型为"放置点（自适应）"。

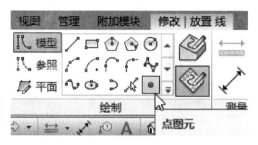

图 4.2.2-1　在参照标高平面放置四个参照点

任选其中一个点，查看属性选项板，如图 4.2.2-2 所示，灰色显示的为不可修改的内容，有三个属性可以添加参数，分别是"可见、编号、名称"。对比旧版本，如图 4.2.2-3 所示，"方向"属性已经改名为"定向到"。

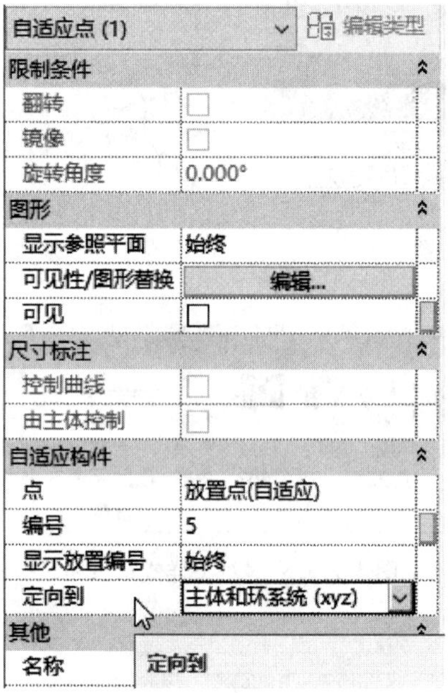

图 4.2.2-2　自适应点的属性 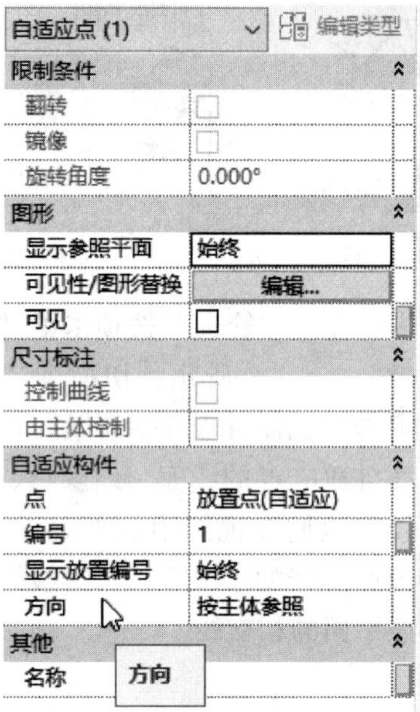　　　　　　图 4.2.2-3　之前的版本

可以给属性添加怎样的参数，取决于属性的特点。例如，"编号、可见、名称"分别对应于"整数、是/否、文字"这样的类型。在点击对应的"关联族参数"按钮后，软件会自行选择。参照点的放置顺序，决定了自适应点的编号。人为修改时，不能大于已有的自适应点的数量，否则就会报错，如图 4.2.2-4 所示。

对比图 4.2.2-5 和图 4.2.2-6，可以发现，不仅仅是这个属性的名称发生了变化，可选项的名称也都有很大变化，从原来"文字描述"的形式，改为现在"文字描述＋坐标轴"的形式，表达更清晰了。这个属性非常重要，会影响自适应构件的定位方向。

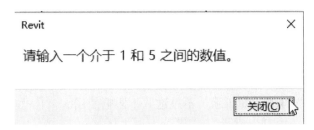

图 4.2.2-4 提示信息

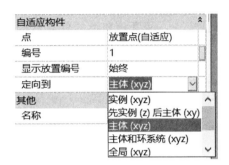

图 4.2.2-5 "定向到"属性

图 4.2.2-6 之前版本的"方向"属性

可选项之间的对应关系见表 4.2.2-1。

新旧版本可选项对照表 表 4.2.2-1

新选项，"定向到"	旧选项，"方向"
主体(XYZ)	按主体参照
主体和环系统（XYZ）	自动计算
先全局(Z)后主体（XY）	垂直放置
全局（XYZ）	正交放置
先实例(Z)后主体（XY）	在族中垂直
实例（XYZ）	在族中正交

根据帮助文档的说明，各个参数的意义如下：

全局：放置自适应族实例（族或项目）的环境的坐标系。

主体：放置实例自适应点的图元的坐标系（无需将自适应点作为主体）。

实例：自适应族实例的坐标系。

关于 Z 轴坐标和 XY 轴坐标的可用设置，见表 4.2.2-2 及后续说明。

"定向到"属性中备选项的说明 表 4.2.2-2

	定向 Z 轴到全局	定向 Z 轴到主体	定向 Z 轴到实例
定向 XY 轴到全局	全局（XYZ）	（无）	（无）
定向 XY 轴到主体	先全局(Z)后主体（XY）[①]	主体（XYZ），主体和环系统（XYZ）[②]	先实例(Z)后主体（XY）
定向 XY 轴到实例	（无）	（无）	实例（XYZ）

注：①：平面投影（X 和 Y）通过主体构件几何图形的切线而生成。

②：这适用于自适应族至少有三个点形成环的实例。自适应点的方向由主体确定。但是，如果将构件的放置自适应点以与主体顺序不同的顺序放置（例如，顺时针方向而不是逆时针），则 Z 轴将反转且平面投影将交换。

在 Revit2016 帮助文档中已经提供了一个带有指示特征的自适应构件，可以帮助用户更加方便的摸索和观察自适应构件在调整方向时的行为。读者可以从在线文档中搜索"诊断三轴架"来找到这个族，点击其名称即可下载，如图 4.2.2-7 所示。或者在我公司网站及 QQ 群中下载对应的练习文件。由于该文件并没有更新，还是 2012 版的，所以在打开时会有一个提示，如图 4.2.2-8 所示，不过这并不影响使用。该自适应构件包含有一个自适应点，这个点的"定向到"属性已经预设为"主体（xyz）"，如图 4.2.2-9 所示。同时，对应于各个轴向的线条，构件中已经通过在"对象样式"中"设置子类别"的方式，对他们加以区分，如图 4.2.2-10 所示，这样在观察的时候就更清晰一些。在 2016 版软件中，如果是用"使自适应"命令将参照点转换为自适应点，通常该属性的默认首选项是"实例（xyz）"。

图 4.2.2-7　帮助文档提供的自适应构件

图 4.2.2-8　提示升级信息

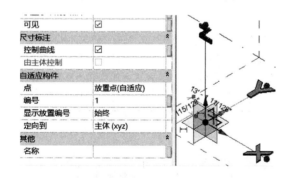

图 4.2.2-9　"定向到"属性预设为"主体（xyz）"

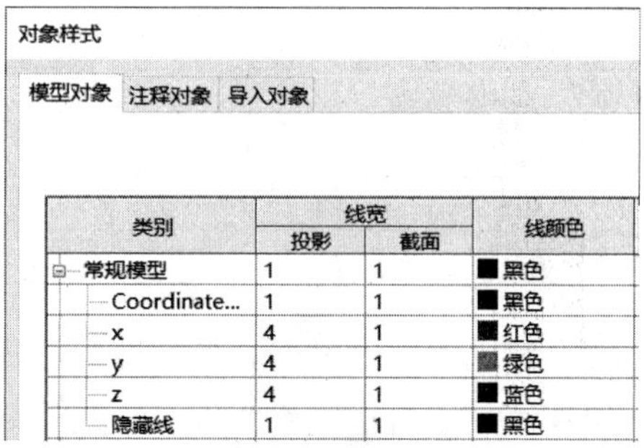

图 4.2.2-10　设置为不同的子类别

读者可以在概念设计环境中设置多个不同形式的分割表面，并勾选分割表面的"节点"属性，如图 4.2.2-11、图 4.2.2-12 所示。将这个构件载入后放置到多个分割表面的不同位置，查看在不同设置下，其定位方向的变化。在制作测试用的分割表面时，注意对比不同的绘制方向对最后结果的影响。图中所示箭头，为绘制线条时的方向。例如，外观都是圆弧，但是绘制时的起点到终点的方向可能是不一样的；同样的旋转表面，作为旋转轴的线段，起点到终点的方向也可能不一样。这些绘制时的细节，都会对最后所生成表面的法线方向产生影响，所以在制作构件时，务必先测试好方向，再对构件添加细节。

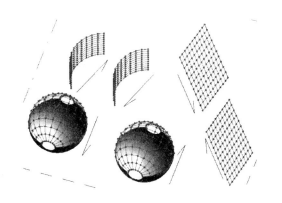

图 4.2.2-11　不同形式的分割表面

图 4.2.2-12　勾选分割表面的"节点"属性

4.3　第二类自适应点——造型操纵柄点（自适应）

第二类自适应点是"造型操纵柄点（自适应）"，特点是在放置构件期间将不被使用，而在放置构件后该点将可以移动。可以在应用环境中为这类点指定新的主体，之后当主体的状态发生改变时，这些点也会同步进行变化。

这类图元具有一个非常特别的属性，叫作"受约束"，可以约束点的活动范围，使它仅在约束平面以内移动。如图 4.3.0-1 所示，选中"造型操纵柄点（自适应）"，在属性选项板里查看这个属性。

"受约束"属性共有四个选项，"无"是没有约束的状态，这时造型操纵柄点

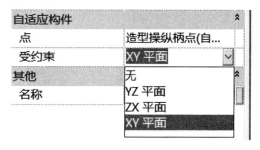

图 4.3.0-1　"受约束"属性

（自适应）可以做自由的移动。另外三个选项，在族编辑器环境下，"YZ"、"ZX"、"XY"分别对应于"中心（左/右）参照平面"、"中心（前/后）参照平面"、"参照标高"。在把造型操纵柄点（自适应）指定到主体以后，将会按照所属主体来重新确定方向。

4.3.1　创建方法及属性

只能在使用"自适应公制常规模型"族样板创建的自适应构件族中创建造型操纵柄点。下面我们通过练习来熟悉这类图元的特征和使用方法。

1. 打开软件，新建一个族，选择"自适应公制常规模型"族样板。和前面的放置点（自适应）一样，从已经放置的参照点开始，以修改的方法来创建造型操纵柄点。选择要转换的参照点，在属性选项板中单击"点"属性右侧的那一栏，再点击栏内右侧出现的小箭头以展开下拉列表，然后选择列表中的"造型操纵柄点（自适应）"，如图 4.3.1-1 所示。那个小箭头，需要在框内点击以后才会显示。在点击之前的样子，如图 4.3.1-2 所示。

图 4.3.1-1 转换参照点的类型　　　图 4.3.1-2 没有在框内点击之前不显示下拉箭头

2. 对比图 4.3.1-3 和图 4.3.1-4，可以看出这两类图元在属性上的异同之处。其中造型操纵柄点的"受约束"属性设置为"无"。

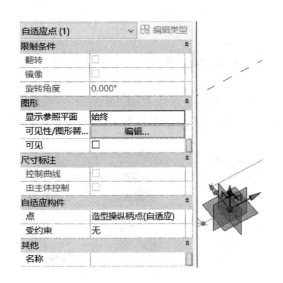

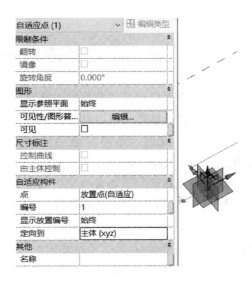

图 4.3.1-3　造型操纵柄点（自适应）　　　图 4.3.1-4　放置点（自适应）

如图 4.3.1-5 所示，同时选中这两类图元时，观察属性选项板，在"自适应构件"分组下，仅有一个属性。

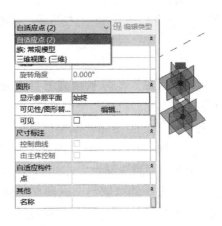

图 4.3.1-5　选择不同类型的自适应点时的属性选项板

从图中可以看出有以下的差别：对比后可以总结出它们的不同点：

①仅放置点（自适应）有"编号"属性，及"显示放置编号"属性；

②仅放置点（自适应）有"定向到"属性；

③仅造型操纵柄点（自适应）有"受约束"属性；

尽管这两类点的创建方式不同，也具有明显不同的属性，但是在属性过滤器中，仍然都是属于"自适应点"的类别。因为有不同的特性和行为，所以这两类点所能够执行的任务也有区别。

现在通过一个自适应构件族来熟悉造型操纵柄点的主要属性。关闭其他已打开的文件，再使用"自适应公制常规模型"新建一个族。如图 4.3.1-6 所示，在参照标高平面放置 5 个参照点。把位于参照平面交点处的参照点转为放置点，其余的都转为造型操纵柄点，如图 4.3.1-7 所示。并按照字母顺序依次为后四个点命名，如图 4.3.1-8 所示。

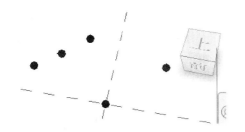

图 4.3.1-6 放置四个参照点

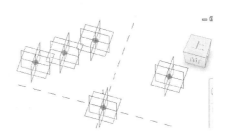

图 4.3.1-7 转换为两个类型的自适应点

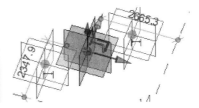

图 4.3.1-8 给造型操纵柄点命名

给造型操纵点命名是为了在后续练习中更方便地识别它们的对应位置。

3. 当前环境下的 4 个造型操纵柄点都是单独放置的，任选其中一个，查看属性选项板，如图 4.3.1-9 所示，分为 5 组共 11 个属性，其中有 2 个属性具有"关联族参数"的按钮。选择全部的造型操纵柄点，用命令"通过点的样条曲线"，把他们连接在一起。任选其中一个，查看属性选项板，如图 4.3.1-10 所示，共 5 组 12 个属性，增加的一个属性为"仅显示常规参照平面"，这时有 4 个属性具有"关联族参数"的按钮。之前状态下的"控制曲线"属性，是灰色显示不可修改的，现在则是黑色显示，并默认已经勾选。再次选择全部的造型操纵柄点，在属性选项板中把他们的"受约束"属性设置为"XY 平面"。任选线上的一个点，查看属性选项板，如图 4.3.1-11 所示，共 5 组 14 个属性，增加的两个属性是"主体 U 参数"和"主体 V 参数"，其中有 7 个属性具有"关联族参数"的按钮。以上这些情况说明，对于同样的图元，可能会因为自身的不同状态和某些属性的设置，而增加或者减少其他的一些属性。

图 4.3.1-9　造型操纵
柄点的属性

图 4.3.1-10　在曲线上的造型
操纵柄点的属性

图 4.3.1-11　当把"受约束"属性
设置为"XY 平面"时的属性

4. 新建一个概念体量族，在其中测试这个自适应构件。在"标高 1"平面画 1 条直线，方向为从北向南，作为放置这个构件的路径。然后把"标高 1"向上复制一次，在新标高平面中也画 1 条直线，与"标高 1"平面的第 1 条直线平行，如图 4.3.1-12 所示，这条线的作用是作为自适应构件的轮廓控制线。一条线对应于一个造型操纵柄点，如果是要对全部的造型操纵柄点进行控制，那么总共需要准备 4 条轮廓控制线。按"Ctrl＋Tab"组合键返回刚才的自适应族文件，把造型操纵柄点的"受约束"属性改为之前的"无"，目的是要检查在没有约束的情况下，这些点的表现。把这个族载入到概念体量文件中。在光标处会显示这个族的预览图像，如图 4.3.1-13 所示。那个紧挨着十字光标并一起移动的黑色圆点，代表的是族内的放置点，而族中的造型操纵柄点在当前状态下是看不到的，只能看到通过他们的那根样条曲线。移动光标指到"标高 1"平面的路径上，如图 4.3.1-14 所示，相关图元会蓝色高亮显示，同时在光标下方会显示提示信息"最近点"。这时单击一次，这样就在路径上布置了这个自适应构件的一个实例。按两次 Esc 键结束放置构件的命令。

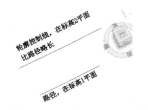

图 4.3.1-12　一条路径和
一条轮廓控制线

图 4.3.1-13　自适应构件载入
后的预览图像

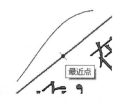

图 4.3.1-14　捕捉到路径上

5. 在完成放置以后，需要把该构件在路径上的状态和在族中的状态做个对比，来了解构件是怎样在主体上定位的。移动光标靠近构件中曲线的末端，会显示一个蓝色的实心大圆点，如图 4.3.1-15 所示，提示信息为"自适应点：造型操纵柄点（无）：a"。如果显示为该构件的名称，且整个自适应构件都变为蓝色高亮显示，那么再按一下 Tab 键。信息中的"自适应点"指的是族中这个图元的类别，"造型操纵柄点"是所属的类型，"（无）"是该图元"受约束"属性的设置，"a"是名称。从南立面看过去，光标指到这个构件时，如图 4.3.1-16 所示，能够看出自适应放置点和造型操纵柄点的位置。切换回自适应构件族，点击 ViewCube 的"上"，查看各个点的位置，如图 4.3.1-17 所示。结合路径的绘制方向，其定位规则是"路径终点看起点相当于族中的平面视图"。

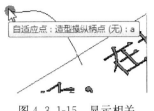

图 4.3.1-15　显示相关
图元的信息

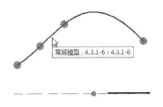

图 4.3.1-16　在体量族环境下
查看自适应构件

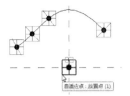

图 4.3.1-17　在顶视图
查看自适应构件

6. 返回体量族的默认三维视图，移动光标指向自适应构件中曲线的左侧端点，即之前"a"点所在的那一侧。在只有该点高亮显示时，单击一次选中它。如果预选图元为整个的自适应构件，如图 4.3.1-18 所示，那么轻微移动一下光标的位置，或者按 Tab 键来切换。单击选中这个点以后，会显示出相应的三维控件，拖拽箭头或平面控件，能够改变这个点的位置，同时改变曲线的形状。在功能区的关联选项卡中，点击其中的"拾取新主体"按钮，并同时确认放置模式为"面"，如图 4.3.1-19 所示。这时的光标就可以带着 a 点同时移动了，如图 4.3.1-20 所示。移动光标点击位于标高 2 平面的直线，如图 4.3.1-21 所示，这样就为 a 点指定了新的主体。

图 4.3.1-18　预选图元为整个自适应构件时的样子

图 4.3.1-19　放置方式

图 4.3.1-20　光标带动造型操纵柄点一同移动

图 4.3.1-21　捕捉到轮廓控制线

选中这条直线，移动一小段距离，会发现 a 点也会跟随一起移动。再移动直线的端点，改变原有的角度，a 点也仍然会跟着一起移动，并影响到自适应构件族中的曲线，如图 4.3.1-22 所示。经过多次调整并对比结果后可以发现，a 点会始终保持在当初"拾取新主体"时所点击的位置。点击选中构件族中的 a 点，查看属性选项板，会看到一个熟悉的属性，"规格化曲线参数"，如图 4.3.1-23 所示。所以在修改 a 点所属的主体时，a 点会调整自己的空间位置，但是仍然自动地保持这个属性的值，以使在主体上的相对位置不做改变，类似于前面讲过的参照点。在三维视图中选择一个俯视的角度，如图 4.3.1-24 所示，会发现 a 点和构件族中的其他点已经不在同一个平面了。

7. 切换到自适应构件族文件，仍然选择 a 点，在属性选项板把他的"受约束"属性改为"XY平面"，如图 4.3.1-25 所示，然后把这个族再次载入到体量族文件中。当显示

"族已存在"对话框时，选择其中的"覆盖现有版本及其参数值"。这时查看 a 点的位置，已经移动了一段距离。再对轮廓控制线做不同角度的修改，并从俯视图查看 a 点的变化。对比图 4.3.1-26 和图 4.3.1-27，可以看出 a 点现在始终都与构件内的其他点保持在同一个平面，恰好是该构件在路径上的法线方向与轮廓控制线的交点。

<table>
<tr><td colspan="2">尺寸标注</td></tr>
<tr><td>控制曲线</td><td>☐</td></tr>
<tr><td>由主体控制</td><td>☑</td></tr>
<tr><td>测量类型</td><td>规格化曲线参数</td></tr>
<tr><td>规格化曲线参数</td><td>0.671788</td></tr>
<tr><td>测量</td><td>起点</td></tr>
</table>

图 4.3.1-22　调整轮廓
线的形态　　　　　图 4.3.1-23　查看该点的属性　　图 4.3.1-24　在顶视图查看
自适应构件

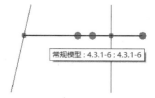

图 4.3.1-25　修改"受约束"　　图 4.3.1-26　构件中 a 点的位置　图 4.3.1-27　构件中
属性为"XY 平面"　　　　　　　　　　　　　　　　　　　　a 点的位置

8. 再把这个构件族复制出多个实例，以查看其变化特点。切换回默认三维视图，选中这个构件后，按住 Ctrl 键不放，移动光标靠近族中的曲线，在显示"移动"标记时，如图 4.3.1-28 所示，按下左键，拖动复制出多个构件。复制后各个构件的 a 点仍然保持在轮廓控制线上，移动这条线，会带着各个构件的 a 点同时变化，如图 4.3.1-29 所示。

图 4.3.1-28　拖动复制这个构件　　　　　图 4.3.1-29　修改轮廓控制线查看构件的变化

4.3.2　读取造型操纵柄点的定位信息

从上节练习可以看出，造型操纵柄点在拾取新主体以后，会接受该主体的控制，从而改变自己在构件内原有的位置。用户可以通过添加参数的方式，读取该点的定位信息，收集在明细表当中。

1. 返回到上一节的自适应构件，另存为一个新文件。选中全部的造型操纵柄点，在属性选项板中把"受约束"属性都设为"XY 平面"。单独选择 a 点，如图 4.3.2-1 所示，后续操作都和这两个参数有关，他们都是数值类型的。为了找出他们的定位规律，采用之前的办法，先把属性值设为特殊的整数，如图 4.3.2-2 所示。

主体 U 参数	-12.525289
主体 V 参数	4.700583
自适应构件	
点	造型操纵柄点(自…
受约束	XY 平面
其他	
名称	a

图 4.3.2-1　主体 U/V 参数

主体 U 参数	-1.000000
主体 V 参数	10.000000
自适应构件	
点	造型操纵柄点(自…
受约束	XY 平面
其他	
名称	a

图 4.3.2-2　改为具有明显特征的值

2. 查看绘图区，会发现 a 点的位置已经有了变化，如图 4.3.2-3 所示。保持 a 点为选中的状态，旁边临时尺寸标注的数字是"3048"和"304.8"。考虑到之前输入的值是"-1"和"10"，可以推测出这个值是把距离换算为"英尺"后的数字。当前环境下，在水平方向上与 a 点有 1 英尺距离的图元有两个，分别是自适应点和"中心（左/右）参照平面"，那么这个距离是从哪个图元开始测量的呢？依次选择并移动位于参照平面交点处的自适应点和"中心（左/右）参照平面"，向右拖动一段距离后，再查看 a 点的"主体 U 参数"，发现并没有变化，如图 4.3.2-4 所示。所以这个值的测量起点，并不是我们所能够看到的这两个图元，而是当前环境的中心。为了在以后使用方便，直观地查看构件中各个尺寸，所以还是需要把拾取路径的那个自适应点放在环境的中心位置，即未经改动的参照平面的交点。这样在使用构件以后，可以从路径开始测量各个点的位置。U/V 参数本身是"数值"类型，没有单位。在族编辑器中，U 参数表示东西方向，V 参数表示南北方向，向上及向右为正值的方向。

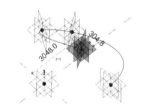

图 4.3.2-3　查看该点的位置

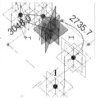

尺寸标注	
控制曲线	☑
由主体控制	☑
主体 U 参数	-1.000000
主体 V 参数	10.000000
自适应构件	
点	造型操纵柄点(自…
受约束	XY 平面
其他	
名称	a

图 4.3.2-4　检查测量起点

3. 按组合键"Ctrl＋Z"使自适应点和"中心（左/右）参照平面"都返回原位。如图 4.3.2-5 所示，选择曲线右端的 d 点，把他的"主体 U/V 参数"值都改为 10，查看绘图区的变化，现在显示 d 点到两个参照平面的距离都是 3048 毫米。下面通过添加参数的方法，来提取造型操纵柄点的位置信息。使用"设置工作平面"工具，把"中心（前/后）参照平面"设为工作平面，如图 4.3.2-6 所示。

图 4.3.2-5　查看图元的位置

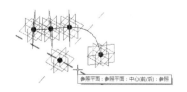

图 4.3.2-6　设置工作平面

如图 4.3.2-7 所示，点击"尺寸标注"面板的"对齐"按钮，然后再分别拾取自适应点和 d 点，如图 4.3.2-8 所示。因为 d 点已经被约束在参照标高平面，所以这样标注，提取到的就是 d 点到"中心（左/右）参照平面"的垂直距离。为了提取信息，还要添加相应的参数，参数的载体就是刚才放置的尺寸标注。添加方法很简单，首先选择尺寸标注，然后展开选项栏上"标签"属性的下拉列表，如图 4.3.2-9 所示，再点击其中的"〈添加参数…〉"，会立即打开"参数属性"对话框，这时要选择"共享参数"，如图 4.3.2-10 所示，因为只有这样才会把信息列入明细表当中。通过"选择"按钮来指定所需的共享参数文件，如果没有指定过该文件，则会弹出提示信息，如图 4.3.2-11 所示。

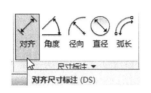

图 4.3.2-7　对齐尺寸标注工具

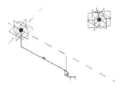

图 4.3.2-8　放置一个
尺寸标注

图 4.3.2-9　给这个尺寸
标注添加参数

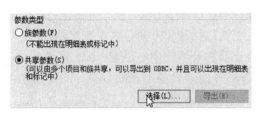

图 4.3.2-10　选择共享参数

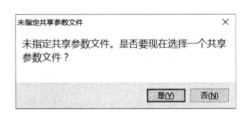

图 4.3.2-11　需要准备一个新文件

图 4.3.2-12　"编辑共享参数"对话框

图 4.3.2-13　"创建"按钮

在"未指定共享参数文件"信息框里点击"是"以后，会立即打开"编辑共享参数"对话框，如图 4.3.2-12 所示。可以看到其中右侧的"参数"和"组"下面的按钮都是灰色显示，表示不能使用，原因是还没有建立共享参数文件，无法保存这些设置信息。如图 4.3.2-13 所示，在对话框右上角点击"创建"按钮，会立即打开"创建共享参数文件"窗口。在这个窗口中，可以指定存放共享参数文件的文件夹，如图 4.3.2-14 所示。这是一个".txt"格式的文件，输入文件名称以后，点击窗口右下角的"保存"按钮，会立即退出这个窗口并返回到"编辑共享参数"对话框，这样就创建了一个空白的共享参数文件。如图 4.3.2-15 所示，现在"组"下面的"新建"按钮可以使用了。"组"是"参数"的容器，所以现在"参数"下的按钮还都是灰色的。点击"新建"按钮，在"新参数组"对话框指定该组的名称，如图 4.3.2-16 所示，再点击"确定"，返回"编辑共享参数"对话框。如图 4.3.2-17 所示，点击"参数"下的"新建"按钮，打开"参数属性"对话框。

如图 4.3.2-18 所示，输入参数名称，其他都保持默认值就可以。以相同方式添加参数"d 垂直距离"，如图 4.3.2-19 所示。点击"确定"按钮返回"共享参数"对话框，如图 4.3.2-20 所示。

图 4.3.2-14　选择一个文件夹以存放共享参数文件

图 4.3.2-15　"组"框内的"创建"按钮可用

图 4.3.2-16　"新参数组"对话框　　　　图 4.3.2-17　"参数"框内的"新建"按钮可用

图 4.3.2-18　"参数属性"对话框　　图 4.3.2-19　输入参数名称　　图 4.3.2-20　添加其他参数

现在已经准备好了共享参数文件及相应的参数。在当前的"共享参数"对话框中，选择"d 水平距离"，如图 4.3.2-21 所示。点击"确定"按钮，返回"参数属性"对话框，这时要注意，务必勾选窗口右下角的"实例"和"报告参数"，如图 4.3.2-22 所示。

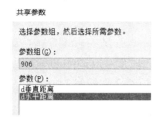

图 4.3.2-21　选择参数　　　　　　　图 4.3.2-22　勾选"实例"和"报告参数"

4. 点击"确定"按钮关闭"属性"对话框。这样就对 d 点水平方向的距离添加了参数。接着采取同样的方式，对 d 点的垂直距离添加参数。首先还是使用"设置工作平面"工具，把"中心（左/右）参照平面"设为当前的工作平面，如图 4.3.2-23 所示。再使用

"对齐尺寸标注"工具分别拾取 d 点和自适应点后放置 1 个尺寸标注，如图 4.3.2-24 所示。选择这个尺寸标注，按照之前的步骤，点击"标签"后的"〈添加参数〉"→选择"共享参数"→点击"选择"按钮→打开"共享参数"对话框→选择参数组"906"中的"d 垂直距离"→勾选"实例"和"报告"→依次点击"确定"按钮关闭相应的对话框，这样就把另外一个方向的参数加给了这个尺寸标注，如图 4.3.2-25 所示。

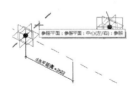
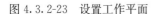

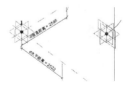

图 4.3.2-23　设置工作平面　　　　图 4.3.2-24　另外一个方向　　　　图 4.3.2-25　把参数指定
　　　　　　　　　　　　　　　　　　　的尺寸标注　　　　　　　　　　　给尺寸标注

5. 新建一个概念体量文件，在"标高 1"平面按照"北→南"的方向绘制一条线段，再复制出一个新标高，并调整间距为 9600mm，在"标高 2"平面绘制两条曲线作为轮廓控制线，其投影在作为路径的线段的两侧。返回刚才的自适应构件族，将其载入到这个新文件中，放置在"标高 1"平面的路径上。分别将 a 点和 d 点指定到各自一侧的轮廓控制线上，选择这个构件，查看属性选项板，如图 4.3.2-26 所示，可以看到这两个参数。拖动复制一个构件到新的位置，继续查看，如图 4.3.2-27 所示，"d 水平距离"会有变化。"d 垂直距离"反映的是两个标高之间的距离，如图 4.3.2-28 所示，所以不会变化。

尺寸标注	
d 垂直距离	9600.0
d 水平距离	7479.7
体积	

尺寸标注	
d 垂直距离	9600.0
d 水平距离	10633.3
体积	

图 4.3.2-26　属性选项板已经　　　　图 4.3.2-27　其他构件　　　　图 4.3.2-28　两个标高
　　　　列出参数及参数值　　　　　　　　的参数值　　　　　　　　　之间的距离

6. 使用建筑样板新建一个项目文件，并将刚才的体量族载入。现在有多个已经打开的文件，所以软件会要求用户在图 4.3.2-29 所示的对话框中进行选择。勾选刚才新建的项目文件，点击"确认"按钮，这时会看到如图 4.3.2-30 所示的另外一个提示信息，可以直接关闭。在把一个体量族载入到一个新项目文件中时，总是会有这样一个关于"体量图元可见性"的提示。随着光标的移动，这个体量族的预览图像也会同时移动。光标的位置相当于是体量族中两个中心参照平面的交点，所以预览图像可能会距离光标比较远。同时因为剖切面高度的原因，所显示的图像会与族编辑器中的略有不同。在绘图区点击一次，放置一个实例。放置这个实例以后，会弹出图 4.3.2-31 所示的对话框，这是因为在刚才的体量族当中，只有线和点这样的图元，而他们都是没有体积和面积的。仅需一个实例即可，所以在放置以后按两次 Esc 键结束命令。

7. 现在创建明细表，按照图 4.3.2-32 所示，在"视图"选项卡单击"明细表/数量"，打开"新建明细表"对话框。首先在这里指定图元类别，才能再进行下一步。因为是在自适应构件族中添加的参数，所以选择"常规模型"，如图 4.3.2-33 所示。点击"确定"按钮，打开"明细表属性"对话框，如图 4.3.2-34 所示，参数已经在列表中了。

图 4.3.2-29　选择要载入到的项目

图 4.3.2-30　提示信息

图 4.3.2-31　警告消息

图 4.3.2-32　创建一个明细表

图 4.3.2-33　选择类别

图 4.3.2-34　选择字段

在窗口左侧"可用的字段"列表中，把这两个参数和"族与类型"都添加到右侧的"明细表字段"列表中，直接双击或使用"添加"按钮都可以，如图 4.3.2-35 所示。点击"确定"按钮后，会立即生成明细表，如图 4.3.2-36 所示。

图 4.3.2-35　把需要的字段添加到"明细表字段"列表中

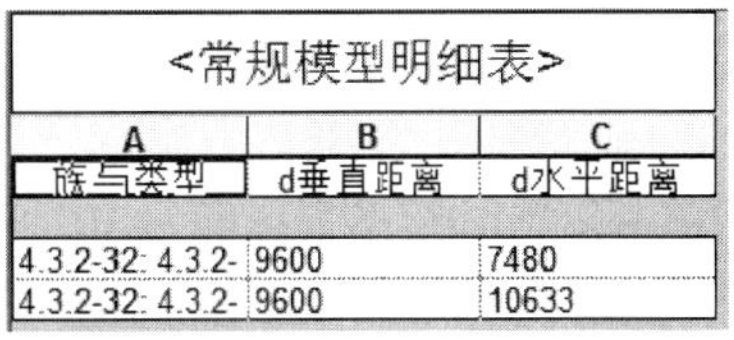

<常规模型明细表>		
A	B	C
族与类型	d垂直距离	d水平距离
4.3.2-32: 4.3.2-	9600	7480
4.3.2-32: 4.3.2-	9600	10633

图 4.3.2-36　生成明细表

对比表中的数据，"d 水平距离"是构件中 d 点到自适应点的水平投影距离。所以在布置完毕这些构件以后，尽管样条曲线是自由形式的，但是可以通过构件族当中的设置，把一些关键位置的信息提取出来。

4.4　驱　动　点

在概念设计环境中，用于控制相关样条曲线几何图形的参照点是驱动点。这些参照点的状态可以是"基于主体的"，也可以是"不关联的"。在使用自由点生成线、曲线或样条曲线时，会自动创建驱动点。在使用"通过点的样条曲线"工具时，或者绘制时在选项栏勾选"三维捕捉"，默认情况下也会创建驱动点。如果之后在这些线条上添加了其他的参照点，那么这些线条是新添加的参照点的主体，这些参照点不具备驱动曲线进行变化的功能，它们自身只能以曲线作为路径移动，但是有相应的命令可以把这些基于主体的点转换为驱动点，这里所说的"驱动"，指的是该点的变化可以影响到线条，并使其同时变化，而不是在相同的位置上又多了一个其他的点。

在三维视图中选择一个驱动点，会显示其三维控件。颜色不同的三个箭头，分别代表了全局坐标系的 X、Y、Z 三个轴向；三个平面控件的颜色也不同，代表的是与某个轴相垂直的平面，红绿蓝分别对应于 XZ、YZ、XY 平面。基于主体的点仍然带有自身的参照平面，可以将其设置为工作平面，作为添加其他图元的参照。

4.4.1　打开软件，在窗口左侧点击"新建概念体量..."，如图 4.4.1-1 所示，选择"公制体量"族样板。在新文件中，点击功能区"创建"选项卡"绘制"面板的"通过点的样条曲线"，如图 4.4.1-2 所示，然后在绘图区域点击三次，会在生成曲线时自动创建具有"驱动"功能的参照点，如图 4.4.1-3 所示。

图 4.4.1-1　新建概念体量

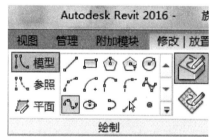

图 4.4.1-2　通过点的样条曲线

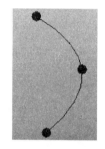

图 4.4.1-3　绘制时自动创建驱动点

4.4.2　任意选择其中的一个点，在选项栏查看其"主体"属性，显示为"标高：标高 1"，如图 4.4.2-1 所示。这是因为在软件提供的族样板里，三维视图的默认工作平面就是"标高 1"。可以点击"显示主体"来查看所选图元的主体状态。

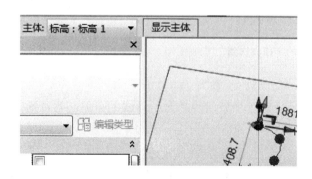

图 4.4.2-1　查看点图元的主体

4.4.3　查看属性选项板，如图 4.4.3-1 所示。在旁边放置一个自由的参照点，也查看其属性，如图 4.4.3-2 所示，对比后可以发现差别不大，仅在于驱动点具有"仅显示常规参照平面"和"控制曲线"的属性。

图 4.4.3-1　驱动点

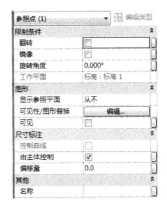

图 4.4.3-2　自由的参照点

4.4.4　选择曲线中间的点，在属性选项板中清除勾选"控制曲线"，这时曲线会变为一条直线段，中间的点已经独立，如图 4.4.4-1 所示。读者可以尝试具有更多驱动点的曲线，在其中的某个点不具备"控制曲线"的能力以后，其余的点仍然会保持连接并构成一条新的曲线。选择脱离曲线的这个点，可以使用功能区的"拾取新主体"命令将其指定给线段，外观上显示为一个较小的圆点，此时该点只能从动于线段。如图 4.4.4-2 所示，选择这个点，可以使用选项栏的"生成驱动点"命令对其进行转换。

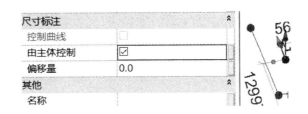

图 4.4.4-1　清除"控制曲线"后的状态

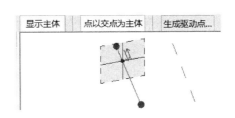

图 4.4.4-2　拾取新主体后的状态

4.4.5　选中"标高 1"，向上复制一个。选择线段中间的点，使用选项栏的"生成驱动点"命令恢复其原有功能。选择线段两端的点，在选项栏把"主体"属性改为"标高 2"，可以看到，线段立即变成了曲线，如图 4.4.5-1 所示。选择曲线中部的点，在属性选项板取消勾选"由主体控制"，现在移动这个点，仍然可以控制曲线形态，如图 4.4.5-2 所示。这说明驱动点在没有主体的情况下，仍然可以控制曲线的形态。

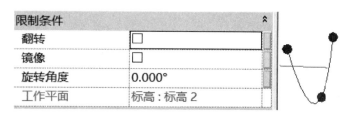

图 4.4.5-1 修改点的主体

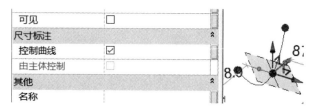

图 4.4.5-2 没有主体的驱动点

4.4.6 使用"点图元"工具向线条上添加参照点时，注意查看功能区"绘制"面板的添加模式。对比图 4.4.6-1 和图 4.4.6-2，这两个选项的区别在于，"在面上绘制"的方式可以添加附属于线条的参照点，外观是较小的圆点，线条将会是该点的主体，而该点的活动范围也仅限于这个线条；以"在工作平面上绘制"的方式添加的参照点，外观是较大的圆点，可以在三维空间自由移动，并以"偏移量"记录该点到工作平面的垂直距离。

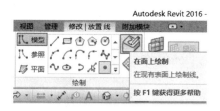

图 4.4.6-1 在面上绘制

图 4.4.6-2 在工作平面上绘制

在"标高 1"平面绘制一个圆形，分别以这两种方式捕捉到圆形后添加参照点。圆形被捕捉到时，会整体变为蓝色高亮显示，这时再单击以放置参照点。选择较小的圆点，会显示一个与该点切线相垂直的平面，及"翻转测量起始终点"的符号，如图 4.4.6-3 所示。查看选项栏，这时它的主体是"模型线"。选择较大的圆点，会显示其三维控件，如图 4.4.6-4 所示。拖动时会离开圆形，如图 4.4.6-5 所示。

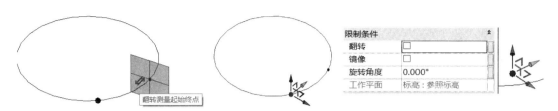

图 4.4.6-3　曲线上的参照点　　图 4.4.6-4　自由的参照点　　图 4.4.6-5　自由的参照点
可以离开曲线

选中圆形上的较小的圆点，把光标放在他的参照平面上，按下左键后拖动，如图
4.4.6-6 所示。可以看到，这个参照点只能以圆形为路径进行移动，而且被选择以后，在
选项栏没有"生成驱动点"的按钮。对于用直线、圆弧、样条曲线、椭圆等工具绘制的线
条，不支持在上面创建驱动点。在"标高 1"平面依次放置 3 组共 6 个点，然后从左到右
进行以下操作，使用"通过点的样条曲线"将两个点连接、在连接后的线段上加一个参照
点、选择这个参照点并点击选项栏的"生成驱动点"再将其移动，最后结果如图 4.4.6-7
所示。可以看出，能够在这种类型的曲线上进行这样的转换。

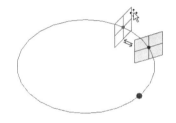
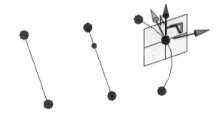

图 4.4.6-6　从动于曲线的参照点　　　　　图 4.4.6-7　转为驱动点以后

这两类点的性质有所不同。图 4.4.6-8 为以圆形为主体的参照点的属性，图 4.4.6-9
为以"标高 1"为主体的参照点的属性。主要差别在于"规格化曲线参数"和"偏移量"。

图 4.4.6-8　从动于曲线的参照点　　　　　图 4.4.6-9　具有驱动作用的参照点

4.4.7　如果直接使用"通过点的样条曲线"进行绘制，那么会在生成曲线时同步创建驱动点。可以在绘制前选择线条的类型，是"模型"还是"参照"。如果是先放置参照点，再使用"通过点的样条曲线"将各个点连接起来，那么结果只会是"模型"类型的，可以稍后通过修改其"是参照"属性，把它修改为"参照"性质的曲线。

4.5　其他形式的"点"

在软件中还有其他类型的"点"图元，它们的功能各有不同，本节以地形表面的"放置点"和可载入族当中的"房间计算点"为例，做一个简单的介绍。

在创建地形表面时，"放置点"是最直接的工具。打开软件，在项目浏览器里双击"楼层平面"下的"场地"，打开场地平面视图，在"体量和场地"选项卡的"场地建模"面板，点击"地形表面"，会自动切换到"修改 | 编辑表面"选项卡，"工具"面板的"放置点"默认为选中的状态。这时在绘图区域点击即可创建地形点，其中，位于外围边界线的是"边界点"，其他都属于"内部点"。这类点的属性比较简单，如图 4.5.0-1 和图 4.5.0-2 所示，设置"高程"数值来调节地形点的高度。

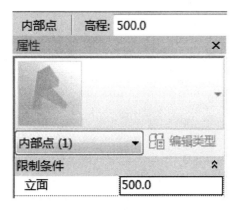

图 4.5.0-1　放置点的属性

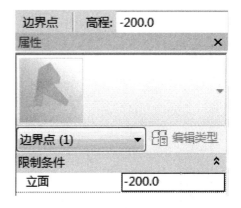

图 4.5.0-2　放置点的属性

可以将".csv"格式的文件中存储的数据导入 Revit 软件，并据此生成地形表面。我们通过构造一个简单的矩形表面来熟悉这个流程。创建一个".txt"文件，把地形点的数据输入进去，如图 4.5.0-3 所示，以"米"为单位，每一行数字代表组成地形表面的一个地形点，数字的顺序分别对应于点的 XYZ 坐标，并以逗号分隔，在每行末尾按"Enter"键切换到下一行。保存并关闭这个文本文件，再把它的后缀从".txt"改为".csv"。这时会弹出如图 4.5.0-4 所示的提示信息，点击"是"将其关闭。使用"建筑样板"新建一个项目文件，点击"体量和场地"选项卡上的"地形表面"工具，在"修改 | 编辑表面"关联选项卡"工具"面板，展开"通过导入创建"的下拉列表，从中选择"指定点文件"，如图 4.5.0-5 所示。在"选择文件"对话框中定位到刚才创建的 .csv 文件，单击"打开"按钮，这时会打开图 4.5.0-6 所示的"格式"对话框，选择"米"的单位，单击"确定"按钮，这时会立即生成一个长方形的地形表面，左高右低，如图 4.5.0-7 所示，因为仍然是在草图编辑的状态，所以还能看到矩形四角的四个点。点击"修改 | 编辑表面"关联选项卡"表面"面板的"完成编辑模式"，就完成了这个地形表面的创建。

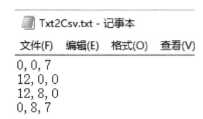

图 4.5.0-3　在文本文件中输入点的坐标

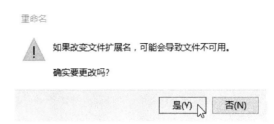

图 4.5.0-4　修改文件的后缀

图 4.5.0-5　指定点文件

图 4.5.0-6　设置导入文件的单位

在大多数情况下，放置在房间中的族会与明细表中的房间相关联。这些族实例可以报告其所在房间的信息，例如房间的体积，名称，基面面层、墙面面层、标高等。如果在项目中布置族实例时，例如家具、门、窗等，族中几何图形的某些部分可能位于房间或空间外部，或者包含在另一个族的形状中，那么可能会影响这个族对所处的房间或空间的信息的辨认。

图 4.5.0-7　生成一个
地形表面

如果启用族中的"房间计算点"，可以使这个族具有感知空间的能力。通常在新建一个族以后，用户在绘图区是看不到这个点的，因为默认设置下，"房间计算点"属性是不被勾选的。在启用这个点以后，就具备了前面所述的那些功能。当这个族的放置位置不合适的时候，例如这个族实例的某些部分有时位于房间或空间外部，或者位于另一个族中，就会导致无法报告任何可计算的值。有两个方法来解决这个问题：调整族实例的位置，或者编辑这个族中房间计算点的位置，然后载入到项目中以更新一次。下面我们通过两个例子，来熟悉在族编辑器中设置房间计算点的过程。

打开软件，新建一个族，选择"公制常规模型"族样板。在没有选择任何图元及命令的情况下，查看属性选项板，属性"房间计算点"位于最下方，默认是没有勾选的状态，如图 4.5.0-8 所示。勾选以后查看绘图区域，在参照标高平面视图中的参照平面交点位置，会显示一个绿色圆点，这个就是房间计算点，如图 4.5.0-9，点击选中它以后，会显示红绿两个颜色的箭头，拖动箭头可以把这个圆点移开一段距离，这时会有一条绿色虚线连接在绿色圆点和参照平面的交点之间，如图 4.5.0-10 所示。

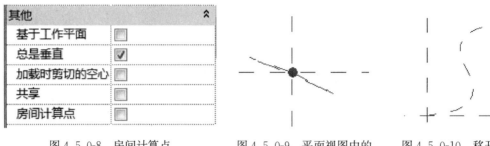

图 4.5.0-8 房间计算点　　　图 4.5.0-9 平面视图中的　　　图 4.5.0-10 移开一段
　　　　　　　　　　　　　　　　　房间计算点　　　　　　　　距离观察

切换到前立面，可以看到房间计算点是高于参照标高平面的，如图 4.5.0-11 所示。绿色虚线的底部仍然是在参照平面的交点上。如果把视图比例修改为 1∶1，那么这条线看上去像是变成了一条实线，如图 4.5.0-12，不过放大以后会发现，它还是虚线，如图 4.5.0-13。也就是说，这条指示线的显示外观和视图比例有关。

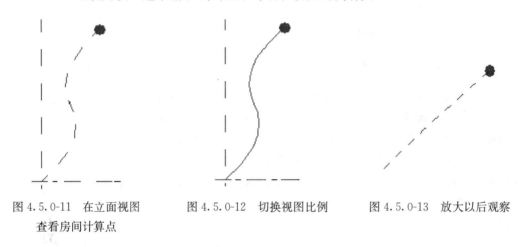

图 4.5.0-11 在立面视图　　　图 4.5.0-12 切换视图比例　　　图 4.5.0-13 放大以后观察
　查看房间计算点

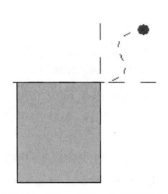

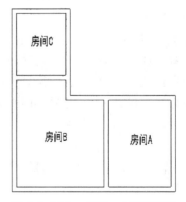

图 4.5.0-14 创建一个拉伸形状　　　　图 4.5.0-15 布置一个简单环境

在这个族中创建一个拉伸形状，注意不要把房间计算点包住，例如图 4.5.0-14 所示的样子。新建一个项目文件，并在其中绘制墙体、添加房间，并修改房间名称，如图 4.5.0-15 所示。把这个常规模型族载入到项目文件中，在每个房间内放置一个实例，选择其中的一个，可以看到显示了房间计算点的位置及那条连接参照平面交点的虚线，如图 4.5.0-16 所示，再创建一个关于公制常规模型的明细表，在把"选择可用的字段"切换为"房间"时，如图 4.5.0-17 所示，在上方的"可用的字段"会切换到关于房间信息的字段列表，如图 4.5.0-18 所示，在把相应字段添加"明细表字段"列表以后，会得到图 4.5.0-19 所示的明细表，表明这些常规模型族已经识别出了它们所处的位置。

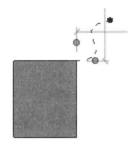

图 4.5.0-16　载入后放置的实例

图 4.5.0-17　选择"房间"字段

图 4.5.0-18　可用的字段

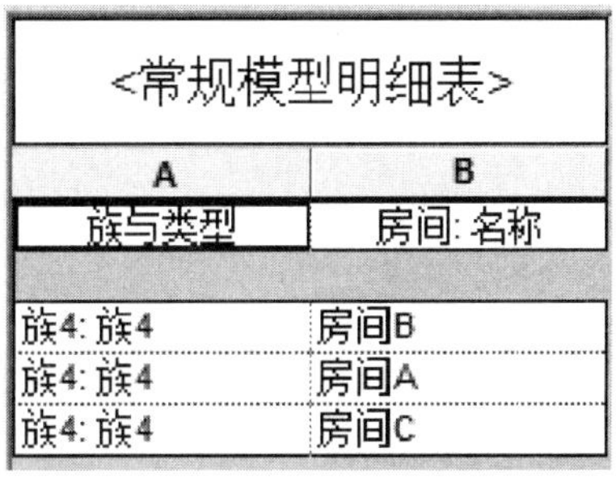

\<常规模型明细表\>	
A	**B**
族与类型	房间:名称
族4: 族4	房间B
族4: 族4	房间A
族4: 族4	房间C

图 4.5.0-19　生成一个明细表

可以尝试移动一个族实例，使它的房间计算点在墙体里面，这时就读取不到信息了，如图 4.5.0-20 所示。这是在常规模型族中的情况，下面我们再练习房间计算点的另外一种形式。

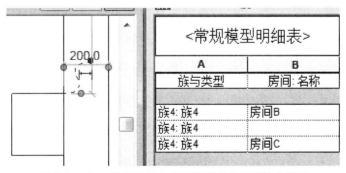

图 4.5.0-20　当族实例的房间计算点位于墙体内部时

新建一个族，选择"公制窗"族样板。在属性选项板勾选"房间计算点"，查看绘图区，如图 4.5.0-21 所示，这时的房间计算点有两个绿色箭头，而不再是一个实心的绿色圆点。选中它以后，移动两端的箭头，绿色虚线的中间始终保持在中心参照平面的交点位置，同时在中心位置显示一个符号，提示信息为"翻转"，如图 4.5.0-22 所示，如果点击这个符号，会改变绿色箭头的方向，从外侧指向内侧。把这个窗族载入到刚才的项目文件中，放置在两个房间之间的墙体上，如图 4.5.0-23 所示，再创建一个窗明细表，这时的可用字段就有三个选项了，如图 4.5.0-24 所示。用户可用根据自己的需求，对族内的房间计算点进行灵活的设置，使提取模型信息的工作更方便，更有效率。

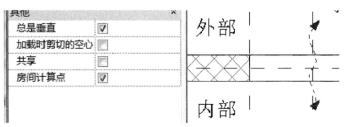

图 4.5.0-21　窗族中的房间计算点　　　　　　　图 4.5.0-22　翻转符号

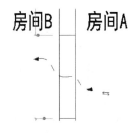

图 4.5.0-23　放置在墙体的窗族实例　　　　　　图 4.5.0-24　可用的字段

4.6　Revit 中点图元的属性

　　参照点可以在概念设计环境中帮助构建、定向、对齐和驱动几何图形，可用于指定构件在三维工作空间中的位置。这些内容都涉及点的移动、转动、偏移等属性，是制作各种灵巧构件的基础。因为所属主体对点的属性具有很大的影响，所以本节的内容按照可能的主体形式，又分为三个小节，分别对应于参照平面、线条、图元表面这三类主体。

4.6.1　当点的主体为工作平面时的属性

　　本节讨论的是放置在工作平面上的参照点。可以提供工作平面的图元包括标高、参照线、模型线、参照点和自适应点自身携带的平面以及形状的表面。

　　1. 打开软件，新建一个概念体量文件，在"标高 1"平面绘制一条模型线和一条参照线，在旁边放置一个参照点，以及一个参照平面，并将其命名为"RP"，选中"标高 1"拖动复制一个新标高，如图 4.6.1-1 所示。点击"创建"选项卡"绘制"面板的"点图元"命令，再点击"工作平面"面板的"设置"按钮，移动光标靠近模型线的端点，可以看到出现一个蓝色实心圆点，光标附近及状态栏都会提示"线：模型线：参照"，如图 4.6.1-2 所示，这时单击一下左键，光标处的预览图形会变为一个浅紫色实心圆点，状态栏提示为"单击以放置点"，模型线的端部也显示一个蓝色矩形方框，如图 4.6.1-3 所示，表示这是当前设置的工作平面。在这个方框内单击一下，就放置了第一个参照点。按两次 Esc 键结束放置参照点的命令。

图 4.6.1-1 布置测试环境

图 4.6.1-2 设置工作平面

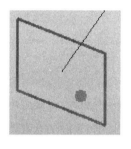

图 4.6.1-3 在模型线端部的工作平面内添加一个参照点

2. 选择模型线并移动任意一个端点，可以看到刚才放置的参照点也会一起移动。这说明，模型线在端点处也可以提供一个工作平面。为了方便后续的比较，选择这个参照点，在属性选项板的"名称"属性输入"模型线端点"。

3. 对之前放置的参照线和参照点也执行同样的检查。设置参照线端部的平面为工作平面，如图 4.6.1-4 所示，然后添加一个参照点，并把参照点的名称设为"参照线的平面"。在对最初放置的那个参照点的平面加点时，可选择其自带的任一平面作为工作平面，使用 Tab 键进行切换，点击一次确认以后，会显示一个蓝色矩形外框，光标处有浅紫色的参照点预览图像，如图 4.6.1-5、图 4.6.1-6 所示。同样的，把这个参照点命名为"参照点的平面"。如果移动先前放置的参照点，那么它将带动后加的这个参照点一起变化。

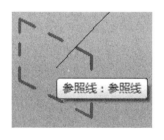

图 4.6.1-4 设置工作平面

图 4.6.1-5 设置工作平面

图 4.6.1-6 添加参照点

4. 继续放置参照点。如图 4.6.1-7 所示，先在选项栏把"放置平面"切换为"标高 2"，然后再添加点，选择这个点命名为"标高 2 平面"，如图 4.6.1-8 所示。

5. 现在添加位于参照平面上的点。如图 4.6.1-9 所示，在选项栏切换到"参照平面：RP"，放置一个参照点后将其命名为"参照平面 RP"，如图 4.6.1-10 所示。

6. 现在我们已经模拟了 5 种情况，共同点是由图元提供工作平面，然后添加参照点。在这些点的属性中，除了"名称"以外，其他都保持默认值，没有做过修改。分别选择这 5 个参照点，在属性选项板中进行比较，如图 4.6.1-11 所示。

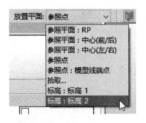

图 4.6.1-7　放置平面

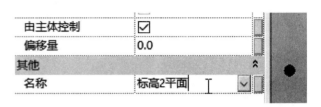

图 4.6.1-8　设置名称

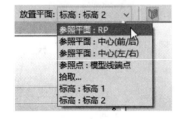

图 4.6.1-9　选择放置平面

图 4.6.1-10　添加参照点并命名

图 4.6.1-11　各个参照点的属性信息

7. 横向对比以后可以看出，除了"工作平面"和"名称"这两项有不同以外，其他属性都是一样的。"工作平面"是在放置参照点之前人为选定的，而"名称"是在放置参照点以后手动修改的。所以后续的测试，选择其中一种情况就可以了。

8. 以位于"标高 2"平面的参照点为例，首先在属性选项板把它的"显示参照平面"属性设为"始终"，这样便于观察。在 7 个属性后面有"关联族参数"的按钮，常用的是"旋转角度"和"偏移量"。下面以"添加标记再修改"的方式来熟悉这些属性。

9. 添加标记的规则很简单，在其所携带的参照平面上绘制不同的图形即可。如图 4.6.1-12 所示，水平面上添加了类似字母"BG"的线段，表示"标高"的意思，同理，另外两个面上添加了"QH"和"ZY",表示"前后"和"左右",也就是当前环境下的南北方向和东西方向。在完成这些标记以后,先测试"翻转"和"镜像"。此种方法也适用于绘制其他图形,只要是在不同的平面上,且互相之间有区别。

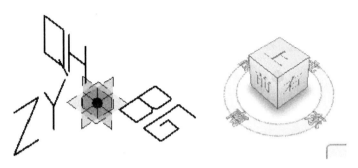

图 4.6.1-12　在不同平面绘制不同图形作为标记

图 4.6.1-13、图 4.6.1-14 是对"翻转"属性的测试,对比两个结果可以看出,"翻转"是沿着当前环境的 Z 轴进行变化的。

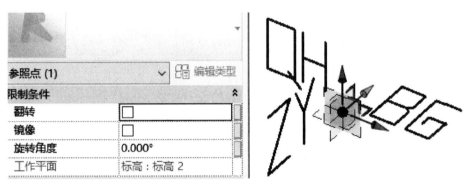

图 4.6.1-13　翻转之前

图　4.6.1-14

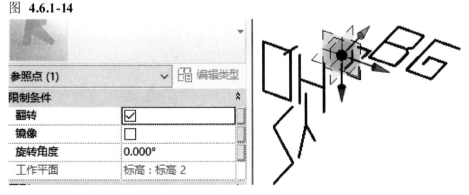

图 4.6.1-14　翻转之后

如图 4.6.1-15、图 4.6.1-16 所示,测试"镜像"属性,是以 Y 轴正负方向来变化的。

10. 清除对"翻转"和"镜像"的勾选,把"旋转角度"的值改为 36°,从俯视角度观察,可以看到参照点的旋转方向是逆时针的,如图 4.6.1-17 所示。

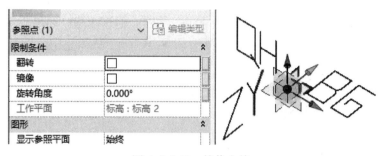

图 4.6.1-15　镜像之前

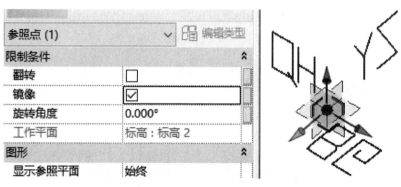

图 4.6.1-16　镜像之后

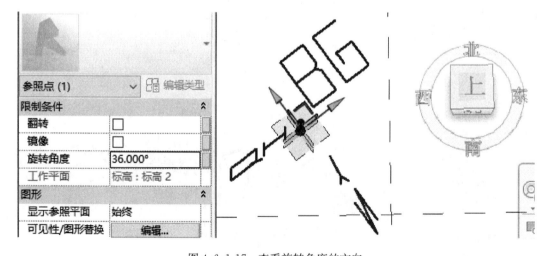

图 4.6.1-17　查看旋转角度的方向

11. 属性选项板中的"工作平面"属性为灰色显示，表示在这里不能修改，但是可以在选项栏里修改。如图 4.6.1-18、图 4.6.1-19 所示，只有与当前工作平面相平行的其他平面才会出现在列表当中。

12. 如图 4.6.1-20 所示，"显示参照平面"属性有三个可选项，以指定该参照点的参照平面在什么时情况下能够看到。

图 4.6.1-18 属性选项板中的信息

图 4.6.1-19 选项栏的信息

图 4.6.1-20 显示参照平面

13. 点击"可见性/图形替换"属性的"编辑"按钮，会打开如图 4.6.1-21 所示的"族图元可见性设置"对话框，分为上下两组列出了可用选项，"视图专用显示"和视图的"详细程度"。

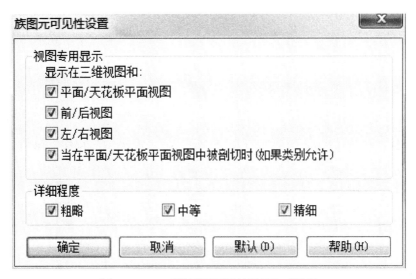

图 4.6.1-21 "族图元可见性设置"对话框

14. 如果勾选"可见"属性，那么在把这个族载入项目后，能够看到这个参照点。同时注意，在"类别"或"可见性/图形替换"中也要设置为"不隐藏参照点"。

15. 当参照点是一条或多条线的驱动点时，"控制曲线"属性为黑色显示，可以使用。移动该参照点可修改线条的外观。如果清除该选项，该参数变为只读，以灰色显示，并且参照点会离开原来的线条，也不再是驱动点，同时线条会基于其他的点来调整外观。当前参照点是基于工作平面放置的，所以该属性显示为灰色。

16. 因为当前参照点是基于工作平面放置的，所以其"由主体控制"属性默认是勾选的，表示该点是会随其主体同步移动的点。如果取消勾选，那么该属性会变为只读，并且"主体"属性会是"不关联"，说明其不再是基于主体的点。

17. 这个参照点具有"偏移量"属性，是由其创建方式决定的，表示该点到"标高 2"平面的垂直距离，向上为正方向。如果这个点做水平移动，则不会反映在这个属性中。后续练习中，经常用到这个属性。

129

18. "名称"，由用户定义该点的名称，该名称可出现在信息提示中。

19. 选择这个参照点，在属性选项板"旋转角度"属性的右侧，点击"关联族参数"按钮，会立即打开"关联族参数"对话框，如图 4.6.1-22 所示。点击窗口左下角的"添加参数"按钮，打开"参数属性"对话框，输入参数名称为"XZ"，表示"旋转"的意思，再勾选窗口右侧的"实例"，如图 4.6.1-23 所示，然后点击"确定"按钮两次，关闭这两个对话框。再以同样的方式给"偏移量"属性也添加实例参数"PYL"，表示"偏移量"的意思。

图 4.6.1-22 "关联族参数"对话框

图 4.6.1-23 设置为"实例"

20. 点击功能区"创建"选项卡"属性"面板的"族类型"按钮，如图 4.6.1-24 所示，打开"族类型"对话框，可以看到"XZ"和"PYL"，如图 4.6.1-25 所示。对于实例参数，软件会自动在参数名称后面加上"（默认）"。读者可以修改参数值并点击窗口右下方的"应用"按钮，调整正负两个变化方向，观察绘图区这个参照点的变化。

图 4.6.1-24 "族类型"按钮

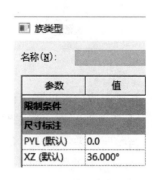

图 4.6.1-25 在"族类型"对话框中查看参数

4.6.2 当点的主体为线条（边缘）时的属性

上一节的内容是放置在工作平面上的参照点，提供工作平面的图元就是参照点的主体。本节内容是放置在线条（单表面的边缘）上的参照点，这些线条就是参照点的主体。当主体发生改变时，就会带动其上的参照点一起变化。同时，这样的参照点也只能在主体的范围内移动，不能离开线条。如果在参照点的属性中取消勾选"由主体控制"，那么这个参照点会离开曲线，成为一个自由的点，"主体"属性则显示为"〈不关联〉"。这些线条可能是开放的或者闭合的，例如线段、半椭圆、圆形、椭圆。

先以直线为例，认识和了解其基本属性。

1. 打开软件，新建一个概念体量文件，打开"标高1"平面视图，使用"创建"选项卡"绘制"面板的"直线"工具，以"左下到右上"的方向绘制一条模型线。再用"绘制"面板的"点图元"工具，如图4.6.2-1所示，以"在面上绘制"的方式，拾取到模型线的右侧并单击，添加一个参照点，在旁边的空白区域再单击一次，放置第二个参照点，作为比较时的参照，如图4.6.2-2所示。

图4.6.2-1　在面上绘制

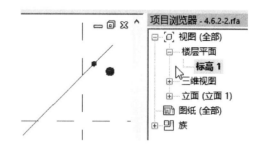

图4.6.2-2　放置两个参照点

2. 选择以模型线为主体的参照点，查看选项栏，如图4.6.2-3所示。再单击选择图中右侧的参照点，查看选项栏，如图4.6.2-4所示。可以看出相差一个选项"点以交点为主体"。

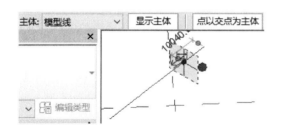

图4.6.2-3　主体为"模型线"，有"点以交点
为主体"和"显示主体"按钮

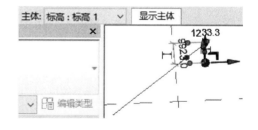

图4.6.2-4　主体为"标高1"，
仅有"显示主体"按钮

3. 在测试中可以发现，以模型线为主体的参照点，被选中时仅显示了一个参照平面，并且这个参照平面垂直于它所依附的主体；而旁边的参照点被选中时，则显示了三维控件，拖动这些箭头就可以调整该点在三维空间的位置。为了能够区分这两个不同的点，把第一个点命名为"主体＝模型线"，第二个点命名为"主体＝标高1"。

4. 下面对比属性选项卡的截图，来观察他们的不同之处。图4.6.2-5为以模型线为主体的参照点，图4.6.2-6为以标高1为主体的参照点。

从图中能够发现，对于模型线上的参照点，在"限制条件"分组下没有"工作平面"属性，因为现在该点的主体是"一条模型线"。同时，"图形"分组内增加了"仅显示常规参照平面"属性，默认的状态是已经被选中。如果清除勾选，那么会显示出该点携带的平

行于该模型线的另外两个参照平面，这两个参照平面在外观上会略小一些，如图 4.6.2-7
所示，所以"常规参照平面"指的是该点与所在主体相垂直的那个参照平面。如果参照点
的主体是圆弧或者其他形式的曲线，那么这个平面垂直于通过该点的这条曲线的切线，如
图 4.6.2-8 所示。

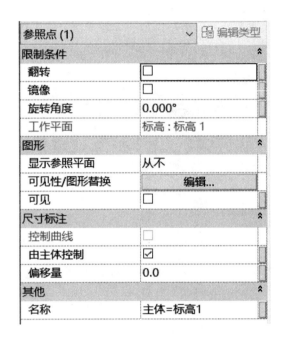

图 4.6.2-5　模型线上的参照点的属性信息　　　　图 4.6.2-6　"标高 1"上参照点的属性信息

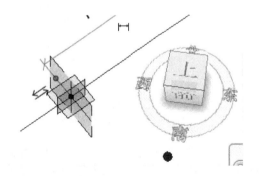
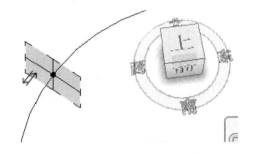

图 4.6.2-7　显示参照点携带的所有平面　　　　图 4.6.2-8　曲线上参照点的平面

　　5. 从以上两个属性选项板的对比图中可以看到，在"尺寸标注"分组下的属性有较
大差异。以模型线为主体的参照点具有"测量类型"、"规格化曲线参数"、"测量"这样的
三个属性，如图 4.6.2-9 所示，这是三个经常会用到的属性。另外要注意的一点是，对应
于"测量类型"属性的不同选项，"规格化曲线参数"属性的名称会随之变化，如图
4.6.2-10 所示。

尺寸标注	
控制曲线	☐
由主体控制	☑
测量类型	规格化曲线参数
规格化曲线参数	0.786365
测量	起点

尺寸标注	
控制曲线	☐
由主体控制	☑
测量类型	弦长
弦长	36959.2
测量	起点

图 4.6.2-9　曲线上参照点的属性　　　　图 4.6.2-10　测量类型决定了与
之对应的下一个属性

6. "测量类型"属性的默认选项是"规格化曲线参数",其含义是:从这个点的当前位置到线段测量端的长度与线段本身长度的比值。因为是两个长度属性相比,所以得到的结果是一个数值,不包含单位。又因为是局部与整体进行的比较,所以结果的变化范围在 1 和 0 之间,并包含"1"和"0",其中"1"说明该点位于测量方向的终点,"0"说明该点在测量方向的起点。上图中该点的这个属性值大于 0.5,原因是放置到了线段的右侧,而最初是从左向右绘制这条模型线的,线段的起点就是左侧的端点。在"测量属性"的右侧,没有"关联族参数"的按钮,所以无法通过参数来控制其选项。"测量"属性有两个选项,"起点"和"终点",该属性决定了测量时的起始方向。对于当前这条线段而言,"起点"意味着线段的左侧端点。因为参照点的主体是这条模型线,所以当改变线条的长度和方向时,可以看到,参照点也会同步变化。仔细观察就会发现,不管线条怎么变化,这个参照点的"规格化曲线参数"属性的值会始终保持原来的数字,说明这个参照点在变化的过程中,自动保持了相对于主体的一个固定位置。

7. 关于"测量类型"的可用选项,在当前模式下的情况,如图 4.6.2-11 所示。

第一个选项是"非规格化曲线参数",其含义是:先把该点到未修改过的线段的起点的距离以"英尺"为单位进行换算,然后仅保留数值,作为该参数的值。验证方法很简单,在"标高 1"重新绘制一条模型线,长度不要少于 7 m,并在线段上的任意位置添加一个参照点,修改它的"测量类型"属性为"非规格化曲线参数"。选中这个参照点,把它的"非规格化曲线参数"的值改为"10",如图 4.6.2-12 所示,表示把这个参照点的位置设定在距测量起点 10 英尺的地方。因为现在的测量位置就是起点,所以这个"10 英尺"

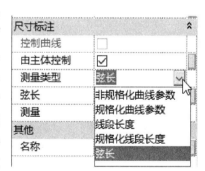

图 4.6.2-11　测量类型

的距离也就是到线段左端点的距离。我们可以标注一下这个距离,如图 4.6.2-13 所示,是 3048 mm。选择这条模型线,移动它的端点改变其长度,会发现该参照点并没有移动,如图 4.6.2-14 所示,选中参照点查看"非规格化曲线参数"属性的值,如图 4.6.2-15 所示,仍然保持原来的数字。这个测量类型比较特殊,它记录的是参照点和线段最初状态的一个测量值。即使线段已经被修改,后续添加的参照点的该属性,仍然是测量到线段修改之前的起点。

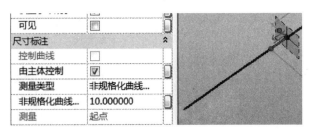

图 4.6.2-12　非规格化曲线参数

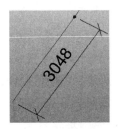

图 4.6.2-13　与线段起点的距离

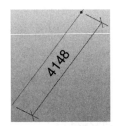

图 4.6.2-14　移动线段的端点

图 4.6.2-15　查看该参照点的属性值

8. "线段长度"表示的是沿着曲线测量的、从该点到测量点的距离。因为当前主体是线段，也就等同于两点之间的直线距离，这是一个具有长度单位的值。"规格化线段长度"的含义类似于"规格化曲线参数"，仍然是一个比值，取值范围也与后者相同。

9. 第 5 个选项是"弦长"，顾名思义，表示的应该是该点到曲线端点的连线的长度。由于在练习中使用得是一条线段，所以该属性的值和"线段长度"属性的值是相同的。这几种测量类型里，用的较多的是"规格化曲线参数"和"线段长度"，前一种是按照"比值"来控制点的位置，后一种是按照"长度"来控制点的位置。

10. 以上是主体为线段时的情况，下面再看当点的主体为圆弧时的属性。如图 4.6.2-16～图 4.6.2-19 所示，对比不同主体时的属性。可以发现，当以圆弧为主体时，在"测量类型"下增加了一个"角度"的选项。

当参照点以圆弧为主体时，"线段长度"属性表示该参照点到测量端点的弧长，"弦长"表示该参照点到测量端点的连接线长度，会比弧长的值小一点。"角度"属性反映的是圆心角，所对应的圆弧是该参照点到测量端点之间的部分。如图 4.6.2-20 和图 4.6.2-21 所示，图中的圆弧为从左向右绘制。为了观察方便，分别在圆弧的起点和圆心放置了参照点并以直线连接，然后标注两条线段间的夹角。在连接线段时，注意查看预选图元的信息，如图 4.6.2-22 所示，这时捕捉到的是参照点，可使用 Tab 键辅助切换。

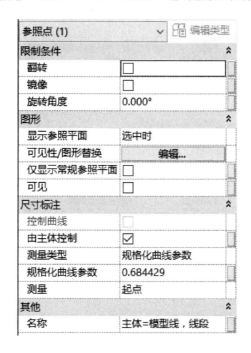

图 4.6.2-16　参照点在线段上时

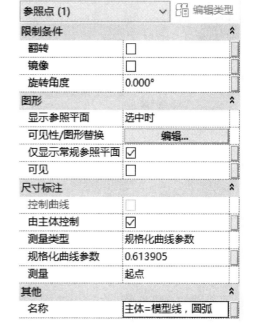

图 4.6.2-17　参照点在圆弧上时

图 4.6.2-18　在线段上时的测量类型

图 4.6.2-19　在圆弧上时的测量类型

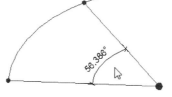

图 4.6.2-20　角度　　　图 4.6.2-21　圆心角　　

图 4.6.2-22　预选
图元的信息

以上属性当中，如果其右侧有"关联族参数"按钮，则可以添加参数。

11. 接着看当以"圆形"为主体时的情形。在"标高 1"平面绘制一个圆形，然后在圆形上面添加一个参照点，并把参照点命名为"主体=模型线，圆形"。如图 4.6.2-23 和图 4.6.2-24 所示，与"圆弧"的情况做对比，可以看到参数都是一样的。

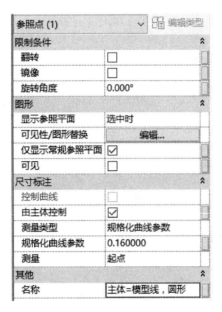

图 4.6.2-23 参照点在圆上

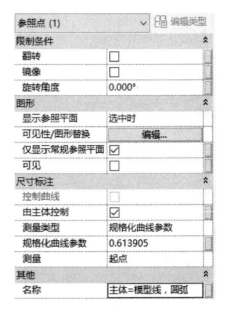

图 4.6.2-24 参照点在圆弧上

再查看"测量类型"的可用选项，如图 4.6.2-25 和图 4.6.2-26 所示，可以发现，虽然主体类型不同，但是可用选项之间没有区别。

图 4.6.2-25 参照点在圆上时的测量类型

图 4.6.2-26 参照点在圆弧上时的测量类型

12. 接着查看其他图形，如图 4.6.2-27 至图 4.6.2-30 所示，半椭圆和椭圆之间的属性类型完全相同。同时可以发现，"测量类型"的可用选项中不包括"角度"。

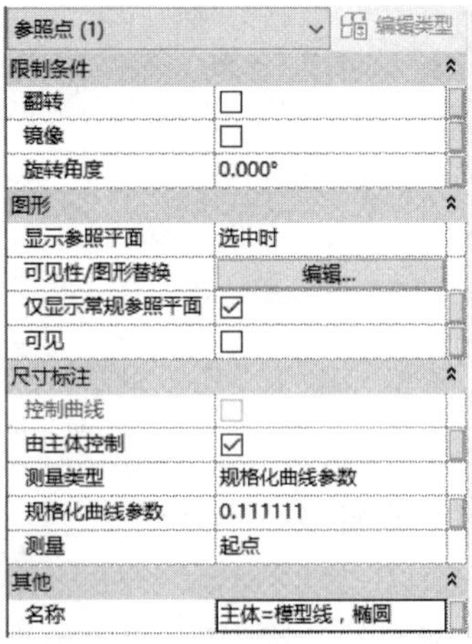

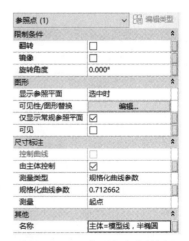

图 4.6.2-27 参照点在椭圆上

图 4.6.2-28 参照点在半椭圆上

图 4.6.2-29　参照点在椭圆上时的测量类型　　图 4.6.2-30　参照点在半椭圆上时的测量类型

13. 下面开始做个小练习，熟悉对属性添加参数的流程，以及参数对图元的影响。关闭当前的文件，另外新建一个概念体量族。

14. 以模型线的类型，在"标高 1"平面绘制 1 个六边形，在其右侧绘制 1 个圆弧，如图 4.6.2-31 所示，给六边形及圆弧上都各加 1 个参照点。如图 4.6.2-32 所示，在六边形上选择 3 个参照点，在属性选项板把他们的"测量"属性修改为"终点"。

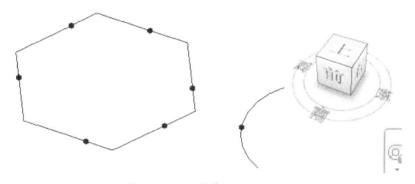

图 4.6.2-31　搭建一个测试场景

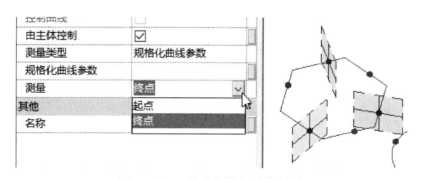

图 4.6.2-32　修改参照点的测量方向

点击"绘制"面板内的"直线"工具，软件会默认选择"模型线"的类型，同时在选项栏勾选"三维捕捉"和"链"的选项，依次拾取六边形上的参照点，把他们连接起来，形成一个新的六边形，完成连接后按 Esc 键两次结束"直线"命令。选择这 7 个参照点，在属性选项板点击"规格化曲线参数"右侧的"关联族参数"按钮，以打开"关联族参数"对话框，如图 4.6.2-33 所示。再点击窗口左下角的"添加参数"按钮，打开"参数属性"对话框，如图 4.6.2-34 所示，给名称输入"s"，点击"确定"按钮两次退出这两个对话框。如图 4.6.2-35 所示，参照点之间的连线形成了一个不规则的六边形。选中线段上的参照点移动它的位置，观察六边形的变化，如图 4.6.2-36 和图 4.6.2-37 所示，相邻的两条边会始终保持 120°的夹角。

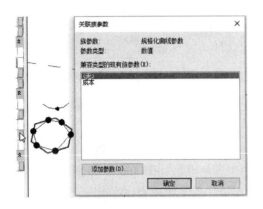

图 4.6.2-33 关联族参数

图 4.6.2-34 "参数属性"对话框

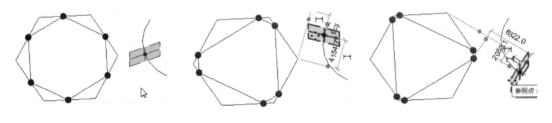

图 4.6.2-35 测试   图 4.6.2-36 测试   图 4.6.2-37 测试

15. 选中六边形上的全部参照点，在属性选项板把它们的"测量"属性都改为"起点"，再选中圆弧上的参照点并拖动，如图 4.6.2-38 所示，观察这个六边形的变化。

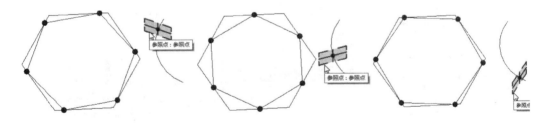

图 4.6.2-38 测试

通过以上的练习，我们可以直观地感受到参数设置对构件形态带来的影响。熟悉工具的属性和特点，是高效应用这些工具、实现设计构思的基础。

4.6.3 当点的主体为图元表面时的属性

在前两节的讨论中，参照点的主体分别是工作平面和线条（边缘）。三维形状的表面也可以是参照点的主体，当这些三维形状被修改时，自然也会影响到这些参照点。类似于以线条为主体的情况，当参照点以形状表面为主体时，该点的活动区域局限于这个表面，并且不同于以工作平面为主体的参照点，以形状表面为主体的点不能离开表面。放置在表面上的参照点，如果同时也不是其他线条的驱动点，外观上会是一个较小的圆点。将该点的"显示参照平面"属性设置为"始终"，就可以看到它所携带的 3 个参照平面与主体表面的相互关系。

从易到难，我们先来查看点在简单表面上的情况。

1. 打开软件，新建一个概念体量文件，打开"标高 1"平面视图，以模型线绘制四个矩形，如图 4.6.3-1 所示。矩形的边长不要小于 7 m。图中矩形内部的折线表示绘制时单击的顺序，第一次单击在外侧，第二次单击靠近视图中参照平面的交点。依次选中矩形，点击关联选项卡"形状"面板的"创建形状"，生成四个长方体。点击"创建"选项卡"绘制"面板的"点图元"工具，并确认方式为"在面上绘制"，在每个长方体形状的顶面和侧面各单击一次，放置一个参照点，如图 4.6.3-2 所示。

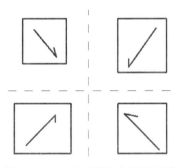

图 4.6.3-1　以不同方向绘制矩形

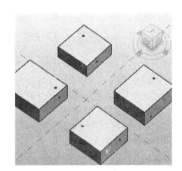

图 4.6.3-2　添加参照点

2. 依次选择长方体顶部和侧面的参照点，在选项栏其"主体"属性都是"形状图元"。再查看属性选项板，如图 4.6.3-3 和图 4.6.3-4 所示，在"限制条件"和"图形"下的属性，与上一节相同，在"尺寸标注"下增加了"主体 U/V 参数"。

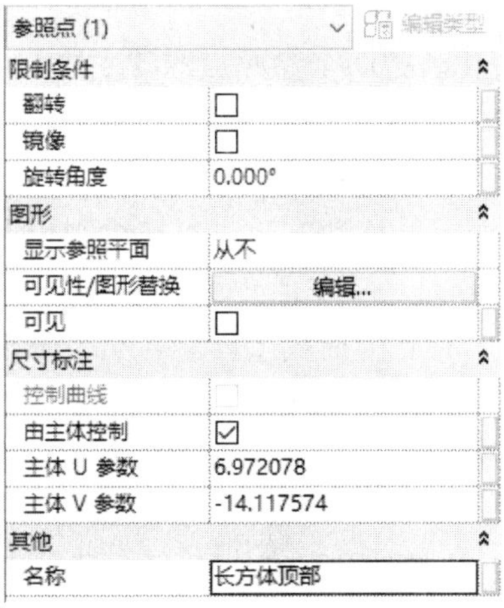

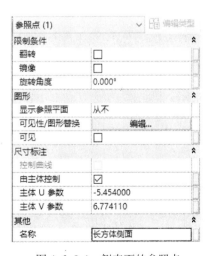

图 4.6.3-3　顶部表面的参照点

图 4.6.3-4　侧表面的参照点

在查看和验证"限制条件"下的属性时，可使用与上一节类似的方法，把点的"显示参照平面"属性设置为"始终"以后，在其各个平面上做好标记，以观察参数的改变对其带来的变化。读者可以自行检查，这里不再赘述。

3. 对于长方体顶部的参照点，在把属性"由主体控制"清除勾选以后，其主体属性会变为"〈不关联〉"，可以在空间中自由移动，如图 4.6.3-5 所示。

图 4.6.3-5 转为自由点

4. 对于"尺寸标注"分组下的"主体 U 参数"和"主体 V 参数"，采用类似前面小节中的方法，把属性值改为具有特征的值，查看图元的变化，从而了解属性的意义。点击右侧的"关联族参数"按钮，可以发现这两个属性是"数值"类型的。

5. 如图 4.6.3-6 所示，选中位于长方体的四个参照点，把它们的"主体 U/V 参数"的值都改为 0，和修改之前的位置进行一下比较，会发现这四个参照点都已经移动到了所在表面的中心位置。

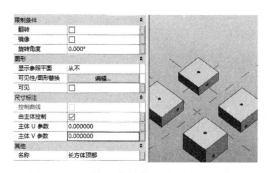

图 4.6.3-6 修改参数值以检查参数的意义

6. 点击 ViewCube 的上，从俯视观察参照点的变化。把四个参照点的"主体 U 参数"属性的值修改为 10，观察参照点的位置，如图 4.6.3-7 所示，每个参照点的移动方向都不一样，但是都已经偏移了表面的中心。继续修改"主体 V 参数"属性的值为 10，观察参照点的位置，如图 4.6.3-8 所示。从中可以看出，参照点的移动方向与当初绘制矩形时的方向是交叉的关系。图中位于左上角的矩形，其绘制方向是"左上角到右下角"，它顶面的"主体 U 参数"在正值时向右移动，"主体 V 参数"在正值时向上移动，类似于坐标系中的 X 轴和 Y 轴。所以，"主体 U 参数"和"主体 V 参数"表示的是参照点相对于所在表面中心位置的水平方向或者垂直方向的移动距离，而这个方向和创建形状之前二维图形的绘制顺序有关。

7. 为了检验这两个参数的具体计算方法，在左上角的形状的中心位置，添加两个互相垂直的参照平面，并标注参照点到参照平面的距离，如图 4.6.3-9 所示。

8. 查看尺寸标注的数字，联系到这个参照点的"主体 U/V 参数"的数值，可以看出，在这两个属性里，软件是按照当前环境的横纵坐标轴方向，把该点到主体中心的距离，以 304.8mm 为基础换算成英尺表示的距离，然后去掉这个距离的单位，仅保留数字，作为"主体 U/V 参数"属性的值。对于由"左上角到右下角"的矩形绘制方向所生

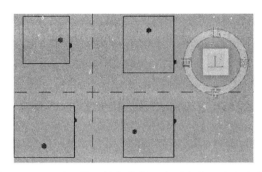

图 4.6.3-7   对于统一的参数值，参照点向四个方向移动

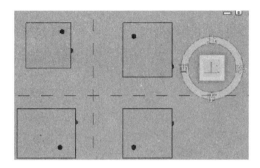

图 4.6.3-8   对于统一的参数值，参照点向四个方向移动

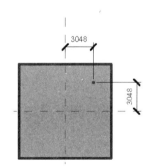

图 4.6.3-9   搭建一个测试用的场景

成的长方体，顶面的正方向是"$U=$东、$V=$北"。读者可以自行测试其他方向。

9. 接着查看位于长方体侧面的点，还是采用"设置特征值"的方法，并通过修改这些值，从而查看参照点的变化规律。在测试时，注意数值的取舍，正负两个方向和"0"，都是一定要查看的。

10. 在测试中可以看到，对于长方体侧面的参照点，如果给它的"主体 V 参数"输入一个负值，那么在应用以后，该值会自动重置为"0"，也就是说，位于侧表面上的参照点，"V"值总是不小于零的。无论这个形状是否设置了"负偏移"，当"主体 V 参数"为零时，参照点都始终停留在这个表面的下边缘。而"主体 U 参数"可以有正负两个方向的取值，在从正面看向这个表面时，为"右正左负"，如图 4.6.3-10 所示。

11. 以上是以矩形平面为主体的情况，接着查看以规则曲面为主体时会有什么不同。

图 4.6.3-10　水平方向为正值

以"模型线"的类型在"标高 1"平面绘制两个圆形,半径不小于 6m。选择左侧的圆形,点击关联选项卡"形状"面板的"创建形状",在预览图像中选择右侧的球体,如图 4.6.3-11 所示;再选择另一个圆形,也执行"创建形状"并选择预览图像中的圆柱,最后结果如图 4.6.3-12 和图 4.6.3-13 所示。

图 4.6.3-11　创建一个球体　　　　　　　图 4.6.3-12　创建一个圆柱体

12. 点击"创建"选项卡"绘制"面板的"点图元"工具,在圆柱体顶部和两个侧表面各放置一个参照点,如图 4.6.3-14 所示;选择柱体顶部的参照点,如图 4.6.3-15 所示,在属性选项板把他的"主体 U/V 参数"都修改为"0",查看该点的变化,可以发现其位置已经在这个表面的圆心,如图 4.6.3-16 所示。

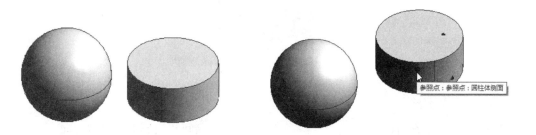

图 4.6.3-13　在三维视图查看结果　　　　图 4.6.3-14　添加 2 个参照点

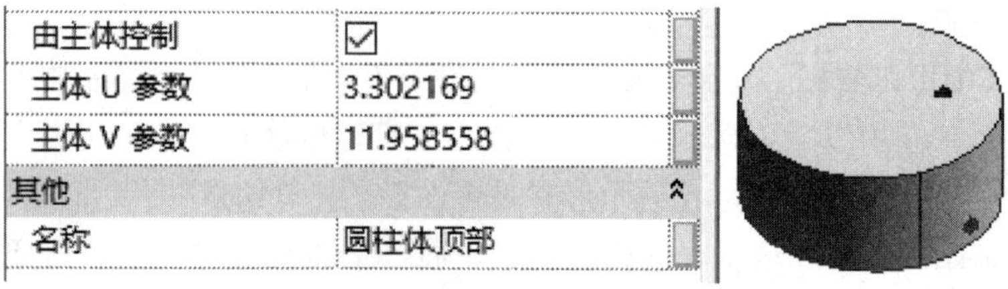

图 4.6.3-15　修改参照点的参数值

图 4.6.3-16 查看结果

13. 还是采用之前的方法，打开"标高 1"平面视图，如图 4.6.3-17 所示，添加两个通过上表面圆心的参照平面。选择参照点，将其"主体 U/V 参数"属性值改为 5 和 10，如图 4.6.3-18 所示，参照点已经移动到了右上角，临时尺寸标注中显示的数字是 1524 和 3048，所以这个属性所表示的仍然是使用"304.8mm"经过换算以后的一个数值。

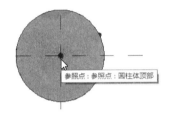

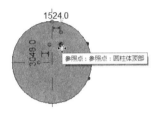

图 4.6.3-17 添加通过圆心的参照平面   图 4.6.3-18 查看结果

14. 在本例中，参照点的活动范围就是圆柱体的上表面以内，如果输入的数字超出了表面的大小，那么在应用以后，参照点会定位于他能够到达的最远位置。对比图 4.6.3-19 中的输入值和图 4.6.3-20 的结果。

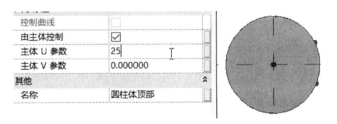

图 4.6.3-19 修改参数值

图 4.6.3-20 查看结果

15. 打开默认三维视图，移动光标指向圆柱体的侧面，这半个柱面的边缘都会变成蓝色高亮显示，如图 4.6.3-21 所示。选择圆柱体侧面的参照点，把它的"显示参照平面"

属性设为"始终",如图 4.6.3-22 所示。在移动这个参照点时,可以发现它的移动范围是圆柱体侧面的一半。同时该点的参照平面会不断变化方向,始终有两个面与柱面垂直,一个面与柱面相切。在把该点的"主体 U/V 参数"属性值都设置为 0 后,它停留在这一半柱面下边缘的中点。

图 4.6.3-21　柱面的一半

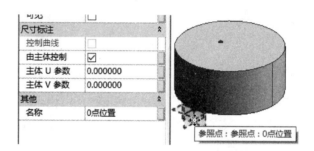

图 4.6.3-22　参照点在柱面的原点位置

16. 设置该点的"主体 V 参数"属性为"10",再把该点携带的任一垂直于"标高 1"平面的面设为工作平面,使用"对齐尺寸标注"工具,标注该点到圆柱体底部的距离,如图 4.6.3-23 所示,可以看出该属性也是一个经过换算后的数值。

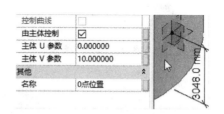

图 4.6.3-23　查看参数与距离的对应关系

17. 以上检查了柱面的垂直方向,接着来查看柱面的水平方向。将该点的"主体 U 参数"的值设为"3",应用以后如图 4.6.3-24 所示,这个值已经自动调整为"1.570796";再把这个值设为"−3",应用以后如图 4.6.3-25 所示,这个值会自动调整为"−1.570796",参照点也移动到柱面的左侧。所以对于柱面的水平方向,边界是"±π/2",右侧为正方向。

18. 接着查看点在球面上的定位属性。打开"标高 1"平面视图,如图 4.6.3-26 所示,在之前创建的球体的表面放置两排参照点。选择靠上的那一组参照点,查看属性选项

图 4.6.3-24 测试参照点在边界时的参数值

图 4.6.3-25 测试参照点在边界时的参数值

板，因为各个点位置不同，所以"主体 U/V 参数"右侧的属性值是空白的，如图 4.6.3-27 所示。依次把"主体 U 参数"的值设为"5.5、4.8、4.1"，同时查看这些点的位置，如图 4.6.3-28～图 4.6.3-30 所示。经过对比可以发现，"主体 U 参数"属性控制的是参照点在球面上南北方向的位置，在"从下向上"变化位置时该属性值也逐渐变大。并且在移动时，各个参照点之间的距离没有发生变化。

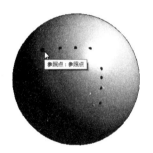

图 4.6.3-26 放置参照点

图 4.6.3-27 选择多个参照点查看参数

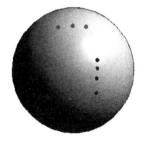

图 4.6.3-28 设置新的参数值
并查看参照点的位置

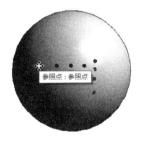

图 4.6.3-29 设置新的参数值
并查看参照点的位置

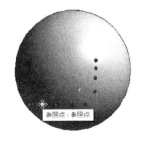

图 4.6.3-30 设置新的参数值
并查看参照点的位置

19. 仅选择这一组中的单独一个点，在属性选项板把它的"显示参照平面"属性设为"始终"，"主体 U 参数"属性设为"10"，如图 4.6.3-31 所示，这个属性的值自动变为"3.716815"，该点停留在这半个球面的下部。经过计算，推测这个值是"10-2π"的结果，所以再设置为"7"，应用后自动变为"6.283185"，参照点会停留在半球的上边缘。同样的，如图 4.6.3-32 所示，当参照点在球面的下边缘时，"主体 U 参数"属性值为"3.141593"。所以在这半个球面，"主体 U 参数"的变化范围是"π→2π"。

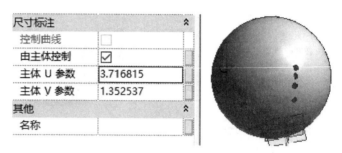

图 4.6.3-31　修改参数值查看参照点的位置

图 4.6.3-32　修改参数值查看参照点的位置

20. 打开东立面视图，在下半个球面上添加一个参照点，并设置它的"显示参照平面"属性为"始终"，如图 4.6.3-33 所示。使用前面的方法，修改"主体 U 参数"属性的值，查看该点的位置变化。对比后可以发现，在这半个球面，"主体 U 参数"属性的值由北向南从"0"增加到"π"。

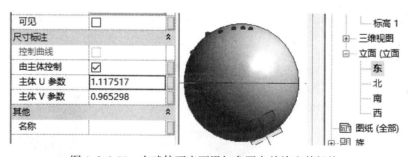

图 4.6.3-33　在球体下表面添加参照点并检查其规律

21. 把前面两个结果合起来，对于在"标高 1"创建的球体，从东侧看去，附着的参照点的"主体 U 参数"属性值为从右侧顶点处的"0"开始，以顺时针方向增加到"2π"。

22. 接着使用相同思路测试另外一组参照点。在设置参照点的"主体 V 参数"属性值时要注意，输入"0"以后的应用结果可能仍然是该属性之前的那个数字。经过多次尝试可以发现，当参照点位于球体上表面时，"主体 V 参数"的最小值为"0.000001"，最大值为"3.141592"，如图 4.6.3-34 和图 4.6.3-35 所示。如果俯视这个球体，随着"主体 V 参数"的值从小变大，参照点在球面的位置从东侧移到西侧。检查球体下表面后可以发现，该属性也是同样的变化规律，始终为正值，从东向西逐渐增加。

图 4.6.3-34 参照点在球体特殊位置时的参数　　图 4.6.3-35 参照点在球体特殊位置时的参数

23. 以上是矩形、圆形的表面，以及柱面和球面，现在看一下其他情况。构造一个三角形的表面，添加参照点以后把参照点的主体 UV 参数都调整为"0"，如图 4.6.3-36 所示。这个位置是该三角形的重心，在做出两条中线以后就看得比较明显了，如图 4.6.3-37 所示。"主体 U 参数"的变化方向平行于三角形的一条边，这条边是在绘制三角形时第二个点和第三个点之间的连线。"主体 V 参数"的方向垂直于"主体 U 参数"的方向。

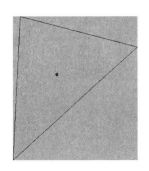
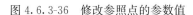

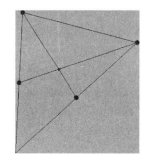

图 4.6.3-36 修改参照点的参数值　　　　图 4.6.3-37 原点位置是三角形的重心

在"标高 1"平面由西向东绘制一段样条曲线，如图 4.6.3-38 所示。选择这条曲线，点击"修改｜线"关联选项卡"形状"面板的"创建形状"，生成一个单面的、没有厚度的形状，如图 4.6.3-39 所示。在这个表面上添加 1 个参照点，选择这个点，把他的"主体 U/V 参数"属性值都改为"0"，查看他的位置，如图 4.6.3-40 所示。可以看到，这个点移动到了整个表面的左下角，这里是之前样条曲线的起点，以及生成形状时拉伸的起点。再次把"主体 U/V 参数"属性值改为"1"，可以看到参照点会移动到这个表面的右上角，如图 4.6.3-41 所示。所以该属性的计算规则与"规格化曲线参数"是一样的，也是一个比值，变化范围是 0 到 1。

图 4.6.3-38 绘制一段样条曲线　　　　　图 4.6.3-39 生成一个形状

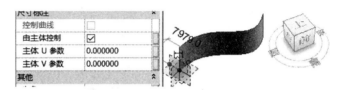

图 4.6.3-40 当设置属性值为"0"时的位置

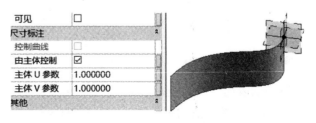

图 4.6.3-41 当设置属性值为"1"时的位置

　　熟悉软件中图元的特点和变化规律，是制作复杂构件的基础。相同的图元在不同状态下，可能会有不同的属性，而相同的属性名称，其背后执行的计算规则也可能是不同的。这些都需要在进行具体的构件制作时，提前进行验证，以便充分地了解他们的变化规律。

5 Revit 中线图元的属性

5.1 参　照　线

　　在族编辑器中创建图元时，经常会用到参照线，作为生成参数化形体的参照。和标高、轴网这些对象一样，参照线也是基准图元的一种。参照线自身往往带有多个平面，可以利用这些平面作为创建形状时的参照。例如，"线段"形式的参照线带有 4 个平面，圆弧则可以提供两个这样的平面。以直参照线的四个平面为例，沿着参照线长度方向的有两个平面，这两个平面之间互相垂直，其中一个平面与该参照线的工作平面相平行，另外一个平面则垂直于该参照线的工作平面；在线段的两个端点还各有一个平面，这两个平面垂直于线段自身的长度方向。所有平面都会经过该参照线。在选择参照线以后，或者移动光标靠近参照线时，就会显示这些平面。预览时的平面以蓝色高亮的虚线矩形框来显示，被选择以后则显示为半透明的蓝色矩形平面，并带有一个虚线外框。在使用"设置工作平面"工具并指向参照线时，只会显示该线段所携带平面中的一个，可以按 Tab 键切换为该线段的其他平面。对于圆弧、半椭圆参照线，只在曲线的端点处有平面。

　　5.1.1　打开软件，在窗口左侧点击"新建概念体量…"，打开"新概念体量—选择样板文件"对话框，选择"公制体量"族样板，点击窗口下方的"打开"按钮。单击功能区"创建"选项卡"绘制"面板的"参照"，如图 5.1.1-1 所示，默认选择的工具是"直线"，模式为"在面上绘制"，选项栏的"放置平面"会显示当前工作平面的信息，如图 5.1.1-2 所示。

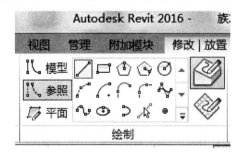

图 5.1.1-1　直线工具　　　　　　图 5.1.1-2　选项栏上的"放置平面"属性

　　5.1.2　在绘图区单击两次即可绘制一条参照线，单击 Esc 两次结束绘制命令。没有被选中时，参照线是紫色的，选中以后会显示为蓝色。查看选项栏，单击"显示主体"按钮，会用蓝色方框来表示当前主体，如图 5.1.2-1 所示。

　　5.1.3　现在场景中只有一个标高，我们通过复制的方式，再创建一个新标高，来练习"更换参照线的主体"。在默认三维视图，点击选中"标高 1"，功能区会自动切换到"修改 | 标高"关联选项卡，点击"修改"面板的"复制"按钮，这时在左下角的状态栏会显示操作提示信息"单击可输入移动起点"。可以在绘图区任意位置单击一次，作为复

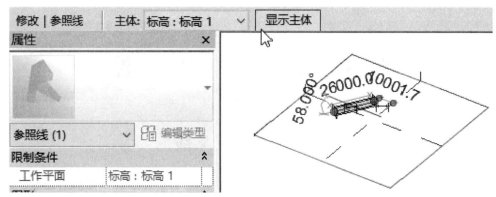

图 5.1.2-1   显示主体

制时的移动起点。单击后，状态栏的提示信息会立即变为"单击可输入移动终点"，这时再移动光标，提示信息会随着光标的移动情况而变化。对比图 5.1.3-1 和图 5.1.3-2，在不同状态下，状态栏的提示信息和光标处的符号都不一样。向上把光标垂直移动一段距离后单击一次，这样就得到一个"标高 2"。

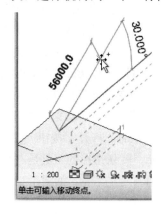

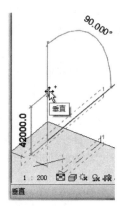

图 5.1.3-1   倾斜移动时的显示   图 5.1.3-2   垂直移动光标时的提示

选择之前绘制的参照线，展开选项栏的"主体"属性右侧的下拉列表，再选择其中的"标高 2"，参照线会立即移动过去，如图 5.1.3-3 所示。如果再选择该列表中的"拾取…"，如图 5.1.3-4 所示，可以通过"点击标高 1"的方式，再使参照线返回。拾取时注意，软件只能辨认到与该图元当前主体平行的平面。

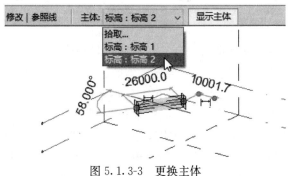

图 5.1.3-3   更换主体

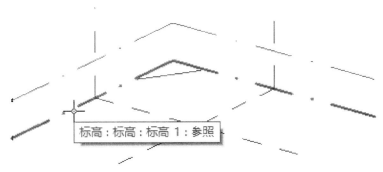

图 5.1.3-4 以"拾取"方式更换主体

5.1.4 选中参照线以后，可以看到有四个半透明的淡蓝色平面。单击"创建"选项卡"工作平面"面板的"显示"按钮，这样可以更直观地查看当前的工作平面。单击"工作平面"面板的"设置"按钮，移动光标到参照线附近，会以虚线外框显示可用的平面，按 Tab 键可以在可选平面之间循环切换，单击后则会将其设置为当前的活动工作平面。如图 5.1.4-1 所示，会以具有蓝色实线外框的半透明淡蓝色平面来表示工作平面。单击"绘制"面板的"点图元"工具，确认方式为"在工作平面上绘制"，如图 5.1.4-2 所示。在参照线附近单击，参照点将会放置在这个工作平面上，如图 5.1.4-3 所示。如果是"在面上绘制"的方式，在参照线上单击，则会把参照点添加到线条本身，如图 5.1.4-4 所示。如果修改参照线的方向和长度，也会影响到以他为主体的参照点，同时进行变化。

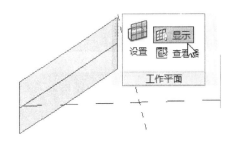

图 5.1.4-1 设置后的工作平面

图 5.1.4-2 绘制点图元

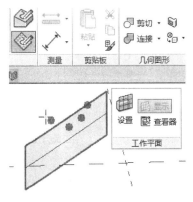

图 5.1.4-3 将点放置到工作平面上

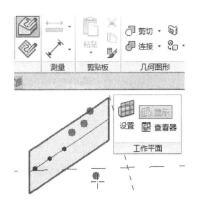

图 5.1.4-4 将点放置到参照线上

5.1.5　把参照线端点处的平面设置为工作平面，也可以在上面添加参照点，如图 5.1.5-1 所示。完成后拖动参照线的端点改变它的长度和方向，可以看到这些参照点都一起移动变化，但是在工作平面内的相对位置会始终保持原样。尽管参照点的主体性质不同，有的是线条本身，有的是长度方向的平面，有的是线条端部的平面，但是在被选中以后，选项栏的主体信息都是"参照线"。任选一个以参照线所携带的平面为工作平面的参照点，单击选项栏的"显示主体"按钮，可以发现，参照线自身携带的全部平面会变为蓝色高亮显示，同时又以蓝色实线外框来显示该点所在的那个平面，而其他平面都是紫色虚线外框，对比图 5.1.5-2 和图 5.1.5-3。

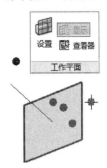
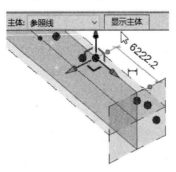
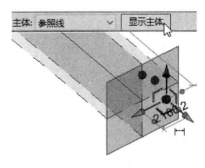

图 5.1.5-1　参照线　　　　　图 5.1.5-2　显示主体　　　　图 5.1.5-3　平面会有不同的
端点处的工作平面　　　　　　　　　　　　　　　　　　　　　　　　显示效果

5.1.6　选中这条参照线，在属性选项板中查看它的属性。如图 5.1.6-1 所示，"工作平面"属性是灰色显示的，表示在属性选项板里是不能直接修改的；"可见"属性右侧有"关联族参数"按钮，表示这个属性是可以添加参数的；"尺寸标注"下的"长度"属性反映了当前选中参照线的长度，也是灰色显示的；"是参照线"属性已经是勾选的状态，如果清除勾选则会弹出一个警告消息，如图 5.1.6-2 所示，提示我们"高亮显示的几何图形不再确定一个平面"，单击"取消"按钮，不执行这个转换。

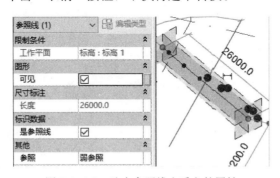

图 5.1.6-1　选中参照线查看它的属性

5.1.7　直参照线所携带的平面的大小，与其自身长度有关，沿长度方向的是长宽比为 1∶4 的矩形，端点处的正方形平面，边长为线段长度的 1/4，如图 5.1.7-1 所示。

5.1.8　与参照平面不同，开放的参照线是有端点的，可以用"旋转"工具以端点为圆心来操作参照线。所以在制作有角度变化的构件时，会经常使用参照线来作为基准以创建形状。

图 5.1.6-2　警告消息

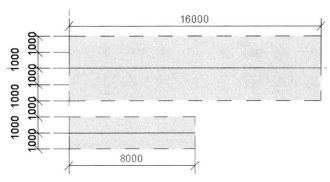

图 5.1.7-1　参照线长度不同，所携带的可用平面的大小也不同

5.1.9　再以参照线的类型绘制一些其他图形，选择后查看其形态，如图 5.1.9-1～图 5.1.9-4。圆弧在端点处带有 2 个平面，矩形带有 16 个平面，而圆和椭圆则不携带任何平面。当光标指向线链时，线链内的所有线段都会变为高亮显示。

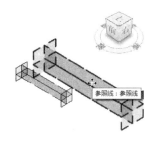

图 5.1.9-1　直线参照线

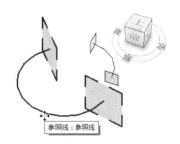

图 5.1.9-2　弧形参照线

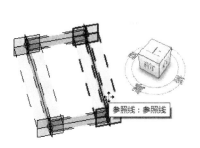

图 5.1.9-3　矩形参照线

图 5.1.9-4　圆与椭圆参照线

5.1.10　在大多数默认的族样板中，参照线都显示为绿色。例如使用"公制橱柜"、"公制窗"、"公制栏杆"样板创建的族，参照线是绿色的，如图 5.1.10-1 所示。而在概念设计环境中显示为紫色的。用户可以根据自己的习惯，在"对象样式"对话框中修改族样板中的默认设置，如图 5.1.10-2 所示。

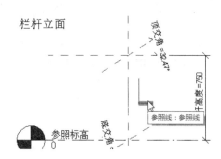

图 5.1.10-1　"公制栏杆"族里的参照线

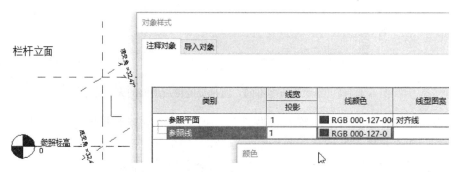

图 5.1.10-2　"对象样式"对话框

5.1.11　再以公制常规模型族为例，"参照线"位于功能区"创建"选项卡"基准"面板。点击此工具，如图 5.1.11-1 所示，在参照标高平面视图中，绘制一条参照线。选择这条参照线，查看属性选项板，可以看到它的"工作平面"属性为灰色显示的"参照标高"，如图 5.1.11-2 所示。如果需要在绘制前设置工作平面，点击功能区"创建"关联选项卡"工作平面"面板的"设置"按钮，打开"工作平面"对话框，如图 5.1.11-3 所示，其中提供了三种方式来指定新的工作平面，有"名称"、"拾取面"和"拾取线并使用绘制该线的工作平面"。

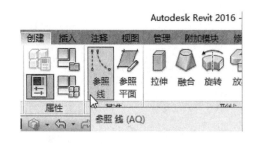

图 5.1.11-1　绘制参照线

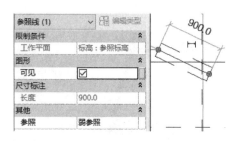

图 5.1.11-2　查看参照线的属性

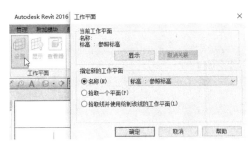

图 5.1.11-3　"工作平面"对话框

5.2　模　型　线

模型线也是基于工作平面而创建的图元，虽然没有面积和体积，但是在三维视图中仍然能够看到。因为这类图元有这样的特点，所以经常用他来替代现实中具有线状形式的各种实物。如果使用"通过点的样条曲线"工具或开启"三维捕捉"选项，就可以创建三维空间曲线。除了直接绘制以外，也可以通过两个或者更多的点来生成模型线，其中的自由点将会成为新线条的驱动点。

5.2.1　打开软件，新建一个概念体量文件。在项目浏览器中，双击"楼层平面"下的"标高 1"，如图 5.2.1-1 所示，打开"标高 1"平面视图。单击"创建"选项卡"绘制"面板的直线工具，默认的会以"模型线"的方式进行绘制，如图 5.2.1-2 所示。使用"直线"、"矩形"、"圆形"分别绘制图形，如图 5.2.1-3 所示。该环境下点击"管理"选项卡"设置"面板的"对象样式"，在"模型"选项卡展开"体量"，如图 5.2.1-4 所示，截图最下方的"形式"就是关于模型线及形状边缘的设置，可以修改线宽、线颜色、线型图案、材质。也可以再创建新的子类别，用于对场景中的模型线进行更细致地区分。

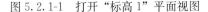

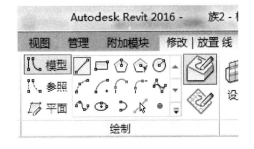

图 5.2.1-1　打开"标高 1"平面视图　　　　　　图 5.2.1-2　绘制模型线

5.2.2　接着我们来对比族中模型线和参照线的可见性。新建一个族，选择"自适应公制常规模型"族样板，在"标高 1"平面中分别用模型线和参照线绘制图形，如图 5.2.2-1 所示，这些图形互相之间要有区别，例如用模型线绘制"直线"类型的矩形、多边形，用参照线绘制"曲线"类型的圆形、椭圆、圆弧，这样在观察的时候容易区分。把这个族载入到刚才的体量族中放置一个实例，然后按"WT"组合键平铺视图进行对比。如图 5.2.2-2 所示，可以看到，在体量族里面只能观察到自适应族中以模型线绘制的图形。

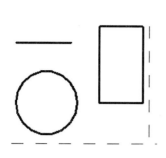

图 5.2.1-3　绘制图形

图 5.2.1-4　对象样式窗口

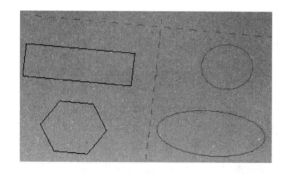

图 5.2.2-1　分别用模型线和参照线绘制图形

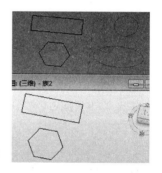

图 5.2.2-2　平铺视图窗口

5.2.3　在概念体量文件中，用参照线和模型线各绘制一个矩形，分别选中并创建形状，查看结果会发现，模型线在生成形状以后自身消失了，原位置只有生成后的形状，而参照线在生成形状以后还在原来的位置，如图 5.2.3-1 和图 5.2.3-2 所示。

图 5.2.3-1　用参照线和模型线各绘制一个矩形

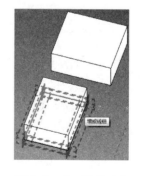

图 5.2.3-2　模型对比

5.2.4　新建一个项目文件，选择"建筑样板"，切换回刚才的概念设计环境中，用"直线"工具，以"模型线"的类型在"标高 1"平面上绘制两条长度不同的线段，把这个体量族载入到这个项目文件里，会发现这 2 条模型线都是可以看到的。

5.2.5　按"Ctrl＋Tab"组合键返回到概念体量文件，选中一条模型线，并在属性选项板中取消勾选"可见"属性，如图 5.2.5-1 所示，再次把这个体量族载入早项目文件中并覆盖之前的版本，再查看视图中的情况，会发现有一根模型线已经看不到了，所以我们可以通过属性的设置，来控制模型线在项目环境中的可见性。

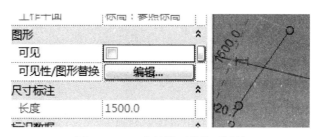

图 5.2.5-1 去掉模型线的可见性

5.3 详 图 线

与模型线和参照线不同，详图线是在与当前视图平行的草图平面中绘制的，该草图平面的方向与当前视图的工作平面设置情况无关。详图线与详图构件以及其他注释一样，也是视图专有图元，所使用的绘制工具的线样式与"线"工具相同。我们可以使用"详图线"工具在详图视图和绘图视图中绘制详图线，以二维形式为其他三维模型提供补充信息。通过这样的方式，提高制图效率，并避免过度建模。详图线也可以转换为模型线。

5.3.1 打开软件，新建一个项目文件，选择"建筑样板"。保持当前视图为"标高1"楼层平面视图，在功能区"注释"选项卡"详图"面板里，可以看到"详图线"，它是详图工具中的一种，如图 5.3.1-1 所示。

图 5.3.1-1 详图线的位置

5.3.2 点击"详图线"工具即可以开始绘制，查看选项栏，可以在这里设置三个相关属性，如图 5.3.2-1 所示。勾选"链"表示将采取"连续绘制"的方式，上一条线的终点自动成为下一条线的起点；"偏移"是指线条的生成位置与光标的点击位置之间的距离，在绘制路径的哪一侧生成线条取决于绘制时的方向，是顺时针还是逆时针；"半径"是指在绘制时自动按照输入的数值作为半径在转角位置进行倒圆角的处理。

5.3.3 在绘制时通常会以"细线"作为默认的线样式，如图 5.3.3-1 所示，也可以展开下拉列表选择其他的线样式，如图 5.3.3-2 所示，绘制完毕后也可以再次选中这些线条在属性选项板的"线样式"属性里修改，如图 5.3.3-3 所示。

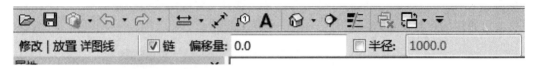

图 5.3.2-1　查看选项栏

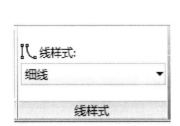

图 5.3.3-1　线样式工具面板　　　　　图 5.3.3-2　下拉列表选择其他线样式

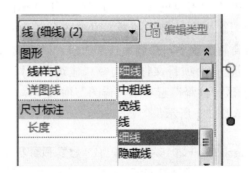

图 5.3.3-3　属性面板选择其他线样式

5.3.4　详图线是视图专有的二维图元，所以切换到其他视图以后会看不到当前视图中的详图线，无论这些视图是否与当前视图平行。在默认三维视图中当然也看不到详图线，因为它是二维图元。在复制视图时选择"带细节复制"，也会把所选视图的详图线复制到新视图。如果在新视图修改其中的详图线，并不会影响之前视图的详图线图元。

5.3.5　可以把详图线转换为模型线，这个转换是可逆的。在"标高 1"平面视图以详图线绘制几个图形，如图 5.3.5-1 所示，切换到默认三维视图，会看不到这些线条。返回"标高 1"平面视图，选中详图线中的圆形，点击功能区"修改｜线"关联选项卡"编辑"面板的"转换线"按钮，如图 5.3.5-2 所示，这两个圆形会转换为模型线，同时弹出一个警告信息，通知我们刚刚发生了一次转换，如图 5.3.5-3 所示。再切换到三维视图就可以看到这两个圆形了。

5.3.6　同样的，也可以使用这个工具把模型线转换为详图线。但是要注意，转换时会在当前视图生成新的线图元。打开"标高 2"平面视图，在属性选项板把"基线"属性设置为"标高 1"，以看到位于"标高 1"的两个圆形，如图 5.3.6-1 所示。在窗口右下角，打开对基线图元的选择，如图 5.3.6-2 所示。点击选中这两个圆形，再点击关联选项

158

卡"编辑"面板的"转换线"按钮，同样也会弹出 个警告信息，直接关闭它。如图
5.3.6-3 所示，这次转换所生成的详图线在"标高 2"平面视图，尽管它的前身是位于
"标高 1"的模型线。

图 5.3.5-1 绘制几何图形

图 5.3.5-2 转换线

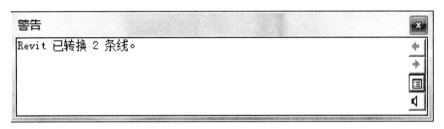

图 5.3.5-3 警告窗口

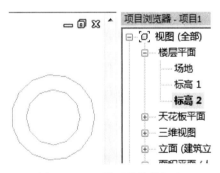

图 5.3.6-1 设置基线的标高

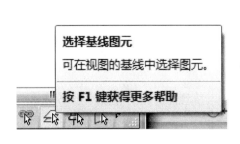

图 5.3.6-2 打开基线选择

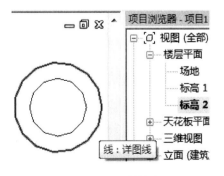

图 5.3.6-3 转换线

5.3.7　如果当前活动视图不支持转换后的线类型，"转换线"按钮会显示为灰色，表示不能使用。如图 5.3.7-1 所示，在三维视图中选择了模型线以后，查看关联选项卡中"转换线"按钮的状态。

5.3.8　下面我们搭建一个简单的场景，来测试工作平面对绘制详图线的影响。返回"标高 1"平面视图，删除所有其他图元，使用建筑楼板命令，如图 5.3.8-1 所示，绘制一个矩形楼板，并添加一个坡度箭头，如图 5.3.8-2 所示，设置坡度箭头的属性，如图 5.3.8-3 所示。

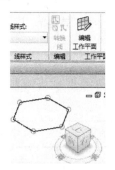

图 5.3.7-1　三维视图下的转换线命令不能使用

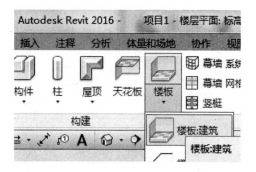

图 5.3.8-1　使用建筑楼板命令

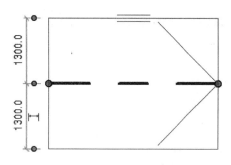

图 5.3.8-2　添加坡度箭头

图 5.3.8-3　设置坡度箭头属性

　　测试过程是这样的，在把这个楼板表面指定为新的工作平面以后，再绘制模型线和详图线，并比较它们的差别。点击"建筑"选项卡"工作平面"面板的"设置"按钮，如图 5.3.8-4 所示，打开"工作平面"对话框，选择其中的"拾取一个平面"，如图 5.3.8-5 所示，点击"确定"按钮，移动光标到楼板的表面，在楼板外框都转为蓝色显示时单击一次，如图 5.3.8-6 所示。打开"按面选择图元"的选项，选择表面的时候会更方便。

图 5.3.8-4　设置工作平面选项卡

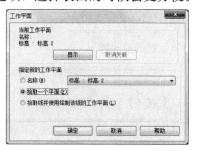

图 5.3.8-5　设置工作平面对话框

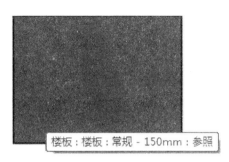

图 5.3.8-6　选择楼板表面作为工作平面

　　点击"建筑"选项卡"模型"面板的"模型线",选择关联选项卡"绘制"面板的"圆形"工具,如图 5.3.8-7 所示,在楼板上方的左侧绘制一个圆形,如图 5.3.8-8 所示,再用"注释"选项卡"详图"面板的"详图线"工具,在楼板上方的右侧绘制一个相同半径的圆形,如图 5.3.8-9 所示。对比这两个圆形就可以发现,左边以模型线绘制的圆形略窄一点,近似于一个椭圆,说明它受到刚才所设置的工作平面的影响,现在与"标高 1"平面是有夹角的,不是平行的关系。而旁边的详图线则没有受到工作平面影响,仍然是一个水平的圆形。编辑楼板图元当中的坡度箭头,使它的表面更加倾斜,如图 5.3.8-10 所示,这时模型线的变化就更明显了,而详图线的圆形仍然保持不变。所以在绘制详图线时,这些线条都是平行于当前视图的平面,而与当前视图的工作平面无关。

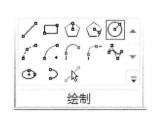

图 5.3.8-7　绘制面板选择圆形工具

图 5.3.8-8　在楼板左上方绘制一个圆形

图 5.3.8-9　在楼板右侧绘制相同半径的圆形

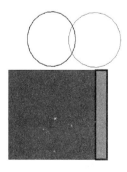

图 5.3.8-10　增加楼板的坡度

5.4　符　号　线

　　顾名思义，"符号线"工具是用于绘制表示"符号"的线，本身不属于族中任何三维形状。在族编辑器中，通过"注释"选项卡"详图"面板上的"符号线"工具，来进行绘制。符号线在其绘制视图中，以及与该视图平行的其他视图中都是可见的。可以根据需要来设置族内符号线的外观以及可见性。

　　5.4.1　在不同的族类别中，可以用于符号线可见性设置的选项会有所不同。我们以公制常规模型族和公制窗族来做一个比较。打开软件，新建一个族，选择"公制常规模型"族样板，初始视图默认为参照标高平面视图。在功能区"注释"选项卡"详图"面板点击"符号线"，在关联选项卡"绘制"面板选择"圆形"工具，捕捉到视图中参照平面的交点作为圆心，绘制半径为 1 m 的一个圆形，如图 5.4.1-1 所示，选中这个圆形，在"修改｜线"关联选项卡可见性面板点击"可见性设置"，打开"族图元可见性设置"对话框，如图 5.4.1-2 所示，其中的"仅当实例被剖切时显示"是灰色无法修改的，默认为不勾选。

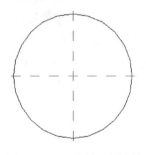

图 5.4.1-1　绘制一个圆形　　　　　　　　图 5.4.1-2　可见性设置对话框

　　5.4.2　再新建一个族，选择"公制窗"族样板，初始视图也是参照标高平面视图。在功能区"注释"选项卡"详图"面板点击"符号线"，在"修改｜放置符号线"关联选项卡"绘制"面板选择"圆形"工具，捕捉到视图中参照平面的交点作为圆心，绘制半径为 1 m 的一个圆形，如图 5.4.2-1 所示，选中这个圆形，在"修改｜线"关联选项卡可见性面板点击"可见性设置"，打开"族图元可见性设置"对话框，如图 5.4.2-2 所示，其中的"仅当实例被剖切时显示"是可以使用的，默认为不勾选。所以在设置符号线的可见性时，需要考虑当前族类别的影响。

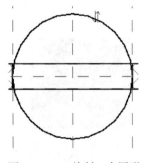

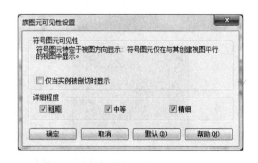

图 5.4.2-1　绘制一个圆形　　　　　　　　图 5.4.2-2　查看可用的设置选项

5.4.3 有多种方法可用于控制图元的可见性。返回刚才的公制常规模型族，以参照平面的交点为中心，用模型线绘制一个半径 1 m 的外接六边形，如图 5.4.3-1 所示，再创建一个半径为 500 mm 的圆形拉伸形状，如图 5.4.3-2 所示，之后我们通过设置，使用拉伸的高度参数来控制符号线的可见性。

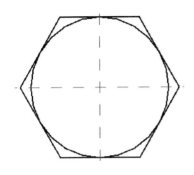

图 5.4.3-1　绘制一个六边形

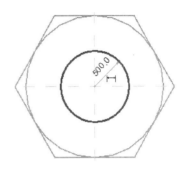

图 5.4.3-2　添加一个拉伸形状

5.4.4 选中这个拉伸，在属性选项板点击"拉伸终点"右侧的"关联族参数"按钮，打开"关联族参数"对话框，点击窗口左下角的"添加参数"按钮，打开"参数属性"对话框，输入名称为"h"，勾选窗口右侧的"实例"，如图 5.4.4-1 所示，然后点击两次"确定"按钮关闭这两个对话框。选中圆形，在属性选项板点击"可见"右侧的"关联族参数"按钮，打开"关联族参数"对话框，如图 5.4.4-2 所示，这时添加的是一个"是/否"类型的参数。同样的，点击这个窗口左下角的"添加参数"按钮，打开"参数属性"对话框，输入名称为"v"，勾选窗口右侧的"实例"，然后点击两次"确定"按钮关闭这两个对话框。

图 5.4.4-1　输入名称并设置为"实例"

5.4.5 点击"创建"选项卡"属性"面板的"族类型"按钮，如图 5.4.5-1 所示，打开"族类型"对话框，对参数 v 输入公式"$h>1200$"，软件会自动添加单位和空格，显示为这样的"$h>1200$ mm"，如图 5.4.5-2 所示。因为现在不满足"$h>1200$ mm"的条件，所以参数 v 是未勾选的状态。

163

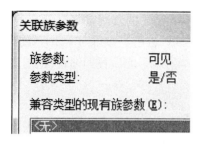

图 5.4.4-2 默认关联的参数类型是"是/否"

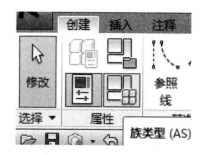

图 5.4.5-1 族类型按钮

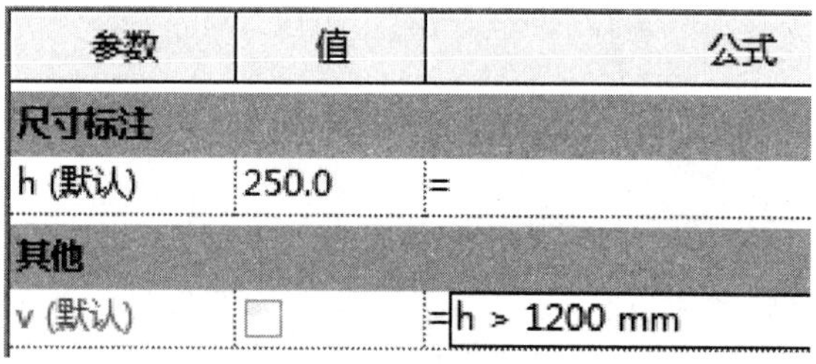

参数	值	公式
尺寸标注		
h (默认)	250.0	=
其他		
v (默认)	☐	=h > 1200 mm

图 5.4.5-2 给参数添加公式

5.4.6 新建一个项目文件,选择"建筑样板",返回公制常规模型族,把这个族载入到项目文件中,放置两个实例,按两次 Esc 键结束放置命令。选中其中的一个,在属性选项板中找到参数 h,修改为 1500,如图 5.4.6-1 所示,会发现族中的圆形现在可以看到了。切换到默认三维视图,会发现只能看到族中以模型线绘制的六边形,符号线是看不到的。以上是使用参数对符号线的可见性进行控制,也可以在"族图元可见性设置"对话框中使用视图的详细程度来进行设置。

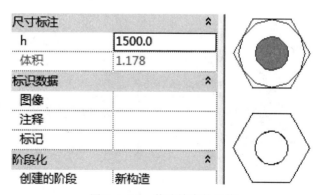

图 5.4.6-1 修改族参数的值

5.4.7 可以在族编辑器中给符号线指定新的子类别,对图面内容进行更细致地划分。返回之前的公制常规模型族,在"管理"选项卡"设置"面板点击"对象样式",打开"对象样式"对话框,点击窗口右下角"修改子类别"框内的"新建"按钮,打开"新建子类别"对话框,如图 5.4.7-1 所示,输入新的名称之后点击"确定",就新建了一个由用户自己定义的子类别,如图 5.4.7-2 所示,用户可以根据需要设置这个类别的线宽、线颜色、线型图案。

图 5.4.7-1 "新建子类别"对话框

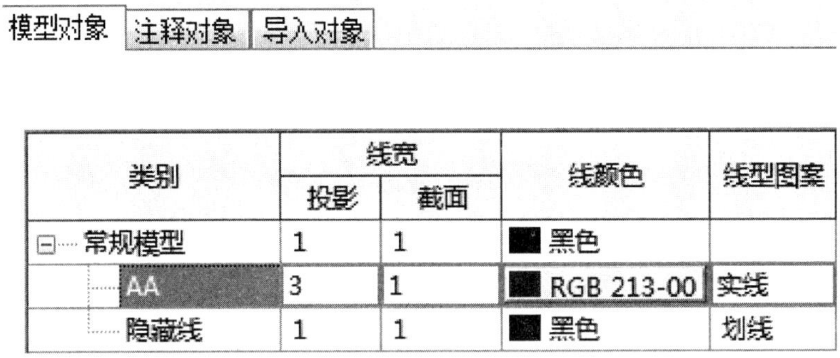

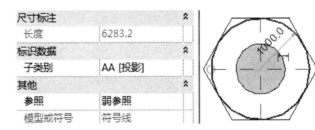

图 5.4.7-2 设置该类别的线样式

5.4.8 把这个子类别指定给圆形以后,如图 5.4.8-1 所示,会发现它还是灰色的,如图 5.4.8-2 所示,这是因为当前的 h 参数不大于 1200 m,所以圆形的状态为"不可见"。打开"族类型"对话框,修改 h 的值为"1500"并应用,如图 5.4.8-3 所示,这时就可以看到设置的效果。

图 5.4.8-1 将子类别指定给圆形

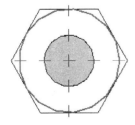

图 5.4.8-2 圆形为灰色不可见

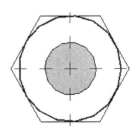

图 5.4.8-3 圆形可见

5.4.9 在导出为其他格式时，对子类别进行适当的设置，可以在新文件中保留原子类别的区分，如图 5.4.9-1～图 5.4.9-3 所示。

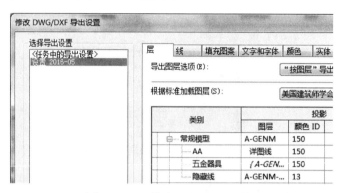

图 5.4.9-1　修改导出设置对话框

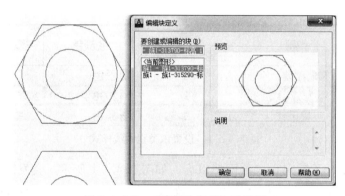

图 5.4.9-2　"编辑块定义"对话框

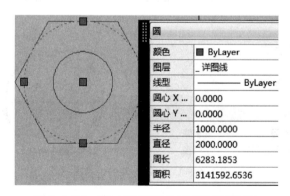

图 5.4.9-3　在 AUTOCAD 里查看线的属性

5.5　概念设计环境中的二维线条绘制技巧

本节的主要内容，是概念设计环境中绘制面板里的绘制工具，以及使用它们所绘制图形的特点。

5.5.1 最常用的是"直线"和"矩形"。使用时，在选项栏都可以设置"半径"属性，将会以指定的半径值在线段之间创建圆角，无论这些线段是否为连续绘制的，只要是首尾衔接的就可以。如图 5.5.1-1 所示，如果用直线连接图中线条的两个端点，会形成图 5.5.1-2 的结果。如果勾选了"半径"属性，则"偏移量"属性会显示为灰色，不能再使用，之前的输入值也将不再有效，如图 5.5.1-3 所示。

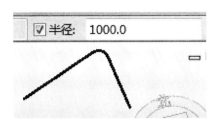

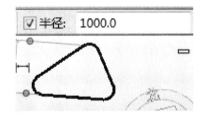

图 5.5.1-1　设置半径后连接 2 根直线　　　　图 5.5.1-2　绘制第三根直线连接前面 2 根直线

5.5.2　在绘制时，软件会以高亮显示的蓝色外框来表示将要使用的放置平面，作为给用户的提示。可以在选项栏的"放置平面"下拉列表中选择新的工作平面，如图 5.5.2-1 所示。但是没有命名的参照平面，不会在这个列表中出现。如果需要的话，可以用"拾取"的方式，或者在创建了这些参照平面以后，就先给它们起个与用途有关的名字，方便以后的辨认。

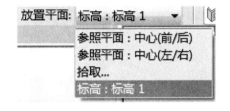

图 5.5.1-3　勾选半径后偏移量不可用　　　　图 5.5.2-1　在选项栏选择不同的工作平面

5.5.3　选中已经绘制完毕的线条，点击选项栏的"显示主体"按钮，会以蓝色矩形框来表示该线条的主体。单击选项栏"主体"右侧的下拉列表，可以给选择的图元直接指定新的主体，要注意的是，只有那些与该图元现有主体平行的平面才会在列表中出现。

5.5.4　绘制图形时，如果勾选了选项栏的"根据闭合的环生成表面"，那么在绘制形成一个闭合图形时，会立即生成一个没有厚度的表面。用光标框选这个图元，查看属性选项板的属性过滤器，可以看到只有一个图元被选中，如图 5.5.4-1 所示。

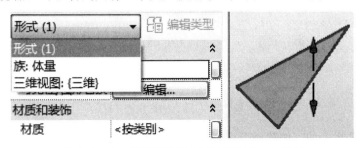

图 5.5.4-1　使用模型线绘制时仅留有一个图元

5.5.5 如果绘制时在选项栏勾选了"三维捕捉",那么会在绘制过程中同步生成参照点,如图 5.5.5-1 所示,以直线工具绘制一个三角形以后,框选这些图形再查看属性选项板的属性过滤器,可以看到总共有六个图元,包含三条线和三个参照点,如图 5.5.5-2 所示。选中三角形的任意一个顶点,会显示三维控件,使用这些控件可以在三维空间自由移动这个参照点(图 5.5.5-3)。

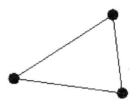

图 5.5.5-1　勾选三维捕捉后绘制的线会同步生成参照点

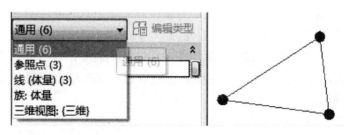

图 5.5.5-2　查看选中对象的属性

图 5.5.5-3　使用三维控件移动参照点

5.5.6 如果勾选了选项栏中的"链",在绘制过程中会以连续方式绘制线条,如图 5.5.6-1 所示。比如说点击了三次,那么第二次点击的位置,既是第一条线段的终点,也是第二条线段的起点。

图 5.5.6-1　勾选选项栏里的"链"

5.5.7 选项栏中的"偏移量"可以设置在绘制时所创建的线条与光标单击位置的距离。绘制时按空格键,可以选择在绘制路径的哪一侧来生成新线条。在绘制时会同步显示线条的预览图像，如图 5.5.7-1 所示，蓝色虚线为光标点击位置的连线，右侧为所创建线条的预览图像。蓝色虚线并不是每次都会出现的，图 5.5.7-1 中的方向刚好是南北方向，所以软件会给出这样的一个提示。如果是其他一些特殊的角度，例如 45°、135°、180°也都会有这样的提示，以及在与周围图元有特殊几何关系时，比如平行、垂直、延伸、相切、切线延伸等，也会显示蓝色虚线，并且在光标处会有不同的紫色图标，如图 5.5.7-2 和图 5.5.7-3 所示。

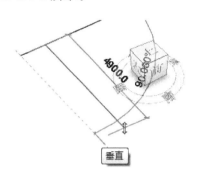

图 5.5.7-1　线条的预览图像

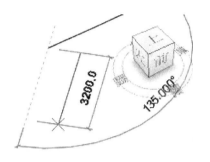

图 5.5.7-2　特殊角度的提示

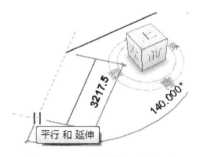

图 5.5.7-3　特殊位置的提示

5.5.8　在使用"多边形"工具时，选项栏里的"半径"指的是所绘制多边形的外接圆或者内切圆的半径。如果启用了"半径"属性，那么在绘制时的第一次单击将确定多边形中心的位置，第二次单击会确定多边形的方向，多边形的尺寸由已经输入的"半径"值来确定。绘制时有两个限制条件，是关于多边形的半径和边数的，如图 5.5.8-1 和图 5.5.8-2 所示。

图 5.5.8-1　多边形半径的限制条件

5.5.9　在绘制圆形时有两种方法，一种是通过两次点击以确定圆心和半径，一种是

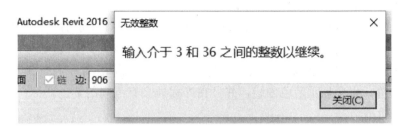

图 5.5.8-2　多边形边数的限制条件

预先指定半径再通过一次单击以确定圆心。圆形看上去是一个封闭的图形，但是它有自己内部的起点和终点，我们通过一个简单的方法来找到这个起点的位置，以及测试它是按照怎样的方向转到终点。新建一个概念体量文件，如图 5.5.9-1 所示，在参照平面交点周围按照箭头的方向绘制四个圆形，确定半径时点击的位置靠近参照平面的交点。之所以要绘制四个圆形，是为了避免因为绘制时候的方向而带来一个"有条件"的结果（图 5.5.9-2）。在每个圆形上面添加一个参照点，如图 5.5.9-3 所示。

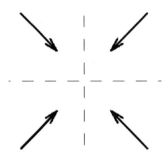

图 5.5.9-1　新建概念体量族

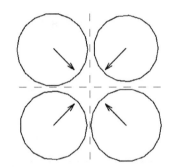

图 5.5.9-2　按箭头所示方向绘制 4 个圆

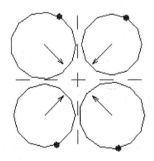

图 5.5.9-3　在每个圆上添加一个参照点

5.5.10　选中这四个参照点，在属性选项板把它们的"规格化曲线参数"的值都改为"0"，这样就把参照点放到了圆形的起点位置，如图 5.5.10-1 所示。可以看到这四个参照点都是在圆形的右侧，所以绘制时的方向对于圆形的起点是没有影响的。接着再把它们的"规格化曲线参数"的值改为"0.25"，结果如图 5.5.10-2 所示，所以圆形的方向是从右侧开始逆时针转动直到转回起点。因为圆形是一个闭合的对称图形，所以终点和"0.5"的位置就不用测试了。了解圆形的这个属性，在构件中使用"圆"来做控制框架时就比较方便了。

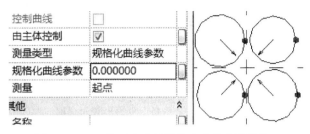

图 5.5.10-1　将四个点的规格化曲线参数设为 0

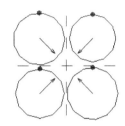

图 5.5.10-2　将 4 个点的规格化曲线参数设为 0.25

5.5.11　选择一个圆形，查看属性选项板，在"尺寸标注"下能找到以灰色显示的"长度"，这是它的周长。在使用圆形创建形状时，"模型线"形式的圆和"参照线"形式的圆会生成不同的结果，见第 3 章的相关部分。

5.5.12　在概念设计环境中，圆弧也有 2 种绘制方式，是"起点—终点—半径弧"、"圆心—端点弧"。"起点—终点—半径弧"的绘制顺序是，第一次点击和第二次点击确定了圆弧的起点和终点，第三次点击确定了半径；"圆心—端点弧"的绘制顺序是，第一次点击确定了圆心的位置，第二次点击既确定半径也确定圆弧起点位置，第三次点击确定圆弧的终点。把光标放在工具上面稍微停留一下，会显示有关的演示动画，如图 5.5.12-1所示。如果没有显示动画，可以在"选项"对话框中的"用户界面"检查"工具提示助理"的设置，如图 5.5.12-2 所示。

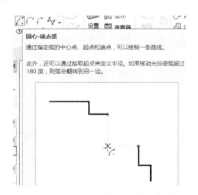

图 5.5.12-1　工具提示助理小动画

5.5.13　编辑圆弧时，选项栏有一个属性是"改变半径时保持同心"，如果勾选了它，在拖曳圆弧中间点的造型操纵柄时，圆心角的大小和圆心会保持不变，只有半径会改变，

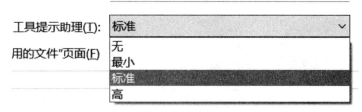

图 5.5.12-2　工具提示助理设置对话框

如图 5.5.13-1 所示；如果没有勾选属性"改变半径时保持同心"，那么在修改时圆弧的两个端点不动而只是改变圆心的位置。

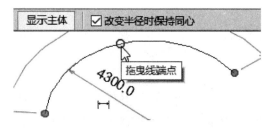

图 5.5.13-1　勾选"改变半径时保持同心"的效果

5.5.14　选中一个圆弧，在属性选项板中勾选"中心标记可见"，在圆弧的圆心位置会显示一个十字叉作为指示，如图 5.5.14-1 所示。在绘制其他图形的过程中，如果捕捉到了圆弧的圆心，会显示一个紫色空心的圆圈作为给用户的提醒，同时圆弧本身也会蓝色高亮显示，如图 5.5.14-2 所示。类似圆形一样，可以在选中圆弧以后，在属性选项板查看它的长度。

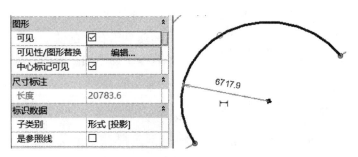

图 5.5.14-1　圆弧的圆心以十字叉作为指示

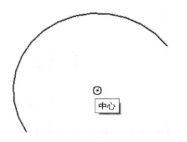

图 5.5.14-2　捕捉圆弧的圆心

5.5.15 在使用"圆心—端点弧"的方式绘制圆弧时,在 90° 和 180° 的位置会显示蓝色虚线作为提醒;在绘制圆心角大于 180° 的圆弧时,可以在第二次单击确定半径以后,移动光标以确定圆弧的生成方向,然后在小键盘输入圆心角的数值并按 Enter 确定。

5.5.16 绘制一个椭圆需要点击三次,第一次点击确定了椭圆的中心,第二、三次点击确定椭圆的横纵两个方向的尺寸。选中一个椭圆以后,会显示四个蓝色空心圆圈,这是用于"拖曳轴端点"的操纵柄,如图 5.5.16-1 所示,拖动它可以改变椭圆的尺寸。在修改椭圆尺寸时,选项栏有一个"修改时保持比例",如果勾选了这个选项,在拖动端点时,椭圆将保持原有比例不变而进行变化。选择一个椭圆,查看属性选项板,如图 5.5.16-2 所示,比圆形多了一个"焦点标记可见"。

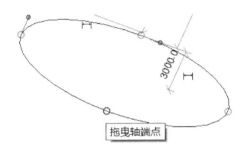
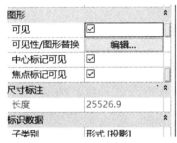
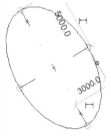

图 5.5.16-1　控制椭圆造型的操纵柄　　　　图 5.5.16-2　查看椭圆的属性

5.5.17 对于半椭圆,也可以显示它的两个焦点,如图 5.5.17-1 所示。在调整尺寸时注意,因为半椭圆的"拖曳线端点"控制柄和"拖曳轴端点"操纵柄是重合的,所以在选择时要看一下提示信息,如果不是自己需要的那个,按一下 Tab 键进行切换,对比图 5.5.17-2 和图 5.5.17-3。拖动"拖曳线端点"控制柄可以修改半椭圆线条端点的位置,拖动"拖曳轴端点"控制柄可调整轴的尺寸以改变椭圆的形状。

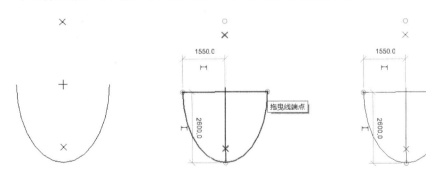

图 5.5.17-1　半椭圆的 2 个焦点　　　图 5.5.17-2　拖曳线端点　　　图 5.5.17-3　拖曳轴端点

5.5.18 椭圆的方向比圆形的复杂一点。使用前面第 5.5.9 所述的方法,新建一个概念体量文件,在参照平面交点周围绘制四个椭圆,绘制时点击的顺序图 5.5.18-1 所示,其中小圆圈为第一次点击的位置,转角处为第二次点击的位置,箭头处为第三次点击的位置。绘制完毕后就在椭圆上面添加参照点,并修改参照点的"规格化曲线参数"为"0",查看参照点的位置,如图 5.5.18-2 所示。可以看出,在绘制时第二次点击的另外一侧是起点位置。再次选中这四个参照点，把它们的"规格化曲线参数"值改为"0.25"，如图 5.5.18-3 所示，四个参照点分为两组，分布在不同的方向上。

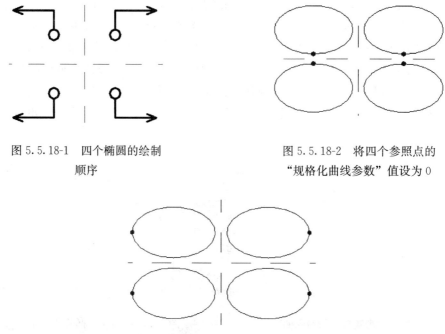

图 5.5.18-1 四个椭圆的绘制 顺序

图 5.5.18-2 将四个参照点的 "规格化曲线参数"值设为 0

图 5.5.18-3 将四个参照点的"规格化曲线参数"值设为 0.25

5.5.19 考虑到刚才的起点位置，看上去是这样的一个规律，"绘制时的第一点和第二点连线的对侧是椭圆内部的起点，第三点是比例为 0.25 的位置。"对于半椭圆也用同样方法测试，结论是"第一点是起点位置，第二点是终点位置，第三点是 0.5 的位置。"所以在使用椭圆做族内部的控制框架时，要充分考虑到这个特点。

5.5.20 样条曲线比圆弧和椭圆具有更多的控制点，也就可以创建出变化更多的图形。用一条样条曲线无法创建单一的闭合环。用户可以绘制第二条或者更多的样条曲线来创建闭合环。在绘制面板中，有两种形式的样条曲线，"样条曲线"和"通过点的样条曲线"，如图 5.5.20-1 和图 5.5.20-2 所示。用图 5.5.20-1 所示工具创建的样条曲线，曲线上面的各个控制点始终是共面的；而"通过点的样条曲线"所创建的结果，是通过三维点的三维样条曲线。

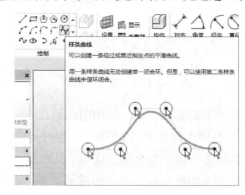

图 5.5.20-1 样条曲线

图 5.5.20-2　通过点的样条曲线

5.5.21　如果需要绘制在端点处保持相切的样条曲线，那么在绘制第二条曲线时注意查看光标附近的提示信息，如图 5.5.21-1 所示，在具有相切关系以后，软件会给出明显的提示，不仅会整体的蓝色高亮显示上一条曲线，光标处也显示了文字"切点和切线延伸"，光标处的图标也换为一个空心圆圈和一条短横线，沿着切线方向还有一条淡蓝色的虚线。这时单击一次作为第二条曲线的第二个控制点，这样就在衔接处创建了一个相切的关系。

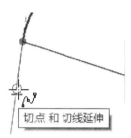

图 5.5.21-1　光标附近的提示信息

5.5.22　在选中一条样条曲线以后，可以修改它的形状。位于曲线内部的控制点用左键按住就可以直接拖动，位于曲线端部的控制点如果直接拖动的话，将会等比例的修改曲线整体的形状。如果要单独修改曲线端部控制点的位置，那么在把光标放到控制点上以后，先不要单击它，按一次 Tab 键以后再单击选择这个控制点，之后就可以单独修改它的位置了。图 5.5.22-1 是曲线内部的控制点，图 5.5.22-2 是直接点击端部时的控制点，图 5.5.22-3 是按 Tab 键以后的端部控制点，与图 5.5.22-2 的差别是，蓝色高亮显示了空心圆圈。完成绘制以后还可以使用关联选项卡里面的工具，再向曲线添加或删除控制点，如图 5.5.22-4 所示。

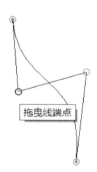

图 5.5.22-1　曲线内部的控制点

图 5.5.22-2　点击端部时的控制点

5.5.23　如果是在项目环境下绘制模型线，绘制面板中没有"通过点的样条曲线"的工具，只有"样条曲线"的工具。如同在概念设计环境中一样，单独的一条样条曲线无法创建一个闭合环。

5.5.24　由"通过点的样条曲线"所创建的曲线，可以使用"融合"工具，退化为参照点而删去曲线，在"修改 | 线"关联选项卡"修改线"面板可以找到"融合"工具，如图 5.5.24-1 所示。

175

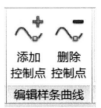

图 5.5.22-3　按 Tab 键以后的端部控制点　　　图 5.5.22-4　向曲线添加或删除控制点

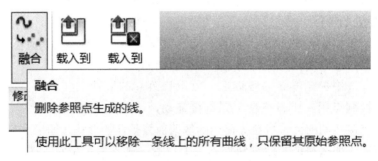

图 5.5.24-1　"融合"工具

5.5.25　在必须使用样条曲线创建图形时，应注意掌握控制点的数量，越多的控制点越需要更长的处理时间。

6 Revit 常用函数及参数

本章重点是 Revit 中的常用函数和参数，在我们的工作当中会经常用到他们。希望读者能够通过自己的练习，尽快掌握这些函数和参数的表示方法及特点。

6.1 指数运算和对数运算

在工作中，尽管使用这些运算方式的机会比较低，但是我们仍然要掌握相应的书写方法。本节中的练习，主要在族编辑器环境中的"族类型"对话框里面进行。建立一个普通的族即可。

首先练习指数运算。

6.1.1 打开软件，新建一个族，选择"公制体量"族样板，点击功能区"创建"选项卡"属性"面板的"族类型"按钮，打开"族类型"对话框，如图 6.1.1-1 所示。接着我们要创建三个"数值"类型的参数，以便在公式中使用。点击"族类型"对话框右侧中部的"添加"按钮，打开"参数属性"对话框，如图 6.1.1-2 所示，在"参数类型"下拉列表中，选择"数值"，名称输入"a"，点击"确定"按钮，关闭"参数属性"对话框，返回"族类型"对话框。这样就添加了一个名称为"a"的数值类型的参数。

图 6.1.1-1　族类型对话框

图 6.1.1-2　参数属性对话框

再按照相同步骤，依次添加 b 和 c 两个参数。因为它们都是数值类型的参数，所以默认值为零，并且在小数点后面都有六个零，完成后如图 6.1.1-3 所示。给 b 和 c 分别赋值 2 和 5，接着给参数 a 添加公式，表示形式如图 6.1.1-4 所示，意思是"b 的 c 次方"，b 作为底数，c 作为指数。本例中公式的运算值，受到公式的写法和多个参数值的影响，软件以灰色来显示。如果根据公式可以反推回去并且仅有一个结果，那么将会以黑色来显示这个运算值，如图 6.1.1-5 所示。

参数	值	公式
限制条件		
其他		
a	0.000000	=
b	0.000000	=
c	0.000000	=

图 6.1.1-3　添加三个数值类型的参数

参数	值	公式
限制条件		
其他		
a	129.641814	=b ^ c
b	7.000000	=
c	2.500000	=

图 6.1.1-4　为参数赋值并添加公式

参数	值	公式	
限制条件			
其他			
a	14.000000	=b + 7	
b	7.000000	=	
c	2.500000	=	

图 6.1.1-5　对比图 6.1.1-4 中的公式

6.1.2　在进行指数表示时，其中的拖字符"＾"需要按组合键 Shift 加键盘上方的数字键 6 来输入。参数的取值范围和输出结果，受公式及公式中参数的影响，如图 6.1.2-1 所示；否则软件会报错，如图 6.1.2-2 所示。报错的原因是：0 位于分母。

参数	值	公式
限制条件		
其他		
a	0.051200	=2 * b ^ c
b	2.500000	=
c	-4.000000	=

图 6.1.2-1　当参数值变化时会影响公式的结果

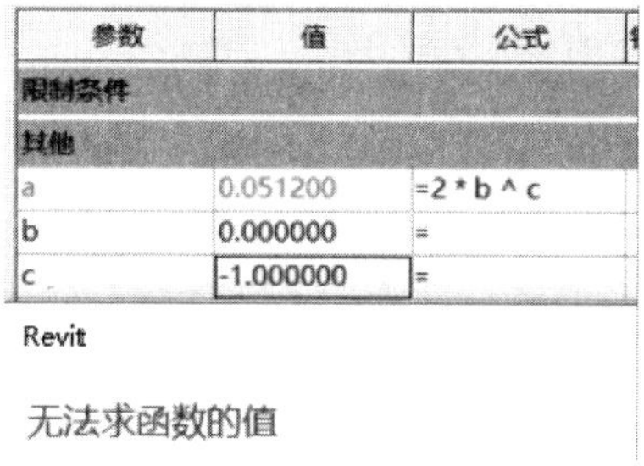

参数	值	公式	
限制条件			
其他			
a	0.051200	=2 * b ^ c	
b	0.000000	=	
c	-1.000000	=	

Revit

无法求函数的值

图 6.1.2-2 报错信息

接着练习另外一种形式，表示方法和前面的练习是一样的，差别是把指数看做常量，所以也可以看做是幂函数。如图 6.1.2-3 所示，意思是"b 的 2.4 次方"。

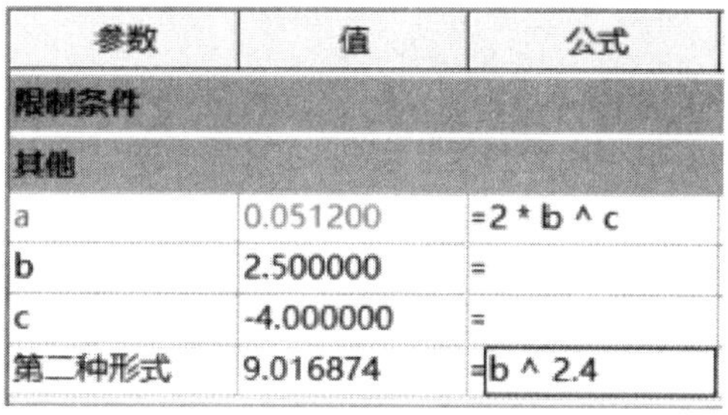

参数	值	公式
限制条件		
其他		
a	0.051200	=2 * b ^ c
b	2.500000	=
c	-4.000000	=
第二种形式	9.016874	=b ^ 2.4

图 6.1.2-3 幂函数

和前面的练习一样，公式的写法会影响参数的取值范围和输出结果。

再来练习对数运算，Revit2016 提供了两个对数函数，分别是自然对数和常用对数。它们的表示方法，如图 6.1.2-4 所示。

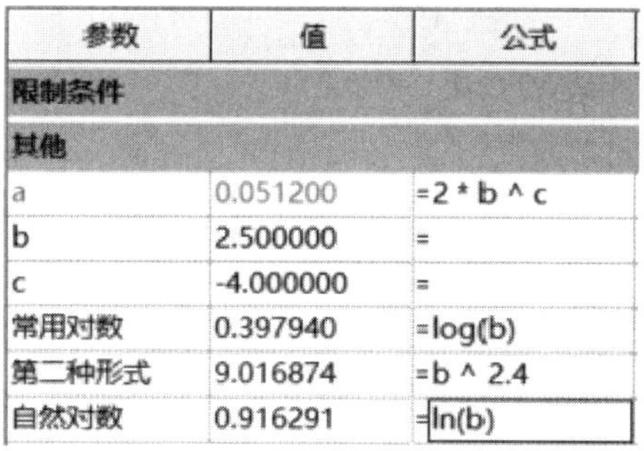

参数	值	公式
限制条件		
其他		
a	0.051200	=2 * b ^ c
b	2.500000	=
c	-4.000000	=
常用对数	0.397940	=log(b)
第二种形式	9.016874	=b ^ 2.4
自然对数	0.916291	=ln(b)

图 6.1.2-4 常用对数和自然对数

在输入公式时要注意，不支持中文输入法的括号，否则会弹出提示信息。例如，把"log(b)"中左侧的括号改为中文输入法状态下的左括号，点击"族类型"对话框底部的"应用"按钮或"确定"按钮，就会立即弹出一个信息，如图 6.1.2-5 所示。尽管这两种括号的外观非常相似，但是在弹出的信息里面，已经很清楚地显示了关键位置在"（b）"。所以，在有类似情况出现时，务必耐心看完对话框里的内容再关闭它，因为解决问题的方法往往就包含在里面。

179

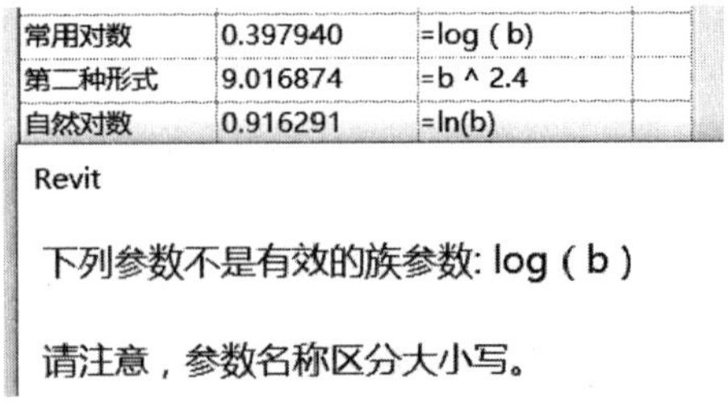

常用对数	0.397940	=log（b）
第二种形式	9.016874	= b ^ 2.4
自然对数	0.916291	=ln(b)

Revit

下列参数不是有效的族参数: log（b）

请注意，参数名称区分大小写。

图 6.1.2-5　注意切换输入法

在表示自然对数时，即使是输入大写的"LN"，软件也会自动的将其转换为小写的"ln"。

6.2　开方运算、π 和绝对值

在 Revit 中，以"sqrt（s）"来得到关于参数 s 的正值平方根，或者使用上一节的方法，写为"s ^0.5"。同前面的练习一样，新建一个族，然后在这个族的"族类型"对话框里练习这些函数的表示方法。

6.2.1　新建一个族，选择"公制常规模型"族样板。在"族类型"对话框中，新建三个数值类型的参数，并添加公式，如图 6.2.1-1 所示。

参数	值	公式
其他		
e	906.000000	=
q	30.099834	=sqrt(e)
w	30.099834	=e ^ 0.5

图 6.2.1-1　求平方根

可以看到，这两种不同的表示方法，得到的结果是相同的。所以，可以使用"e^（1/3）"这样的表示方式，来求参数的立方根。

6.2.2　前面练习中所处理的参数，都是数值类型的，他们的共同特点是仅有数字，不包含任何单位。如果对带有单位的参数直接进行这样的运算，那么不仅仅是参数中的数值被处理了，所带有的单位也会被处理。而这样的结果，可能会给后续工作带来不便。这时最常见到的提示信息是"单位不一致"，如图 6.2.2-1 所示。

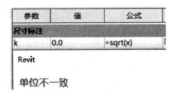

参数	值	公式
尺寸标注		
k	0.0	=sqrt(x)

Revit

单位不一致

图 6.2.2-1　单位不一致

6.2.3　欧特克的工程师给我们提供了一种简单的方法来解决这个问题，如图 6.2.3-1 所示，做法是"先去掉再补回来"。

参数	值	公式
尺寸标注		
k	20.0	=sqrt(x / 1 mm) * 1 mm
x	400.0	=

图 6.2.3-1 调整单位再运算

6.2.4 圆周率的表示方法是"pi（ ）"，在括号内部必须保持空白。这个字母组合和后面会讲到的"sin、cos"一样，都是属于"公式的关键字"，用户不能用他们作为自定义参数的名称。在"族类型"对话框中，无论是输入大写字母还是大小写的组合，软件都会自动地把他们转换为小写的"pi"，如图 6.2.4-1 和图 6.2.4-2 所示。

e	62.831853	=20 * pi()
q	7.926655	=sqrt(e)
w	7.926655	=e ^ 0.5

图 6.2.4-1 圆周率

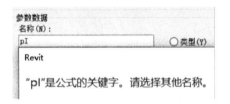

图 6.2.4-2 公式的关键字

6.2.5 绝对值的表示方法是"abs（ ）"，在括号中填入需要处理的参数或者数字，如图 6.2.5-1 所示。

e	260.000000	=abs(-260)
q	16.124515	=sqrt(e)
w	16.124515	=e ^ 0.5

图 6.2.5-1 绝对值

6.3 三角函数运算

这是一类使用频率比较高的函数。使用时要注意输入数据与输出数据之间的对应关系。同样的，他们的名称也是公式的关键字，不能用作自定义参数的名称。

6.3.1 正弦函数、余弦函数、正切函数

正弦函数的表示方法和我们通常的写法是一样的，写作"sin（ ）"，输入数据的类型为"角度"。如果直接手动输入数字，软件仍然会把数字辨认为一个角度。正弦函数的运算结果是一个数值，软件默认保留到小数点后 6 位，余弦函数写为"cos（ ）"，对输入数

181

据的要求，与正弦函数相同。正切函数写为 "tan（）"，因为其自身的定义，对输入数据的值会有要求。如图 6.3.1-1 所示。

6.3.2 反三角函数

前一段介绍了三种三角函数的写法，在他们的名称前面加 "a"，就是与之对应的反三角函数了，如图 6.3.2-1 所示。在使用时注意对输入数据的要求，以及运算结果的范围。

参数	值	公式
其他		
e	-0.104528	=sin(t)
q	-0.994522	=cos(t)
w	0.105104	=tan(t)
t	906.000°	=

图 6.3.1-1 正切函数、余弦函数、正切函数

参数	值	公式
尺寸标注		
ee	-6.000°	=asin(e)
qq	174.000°	=acos(q)
ww	6.000°	=atan(w)
其他		
e	-0.104528	=sin(t)
q	-0.994522	=cos(t)
w	0.105104	=tan(t)
t	906.000°	=

图 6.3.2-1 反三角函数的运算结果

6.4 舍入、文字与整数

软件提供了三种类型的舍入函数，供我们选择使用。灵活使用这些函数，可以按照自定义的步长来对数据进行快速处理。

6.4.1 下面介绍一下这三个函数的运算规则和写法。"舍入"，即 "round（x）"，返回舍入到最接近整数的值，它不考虑舍入的方向。"向上舍入"，即 "roundup（x）"，将返回大于或等于 x 的最大整数值。"向下舍入"，即 "rounddown"，将值返回为小于或等于 x 的最小整数值。新建一个族，在其中添加 7 个数值类型的参数，其中的第 1 个参数为被处理的数据。比较他们的运算结果，如图 6.4.1-1 所示。

参数	值	公式
a	9.060000	=
d	9.000000	=round(a)
e	10.000000	=roundup(a)
q	9.000000	=rounddown(a)
s	10.000000	=round(a + 0.49)
w	10.000000	=roundup(a + 0.49)
x	9.000000	=rounddown(a + 0.49)

参数	值	公式
a	9.560000	=
d	10.000000	=round(a)
e	10.000000	=roundup(a)
q	9.000000	=rounddown(a)
s	10.000000	=round(a + 0.49)
w	11.000000	=roundup(a + 0.49)
x	10.000000	=rounddown(a + 0.49)

图 6.4.1-1 舍入函数练习

6.4.2 还有一种常用的处理方法，从输入数据中得到一个具有 "自定义步长" 的结果，如图 6.4.2-1 所示。其中 "800mm" 的步长是作为常量出现的，另外一个步长则由参数 w 来控制。运算思路是这样的："把输入数据除以自定义步长，再把舍入后的结果除以这个步长"。在确定公式结构时，用户可以根据需要来选择舍入的方向。

参数	值	公式
尺寸标注		
w	800.0	=
s	20050.0	=
x	20000.0	=round(s / 250 mm) * 250 mm
xx	20250.0	=roundup(s / 250 mm) * 250 mm
y	20000.0	=round(s / w) * w
yy	20800.0	=roundup(s / w) * w

图 6.4.2-1　把输入的数据规格化

6.4.3　文字参数

文字类型的参数可以包含字母、数字、汉字等形式的内容，但是这些字符串往往只是提供信息，并不能够提供可计算的数据。不管是系统族还是可载入族，都能够添加文字参数。也有很多信息是在后期依靠人工输入记录的。

1. 打开软件，新建一个族，选择"公制常规模型"族样板，在"创建"选项卡"模型"面板中，点击"模型文字"工具，如图 6.4.3-1 所示。

图 6.4.3-1　模型文字

2. 这时会打开"编辑文字"对话框，可在其中输入其他文字，替换默认的内容，如图 6.4.3-2 所示。点击对话框下方的"确定"按钮，光标处会有相应内容的预览图像，如图 6.4.3-3 所示。在参照标高平面中点击一次，放置这个模型文字，如图 6.4.3-4 所示。按两次 Esc 键，结束这个命令。

图 6.4.3-2　编辑文字对话框

183

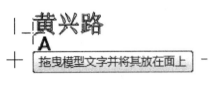

图 6.4.3-3　光标处的预览图像　　　　　　　图 6.4.3-4　放置完毕后的模型文字图元

3. 选择这个对象，在左侧属性选项板中点击"文字"属性"编辑"按钮右侧的小方块，如图 6.4.3-5 所示，即"关联族参数"按钮。在打开的"关联族参数"对话框中点击左下角的"添加参数"按钮，如图 6.4.3-6 所示。打开"参数属性"对话框，输入"类型一"作为该参数的名称，如图 6.4.3-7 所示，这时的"参数类型"是"多行文字"。然后依次点击"确定"关闭这两个对话框。

图 6.4.3-5　关联族参数按钮

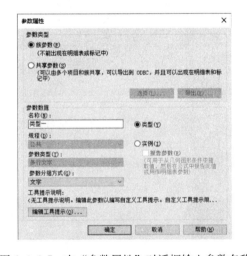

图 6.4.3-6　关联族参数对话框　　　　图 6.4.3-7　在"参数属性"对话框输入参数名称

不同于以往的版本，直接选择模型文字对象后添加的参数是"多行文字"的类型，而不是"文字"类型。在对这两种类型的参数添加公式时，两种表现形式有所不同。

4. 在完成添加参数后点击关联选项卡"属性"面板的"族类型"按钮，打开"族类型"对话框，如图 6.4.3-8 所示。

点击"文字内容"右侧的输入框，并点击框内右侧出现的小按钮，打开"编辑文字"对话框，如图 6.4.3-9 所示，输入新的文字，例如"看一看"，点击"确定"关闭"编辑文字"对话框，再点击"族类型"对话框底部的"应用"按钮，查看绘图区图元的变化，如图 6.4.3-10 所示，

图 6.4.3-8　族类型按钮

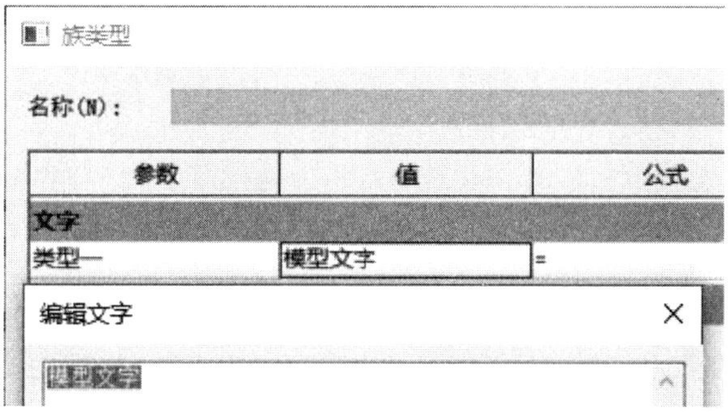

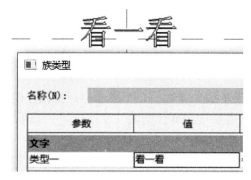

图 6.4.3-9　编辑文字对话框

图 6.4.3-10　参数所携带的内容反映到图元中

5. 关闭这个族，再新建一个族，仍然选择"公制常规模型"族样板。我们将新建两个参数，分别指定为"文字"类型和"多行文字"类型，并通过一个简单的公式，来比较它们之间的差异。点击"创建"选项卡"属性"面板的"族类型"按钮，打开"族类型"对话框，点击对话框右侧"参数"分组的"添加"按钮，打开"参数属性"对话框，输入参数名称为"文字"，把"参数类型"指定为"文字"，如图 6.4.3-11 所示，点击"确定"按钮，关闭"参数属性"对话框。按照同样步骤，添加第二个参数，名称为"多行文字"，参数类型也指定为"多行文字"，如图 6.4.3-12 所示，点击"确定"按钮，关闭"参数属性"对话框。这时可以在"族类型"对话框里看到刚刚添加完毕的这两个参数，如图 6.4.3-13 所示。

图 6.4.3-11   "文字"类型

图 6.4.3-12   设置为"多行文字"类型

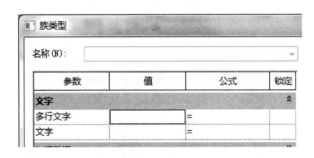

图 6.4.3-13   在"族类型"对话框查看所添加的参数

如果是在"文字"参数后面的输入框内单击，会在框内左侧显示一个常见的闪烁的光标，如图 6.4.3-14 所示，提示从这里开始输入文本内容；如果是在"多行文字"参数后面的输入框内单击，则不仅会在框内左侧有这个闪烁的光标，框内的右侧还多了一个小按钮，如图 6.4.3-15 所示。

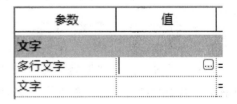

图 6.4.3-14   点击"文字"参数的值框   图 6.4.3-15   点击"多行文字"参数的值框

点击这个小按钮，打开"编辑文字"对话框，如图 6.4.3-16 所示，可以在其中输入文字并换行，效果和点击放置的模型文字的"文字"属性后的小按钮是一样的，如图 6.4.3-17 和图 6.4.3-18 所示。

图 6.4.3-16 "编辑文字"对话框

图 6.4.3-17 输入内容

图 6.4.3-18 属性选项板中点击按钮输入内容

点击"确定"按钮关闭编辑文字对话框,接着给"文字"参数也添加内容,例如"今天星期三",在"今天"两个字的后面点击光标并按 Enter 键,并不会换行,而是切换到了"文字"参数对应的公式这一列。点击"确定"关闭"族类型"对话框。点击"创建"选项卡"模型"面板的"模型文字"工具,在弹出的"编辑文字"对话框中直接点击窗口下方的"确定"按钮,在绘图区域点击一次,使用默认的文字内容放置一个模型文字图元。放置完毕后会自动结束"模型文字"的命令。选中这个模型文字图元,按下 Ctrl 键不放,光标放在图元上按下后拖动复制一个新的模型文字图元,如图 6.4.3-19 所示。我们将给这两个模型文字分别添加一个文字参数,并比较参数的不同表现。

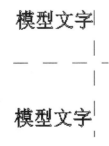

图 6.4.3-19 复制一个模型文字图元

选中上面位置的模型文字图元,在属性选项板单击"文字"属性后面的"关联族参数"按钮,如图 6.4.3-20 所示,在打开的"关联族参数"对话框中选择"文字"参数,如图 6.4.3-21 所示,点击"确定"按钮关闭这个对话框,这样就把一个文字参数加到模型文字图元上了。同时,这个模型文字图元将会显示文字参数所携带的内容,如图 6.4.3-22 所示。

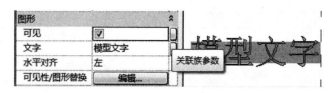

图 6.4.3-20 "关联族参数"按钮

图 6.4.3-21 "关联族参数"对话框

图 6.4.3-22 添加"文字"类型的参数

以同样的流程给另外一个模型文字图元添加"多行文字"参数。结果如图 6.4.3-23 所示。

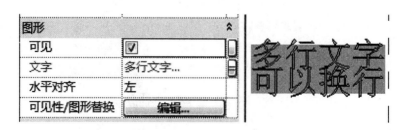

图 6.4.3-23 添加"多行文字"类型的参数

6. 接着我们通过对这两种文字参数添加条件语句公式的方法来测试它们的表现。点击"创建"选项卡"属性"面板的"族类型"按钮，打开"族类型"对话框，点击窗口右侧的"添加"按钮，输入名称"k"，如图 6.4.3-24 所示，点击"确定"按钮，这样就添加了一个长度类型的参数。在族类型对话框中，给参数k的值输入 300，在"文字"参数的后面公式那一栏输入以下内容"if（$k <$ 500 mm，"good"，"nice"）"，如图 6.4.3-25

所示。注意，不要使用中文输入法状态下的符号。点击"应用"按钮，查看绘图区域中模型文字图元的变化。把 k 值改为 600 并点击"应用"按钮，查看变化。

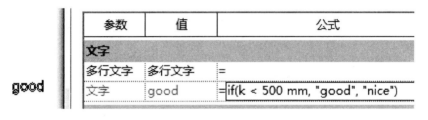

图 6.4.3-24 添加参数

参数	值	公式
文字		
多行文字	多行文字	=
文字	good	=if(k < 500 mm, "good", "nice")

图 6.4.3-25 输入公式

在"多行文字"参数的后面公式那一栏输入"if（k >800 mm，"OK"，"Bye"）"，在点击"应用"按钮时，弹出一个提示信息，如图 6.4.3-26 所示，告诉我们"无法通过公式定义此参数类型"。所以，如果用户所制作的族中包含有模型文字，且模型文字的内容是根据一定条件变化的，那么就只能使用"文字"类型的参数。

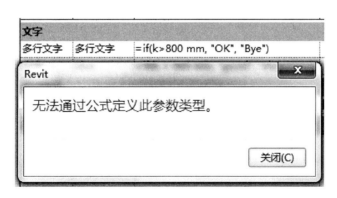

图 6.4.3-26 报错信息

7. 除了在族编辑器环境下给可载入族添加文字参数以外，也可以在项目环境下为系统族添加文字参数，以记录相关信息，方法是通过为选定的族类别添加"文字"类型的项目参数。选择建筑样板新建一个项目文件，在"管理"选项卡"设置"面板点击"项目参数"按钮，打开"项目参数"对话框，如图 6.4.3-27 所示，在这里列出了可用于项目图元的参数，单击窗口右侧的"添加"按钮，打开"参数属性"对话框，如图 6.4.3-28 所示。

图 6.4.3-27 打开"项目参数"对话框

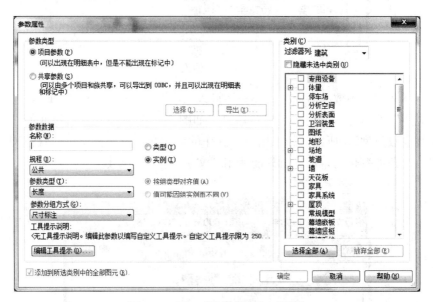

图 6.4.3-28 "参数属性"对话框

假设我们要对"墙"这个系统族添加一个参数，记录关于墙体的信息。在窗口左侧"参数数据"分组的"名称"下面，输入名称为"班组"，再更改"参数类型"为"文字"，"参数分组方式"为"限制条件"，在窗口右侧的"类别"复选框中选择"墙"，然后点击"确定"按钮关闭这个对话框。如图 6.4.3-29 所示。

在楼层平面标高 1 视图中绘制一堵墙，点击选中它，可以在属性选项板中看到"限制条件"分组中已经有了参数"班组"，可以为其输入文字，如图 6.4.3-30 所示。

图 6.4.3-29 在"参数属性"对话框中的设置

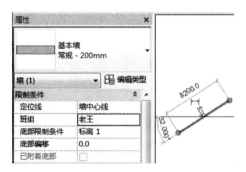

图 6.4.3-30 在项目环境中检查参数的使用情况

6.4.4 整数参数

1. 这类参数的变化步长为"±1",可以输入负值,也可以输入非整数的数值,软件会将其处理后按照整数输出结果。新建一个族,在其中创建三个整数参数,例如"Z1、Z2、Z3"和一个长度参数,并在后面输入如图 6.4.4-1 所示的数字和公式,查看最后的运算结果。关于在阵列中使用整数参数的方法,详见我司提供的配套学习资料。

参数	值	公式
尺寸标注		
Z1	91	=90.6
Z2	201	=q / 1 mm
Z3	200	=(q - 0.1 mm) / 1 mm
q	200.500 mm	=

图 6.4.4-1 在"参数属性"对话框中的设置

191

2. 对于阵列所添加的参数，默认就是"整数"的类型。可以参考本章第 7 节的内容。

6.5　数值、长度、角度、URL、材质

本节简单讲述这几种参数的创建方法，以及应用到 Revit 图元以后的效果。

6.5.1　在开始具体的练习之前，我们先构造一个简单的环境，在其中添加尺寸标注以后，对尺寸标注添加长度参数。打开软件，新建一个族，选择"公制常规模型"族样板，点击"创建"选项卡"基准"面板里的"参照平面"，在"修改 | 放置 参照平面"关联选项卡"绘制"面板中点击"拾取线"工具，在选项栏给"偏移量"输入值为 900，如图 6.5.1-1 所示，

图 6.5.1-1　添加参照平面时的设置

6.5.2　移动光标靠近绘图区域中水平的那个参照平面，可以看到光标的轻微移动会影响淡蓝色虚线的位置，如图 6.5.2-1 所示，这个虚线代表的是新生成的参照平面的位置，光标靠近哪一侧就在哪一边生成新图元。选择靠上的位置单击一次，如图 6.5.2-2 所示，新生成的参照平面位于"中心（前/后）"参照平面的上方，如图 6.5.2-3 所示。

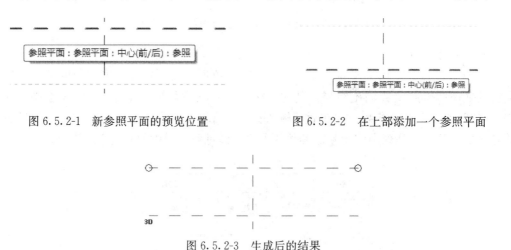

图 6.5.2-1　新参照平面的预览位置　　　　图 6.5.2-2　在上部添加一个参照平面

图 6.5.2-3　生成后的结果

6.5.3　在"注释"选项卡"尺寸标注"面板点击"对齐尺寸标注"工具，标注这两个平行的参照平面，如图 6.5.3-1 和图 6.5.3-2 所示，在标注完毕后按两次 Esc 键结束标注命令。

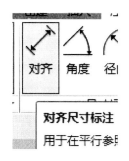

图 6.5.3-1 "对齐尺寸标注"工具

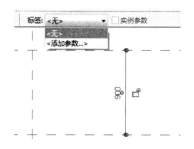

图 6.5.3-2 标注参照平面之间的距离

　　选中这个尺寸标注,点击选项栏"标签"右侧的下拉列表,选择其中的"〈添加参数…〉",打开"参数属性"对话框,如图 6.5.3-3 所示,可以看到"参数类型"下的"长度"已经是灰色显示,这是因为我们刚才所选择的尺寸标注本身就是关于"长度"的一个标注,因为类型已经确定,所以不能再进行其他的选择了。输入名称"CD",点击"确定"按钮关闭"参数属性"对话框。查看绘图区,这个尺寸标注的文字显示已经从"900"变为"CD=900",选中这个尺寸标注后查看选项栏,如图 6.5.3-4 所示,可以看到标签后面已经显示了它所关联的参数及参数值"CD=900"。

图 6.5.3-3 打开"参数属性"对话框

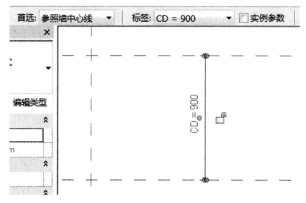

图 6.5.3-4 给这个尺寸标注添加参数

193

点击"创建"选项卡"属性"面板"族类型"按钮，打开"族类型"对话框，修改 CD 参数的值为 500，点击对话框下方的"应用"按钮，查看绘图区域中参照平面的变化。如图 6.5.3-5 所示，会发现两个参照平面之间的距离已经从 900 变为 500，而且是新生成的参照平面向靠近"中心（前/后）"参照平面的方向移动，"中心（前/后）"参照平面本身并没有移动。这是因为，在"公制常规模型"族样板里，"中心（前/后）"参照平面已经是锁定的状态，当参数发生变化时，将驱动未锁定的其他参照平面来实现这个变化。

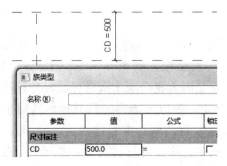

图 6.5.3-5　修改参数值查看图元的变化

6.5.4　点击"族类型"对话框右侧的"添加"按钮，在打开的"参数属性"对话框里，输入名称为"*SZ*"，对于"参数类型"选择为"数值"，"分组方式"为"尺寸标注"，如图 6.5.4-1 所示，点击"确定"返回到"族类型"对话框，给 *SZ* 参数输入以下公式"*CD*/2 mm"，点击"应用"，在图 6.5.4-2 中可以看到，参数 *SZ* 的值现在是"250"，这是一个没有单位的数字，在小数点后面跟了 6 个 0。同时，参数 *SZ* 的值是黑色的。这是因为公式中只有一个变量，就是"*CD*"，公式中的计算方式也是单一的一次除法，如果反推回去的话，得到的结果是唯一的。

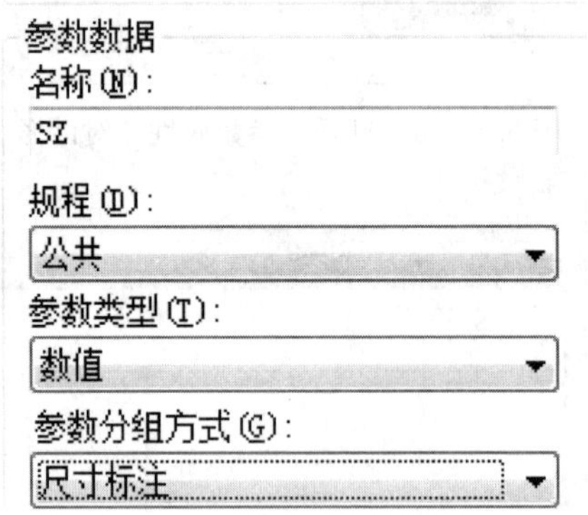

图 6.5.4-1　添加一个参数

6.5.5　在 *SZ* 参数后面的"值"列单击，删除原值后输入新值"400"，点击应用按钮，查看绘图区域的变化，会看到上方的参照平面向上移动了一段距离，如图 6.5.5-1 所示。

194

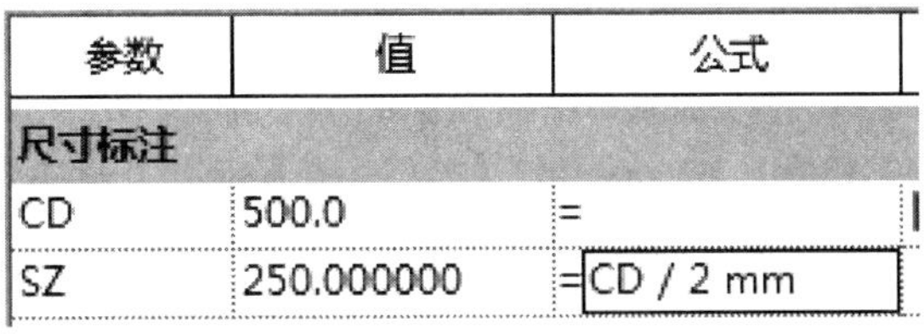

参数	值	公式	
尺寸标注			
CD	500.0	=	
SZ	250.000000	=CD / 2 mm	

图 6.5.4-2 对新参数输入公式

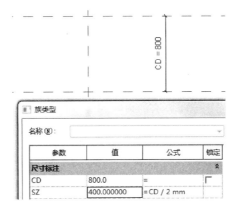

图 6.5.5-1 修改参数值查看相关图元的变化

换个角度思考，数值参数可以转换为长度参数或者角度参数，只需要乘以或者除以一个默认单位就可以了，例如"$SZ * 1$ mm"或者"$SZ * 1°$"。在测试的时候，注意数据的走向，是"从哪一步传递到下一步"，否则可能会出现如图 6.5.5-2 所示这样的情况，Revit 会直接报错。图 6.5.5-3 的关系是正确的。

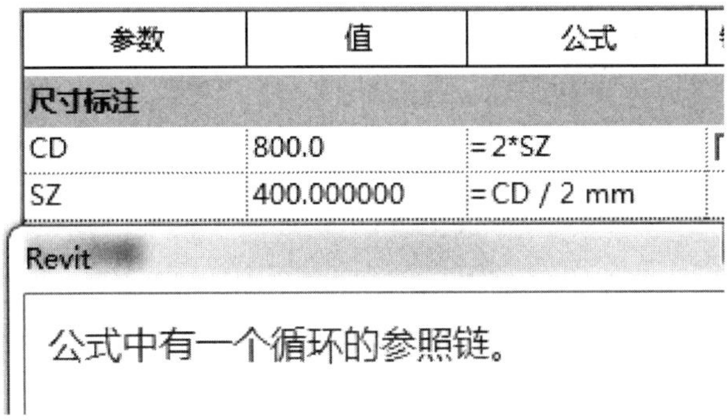

参数	值	公式	
尺寸标注			
CD	800.0	=2*SZ	
SZ	400.000000	=CD / 2 mm	

Revit

公式中有一个循环的参照链。

图 6.5.5-2 错误的参数关系

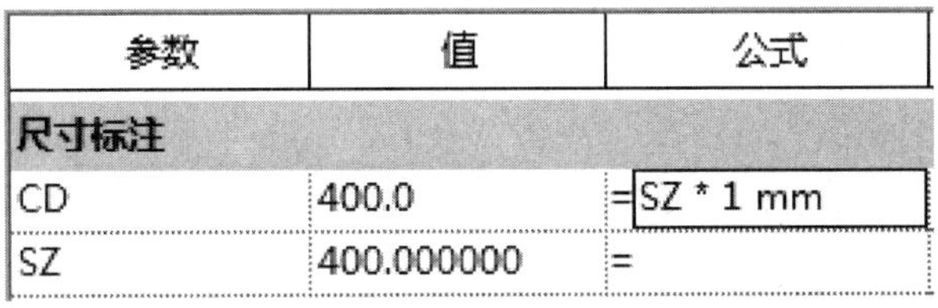

参数	值	公式
尺寸标注		
CD	400.0	=SZ * 1 mm
SZ	400.000000	=

图 6.5.5-3 可接受的参数关系

195

6.5.6 点击"确定"关闭"族类型"对话框，在"创建"选项卡"基准"面板点击"参照线"，如图 6.5.6-1 所示，捕捉到参照平面的交点单击一次，再向左上方移动光标单击第二次，如图 6.5.6-2 所示，按 Esc 键一次，这样就完成了一条参照线的绘制。

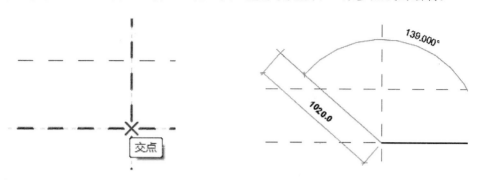

图 6.5.6-1　线段起点　　　　　　　　图 6.5.6-2　线段终点

6.5.7 在"修改｜放置参照线"关联选项卡"测量"面板，点击靠下的黑色小三角箭头，在展开的下拉列表里选择"角度尺寸标注"，如图 6.5.7-1 所示，分别点击拾取参照线和参照平面，如图 6.5.7-2 和图 6.5.7-3 所示，这时在光标处会出现一个角度标注，移动光标的位置，这个角度标注也会跟着一起移动，单击即可完成放置，如图 6.5.7-4 所示。按两次 Esc 键结束角度尺寸标注命令。

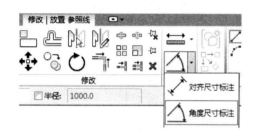 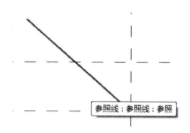

图 6.5.7-1　角度尺寸标注　　　　　　　图 6.5.7-2　拾取参照线

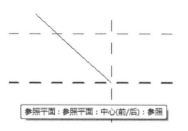 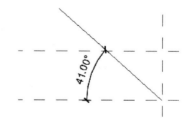

图 6.5.7-3　拾取参照平面　　　　　　　图 6.5.7-4　放置一个角度尺寸标注

6.5.8 选中这个角度尺寸标注，点击选项栏"标签"右侧的下拉列表，选择其中的"〈添加参数…〉"，如图 6.5.8-1 所示，打开"参数属性"对话框，在"参数类型"下已经自动选择了"角度"，并且是灰色显示，输入名称为"JD"，如图 6.5.8-2 所示，点击"确定"按钮关闭"参数属性"对话框。选中这个角度尺寸标注，在选项栏可以看到标签后面已经显示了它所关联的参数及参数值"$JD=41°$"。

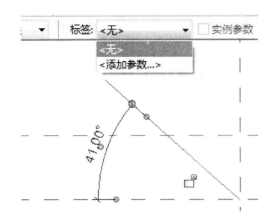

图 6.5.8-1　给这个角度尺寸标注添加参数 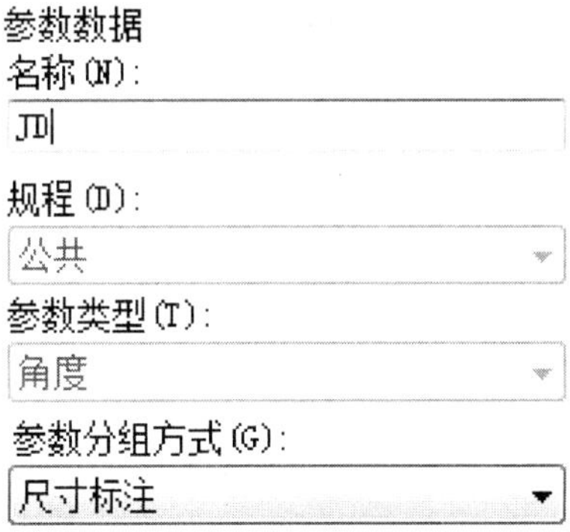　　　　　图 6.5.8-2　参数设置

　　点击"创建"选项卡"属性"面板"族类型"按钮，打开"族类型"对话框，修改 *JD* 参数的值为 $60°$，点击对话框下方的"应用"按钮，查看绘图区域中参照线的变化。会发现参照线已经沿着顺时针方向转动了一个角度，表明角度参数 *JD* 现在已经可以对这条参照线起到驱动作用。点击"确定"按钮关闭这个对话框。

　　6.5.9　最小化所有窗口，在桌面新建一个文件夹，双击打开，在顶部地址栏单击，会自动蓝色高亮显示该文件夹的地址，按组合键"Ctrl＋C"复制这个地址，通常会是"C:\Users\Administrator\Desktop\新建文件夹"，打开 Revit 窗口回到刚才的文件，点击"创建"选项卡"属性"面板的"族类型"按钮，打开"族类型"对话框，点击窗口右侧的"添加"按钮，在打开的"参数属性"对话框中，输入名称"*DZ*"，"参数类型"选择"URL"，"参数分组方式"选择"尺寸标注"，点击"确定"返回"族类型"对话框，点击 *DZ* 参数后面的"值"列，按组合键"Ctrl＋V"，把刚才的地址粘贴进去，如图 6.5.9-1 所示。点击"应用"按钮，观察 *DZ* 参数的值，会发现右侧的小按钮不见了，如图 6.5.9-2 所示。

参数	值
尺寸标注	
CD	400.0
DZ	C:\Users\Administrator\Desktop\新建文件夹 ⌐
JD	41.000°
SZ	400.000000

图 6.5.9-1　在值框点击后显示小按钮

参数	值
尺寸标注	
CD	400.0
DZ	C:\Users\Administrator\Desktop\新建文件夹
JD	41.000°
SZ	400.000000

图 6.5.9-2　未点击时不显示图 6.5.9-1 中的小按钮

这样就把这个地址交给了参数 *DZ*，指向位于桌面的那个"新建文件夹"。读者可以尝试把一个网页的地址赋给 *DZ* 参数，看看结果如何。

6.5.10 点击"族类型"对话框窗口右侧的"添加"按钮，在打开的"参数属性"对话框中，输入名称"*CZ*"，"参数类型"选择"材质"，"参数分组方式"选择"尺寸标注"，勾选"实例"，点击"确定"返回"族类型"对话框，如图 6.5.10-1 所示，和 URL 类型的参数一样，点击参数对应的"值"列以后，才会显示那个小按钮，如图 6.5.10-2 和图 6.5.10-3 所示，点击这个小按钮以打开材质浏览器，从中任选一个材质，按"确定"两次退出材质浏览器和"族类型"对话框。

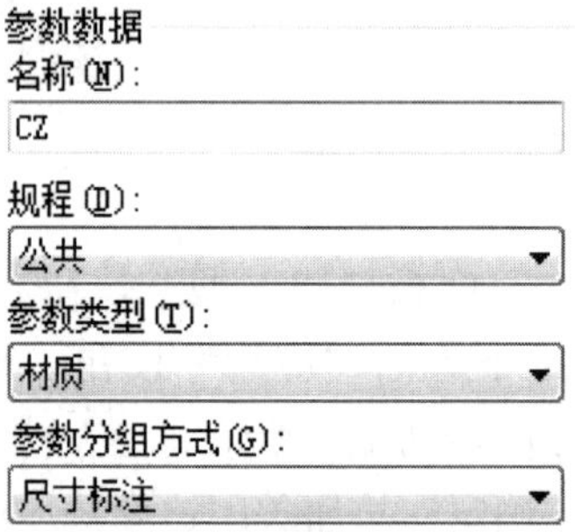

图 6.5.10-1　添加一个参数

图 6.5.10-2　未点击之前

图 6.5.10-3　在参数"CZ"的值框点击之后

6.5.11 现在我们已经有了材质参数，接着创建一个实心形状来使用这个参数。点击"创建"选项卡"形状"面板的"拉伸"，以参照平面的交点为圆心绘制一个半径为 400 的圆形，如图 6.5.11-1 所示，点击"修改 | 创建拉伸"关联选项卡"模式"面板的绿色对勾"完成编辑模式"，以完成创建。选择这个实心形状，查看属性选项板，在"材质"属性右侧，点击"关联族参数"按钮，打开"关联族参数"对话框，如图 6.5.11-2 所示，从列表中选择 *CZ* 后点击"确定"。查看属性选项板，材质属性右侧的"〈按类别〉"已经替换为 *CZ* 参数的值"柚木"，而且是灰色的，表示不能在当前位置直接修改，"关联族参数"按钮上多了一个等号，如图 6.5.11-3 所示，作为已经与某个参数产生关联的提示。

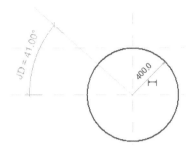

图 6.5.11-1 绘制一个圆形

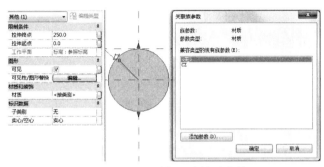

图 6.5.11-2 添加一个材质参数

6.5.12 选择"建筑样板"新建一个项目文件，按"Ctrl＋Tab"切换回族编辑器，点击选项卡"族编辑器"面板的"载入到项目"，在"标高 1"平面视图里任意放置几个族实例，按两次 Esc 键退出放置命令。选择其中的一个，查看属性选项板，可以看到所添加的材质参数"CZ"及这个参数的值"柚木"，点击属性值，右侧出现了小按钮，如图 6.5.12-1 所示，点击这个小按钮可以打开材质浏览器，为这个族实例设置新的材质。关闭材质浏览器，点击属性选项板的"编辑类型"按钮，打开"类型属性"对话框，如图 6.5.12-2 所示，可以看到之前添加的四个类型参数，因为它们是"类型"的，所以只能在"类型属性"对话框里查看和修改。

图 6.5.11-3 添加参数之后按钮的外观
发生了变化

图 6.5.12-1 选择族实例后查看属性
选项板，其中包含所添加的实例参数

199

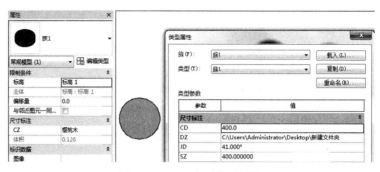

图 6.5.12-2　查看类型属性

通过以上内容，我们初步练习了这几类参数的创建和应用，读者可以根据自己的经验再构思一些其他的表现形式，加深巩固印象。

6.6　是/否参数

经常会有一些这样的构件，其中的某个组成部分可能会依据一定的条件，出现或者不出现在构件里。Revit 提供了"是/否"类型的参数，来表达这种"不是这样就是那样"的状态。在使用时，这个参数的值表现为一个复选框，可以用于控制图元的可见性，或者确认一个条件是否存在。

下面通过一个简单的练习来熟悉是/否参数的使用。

6.6.1　打开软件，新建一个族，选择"公制常规模型"族样板。因为练习目标是掌握"是/否参数的创建和使用"，所以对于形状的细节就先忽略，尽量简单一些，提高操作效率。计划是这样，我们先在参照标高平面视图中，创建两个实心形状，对其中一个形状的可见性添加是/否参数，然后载入到项目中检查这个参数是不是能够正常工作。第二个练习，是将是/否参数作为一个开关，来控制公式中某个部分的取舍。

6.6.2　同上节一样，先以参照平面的交点为中心，创建一个半径为 400 的圆形拉伸，然后在右上角的空白区域创建一个矩形拉伸，如图 6.6.2-1 所示，选中这个矩形拉伸，在属性选项板"可见"参数右侧，如图 6.6.2-2 所示，点击"关联族参数"按钮，打开"关联族参数"对话框，如图 6.6.2-3 所示，点击窗口左下角的"添加参数"按钮，打开"参数属性"对话框，输入名称为"SF"，勾选右侧的"实例"，"参数分组方式"为"尺寸标注"，这样将来在属性选项板里的位置可以靠上一点，比较方便找到它，如图 6.6.2-4 所示。点击两次"确定"关闭这两个对话框。

6.6.3　新建一个项目文件，按组合键"Ctrl＋Tab"切换回族编辑器环境，点击选项卡"族编辑器"面板里的"载入到项目"，单击两次放置这个族的两个实例，按两次 Esc 键结束放置命令，如图 6.6.3-1 所示。选中左侧的实例，查看属性选项板，可以在"尺寸标注"下找到参数"SF"，如图 6.6.3-2 所示。清除勾选，移动光标到绘图区域，可以看到族中的矩形拉伸已经消失了，只有圆形拉伸还在，这说明 SF 参数是工作正常的。圆柱在这里的作用是作为一个参照物，要不然在关闭族中唯一形状的可见性之后，这个族就看不到了。

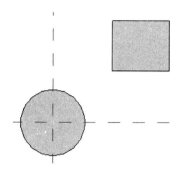

图 6.6.2-1 创建一个矩形拉伸

图 6.6.2-2 "可见"属性

图 6.6.2-3 关联族参数

图 6.6.2-4 是否参数的设置

图 6.6.3-1 放置两个实例

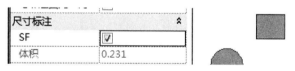

图 6.6.3-2 选择一个实例查看属性选项板

6.6.4 接着练习第二个内容，使用是/否参数作为公式中某个部分的开关。返回族编辑器，打开"族类型"对话框，点击窗口右侧的"添加"按钮，在打开的"参数属性"对话框中，输入名称为"K"，勾选窗口右侧的"实例"，如图 6.6.4-1 所示，点击"确定"按钮关闭"参数属性"对话框返回到"族类型"对话框，再次点击窗口右侧的"添加"按钮，在"参数属性"对话框中，输入名称为"H"，勾选窗口右侧的"实例"，点击"确定"返回到"族类型"对话框。

给参数"K"的公式输入"if（SF，300，0）"，含义是如果 SF 为被勾选的状态，也就是"True"的状态，那么 $K=300$ mm，如果不是，那么 $K=0$；给参数"H"输入

图 6.6.4-1　设置参数信息

公式 "1200＋*K*"。修改 *SF* 参数的勾选状态，如图 6.6.4-2 和图 6.6.4-3 所示，查看 *H* 参数值的变化。

参数	值	公式
尺寸标注		
H (默认)	1500.0	=1200 mm + K
K (默认)	300.0	=if(SF, 300 mm, 0 mm)
SF (默认)	☑	=

图 6.6.4-2　测试公式

参数	值	公式
尺寸标注		
H (默认)	1200.0	=1200 mm + K
K (默认)	0.0	=if(SF, 300 mm, 0 mm)
SF (默认)	☐	=

图 6.6.4-3　测试公式

限于篇幅，关于查找表格的内容不再详细说明，请有兴趣的读者自行下载我公司官网或 QQ 群提供的参考视频资料，其中有具体的说明和练习案例。

6.7　族的类型目录与族类型参数

本节内容是练习和掌握创建族的类型目录，以及在族中应用族类型参数。尽管这两者在操作过程和表现形式上有较大差别，但是因为其所针对的对象都是族的"类型"，所以还是把他们放在一个小节中来一起练习。

族的类型目录，看上去是一个独立于 Revit 环境之外的文本文件，格式为 ".txt"，其中包含在某个特定的族中创建族类型时所需的参数及参数值。这个文本文件还必须与所对应的那个族放在同一个文件夹下面，并且有相同的名称，例如 "906.txt" 和 "906.rfa"，这样才能在载入这个族时，在 Revit 中显示这个类型目录，以供用户进行选择。

而族类型参数，是用户在创建自定义族时可使用的参数当中的一种，主要应用在具有嵌套族的情况下。用户可以使用族类型参数来控制已载入的嵌套族的类型，并且在将该族布置到项目中以后，随后载入该项目的同类型的族都会自动成为可与该族互换的族，而无需返回族编辑器环境进行进一步的操作。这样在进行调整的时候就会比较方便。

6.7.1　创建一个类型目录的最快捷方法，就是使用菜单中的命令，直接将一个已含有多个类型的族的信息导出为 ".txt" 文件。打开软件，选择默认的"建筑样板"新建一个项目，按"WA"组合键，在"标高 1"平面视图绘制一道墙体，再按"DR"组合键，然后单击这道墙体，以放置一个门。因为在默认样板中只有一个门族，所以这个门族的实例应该是图 6.7.1-1 中的一个。选择这个门，单击"修改｜门"关联选项卡"模式"面板的"编辑族"按钮，在族编辑器中打开这个门族。单击左上角的程序菜单按钮，即蓝色的大写字母"R"，如图 6.7.1-2 所示，在"导出"的侧拉菜单中，"族类型"工具可以将当前族的类型导出为外部的文本文件。

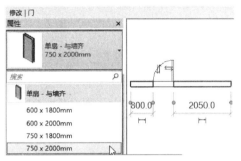

图 6.7.1-1　放置一个门　　　　　图 6.7.1-2　将族类型导出到文本文件

6.7.2　将所有窗口最小化，在桌面新建一个文件夹，命名为"6.7.2"。返回 Revit 窗口，在族编辑器界面中，如图 6.7.1-2 所示，点击"族类型"，这时会弹出"导出为"对话框，在其中定位到刚才创建的文件夹，如图 6.7.2-1 所示，使用默认名称，点击窗口右下角的"保存"按钮，这样就得到了关于这个门族的类型目录。在文件夹"6.7.2"中双击这个文本文件，如图 6.7.2-2 所示，打开以后可以看到，以逗号开头，列出了很多参数名称、类型描述、参数值等内容，这些都是关于这个族的类型信息。关闭这个文本文件。

图 6.7.2-1　导出为一个文本文件　　　　　图 6.7.2-2　打开这个文本文件查看其内容

把这个文本文件的后缀从".txt"改为".csv"，会弹出一个警告信息，如图 6.7.2-3 所示。点击"是"，把它转为一个电子表格文件，再次双击这个文件以打开它，如图 6.7.2-4 所示，其中列出了这个族的四个类型以及相关参数。关闭这个文件。

6.7.3　下面通过创建一个简单的族及其类型目录，来熟悉这个流程。族中有一个圆柱体，含有三个参数，分别是"外径 RO"、"内径 RI"和"高度 H"。首先创建所需的表格。在这个文件夹中新建一个 Excel 文件，打开以后，保持"A1"的位置为空白，在"B1"的位置输入"RO♯♯length♯♯meters"。这是类型目录中所要求的固定格式，以两个"♯"号作为分隔，包含了三个信息，即"参数名称＋参数类型＋所使用的单位"。

以上输入内容所表示的意思是：名称为"RO"的"长度"类型的参数，并以"米"为单位。在"C1"和"D1"的位置依次输入"RI##length##meters"和"H##length##meters"，然后在"A2"到"A6"输入 1 到 5，作为类型名称，并在各参数下输入具体的值。在设置参数值时注意，RO 的值要大于 RI 的值。完成后如图 6.7.3-1 所示。保存时使用"另存为"的选项，并选择".csv"的格式，设置名称为"673"。在另存时如果有关于".csv"格式的提示信息出现，直接点击"是"即可。在文件夹中找到这个文件，把他的后缀改为".txt"，这时会有一个提示，如图 6.7.3-2 所示，点击"是"即可。

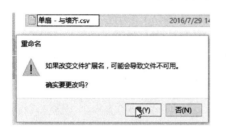

图 6.7.2-3　修改后缀时的警告信息　　　图 6.7.2-4　换一种格式查看其内容

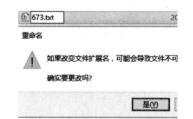

图 6.7.3-1　设置类型名称、参数名称、参数值

图 6.7.3-2　将文件后缀
改为".txt"

　　现在已经准备好了类型目录，还缺少与之对应的族文件。新建一个族，选择"公制常规模型"族样板，点击"创建"选项卡"形状"面板的"拉伸"按钮，在"修改｜创建拉伸"关联选项卡"绘制"面板选择"圆形"工具，捕捉到参照标高平面视图中两个参照平面的交点，以其为圆心绘制两个同心圆。依次选择这两个圆形，并点击临时尺寸标注旁边出现的符号，如图 6.7.3-3 所示，将其转为永久性尺寸标注。然后分别对这两个尺寸标注添加参数，如图 6.7.3-4 和图 6.7.3-5 所示。在给参数命名时要注意，与类型目录中的参数名称要保持一致，因为在载入的过程中是区分大小写的。

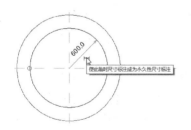
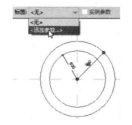
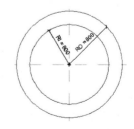

图 6.7.3-3　转换临时尺寸标注　　图 6.7.3-4　给尺寸标注添加参数　　图 6.7.3-5　完成后的样子

点击"修改 | 创建拉伸"关联选项卡"模式"面板的绿色对勾"完成编辑模式",生成这个形状。保持对这个拉伸形状的选择,如图 6.7.3-6 所示,在属性选项板点击"拉伸终点"右侧的"关联族参数"按钮,打开"关联族参数"对话框,再点击窗口左下角的"添加参数"按钮,如图 6.7.3-7 所示。在"参数属性"对话框中,输入"H"作为"名称",如图 6.7.3-8 所示,点击两次"确定"按钮关闭这两个对话框。

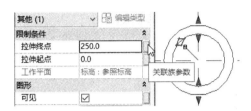

图 6.7.3-6 给拉伸形状的高度添加参数

图 6.7.3-7 "添加参数"按钮

图 6.7.3-8 输入名称为"H"

这时就已经准备好了三个参数,与之前的类型目录中所设置的内容是匹配的,参数的数量、名称和参数类型都完全一致。因为后续会使用类型目录来控制族中的类型,所以这时就不必在这个族里创建任何的类型了。将这个族也保存到相同的文件夹中,也命名为"673",然后关闭这个族。

6.7.4 回到最初的那个项目文件,点击"插入"选项卡"从库中载入"面板的"载入族"按钮,在"载入族"对话框中定位到桌面的文件夹"6.7.2",选择其中的"673",点击窗口右下角的"打开"按钮,这时会立即打开"指定类型"对话框,如图 6.7.4-1 所示。可以看到,其中有五个类型和三个参数,并且各参数的值已经是按照"毫米"来表示的了,这是因为在默认样板中关于"长度"的单位设置是"毫米"。在所列出的类型当中,用户可以仅选择自己需要的那部分,这样就避免了在使用一个具有很多类型的族的时候,点开类型选择器就会看到一个很长的下拉列表,而且过多的族类型也降低了文件的性能,使得项目文件的体积会变得更大。仅框选列表中的后三个类型,点击"确定"按钮,这样就完成了这三个类型的载入。在项目浏览器中找到"常规模型",展开族"673"的分支,查看其类型,如图 6.7.4-2 所示,仅含有我们所选择的三个类型。

当类型目录中的参数多于族中的参数时,会出现提示信息,如图 6.7.4-3 所示。反之则不会有提示信息。如果在族中已经建立了类型,那么在导入的时候,在"指定类型"对话框里看不到这些类型,导入后自然也就没有相应的内容,也就是说,族文件中的类型会被完全忽略。

6.7.5 下面的表格中列出了与参数类型相对应的名称及格式,可以作为创建类型目录时的参考。

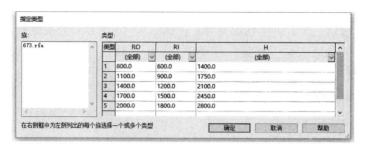

图 6.7.4-1 "指定类型"对话框

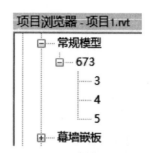

图 6.7.4-2 查看载入的族类型

图 6.7.4-3 当类型目录中参数的数量多于族中参数的数量时

参数类型及声明格式 表 6.7.5-1

参数类型	参数声明	注释
文字	param_name＃＃OTHER＃＃	
整数	param_name＃＃OTHER＃＃	
编号	param_name＃＃OTHER＃＃	
长度	param_name＃＃LENGTH＃＃FEET	
面积	param_name＃＃AREA＃＃SQUARE_FEET	
体积	param_name＃＃VOLUME＃＃CUBIC_FEET	
角度	param_name＃＃ANGLE＃＃DEGREES	
坡度	param_name＃＃SLOPE＃＃SLOPE_DEGREES	
货币	param_name＃＃CURRENCY＃＃	
URL	param_name＃＃OTHER＃＃	
材质	param_name＃＃OTHER＃＃	
是/否	param_name＃＃OTHER＃＃	定义为 1 或 0;1 相当于"是",0 相当于"否"。
族类型	param_name＃＃OTHER＃＃	族名称:不含文件扩展名的类型名称

续表

参数类型	参数声明	注释
	元数据参数：	
注释记号	Keynote＃＃OTHER＃＃	
模型	Model＃＃OTHER＃＃	
制造商	Manufacturer＃＃OTHER＃＃	
类型注释	Type Comments＃＃OTHER＃＃	
URL	URL＃＃OTHER＃＃	
说明	Description＃＃OTHER＃＃	
部件代码	Assembly Code＃＃OTHER＃＃	
成本	Cost＃＃CURRENCY＃＃	

6.7.6 如果说类型目录解决的是族文件在载入项目文件时的类型选择问题，那么族类型参数解决的就是族文件在载入项目文件以后的类型替换问题。在开始具体的练习之前，我们先假设一种情况：在一个项目中，按照设计要求制作了一个族，其基本功能是按照长度和数量以"直线"的形式布置构件，在这个项目中有多个这样的实例，他们的长度和构件数量不是完全相同的，在完成第一次布置后大约一周，根据新的设计要求需要修改其中的部分内容，并且不仅仅是修改长度和数量，还需要替换一部分的构件，换为其他形式。那么在这次修改中，对于新的构件类型，是否还需要像第一个族那样，再从头开始做一次呢？如果使用了"族类型"参数，这样的修改就能够快速完成，可以最大限度地保留之前的那部分劳动成果。

6.7.7 打开软件，新建一个族，选择"公制常规模型"族样板。为了简化流程突出重点，所以就用简单的三维形状来作为练习中的"构件"。在属性选项板勾选"共享"属性，然后在参照标高平面视图中，创建一个半径为 300mm 的拉伸形状，保存这个族文件，命名为"677-1"，如图 6.7.7-1 所示。再新建一个族，选择"公制常规模型"族样板，在参照标高平面视图中，在绘图区域的右侧添加一个参照平面，且平行于"中心（左/右）"参照平面，使用"对齐尺寸标注"工具，拾取这两个参照平面，标注他们之间的距离，然后选择这个尺寸标注，给他添加实例参数"L"，完成后如图 6.7.7-2 所示。将第二个族保存为"677-0"。

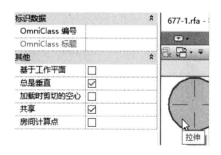

图 6.7.7-1 第一个构件

图 6.7.7-2 以参数控制参照平面之间的距离

返回族"677-1"，把他载入到族"677-0"中，在靠近中心参照平面的交点附近放置一个实例，按两次 Esc 键结束放置命令，关闭族"677-1"，因为刚才只有两个族，所以会自动返回族"677-0"。使用"修改"面板的"对齐"工具，先拾取"中心（左/右）"参照平面，再拾取到族"677-1"中的参照，如图 6.7.7-3 和图 6.7.7-4 所示，把族"677-1"对齐到"中心（左/右）"参照平面以后，点击显示的锁定符号。再以同样的方式，把族"677-1"锁定到"中心（前/后）"参照平面上，最后这个族停留的位置是两个中心参照平面的交点。

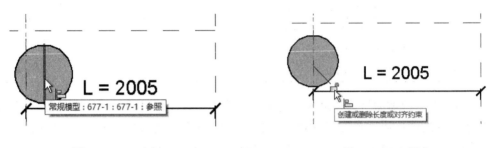

图 6.7.7-3　对齐　　　　　　　　　　　　　　图 6.7.7-4　锁定

选择这个族，在选项栏"标签"属性下，点击"〈添加参数...〉"，如图 6.7.7-5 所示。在打开的"参数属性"对话框中，可以看到已经自动识别为常规模型族的"族类型"参数，名称输入"666"，勾选"实例"，并将"参数分组方式"设置为"限制条件"，如图 6.7.7-6 所示。点击"确定"按钮关闭这个对话框，可以看到，选项栏中已经显示了它的参数信息，如图 6.7.7-7 所示。

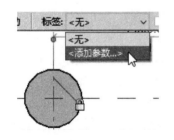　　　　　　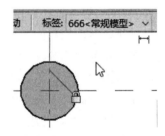

图 6.7.7-5　对嵌套族添加参数　　　图 6.7.7-6　设置参数名称　　　图 6.7.7-7　查看结果

选择这个族，在"修改|常规模型"关联选项卡"修改"面板选择"阵列工具"，查看选项栏，确认已经勾选"成组并关联"，设置"移动到"属性为"最后一个"，移动光标捕捉到族"677-1"的中心，如图 6.7.7-8 所示，作为阵列时的起点。捕捉到中心后单击一次，向右水平移动光标，会有一个虚线的方框作为指示，如图 6.7.7-9 所示，再单击一次就确认了阵列的终点。

这时在这两个图元的上方，会出现一条黑色的细线，细线上方还有一个数字和一个已经激活的文本框，如图 6.7.7-10 所示。这个数字是在进行阵列时，在选项栏上设置的阵列的"项目数"，如果没有修改过的话，会显示为默认值"2"，这是因为在一个阵列中，最少需包括两个图元。在那个激活的文本框中，可以设置阵列中图元的数量，输入数字后移动光标，在空白区域单击，就会立即生效。再次使用对齐工具，把右侧的族锁定到尺寸标注右侧的参照平面上，完成后如图 6.7.7-11 所示。

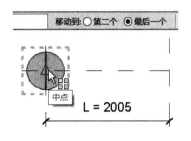

图 6.7.7-8 阵列的起点

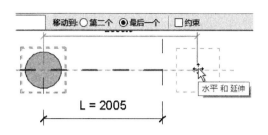

图 6.7.7-9 阵列的终点

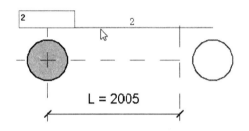

图 6.7.7-10 阵列后也可以设置图元数量

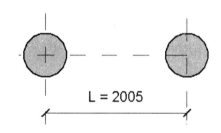

图 6.7.7-11 锁定右侧图元

选择这两个图元中的任何一个，在他们的上方移动光标，直到再次出现那条细线，如图 6.7.7-12 所示。单击这条细线后可以看到，在功能区已经自动切换为"修改|阵列"关联选项卡，选项栏左侧显示的也是"修改|阵列"，在属性选项板的属性过滤器中，则是"阵列（1）"，所以，这条没有具体形状的细线，才是执行"阵列"命令以后所生成的那个阵列图元。阵列后的构件已经各自成组，并接受这个阵列的控制。这些模型组只是"阵列中的对象（图元）"，而不是"阵列"本身。保持对这个阵列的选择，在选项栏单击"标签"后的下拉列表，如图 6.7.7-13 所示，给这个阵列添加参数。在"参数属性"对话框中可以看到，"参数类型"已经默认设置为"整数"，如图 6.7.7-14 所示。输入名称为"N"，勾选"实例"，点击"确定"按钮关闭这个对话框。保持对阵列的选择，可以看到在绘图区和选项栏都已经显示了相关信息，如图 6.7.7-15 所示。

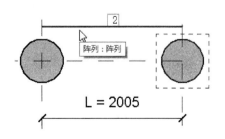

图 6.7.7-12 找到"阵列"

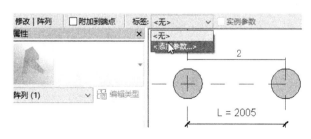

图 6.7.7-13 给阵列添加参数

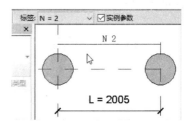

图 6.7.7-14　设置为实例参数　　　　图 6.7.7-15　已经显示相关信息

6.7.8　这个族已经准备好了，现在将其布置到项目文件中。选择"建筑样板"，新建一个项目文件，返回族"677-0"，将其载入到这个新的项目文件中，在不同位置点击四次，布置四个实例，并分别设置参数，使其具有不同的长度和数量，完成后如图 6.7.8-1 所示。关闭族"677-0"。这时已经完成了 6.7.6 中所假设的前半部分，"创建一个具有基本功能的族并布置到项目文件中"。

图 6.7.8-1　布置四个实例，并设为不同的参数

6.7.9　一周后增加新的要求：对于已经完成的四个实例，左上角和右下角的都改为方块，且数量都改为 4 个。借助于族中已经设置过的族类型参数和控制数量的 N，仅需再准备一个方块，然后就可以在不编辑族"677-0"的条件下，快速地完成这个替换。

新建一个族，选择"公制常规模型"族样板，在其中创建一个矩形拉伸，并勾选属性选项板的"共享"，保存为"677-2"，如图 6.7.9-1 所示，将这个族载入到项目中。因为是首次载入，所以自动进入"放置族"的状态，并在光标附近会有一个预览图像。因为不会采用"手动放置"的方式来完成这次修改，所以按两次 Esc 键退出这个状态。在绘图区中选择左上角和右下角的两个族实例，在属性选项板中找到参数"666"，如图 6.7.9-2 所示，点击右侧的下拉列表，选择其中的"677-2"。将光标移到绘图区，软件会自动应用这个修改，如图 6.7.9-3 所示，族"677-0"的两个实例立即发生了变化，其中的圆形拉伸已经替换为方块了。在这替换过程中，并没有打开族"677-0"进行编辑，当然也没有把族"677-2"载入到其中。

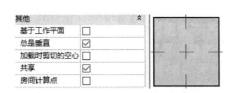

图 6.7.9-1　勾选"共享"属性

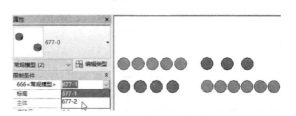

图 6.7.9-2　修改参数以替换族类型

210

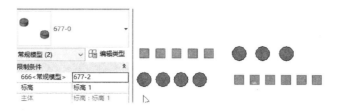

图 6.7.9-3　替换后的效果

对于数量的修改也很快捷，选择这两个族，查看属性选项板中的参数 N，右侧是空白的，这是因为所选的两个族实例有不同的 N 值。在参数 N 的右侧值框中直接输入 4，将光标移到绘图区，可以看到这两个族实例中的构件数量立即发生了改变，如图 6.7.9-4 所示。

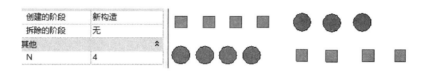

图 6.7.9-4　查看修改参数值后的状态

能够进行这样的替换，前提条件是具有相同的类别，例如在本例中的族都是"常规模型"。然后就是在族的属性中需要勾选"共享"，否则即使类别相同，也还是不能出现在族类型参数下的可选项列表中。

6.8　参数简介

Revit 平台有时也被称为参数化修改引擎（Parametric Change Engine）。各种图元的参数中不仅仅定义了模型构件的属性，也携带了计算数据，所有这些构成了一个 Revit 项目的全部内容。这些参数决定了图元的行为、外观、表现、信息等很多内容。

参数和属性经常被认为是一回事，但是实际情况是，参数持有/保留了我们存在图元里的信息，这些信息决定了一个构件的属性。属性可能是静态的，但是参数可以在整个项目中传播已发生的变化。

当充分意识到 Revit 中参数的功能，理解了利用参数可以完成何种类型的任务，那么对这个工具就会有更好的认识，可以促进工作流程的优化，及提升设计项目的效率。

在开始学习用参数驱动项目中的图元属性之前，我们需要先学习参数的属性。在创建了某些参数来保存一些形式的数据时，可能要先定义它将要以怎样的方式来实现这个功能。图 6.8.0-1 显示了在族编辑器里打开的参数属性对话框，图 6.8.0-2 是在项目环境下，点击"管理"选项卡"设置"面板的"项目参数"，打开的"项目参数"对话框，再点击窗口右侧的"添加"按钮，打开图 6.8.0-3 所示的参数属性对话框，

当需要向族、项目、明细表里添加参数时，首先就要打开这个对话框。

在软件中有四种基本类型的参数：系统参数、族参数、项目参数、共享参数。

图 6.8.0-1　族编辑器环境下的参数属性对话框　　　　图 6.8.0-2　"项目参数"对话框

图 6.8.0-3　从"项目参数"对话框打开的"参数属性"对话框

　　我们会遇到这样一些参数，它们已经"固化"到了软件当中。用户可以按照自己的需要来修改这些参数的值，但是无法删除或者编辑这些参数。本章中把它们叫做系统参数。族参数用于定义和创建构件族的图形结构和工程数据。这些参数可以按照需要来自定义，以增强族的适应性，以及提取分析数据。共享参数在维持族文件的一致性及协调项目内部信息时很有用，这是很有用的一类参数，因为它们可以用于构件族、明细表、标记和注释，并按照用户选择的格式来报告相同类型的数据。

　　如同其名称一样，项目参数只存在于项目环境中。可以在明细表中统计这类参数，但是在视图中无法对它们进行标记。它们有一个独特的优点，用户可以一次性地把参数指定给项目中某个类别的所有族，甚至是多个类别的族，而无需向每个族添加相同的参数。即使是后续载入了该类别的族，也会自动的具有这类参数。

　　在创建参数时，会有一个分组的选项，这个选项和参数的类型设置没有关系。我们可以按照自己的需要来改变参数的分组，来提升工作流程和效率。因为如果能够在编辑模型的时候在同样的位置找到同类型的参数，显然可以加快工作进度。如果在创建参数时修改了默认的设置，那么就要在团队内部建立一个统一的标准，指出参数类型与分组之间的关系。这样在使用其他同事的成果时，就可以在相同的分组找到相同的参数。

　　接下来我们将会学习以下内容，熟悉参数的属性、使用类型目录、使用共享参数、在项目中使用参数。

6.9　参数的选择与命名

在开始具体的操作之前，我们首先要考虑清楚的是"创建什么类型的参数"。

在族编辑器中可以创建族参数，这个类型也是打开"族类型"对话框时默认选择的类型。当在项目中选中这个族时，可以在属性选项板和"类型属性"对话框中查看这类参数。但是它们所携带的信息，无法用明细表来统计，也无法在视图中标记出来。我们可以使用共享参数来实现"进明细表"和"被标记"的目标。但是有一些特殊情况，例如，我们无法在一个标题栏族中创建共享参数，默认的只能创建族参数。

在将要添加参数时，总是会有一个特定的目标要靠这个参数来完成。这个参数的功能或者目的，最好是和它的名字有一定的关联。所以在给参数命名时，考虑一下名称当中包含怎样的内容，确实很有必要。以描述性的方式来给命名参数是通常的做法，特别是在团队当中和别人一起工作时，简洁明了的名称可以使其他人很快的明白，这个参数的目的是什么。

但是细致的描述所带来的结果之一就是，这个族的名称可能会变得有点长了。太长的参数名称一般都会给使用者带来识别上的困难，需要频繁拖动对话框里的表格边界。这个动作很容易使人感到不方便。

比较好的命名方式的关键点之一是"一致性"。当在不同的族之间切换，或者嵌套时，如果表示相同信息的参数有着不同的名称，就很容易把人搞糊涂。这时使用描述性的语言是有帮助的，特别是在项目中有类似的参数时，例如一个有多个形状组成的构件，可能每个形状都需要一个宽度参数或者高度参数。那么如果只是简单的取名为"宽度1"、"宽度2"、"宽度3"，使用起来其实是不方便的，如果取名为"隔板宽度"、"支架宽度"，那么在载入到项目中以后，在属性选项板和"类型属性"对话框里操作的时候，就会容易很多了。

如果公司内部对于测量方式、结果、描述的部位，有统一的简写方式的描述，那么也要注意保持这种简写方式的一致性。例如对于名称的描述性部分，统一使用简写作为前缀或者后缀。以及是否使用标点符号，比如虚线或者括号。在使用之前都要进行充分的测试，因为这些符号可能会影响参数在公式中的使用。

"长、宽、高"是最常见的关于形状的参数。对于"高度"一般没有什么疑义，对于"长度"和"宽度"，经常出现这样的情况，"对于一个族而言是宽度方向，可能对于另外一个族是长度方向"。所以对族中形状的定向方式及名称，需要有一个统一的规定。在工作中要尽量避免这样的矛盾，从制度上面来规定一般的制作流程，制作时就要开始考虑族的朝向，以及参数是要在那个方向上工作，而不是在每次添加完毕以后再去修改。只要命名规则是统一的、清晰的，并且团队里的每个人都明白这些概念，那么就可以尽量减少这些冲突。

在团队中制定的这些规则，仅仅有文字是不够的，务必制作配套的文件来进行直观地说明。例如，制作一个样例族，在参照标高平面视图里，添加尺寸标注并给它们添加参数，其中水平方向的参数叫做"长度"，垂直方向的叫做"宽度"，垂直于参照标高方向的就是"高度"。

在团队内部建立统一的、易于执行的命名规则是很重要的。Revit 在调用参数时，会自动区分大小写，在命名时会排除已占用的公式关键字，所以要花一些时间来制定这样的规则，在工作的开始阶段就提高操作效率、减少冲突。

6.10　使用类型参数和实例参数

正是因为有了类型参数，我们在一个族里才有了多种变化的类型。例如，在"基本墙"这个族里，就有很多个类型。所以在创建参数时，我们往往要提前考虑好，将来是否会使用这个参数在族中用于定义类型。在使用不当时，类型参数可能会导致严重的后果，因为对它的修改会影响属于这个类型的每一个实例。基于这个原因，当我们在明细表视图编辑一个类型参数时，就会收到一个警告信息，如图 6.10.0-1 所示，提示我们这个修改将会应用于该类型的所有图元。

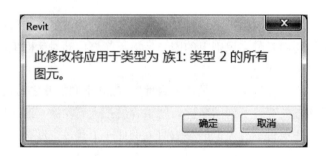

图 6.10.0-1　警告信息

如果是在模型视图要访问一个类型参数，则需要在属性选项板点击一次"编辑类型"按钮来打开"类型属性"对话框。我们可以定义鼠标的双击功能来访问类型属性对话框。点击窗口左上角的程序图标，在展开的程序菜单的右下角，如图 6.10.0-2 所示，点击"选项"，打开"选项"设置对话框，切换到用户界面选项卡，点击窗口右侧的"双击选项"的"自定义..."按钮，打开"自定义双击设置"对话框，如图 6.10.0-3 所示，对于"族"有三个选项，我们选择"编辑类型"，单击两次"确定"按钮关闭这两个对话框，这时再双击视图中的可载入族，会直接打开"类型属性"对话框。对于墙、楼板、天花板这样的图元，需要按照相同的步骤，把对于"绘制的图元"的双击操作改为"编辑类型"，如图 6.10.0-4 所示，否则在双击时，软件会以"编辑图元"的方式来处理。

在需要建立新的类型时，通常是从已有的类型复制出一个新类型，然后再编辑该类型下的这个类型参数。还要注意，在编辑项目中的一个类型参数时，一定要检查确认，确认是否在创建一个新的类型之后再编辑类型参数，因为在不创建新类型的情况下去修改类型参数，这个修改会传递到属于这个类型的每个实例。如果不是很确定，那么比较安全的做法，还是创建一个新类型之后再进行修改。类型参数就是这样的特点，如果只是需要修改某个族类型的一个或者部分实例，那么就需要创建一个新的族类型。当所创建的参数会在以后用于定义族类型，那么它的名称最好也和参数的值有关，方便使用和修改。如果类型比较多，不适合在族编辑器里操作，那么可以用前面的方法，为这个族创建类型目录。

图 6.10.0-2　"选项"按钮　　　　　　图 6.10.0-3　"自定义双击设置"对话框

图 6.10.0-4　设置"绘制的图元"属性

在有些情况下，可能使用实例参数更方便。在编辑对象时，实例参数可以提供更大的灵活性。访问实例参数很容易，选中一个对象以后，在属性选项板就可以看到它的实例参数。如果仅打算修改被选择的对象，那么就把该参数创建为实例参数。假设族中有个构件的材质需要修改，而且是个实例参数，那么就可以在同一个族类型里在多个材质间进行变化。同样的一个构件，在项目中可能会使用多次，但是它们的某一个参数可能会有多个不同的值，那么这样的值就需要设置为实例参数。

实例参数的特点是，对它的修改只会应用于那些被选择的图元。那么如果是要修改这个对象的所有实例的实例参数，就必须先把这些族实例都选出来。可以在明细表里选择这些对象，或者右键单击一个对象然后选择"选择所有实例"。在使用右键菜单时，下面这两个选项是有差别的，"在视图中可见"和"在整个项目中"。

在创建参数时，我们可以调用一个报告参数并把它指定为"实例"性质的，这样该参数就可以携带一个值在其他参数的公式中使用，或者用于驱动其他参数或图元的行为。这一点对于基于墙的族，非常有用，因为可以使用报告参数来识别墙体的厚度。但是要注意，所使用的尺寸标注必须标记到主体图元才可以在公式中使用。

在定义参数以后，不管是实例的还是类型的，可以修改参数值来检查它是否工作正常。当参数没有按照预期的效果进行工作时，原因可能是多方面的，需要耐心的从源头开始逐步的检查和修正。注意，如果这个参数已经在一个类型参数的公式中使用，那么软件会禁止把它从类型参数改为实例参数。还有一个重要规则是，实例参数不能驱动类型参数，比较形象的说明就是"实例参数不能用在类型参数的公式里面"。否则就会报错，如图 6.10.0-5 所示。在"族类型"对话框中，如果把实例参数加到类型参数的公式里面，有时并不会直接报错，该公式仍然能够运行并得出正确的结果，但是在点击"确定"按钮关闭族类型对话框时，就会弹出如图 6.10.0-5 所示所示的报错信息了。

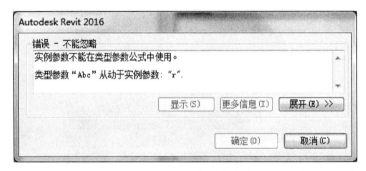

图 6.10.0-5　报错信息

在族编辑器中创建一个类型参数后，可以每个族类型里为这个类型参数设置一个特定的值。在把这个族载入到项目中以后，该参数的值会保持在族编辑器中建立时的原始值。在族编辑器中创建实例参数时可以给它设置一个默认值。在族类型对话框中很容易辨认出实例参数，因为它的名称后面会自动的添加一个后缀"（默认）"。实例参数在族编辑器中的默认值，就是载入项目中以后的初始值。

6.11　尺寸标注参数锁定功能

在创建一个可载入族时，会在族编辑器里创建所需要的大部分参数。在规划、创建、编辑的过程中，视图中的模型图元、参照图元、尺寸标注会越来越多，互相之间的逻辑关系也会越来越复杂，这些都会增加操作失误的概率。所以在制作过程中，一定要逐步的测试，检查所添加参数的工作情况，有没有不到位的地方。

我们可以在"族类型"对话框中进行这个测试，修改参数的值并在应用后查看相关图元的变化。或者直接在视图中修改参数的值，还可以拖动参数所使用的参照来间接的修改参数的值，这些方式都可以达到测试的目的。

在族类型对话框里，所有的尺寸标注参数都有一列锁定复选框。如果我们勾选了相关尺寸标注参数的复选框，那么就创建了一个锁定关系，这样在视图中再去操作几何形状时，它们就不会被改变。这么做的好处在于，"锁定"的状态下可以保护已有的成果。如果在绘图区的操作，修改了一个已经具有锁定关系的图形，会弹出如图 6.11.0-1 所示的报错信息。

图 6.11.0-1 报错信息

因为"锁定"可以防止对图元的误操作,所以在比较复杂的情况下,需要对阶段性的成果采取这样的保护性措施。当需要测试时,可以在"族类型"对话框中修改参数的值。

6.12 系统参数、共享参数、项目参数

除了族参数以外,我们还会经常用到这三类参数:系统参数、共享参数、项目参数。

在我们开始使用族样板创建可载入族时,默认地就会有一些参数已经存在了。这些参数是通过编程的方式写进软件里的,并且不能被用户删除。创建过程中可以直接使用这些参数,从而避免自己来创建类似的参数。这些参数依赖于用户所选择的族类别和族样板,互相之间有明显的区别和变化。在标识数据下的系统参数对构件族是通用的,并且也存在于项目中的系统族里。如图 6.12.0-1 所示。

但是,在族编辑器中操作的时候,还有一些参数是不出现在"族类型"对话框里的,在把这个族载入项目环境中以后,它们才会出现在"类型属性"对话框或者属性选项板里。比较典型的就是类型标记、偏移、标高、主体、标记、创建的阶段、拆除的阶段。"类型标记"经常用于在标记时或者在明细表中来标识一个构件。因为无法在族编辑器里访问、编辑这个参数,所以不能在类型目录中使用它。可以用一个简单的办法来解决这个问题,在类型目录中创建所需类型,并且把将要用于类型标记中的值作为该类型的名称,这样稍后就可

标识数据
类型图像
注释记号
型号
制造商
类型注释
URL
说明
部件代码
成本

图 6.12.0-1 "标识数据"下的参数

以标记或者统计这个类型参数,而不用去考虑类型标记参数了。为了使这个参数能够出现在标记和明细表中,所以在创建时要从共享参数文件里引用一个参数才可以。

相对于其他的类型,共享参数的用处显得更多一些,但是相应的也就需要更多的管理。共享参数可以确保明细表字段的一致性,从而在最终文件里报告出正确的信息。不管是在可载入族里还是作为项目参数,都可以调用共享参数作为实例参数或者类型参数。共享参数的主要特点是,它们所携带的信息可以出现在明细表和标记中。

创建共享参数文件以后,所做的设置会保存在一个 txt 文件里。可以把这个 txt 文件理解为一个"库",在需要时从"库"中"取出"适当的内容。

不要尝试用文本编辑软件去手动编辑一个共享参数文件，正确的方法是通过 Revit 界面编辑。如图 6.12.0-2 所示，在这个 ".txt" 文件的开头就已经明确强调，这是一个共享参数文件，不要手动编辑它。

图 6.12.0-2　共享参数文件内的说明

在需要添加一个参数到可载入族里或者项目中某个类别的图元时，可以从共享参数文件里选择一个参数。这种从相同的一个文件里调用参数的方式，有助于管理项目内容和项目标准，因为在参数的使用上面具有一致性和连续性，毕竟这些参数的来源是统一的。在有多个用户的环境中，使用一个统一的共享参数文件是很重要的，同时也降低了维护标准的难度。

以在项目文件中的过程为例，我们先练习创建共享参数文件的步骤。族编辑器中的操作步骤，与此类似。

6.12.1　打开软件，新建一个项目文件，选择 "建筑样板"。在功能区 "管理" 选项卡 "设置" 面板点击 "共享参数" 按钮。如果之前已经创建过共享参数文件并且删掉了，则会弹出如图 6.12.1-1 所示的提示信息，点击 "关闭" 按钮，会打开 "编辑共享参数" 对话框，如图 6.12.1-2。如果之前没有创建过共享参数文件，则会弹出如图 6.12.1-3 所示的信息，点击其中的 "是"，也会打开下图 6.12.1-2 的 "编辑共享参数" 对话框。

图 6.12.1-1　提示文件不存在

图 6.12.1-2　"编辑共享参数" 对话框

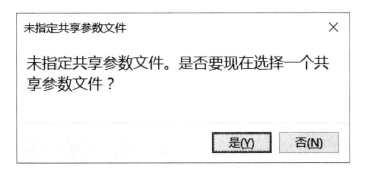

图 6.12.1-3　提示信息

6.12.2　点击"编辑共享参数"对话框右上角的"创建",打开"创建共享参数文件"对话框,如图 6.12.2-1 所示,在这里设置这个文件的存放位置和名称。可以看到,共享参数文件的后缀为".txt",表示这是一个文本文件。点击保存以后,打开"编辑共享参数"对话框,如图6.12.2-2所示。我们首先创建"组",然后在"组"下面再创建共享参数。在窗口右侧的"组"框中,点击"新建"按钮,打开"新参数组"对话框,如图6.12.2-3所示,在这里输入参数组的名称,单击确定按钮,返回"编辑共享参数"对话框。

图 6.12.2-1　"创建共享参数文件"对话框

图 6.12.2-2　"编辑共享参数"对话框

图 6.12.2-3　输入新参数组的名称

6.12.3　如果建立了多个参数组,那么在添加参数前,要确认当前选择的是正确的组,如图 6.12.3-1 所示,然后在"参数"框中单击"新建"按钮,打开"参数属性"对话框,如图 6.12.3-2 所示,在这里输入参数的名称、规程和类型,并可以给参数添加工具提示,如图 6.12.3-3 所示。

图 6.12.3-1　确定在正确的
参数组里添加参数

图 6.12.3-2　设置参数信息

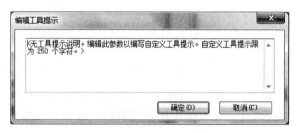

图 6.12.3-3　可添加自定义内容的工具提示信息

6.12.4　注意，这时还无法将参数指定为实例或类型，在以后将共享参数添加到族或项目中时，才会有选项来做出选择。支持的参数类型有：文字、整数、数值、长度、面积、体积、角度、坡度、货币、质量密度、URL、材质、图像、是/否、多行文字、〈族类型〉。添加完毕后点击"确定"按钮将返回"编辑共享参数"对话框，再次点击该窗口下方的"确定"按钮，关闭这个对话框。这样就创建了一个很简单的共享参数文件。

6.12.5　在共享参数文件中，在参数组的下面存放参数。用户需要这些组来组织具体的每一个共享参数。通常的做法是，按照参数类别来创建参数组。在"编辑共享参数"对话框中，窗口的右下角有对参数组进行重命名、删除操作的命令按钮，但是无法删除还含有参数的参数组。另外一个组织共享参数组的方法是，与"参数属性"对话框里参数分组下拉列表保持名称与顺序都一样。在使用这个方法时，参数分组的位置，在共享参数文件和族编辑器里就是一致的，比较符合人们固有的习惯。如果选择这样的方式，先不要急着去创建那些在参数属性对话框里出现过的分组，因为其中的一半可能都是不需要的，使用频率很低。所以只创建团队需要的那部分就可以，如果有不够用的情况，以后再来调整这个共享参数文件。

6.12.6　在参数组之间调整参数是很容易的。在"编辑共享参数"对话框中选择要调整的参数，单击窗口右侧的"移动"按钮，打开"移动到组"对话框，如图 6.12.6-1 所示，展开下拉列表，从中为这个参数选择一个参数组，单击"确定"按钮即可立即生效。

下面我们练习在族编辑器中引用共享参数的步骤。

图 6.12.6-1　在参数组之
间移动参数

6.12.7　打开软件，新建一个族，选择"公制常规模型"族样板。在功能区"创建"选项卡"属性"面板单击"族类型"按钮，打开"族类型"对话框，单击窗口右侧的"添加"按钮，打开"参数属性"对话框。如图 6.12.7-1 所示，在"参数类型"框内勾选"共享参数"，单击"选择"按钮，打开"共享参数"对话框，从参数组中选择合适的参数后，单击确定按钮，返回"参数属性"对话框，如图 6.12.7-2 所示，在这里还可以修改的就是"参数分组方式"和"实例参数还是类型参数"，其他的例如名称、规程、参数类型，这些已经在共享参数文件中定义好了，在这里不能再修改，所以都是灰色显示的。

图 6.12.7-1　"共享参数"对话框

图 6.12.7-2　在"参数属性"对话框内添加的共享参数

6.12.8　点击"确定"按钮，返回"族类型"对话框，如图 6.12.8-1 所示，这时已经可以看到，引用的共享参数已经作为一个类型参数出现在列表中。添加参数值以后，就可以在后续创建过程中使用这个参数了。把这个族载入到项目中以后，创建明细表时就可以在可用字段列表里看到这个参数，如图 6.12.8-2 所示；在做标记的时候会稍微麻烦一点，需要修改标记族，在它的标签里添加这个共享参数，如图 6.12.8-3 所示，在"标记_常规模型"族里编辑标签，单击窗口左下角的"添加参数"，打开"参数属性"对话框，其中只有"共享参数"的类型，单击"选择"按钮，打开"共享参数"对话框，选择合适的参数后，单击"确定"两次返回"编辑标签"对话框，如图 6.12.8-4 所示，把这个参数加到右侧的"标签参数"列表中，这样再把这个标记族载入到项目中以后，标记时就可以提取到其他常规模型族中该参数的值了。

图 6.12.8-1　查看添加的共享参数

图 6.12.8-2　查看可用字段

221

图 6.12.8-3　在标签中只支
持添加共享参数

图 6.12.8-4　把共享参数
添加到标签参数中

　　管理共享参数就像是管理构件库一样重要。因为这些参数包含了很多我们需要的信息，这些信息往往都需要统计到明细表当中，以及在视图中标记出来便于查看。可能需要设置一定的权限，确保不能被访问者随意修改，就好比许多构件库都有"只读"的设置。为了保持一致性，可以考虑在团队内部准备一个文件，其中列出可能需要定义的所有参数，无论是族参数还是项目参数，如果是共享参数还要指出是哪个参数组，在族的属性里又是哪个组，是实例参数还是类型参数。有了这样的一个统一的文件，团队中的成员就可以很轻松的知道，哪些参数已经有了，以及如何使用它们。在创建新参数时，这个文件也要及时更新。如果是在多用户的环境中工作，那么在通用位置里最好只保留一份这样的文件。可以使用一个 excel 文件来进行管理，其中列出所有的共享参数，显示它们是怎么使用的。

　　对于建筑对象，参数更多的是在构件层次使用和处理的，但是也有许多参数是针对非构件的图元，例如，视图中的注释图元。有时需要给系统族添加参数，但是这些族又不能在族编辑器里打开它们。这样的情况下就需要使用项目参数，在把它添加到指定的族类别以后，就可以应用给系统族了。项目参数是唯一的，向系统族添加参数的方式。通过这种方式，用户可以给那些无法直接编辑的图元添加参数，例如空间、房间。

　　点击功能区"管理"选项卡"设置"面板的"项目参数"按钮，打开"项目参数"对话框，如图 6.12.8-5 所示，可以看到一个列表，其中已经包含了已经添加到项目中的所有参数。点击窗口右侧的"添加"按钮打开"参数属性"对话框，如图 6.12.8-6 所示，在这个对话框中设置参数的名称、规程、参数类型、分组方式，并把它指定给某个类别。这个类别列表包含了所有的构件族、系统族以及那些并非物理形状的类型，例如视图、图纸、项目信息，以及其他的内容。要注意的是，根据用户所选择的是"实例"还是"类型"，这个列表中的内容会有所差别。图 6.12.8-6 为选择"实例"时的列表，图 6.12.8-7 为选择"类型"时的列表。

图 6.12.8-5　"项目参数"对话框

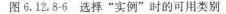

图 6.12.8-6　选择"实例"时的可用类别　　　　图 6.12.8-7　选择"类型"时的可用类别

在编辑项目参数时，在"参数属性"对话框的左下角可以看到，如图 6.12.8-8 所示，默认已经勾选了"添加到所选类别中的全部图元"，所以这是一个快速添加参数的好办法，用户不必去编辑每个族，就可以一次性地把该参数加给所有的该类别族。之后如果用户在项目中载入了一个该类别的族，它就会自动具备这个参数。但是项目参数本身也有不足之处，如图 6.12.8-9 所示，不能出现在标记中。如果是在创

图 6.12.8-8　默认已勾选且不能修改

建项目参数时，选择使用共享参数文件中的参数，如图 6.12.8-10 所示，那么这些基于共享参数创建的项目参数，是可以进明细表以及被标记的。

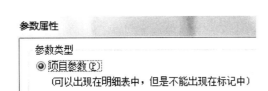

图 6.12.8-9　项目参数不能出现在标记中

图 6.12.8-10　共享参数可以出
现在明细表和标记中

当把项目参数设置为"实例"参数时，对话框里还有两个单选按钮可以使用，分别是"按组类型对齐值"和"值可能因组实例而不同"。如果"参数类型"设置为默认的长度类型，这两个选项看上去就是灰色不可编辑的，如果"参数类型"改为文字、面积、体积、货币、质量密度、URL、材质、图像、多行文字，或者其他规程下的某些参数类型，这两个选项就可以用了。

"按组类型对齐值"的含义是，如果一个具有这个实例参数的图元存在于多个组中，那么在所有的组实例中，所有的相关图元具有相同的参数值。在编辑组模式中，可以选择图元在属性选项板中修改参数的值。如果在一个组里修改该图元的参数值，会修改所有相

同组类型实例中相关图元的参数值。

"值可能因组实例而不同"的含义是，如果一个具有这个实例参数的图元存在于多个组中，各个组实例中的相关图元可以具有不同的参数值。在编辑组模式中，可以选择图元在属性选项板中修改参数的值。在一个组里修改该图元的参数值，不会修改其他的相同组类型实例中相关图元的参数值。

在创建项目参数并且应用到所选类别的图元以后，这个参数往往是没有具体值的。可以创建包含这个参数的明细表，在其中对该参数进行赋值。对于"是/否"类型的参数会默认为"是"，并且在明细表中或者在属性选项板中表现为"灰色显示"的不可编辑状态。但实际上是可以编辑的，点击一次灰色显示的复选框，将会转为黑色显示。这时就可以编辑了。

6.13　视图和图纸参数

因为视图和图纸都是系统族，所以在需要添加参数时，只能使用"项目参数"的类型。这对于组织图纸文档是很有必要的，并在团队内部提高效率。可以直接添加项目参数，或者是在创建项目参数时引用共享参数。

视图最常用的参数之一是子规程。这个参数允许用户向任何视图的属性指定子规程的值，以便在项目浏览器内建立多个层级的组织。这有助于用户管理复杂项目的信息。

标题栏内可以包含被指定为"项目信息"类别的项目参数，当以后在一个位置修改这个参数时，就可以在每个图纸上实现即时的更新。另外一个例子是图纸总数，如图 6.13.0-1 和图 6.13.0-2 所示。在创建一个共享参数以后，引用这个共享参数作为项目参数添加到"项目信息"的类别；在相应的标题栏族里，放置带有这个共享参数的一个标签，以便在图纸上包含这个信息。之后用户可以通过项目属性对话框对这个参数进行修改，如图 6.13.0-3 所示，也可以在图纸视图中，直接单击标题栏中的这个标签进行修改，如图 6.13.0-4 所示。

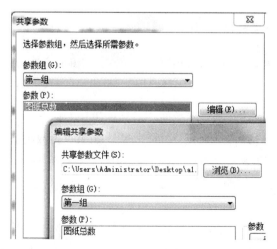

图 6.13.0-1　创建一个共享参数

图 6.13.0-2　给参数设置类别

图 6.13.0-3　参数出现在相应对话框中

图 6.13.0-4　也可以把这个参数添加到标题栏中

另外要注意的是，这个参数只能是实例参数。我们不能为项目信息、图纸、视图、房间、机械设备、材质等这样一些类别创建类型参数。在一个项目里面，关于"项目信息"通常仅有一个实例，所以这些实例参数表现的就像是类型参数一样。在项目信息被编辑过以后，项目中的每张图纸上的值都会更新。例如，我们创建了一个"实例"性质的项目参数叫做"建筑编号"，然后把它指定给了"项目信息"的类别，尽管它是一个实例参数，但是对于项目它是全局的，因为只有它一个实例。而视图和图纸的实例参数，表现的和通常的实例参数一样。在给"材质"类别指定项目参数以后，打开材质浏览器，窗口左下角多了一个"自定义参数"按钮，如图 6.13.0-5 所示，点击后打开"材质参数"对话框，在其中可以设置参数值。

利用参数，用户可以保存和传递模型中相关图元的信息。这些参数用于定义图元的特征，以及对他们的修改。可以对这些信息进行标记，或者收集到明细表当中。用户可以根据需要，为项目中的任何图元以及图元类别创建自定义参数。

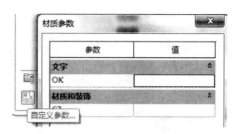

图 6.13.0-5   材质浏览器中的"自定义参数"按钮

有很多种参数的类型，其中经常用到的是与几何特征有关的。除此以外，其他的不是用于描述几何特征的参数，也都是很有用的。例如，在 6.7 节中的例子可以看到，族的"类型"本身，也可以是一个参数，使用户能够在后续修改中快速地完成替换。所以在很多情况下，用户在某项工作上面所投入的时间，是依靠各种形式的"参数"来保存的。充分理解并应用"参数"的这种形式，有助于提高工作效率，节约时间。

7 公　　式

可以把公式应用在尺寸标注和参数中，以驱动和控制模型中的图元。也可以在公式中使用条件语句，这样就能够根据族中其他参数的状态，对结果按照预定义的设置进行取舍。灵活使用公式，可以使我们的工作更加简单、快捷。

7.1　初步使用公式

在本节的练习中，通过在几个例子中的应用，初步掌握公式的表达方法。

7.1.1　我们首先练习在修改图元时直接使用公式。打开软件，新建一个项目文件，选择"建筑样板"，在楼层平面"标高 1"视图中绘制一道水平墙体，如图 7.1.1-1 所示，选中墙体，会出现蓝色的临时尺寸标注，移动光标靠近标注中的数字，数字外围会显示蓝色细线的矩形外框，如图 7.1.1-2 所示，同时光标旁边会弹出提示信息"编辑尺寸标注长度"，点击蓝色矩形框中的蓝色数字，如图 7.1.1-3 所示，会将其激活进入可编辑状态，输入"=4000/5"，如图 7.1.1-4 所示，移动光标在绘图区域的空白处单击，可以看到，墙的长度会立即变为 800，如图 7.1.1-5 所示。

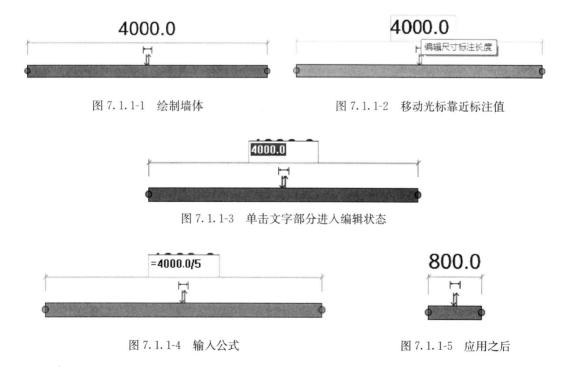

图 7.1.1-1　绘制墙体　　　　　　　　　图 7.1.1-2　移动光标靠近标注值

图 7.1.1-3　单击文字部分进入编辑状态

图 7.1.1-4　输入公式　　　　　　　　　图 7.1.1-5　应用之后

操作中要注意，务必在公式前面加一个等号，否则软件不执行这个公式且会弹出提示信息，如图 7.1.1-6 所示。

图 7.1.1-6 关于等号的提示信息

7.1.2 接下来练习在属性选项板中使用公式来调整导入图像的大小。切换到南立面，点击功能区"插入"选项卡"导入"面板的"图像"按钮，如图 7.1.2-1 所示，打开"导入图像"对话框，读者可以在自己电脑里选择所支持格式的任意图像文件，如图 7.1.2-2 所示，单击"打开"按钮，会看到以光标为中心出现了一个虚线组成的十字叉，四个角有蓝色实心圆点，如图 7.1.2-3 所示，单击一次后完成放置。再次点击选中这个图像，如图 7.1.2-4 所示，不仅显示了图像内容，也显示了表示其大小的占位符号。

图 7.1.2-1 导入图像

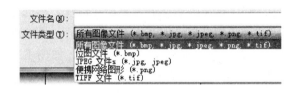

图 7.1.2-2 支持的格式

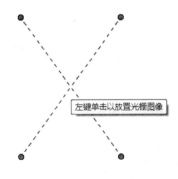

图 7.1.2-3 占位符

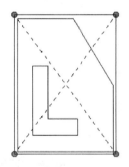

图 7.1.2-4 占位符和图像本身

7.1.3 假设这是一个手绘图，图中"L"形的高度为 15 m，现在需要调整草图到合适的比例，以开始后续的工作流程。点击快速访问工具栏的"测量两个参照之间的距离"，如图 7.1.3-1 所示，沿着"L"形的高度在垂直方向点击两次，如图 7.1.3-2 所示，可以看到现有高度为 5904.9 mm，计算的时候使用 5900 就可以了。如果手动调整图像大小也是可以的，把光标移到图像范围内，它周边会出现蓝色外框，这时单击图像本身以选中它，然后拖动位于角部的蓝色实心圆点就可以进行缩放了，如图 7.1.3-3 所示，但是这样做的话不够准确，而且每次拖动之后都需要去测量检查。所以我们去属性选项板利用公式来调整这个图像的大小。

228

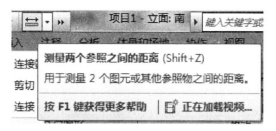

图 7.1.3-1 测量两个参照之间的距离

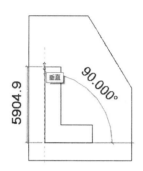

图 7.1.3-2 测量垂直高度

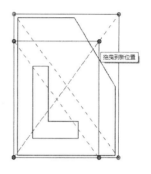

图 7.1.3-3 手动拖放

7.1.4 选中图像以后，查看属性选项板的信息，其中有"宽度"、"高度"、"固定宽高比"，如图 7.1.4-1 所示，因为刚才我们测量的是图像里面"L"形的高度，所以单击"高度"属性后面的输入框，输入公式"= 8854.7 ∗ (15000/5900)"，当光标移到绘图区域时，软件会自动对公式进行计算并应用结果，图像会立即按照结果进行缩放。在输入公式时注意退出中文输入法，否则可能会遇到如图 7.1.4-2 所示的情况，软件不支持中文输入法的括号。缩放完成以后，用刚才的测量方式检查"L"形的高度，是 15010 mm，如图 7.1.4-3 所示，虽然有一些偏差，但是作为创建体量的底图已经可以了。这样我们就利用公式快速对图元进行了需要的调整。

图 7.1.4-1 图像的属性

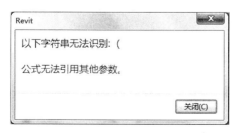

图 7.1.4-2 不支持中文输入法的括号

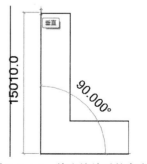

图 7.1.4-3 检查缩放后的高度

229

7.1.5 接下来练习可载入族中的公式。新建一个族，选择"公制常规模型"族样板，在参照标高平面视图中，点击"创建"选项卡"基准"面板的"参照平面"，如图 7.1.5-1 所示，如图 7.1.5-2 和图 7.1.5-3 所示绘制两个参照平面，并分别添加尺寸标注。

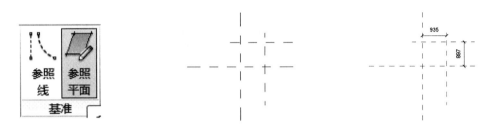

图 7.1.5-1 参照平面   图 7.1.5-2 添加 2 个参照平面   图 7.1.5-3 添加尺寸标注

7.1.6 然后依次选中尺寸标注，在选项栏点击"标签"后面的列表，如图 7.1.6-1 所示，添加参数 a 和 b，如图 7.1.6-2 所示，以便控制形状的宽度和深度。在"参数属性"对话框中都勾选"实例"，把它们俩设置为实例参数。添加参数完毕后的样子如图 7.1.6-3 所示。

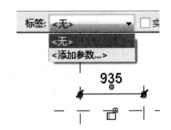

图 7.1.6-1 选择尺寸标注添加参数

图 7.1.6-2 设置参数信息

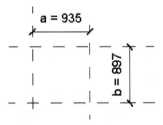

图 7.1.6-3 查看结果

7.1.7 接下来创建一个拉伸形状，做法同上一章一样，我们将在绘制矩形草图后把 4 条边都锁定到参照平面，然后再去"族类型"对话框里为参数添加公式。点击功能区"创建"选项卡"模型"面板的"拉伸"按钮，选择"修改｜创建拉伸"关联选项卡"绘制"面板的"矩形"工具 ▭ ，捕捉到参照平面的交点，如图 7.1.7-1 和图 7.1.7-2 所示，绘制 1 个矩形。这时会出现四个锁定符号，如图 7.1.7-3 所示，依次单击这四个符号，把它们从打开的状态改为锁定的状态，如图 7.1.7-4 所示。点击"模式"面板的"完成编辑模式"，完成这个拉伸形状的创建，如图 7.1.7-5 所示。

图 7.1.7-1　捕捉到参照平面的交点　　　　图 7.1.7-2　绘制矩形时的第二点

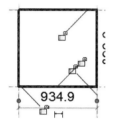

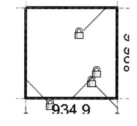

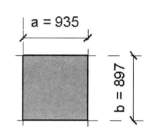

图 7.1.7-3　显示锁定符号　　　图 7.1.7-4　依次点击以锁　　　图 7.1.7-5　完成这个拉伸形状
　　　　　　　　　　　　　　　定矩形的 4 条边

　　7.1.8　　点击功能区"创建"选项卡或者"修改"选项卡下，"属性"面板"族类型"按钮，打开"族类型"对话框，如图 7.1.8-1 所示，里面已经列出了我们刚才添加的两个参数，因为是实例性质的，所以在名称的后面自动的有"（默认）"两个字。在 b 参数的公式栏输入"$a*2$"，如图 7.1.8-2 所示，在空白处单击，会发现参数 b 的值马上发生了变化，如图 7.1.8-3 所示，这说明公式已经生效。修改参数 a 的数值为 600，点击"确定"退出"族类型"对话框。这时会看到刚才创建的形状已经发生了改变，如图 7.1.8-4 所示。

参数	值
尺寸标注	
b (默认)	896.6
a (默认)	934.9

图 7.1.8-1　"族类型"对话框

参数	值	公式
尺寸标注		
b (默认)	896.6	= a*2
a (默认)	934.9	=

图 7.1.8-2　添加公式

参数	值	公式
尺寸标注		
b (默认)	1869.8	= a * 2
a (默认)	934.9	=

图 7.1.8-3　应用公式

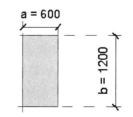

图 7.1.8-4　查看图元的变化情况

7.1.9 选择"建筑样板"新建一个项目文件，按组合键"Ctrl＋Tab"，切换回刚才的族文件，点击功能区"族编辑器"面板的"载入到项目"，载入以后在"标高 1"平面视图点击两次放置两个实例作为对比，如图 7.1.9-1 所示，拖动其中一个的右侧造型操纵柄，会发现虽然是水平拖动右侧造型操纵柄的，但是它的高度也会随着一起成比例的改变，如图 7.1.9-2 所示。观察属性选项板，b 参数的值始终为 a 参数的两倍，如图 7.1.9-3 所示，而且是灰色的，因为它的值是由公式控制的，不能直接手动输入。

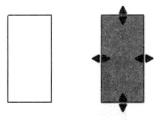

图 7.1.9-1　放置 2 个实例

图 7.1.9-2　捕捉到造型操纵柄

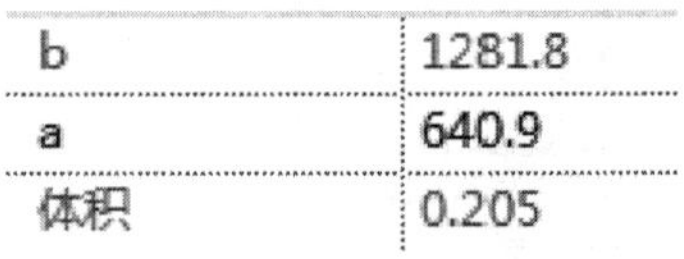

b	1281.8
a	640.9
体积	0.205

图 7.1.9-3　查看属性选项板中的参数值

7.1.10 公式栏里支持"$a * 2$"这样的表示，当然也可以包含更多其他参数，以及仅有数字作为常量。灵活的运用公式，可以帮助我们更快更好的处理参数之间的关系，提高效率，节约时间。

7.2　对参数使用公式及变换单位类型

这一节我们继续练习公式的使用，做更多类型的计算。我们依次练习以下几个内容：计算几何图形的面积和体积，将连续变换的值转换为按步长变化的值，族内某构件的高度变化带动族内其他一些构件的可见性变化，族内构件可见性的变化关联到一个整数参数的变化。公式的一个特点是，如果用户修改了某个参数的名字，那么在应用了这个参数的所有公式，都会自动地进行更新。要使公式工作正常，表达式中括号的位置、参数的单位、名称中的大小写、正确的参数名称等都很重要，否则软件就会弹出报错信息。仔细阅读这些报错信息，解决问题的方法可能就包含在里面。另外还要注意，在公式中使用参数时，不能在类型参数的公式里使用实例参数，因为实例参数不能驱动类型参数，其他的组合都是可以的，例如"类型驱动类型"、"类型驱动实例"、"实例驱动实例"。

7.2.1 先练习计算几何图形的面积和体积。打开软件，新建一个族，选择"公制常规模型"族样板，在参照标高平面视图中，绘制两个参照平面并分别添加尺寸标注，如图 7.2.1-1 所示。点击功能区"创建"选项卡"形状"面板的"拉伸"，选择"修改｜创建拉伸"关联选项卡"绘制"面板的"矩形"工具，捕捉到参照平面的交点，如图 7.2.1-2 和图 7.2.1-3 所示，绘制 1 个矩形。这时会出现 4 个锁定符号，依次单击，把它从打开的状态 🔓 改为 🔒 锁定的状态，如图 7.2.1-4 和图 7.2.1-5 所示。点击"模式"面板"完成

编辑模式"，完成形状的创建。选择刚才添加的尺寸标注，分别添加参数，注意这次都是实例参数，如图 7.2.1-6 所示。

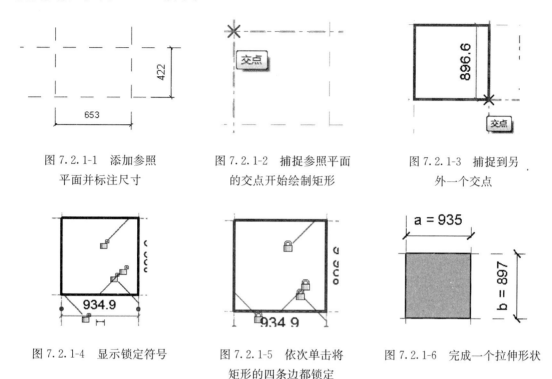

图 7.2.1-1 添加参照　　　图 7.2.1-2 捕捉参照平面　　　图 7.2.1-3 捕捉到另
　平面并标注尺寸　　　　　的交点开始绘制矩形　　　　　　外一个交点

图 7.2.1-4 显示锁定符号　　图 7.2.1-5 依次单击将　　图 7.2.1-6 完成一个拉伸形状
　　　　　　　　　　　　　矩形的四条边都锁定

7.2.2 切换到前立面，在参照标高上方绘制一个水平的参照平面，标注它到参照标高的距离。点击功能区"创建"选项卡"属性"面板的"族类型"，打开"族类型"对话框，点击窗口右侧的"添加"按钮，打开"参数属性"对话框，输入名称"S"表示面积，勾选右侧的"实例"，对于"参数类型"选择为"面积"，点击"确定"返回"族类型"对话框，再以相同步骤添加长度类型的参数 h 和体积类型的参数 V，完成之后切换到前立面选择刚才创建的对齐尺寸标注，指定其参数为 h，并把这个拉伸形状的顶部和底部分别锁定到参照平面和参照标高，如图 7.2.2-1 所示。这时在"族类型"对话框中的状态是下图这样的，如图 7.2.2-2 所示。

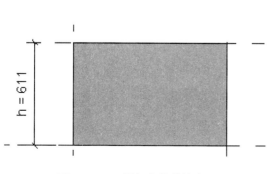

参数	值
尺寸标注	
a (默认)	934.9
b (默认)	896.6
h (默认)	611.0
分析结果	
S (默认)	0.000
V (默认)	0.000

图 7.2.2-1 添加参数并锁定　　　图 7.2.2-2 在"族类型"对话框查看

7.2.3 接下来给 S 和 V 这两个参数添加公式。面积为"$a*b$"，体积为"$a*b*h$"，如图 7.2.3-1 所示，因为参数的值是由公式决定的，且公式中的变量多于一个，所以参数 S 和 V 的名称和参数值都显示为灰色。在运算后 Revit 会自动换算它们的单位，公式中参加计算的长度参数都是以 mm 为单位的，它们的计算结果分别是以 m^2 和 m^3 为单位的。

S (默认)	0.838	=a * b
V (默认)	0.512	=a * b * h

图 7.2.3-1　给参数添加公式

7.2.4 为了看起来直观方便，我们现在把这三种参数类型的单位符号都加上。点击功能区"管理"选项卡"设置"面板的"项目单位"按钮，打开"项目单位"对话框，如图 7.2.4-1 所示，点击"长度"右侧的长条按钮，打开"格式"对话框，点击"单位符号"的下拉列表选择"mm"，点击"确定"两次，退出对话框，再打开"族类型"对话框检查，如图 7.2.4-2 所示，可以看到，三个长度类型的参数都已经有了"mm"的单位。继续以上步骤，给面积参数和体积参数加上单位，如图 7.2.4-3 所示。

图 7.2.4-1　项目单位

图 7.2.4-2　在"族类型"对话框查看

S (默认)	0.679 m²	=a * b
V (默认)	0.459 m³	=a * b * h

图 7.2.4-3　应用后的结果

7.2.5 打开"族类型"对话框，修改 a、b、h 的值为整数，观察 V 和 S 的变化，如图 7.2.5-1 和图 7.2.5-2 所示。在添加参数和公式的过程中，随时注意检查和验证结果。

尺寸标注		
a (默认)	700.0 mm	=
b (默认)	800.0 mm	=
h (默认)	500.0 mm	=
分析结果		
S (默认)	0.560 m²	=a * b
V (默认)	0.280 m³	=a * b * h

尺寸标注		
a (默认)	1000.0 mm	=
b (默认)	500.0 mm	=
h (默认)	800.0 mm	=
分析结果		
S (默认)	0.500 m²	=a * b
V (默认)	0.400 m³	=a * b * h

图 7.2.5-1　修改参数值检查结果　　　　图 7.2.5-2　修改参数值检查结果

7.2.6 接下来我们看第二个练习内容"将连续变换的值转换为按步长变化的值",其中将会用到上一章的取整函数。关闭所有已经打开的文件,新建一个族,选择"公制常规模型"族样板,在参照标高平面视图右侧绘制两个参照平面,上下错开,如图 7.2.6-1 所示。使用"对齐尺寸标注"工具标注这两个平面到"中心(左/右)"参照平面的距离,并对这两个尺寸标注分别添加参数 A 和 B,如图 7.2.6-2 所示。点击"创建"选项卡"属性"面板的"族类型"按钮,打开"族类型"对话框,对于参数 A 输入公式"roundup$(B/100) * 100$",如图 7.2.6-3 所示,点击"确定"关闭"族类型"对话框。输入完毕后,软件会自动在数字后面加上"mm"的单位。

图 7.2.6-1　添加 2 个参照平面　　　　图 7.2.6-2　放置尺寸标注并添加参数

参数	值	公式
尺寸标注		
A	500.0	= roundup(B / 100 mm) * 100 mm
B	440.0	=

图 7.2.6-3　在"族类型"对话框中给参数添加公式

在绘图区域中,选中位于右下角的参照平面并拖动它,观察右上角的参照平面的位置变化情况,如图 7.2.6-4 所示,会发现它是按照"100 mm"的间距来移动的,而不是类似下方参照平面那种连续变化的样子。测试时,视图需要放大一些,否则会受到捕捉增量的影响,下方的参照平面在移动时,就是按照 100 mm 的间距进行的。在"管理"选项卡"设置"面板点击"捕捉"按钮,打开"捕捉"设置对话框,就可以看到捕捉增量的数字了,如图 7.2.6-5 所示,可以尝试改为其他的数字来感受其效果,例如把后三个数字改为"111;23;7;"。如果效果仍然不明显,可以打开"族类型"对话框把公式修改为"roundup$(B/300) * 300$",把步长加大,使效果更容易被看到。读者可以再添加 2 个形状,如图 7.2.6-6 所示,以感受这种带有条件约束的变化。

7.2.7 接下来我们看第三个练习内容"以高度影响可见性",通过公式使一个长度参数和一个是否参数联系在一起。关闭其他文件,新建一个族,选择"公制常规模型"族样板,创建两个形状,圆柱体和方块。选择圆柱体,在属性选项板点击"拉伸终点"后面的"关联族参数"按钮,如图 7.2.7-1 所示,打开"关联族参数"对话框,点击窗口左下角的"添加参数"按钮,如图 7.2.7-2 所示,打开"参数属性"对话框,输入名称"h",勾选窗口右侧的"实例",如图 7.2.7-3 所示,点击两次"确定"关闭对话框。

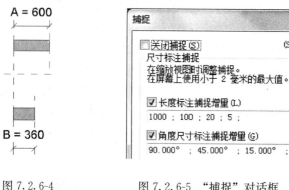

图 7.2.6-4　　　　　　图 7.2.6-5　"捕捉"对话框　　　图 7.2.6-6　添加形
状以方便观察

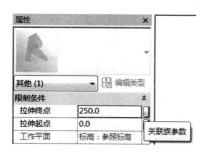

图 7.2.7-1　给"拉伸终点"属性添加参数

图 7.2.7-2　"关联族参数"对话框

图 7.2.7-3　设置参数信息

　　选择方块，在属性选项板点击"可见"后面的"关联族参数"按钮，如图 7.2.7-4 所示，打开"关联族参数"对话框，点击窗口左下角的"添加参数"按钮，打开"参数属性"对话框，输入名称"v"，勾选窗口右侧的"实例"，点击两次"确定"关闭对话框。这时已经给方块的可见性添加了一个实例参数。点击"创建"选项卡"属性"面板的"族类型"按钮，打开"族类型"对话框，给参数 v 输入公式"$h>1200\ mm$"，如图 7.2.7-5 所示，可以看到之前是勾选状态的参数 v 现在已经是灰色且未勾选。点击"确定"按钮关闭族类型对话框。查看绘图区域，会发现还能看到那个方块，只是它的外轮廓现在显示为灰色，圆柱体的外

图 7.2.7-4　关联族参数

轮廓则仍然是黑色的，如图 7.2.7-6 所示。在把这个族载入项目以后，方块才会真正进入看不到的"不可见"状态，在族编辑器环境下，以轮廓线的颜色"灰色还是黑色"来标识可见性的状态。

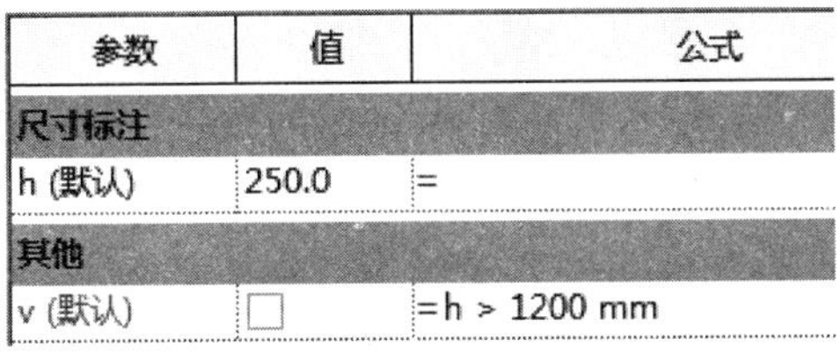

参数	值	公式
尺寸标注		
h (默认)	250.0	=
其他		
v (默认)	☐	=h > 1200 mm

图 7.2.7-5　添加公式

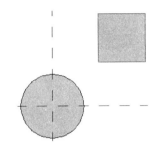

图 7.2.7-6　查看图元的变化

新建一个项目文件，使用"建筑样板"，切换回族编辑器，点击功能区任意一个选项卡的"族编辑器"面板的"载入到项目"，点击一次放置一个实例，按两次 Esc 键结束放置命令，点击窗口顶部快速访问工具栏的"默认三维视图"，在打开的三维视图中选中它，查看属性选项板，可以看到在"尺寸标注"下，参数 h 的值为 250，同时目前只能看到一个圆柱体，如图 7.2.7-7 所示；把 250 修改为 1500，移动光标到绘图区域，现在可以看到方块了，因为已经满足了"大于 1200 mm"的条件，如图 7.2.7-8 所示。

图 7.2.7-7　修改参数值检查图元的变化

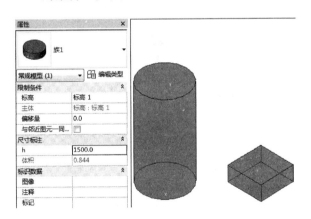

图 7.2.7-8　修改参数值检查图元的变化

7.2.8　现在就继续在这个族的基础上，练习"把可见性转换为数量以反映族中构件的变化"。返回到族编辑器，选中方块，点击"修改｜拉伸"关联选项卡"修改"面板"复制"按钮，在选项栏勾选"多个"，在绘图区域中再复制两个实例，因为复制后的形状仍然带有之前形状的可见性参数，所以它们的边缘也是灰色显示的，如图 7.2.8-1 所示。打开"族类型"对话框，选中参数 v，点击窗口右侧的"修改"按钮，打开"参数属性"对话框，把名称从"v"改为"$v1$"，点击"确定"返回"族类型"对话框；点击窗口右侧的"添加"按钮，打开"参数属性"对话框，输入名称"$v2$"，勾选窗口右侧的"实例"，"参数类型"选择"是/否"，点击"确定"返回"族类型"对话框；以同样的方式添加"$v3$"，如图 7.2.8-2 所示。

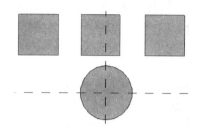

图 7.2.8-1　复制多个形状

尺寸标注		
h (默认)	250.0	=
其他		
v1 (默认)	☐	=h > 1200 mm
v2 (默认)	☑	=
v3 (默认)	☑	=

图 7.2.8-2　添加其他参数

再以同样步骤添加四个"整数"类型的实例参数，名称分别为 $n1$、$n2$、$n3$、N，如图 7.2.8-3 和图 7.2.8-4 所示。现在通过添加公式，把是否参数的状态转换为整数值，然后再交给之前创建的整数参数。对于参数 $n1$ 输入"if($v1$，1，0）"，表示如果 $v1$ 为真，也就是"被勾选"的意思，那么"$n1=1$"，$n2$ 和 $n3$ 依此类推；用参数 N 来表示总数，输入公式"$n1+n2+n3$"，如图 7.2.8-5 所示。点击"确定"关闭"族类型"对话框。

图 7.2.8-3　设置参数信息

图 7.2.8-4　添加"整数"类型的参数

参数	值	公式
尺寸标注		
h (默认)	250.0	=
其他		
N (默认)	2	= n1 + n2 + n3
n1 (默认)	0	= if(v1, 1, 0)
n2 (默认)	1	= if(v2, 1, 0)
n3 (默认)	1	= if(v3, 1, 0)
v1 (默认)	☐	= h > 1200 mm
v2 (默认)	☑	=
v3 (默认)	☑	=

图 7.2.8-5　添加公式

现在参数已经准备完毕，还需要把参数指定给刚才新复制出来的那两个方块。选择中间的方块，点击属性选项板"可见"右侧的"关联族参数"按钮，在"关联族参数"对话框中选择"$v2$",点击"确定"退出对话框。选择最左边的方块,以同样的方式把它的可见性与参数"$v3$"关联在一起。

7.2.9 点击功能区任意一个选项卡的"族编辑器"面板的"载入到项目",因为已经有同名的族在项目中存在,且族的内容不同(刚刚复制形状并添加公式),所以会弹出一个对话框,如图 7.2.9-1 所示,选择哪个都可以,不影响测试。选择一个族实例,查看属性选项板,改变 $v2$ 和 $v3$ 的勾选情况,以及 h 的大小,验证参数 N 是否反映了族中方块的数量,如图 7.2.9-2 所示。

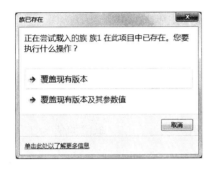

图 7.2.9-1 提示信息   图 7.2.9-2 修改参数值检查结果

7.2.10 有时我们需要把某个类型的参数的值传递给其他类型的参数,比如一个角度类型的参数和另外一个长度类型的参数值有一定的关联关系,这时必须处理的一个问题就是这些参数的单位,如果处理不当软件就会提示"单位不一致"。以下主要练习都是在"族类型"对话框里面进行的,在参数和公式准备完毕以后,读者可以按照自己的构思把这些参数加给具体的 Revit 图元的属性。关闭软件中已经打开的其他文件,点击启动界面窗口左侧的"新建概念体量…",在弹出的"新概念体量—选择样板文件"对话框中选择"公制体量"族样板,点击"打开"按钮,初始视图是"默认三维视图"。点击功能区"创建"选项卡"属性"面板"族类型"按钮,打开"族类型"对话框,点击窗口右侧的"添加"按钮,打开"参数属性"对话框,输入名称"an",对于"参数类型"选择"角度",如图 7.2.10-1 所示,点击"确定"按钮返回"族类型"对话框,再次点击"添加"按钮,在"参数属性"对话框中输入名称"d",对于"参数类型"保持为"长度",如图 7.2.10-2 所示,点击"确定"按钮返回"族类型"对话框。

图 7.2.10-1 设置参数信息   图 7.2.10-2 设置参数信息

7.2.11 在"族类型"对话框中，对参数 d 赋值 2400，表示"2400 mm"，对于参数"an"添加公式"$d/200\ mm*1°$"，可以看到 an 的值会根据 d 值进行变化，如图 7.2.11-1 所示，这样就达到了用长度参数 d 值控制角度参数 an 的目的。同样的，可以把角度转换为数值或者是长度。

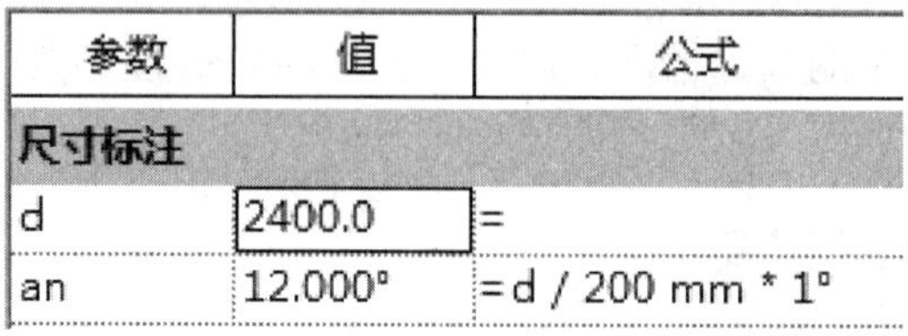

参数	值	公式
尺寸标注		
d	2400.0	=
an	12.000°	=d / 200 mm * 1°

图 7.2.11-1　添加公式

总结一下改换单位的方法，就是先把具有某个单位的参数先除以了具有相同单位的值为 1 的一个常量，然后再乘以具有所需要单位的值为 1 的另外一个常量，这样就完成了这个转换。如果是仅需要得到数值类型的结果，只需要把参数除以具有相同单位的值为 1 的一个常量即可。

7.3　多个参数值的比较

本节练习条件语句的基本用法，在练习中，有三个长度类型的参数，它们代表三个变量，我们将通过条件语句的设置，从中选出最大的一个。

7.3.1 打开软件，新建一个族，选择"公制常规模型"族样板，点击"创建"选项卡"属性"面板"族类型"按钮，打开"族类型"对话框，点击窗口右侧的"添加"按钮，打开"参数属性"对话框，输入名称为"a"，如图 7.3.1-1 所示，点击"确定"关闭"参数属性"对话框，可以看到，在族类型对话框中，已经有了参数 a，如图 7.3.1-2 所示。以相同方法，再添加 b 和 c 两个参数，以及 W 参数，它们都是长度类型参数。这样，现在就已经有了四个参数，分别给 a、b、c 赋值，大小随意，如图 7.3.1-3 所示。

图 7.3.1-1　设置参数信息

图 7.3.1-2　"族类型"对话框

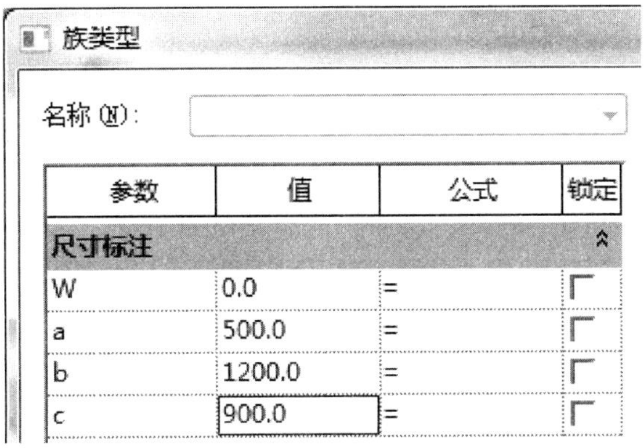

图 7.3.1-3　添加其他参数并赋值

7.3.2　我们先看一个"二选一"的结构，写为"if($a>b$, a, b)"，其中的"if()"是固有的表达格式，括号里面分为三个部分，互相之间以逗号进行分隔。第一个部分是用于判断的条件，它可以是一个表达式，例如在本例中的"$a>b$"，也可以是单独一个参数。例如之前练习中的是否参数；第二个部分是当条件成立时候的取值，第三个部分是当条件不成立时候的取值。对于本例中的"三选一"，我们可以把问题转换一下，作为"两个二选一"来处理，这样更加清晰直观，易于理解。但是最终结果还是要交给参数 W 的，所以这里我们就需要再添加一个过渡用的参数。点击窗口右侧的"添加"按钮，打开"参数属性"对话框，输入名称为"M"，作为第一次"二选一"的结果，点击"确定"返回"族类型"对话框。

7.3.3　对于参数 M 输入公式"if($a>b$, a, b)"，这样就选出了 a 和 b 中的最大值，对于 W 输入公式"if($M>c$, M, c)"，这样就比较了过渡值和 c 的大小，把结果交给 W，如图 7.3.3-1 所示，读者可以再对 a、b、c 输入不同的值进行测试。

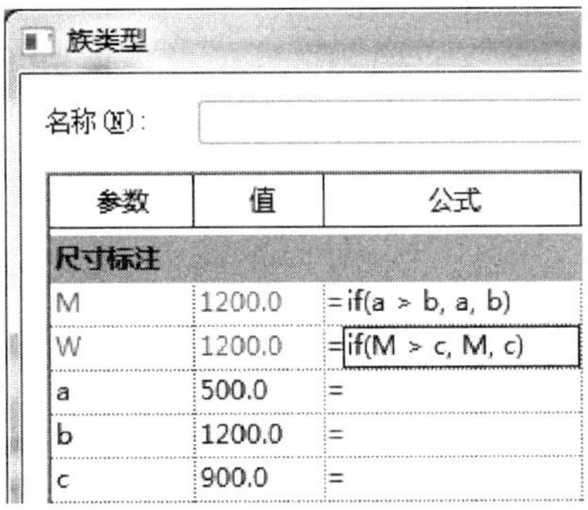

图 7.3.3-1　添加公式

7.3.4　以上的方法是使用"两次二选一"来完成"三选一"的任务，如果不设置过渡值，使用嵌套的 if 语句来进行"三选一"也是可以的。在参数 W 的公式里面，首先把第一个部分的条件替换为"$a>b$"，来区分出 a、b 参数之间的较大值，如果 a 确实大于 b，那么去执行语句中第二个部分的内容，在那里进行 a 和 c 的比较，写为"if($a>c$, a, c)"；如果 a 不是大于 b 的，那么就去执行第三个部分，进行 b 和 c 的比较，"if($b>c$, b,

241

c）”，全部写完以后是下面这个样子“if($a>b$，if($a>c$，a，c)，if($b>c$，b，c))”。如图 7.3.4-1 所示。

族类型

名称(N):

参数	值	公式
尺寸标注		
M	1200.0	=if(a > b, a, b)
W	1350.0	=if(a > b, if(a > c, a, c), if(b > c, b, c))
a	500.0	=
b	1200.0	=
c	1350.0	=

图 7.3.4-1　添加公式

7.3.5　如果是要选取最小值，那么方法还是一样的，只需要把大于号换为小于号就可以了，如图 7.3.5-1 所示。如果是要选出中间值，会麻烦一点，如图 7.3.5-2 所示，从三个参数的总和之中去掉最大值和最小值，留下的就是中间值了。参数和公式准备完毕且验证以后，就可以指定给具体的图元了。

参数	值	公式
尺寸标注		
M	1200.0	=if(a > b, a, b)
W	500.0	=if(a < b, if(a < c, a, c), if(b < c, b, c))
a	500.0	=
b	1200.0	=
c	1350.0	=

图 7.3.5-1　修改公式

参数	值	公式
尺寸标注		
K	2500.0	=if(a > b, if(a > c, a, c), if(b > c, b, c))
W	900.0	=if(a < b, if(a < c, a, c), if(b < c, b, c))
a	900.0	=
b	2500.0	=
c	1350.0	=
中间值	1350.0	=a + b + c - K - W

图 7.3.5-2　选出中间值的公式

7.4　长度参数的关联方式

观察我们周围与建筑有关的各种构件和产品，会发现其中相当多的部分都是由各种尺寸的方块组成的，也就是说，如果在软件中来表示这些形体，那么最常用到的，就是长度类型的参数。这些长度类型的参数，可能会以不同的关联方式产生联系。本节中归纳整理了几种简单的类型，通过练习来掌握基本的“在长度类型的参数之间以公式建立关联”的方法。

7.4.1　打升软件，新建一个族，选择"公制常规模型"族样板，点击"创建"选项卡"属性"面板"族类型"按钮，打开"族类型"对话框，我们先练习第一种基本类型，"两个参数以系数关联"。

7.4.2　点击窗口右侧的"添加"按钮，打开"参数属性"对话框，输入名称"a"，"参数类型"保持默认的"长度"，如图 7.4.2-1 所示，点击"确定"返回"族类型"对话框。以同样方法添加一个长度类型的参数"b"，和一个数值类型的参数"k"，并分别给他们赋值，如图 7.4.2-2 所示。对于参数 b 输入公式"$k * a$"（图 7.4.2-3），点击"应用"按钮查看变化。可以分别修改参数 a 和系

图 7.4.2-1　设置参数信息

数 k 的值，参数 b 的值都会立即变化，这种关联是比较简单直观的。

参数	值
尺寸标注	
a	300.0
b	500.0
其他	
k	1.200000

图 7.4.2-2　添加参数并赋值

参数	值	公式
尺寸标注		
a	300.0	=
b	360.0	=k * a
其他		
k	1.200000	=

图 7.4.2-3　添加公式

7.4.3　第二种关联方式的类型，会用到前面章节介绍过的取整函数。先说明一下要达到的效果，使参数 c 的值随着参数 a 的值的变化而变化，同时这个变化特点是阶梯式的，这个"阶梯"，或者说是"步长"，也设置为一个参数，这样对于结果就可以达到全面地控制了。点击窗口右侧的"添加"按钮，打开"参数属性"对话框，输入名称"c"，"参数类型"保持默认的"长度"，点击"确定"返回"族类型"对话框。以同样方法再添加一个长度类型的参数"s"并赋值，作为步长来使用，如图 7.4.3-1 所示。接着给参数 c 添加公式"$roundup(a/s) * s$"，含义是以"125 mm"为步长，以整数倍数且不小于（a/s）的值来进行变化，如图 7.4.3-2 所示。读者可以修改步长及参数 s 的值，或者参数 a 的值，来查看参数 c 的变化。

参数	值	公式
尺寸标注		
a	300.0	=
b	360.0	=k * a
c	0.0	=
s	125.0	
其他		
k	1.200000	=

图 7.4.3-1　添加参数

参数	值	公式
尺寸标注		
a	300.0	=
b	360.0	=k * a
c	375.0	= roundup(a / s) * s
s	125.0	
其他		
k	1.200000	=

图 7.4.3-2　添加公式

公式中"roundup"的功能是"向上取整",例如对于数字"1.03"在经过向上取整后结果为"2",然后将取整后得到的结果乘以控制步长的参数 s,就得到了"模数化"以后的结果。

7.4.4 接下来我们介绍第三种基本类型,"根据给定的条件取特定值",作用是当输入的条件发生变化时,把已经预设的值赋给参数。在"族类型"对话框中点击窗口右侧的"添加"按钮,打开"参数属性"对话框,输入名称为"w",其余保持默认即可,点击"确定"按钮返回"族类型"对话框。假设参数 w 的值是根据参数 a 的值来变化的,且变化的结果有三个,与之对应的,参数 a 的范围也划分为三段,输入公式"if($a<600$ mm,135 mm,if($a>1500$ mm,185 mm,150 mm))",其中使用了两个 if 语句,它们的条件把参数 a 的范围分为三个部分,分别是小于 600 的和大于 1500 的,以及包含在这两者之间的区域。运算结果如图 7.4.4-1 所示。如果是多于三个结果的情况,那么在设置条件时要注意,尽量从一端开始逐级地过渡到另外一端,"从大到小"或者是"从小到大"都是可以的,这样做的目的首先是方便以后检查,其次是避免出现"一个条件遮蔽另外一个条件"的情况。假设在刚才的参数 a 的范围再增加一个分割点"2400",参数 w 的公式写为"if($a<600$ mm,135 mm,if($a<1500$ mm,150 mm,if($a<2400$ mm,185 mm,235 mm)))",如图 7.4.4-2 所示。

参数	值	公式
尺寸标注		
a	750.0	=
b	900.0	=k * a
c	750.0	=roundup(a / s) * s
s	125.0	=
w	150.0	=if(a < 600 mm, 135 mm, if(a > 1500 mm, 185 mm, 150 mm))
其他		
k	1.200000	=

图 7.4.4-1　添加公式

参数	值	公式
尺寸标注		
a	1830.0	=
b	2196.0	=k * a
c	1875.0	=roundup(a / s) * s
s	125.0	=
w	185.0	=if(a < 600 mm, 135 mm, if(a < 1500 mm, 150 mm, if(a < 2400 mm, 185 mm, 235 mm)))
其他		
k	1.200000	

图 7.4.4-2　添加公式

如果参数 a 为"1350",那么参数 w 为 150;如果公式写作下面的样子,则"$a<2400$ mm"的条件会挡住数据去执行"$a<1500$ mm"的条件,这样其实等于是把参数 a 的范围按照两个分割点,"600"和"2400"来划分的,公式中的"$a<1500$"起不到作用了。读者可以继续尝试一下,检测打乱条件顺序以后的情况,如图 7.4.4-3 所示。

读者可以创建一些具体的形状,把这些参数指定给具体的形状以后,可以更加形象直观地感受参数变化的结果。

参数	值	公式
尺寸标注		
a	1350.0	=
b	1620.0	=k * a
c	1375.0	=roundup(a / s) * s
s	125.0	=
w	185.0	=if(a < 600 mm, 135 mm, if(a < 2400 mm, 185 mm, if(a < 1500 mm, 150 mm, 235 mm)))

图 7.4.4-3　修改公式中条件的顺序

7.5　条件语句常用语法

本节练习在条件语句中常用的几种表达方法。

7.5.1　打开软件，新建一个族，选择"公制常规模型"族样板。打开"族类型"对话框，在其中添加四个参数，分别是 a、b、x、y，其中的 a、b 是"长度"类型的类型参数，x、y 是"是/否"类型的类型参数。给参数 a 和 b 分别赋值 300、500，x 和 y 保持默认的勾选状态。再添加四个参数 t、w、e、r，除了 t 是文字类型的参数以外，其他都是"长度"类型的参数，都保持默认勾选的"类型"。如图 7.5.1-1 所示。

参数	值
文字	
t	
尺寸标注	
a	300.0
b	500.0
e	0.0
r	0.0
w	0.0
其他	
x	☑
y	☑

图 7.5.1-1　添加参数

7.5.2　先复习一下简单的 if 语句，对于参数 w 的公式输入"if（$a>b$，210，360）"，软件会自动加上单位，显示为"if（$a>b$，210 mm，360 mm）"，其中还添加了空格，如图 7.5.2-1 所示。是否参数也可以作为文字参数的条件，对于参数 t 输入公式"if（x，"正点下班"，"今晚通宵"）"，含义是如果参数 x 是"真"，也就是"已勾选"的状态，那么参数 t 为"正点下班"，否则就是"今晚通宵"，如图 7.5.2-2 所示。

7.5.3　接着练习在条件部分添加布尔运算符。对参数 e 输入公式"if（and（$a>b$，x），210，360）"，其中的"and"表示"和"的意思，要求是后面括号中列出的条件每个都成立，才算是结果为"真"，这个公式的结果才会是"210"。因为现在参数 a 的值是小于参数 b 的值，所以公式的结果为"360"，如图 7.5.3-1 所示；把参数 a 的值改为 600，查看结果，如图 7.5.3-2 所示。

参数	值	公式
文字		
t		=
尺寸标注		
a	300.0	=
b	500.0	=
e	0.0	=
r	0.0	=
w	360.0	=if(a > b, 210 mm, 360 mm)
其他		
x	☑	=
y	☑	=

图 7.5.2-1 添加公式

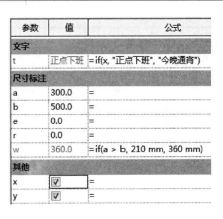

参数	值	公式
文字		
t	正点下班	=if(x, "正点下班", "今晚通育")
尺寸标注		
a	300.0	=
b	500.0	=
e	0.0	=
r	0.0	=
w	360.0	=if(a > b, 210 mm, 360 mm)
其他		
x	☑	=
y	☑	=

图 7.5.2-2 包含字符串的条件语句

参数	值	公式
文字		
t	正点下班	=if(x, "正点下班", "今晚通育")
尺寸标注		
a	300.0	=
b	500.0	=
e	360.0	=if(and(a > b, x), 210 mm, 360 mm)
r	0.0	=
w	360.0	=if(a > b, 210 mm, 360 mm)
其他		
x	☑	=
y	☑	=

图 7.5.3-1 设置更多条件

参数	值	公式
文字		
t	正点下班	=if(x, "正点下班", "今晚通育")
尺寸标注		
a	600.0	=
b	500.0	=
e	210.0	=if(and(a > b, x), 210 mm, 360 mm)
r	0.0	=
w	210.0	=if(a > b, 210 mm, 360 mm)
其他		
x	☑	=
y	☑	=

图 7.5.3-2 修改参数值查看结果

7.5.4 对于参数 r 输入公式"if(or(x，y)，210，360)"，其中的"or"表示"或"的意思，表示在括号中的条件只要有一个是成立的，那么结果就为"真"，就会选择"210"作为公式的结果交给参数 r。如图 7.5.4-1 所示；把参数 x 和 y 全部去除勾选，才会得到"360"的值，如图 7.5.4-2 所示。

参数	值	公式
文字		
t	正点下班	=if(x, "正点下班", "今晚通育")
尺寸标注		
a	600.0	=
b	500.0	=
e	210.0	=if(and(a > b, x), 210 mm, 360 mm)
r	210.0	=if(or(x, y), 210 mm, 360 mm)
w	210.0	=if(a > b, 210 mm, 360 mm)
其他		
x	☑	=
y	☑	=

图 7.5.4-1 测试其他表示方法

参数	值	公式
文字		
t	今晚通育	=if(x, "正点下班", "今晚通育")
尺寸标注		
a	600.0	=
b	500.0	=
e	360.0	=if(and(a > b, x), 210 mm, 360 mm)
r	360.0	=if(or(x, y), 210 mm, 360 mm)
w	210.0	=if(a > b, 210 mm, 360 mm)
其他		
x	☐	=
y	☐	=

图 7.5.4-2 修改参数查看结果

7.5.5 对于参数 x 输入公式"not(a＞525)"，其中的"not"表示"否"的意思，

整个公式的意思就是"小于等于 525",之所以这么写是因为软件当前不支持"＜＝"和"＞＝"的表示方法。因为参数 x 是"是/否"类型的参数,只会包含两个结果,所以在它的公式中只需要列出条件即可,见下面两个对比图 7.5.5-1 和图 7.5.5-2。

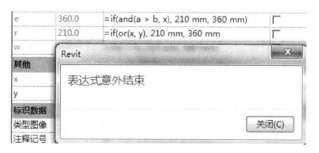

| 图 7.5.5-1 测试其他表示方法 | 图 7.5.5-2 修改参数查看结果 |

7.5.6 最后总结一下在练习过程中可能出现的问题。如图 7.5.6-1 所示,原因是括号数目不对,参数 r 的公式里面最右侧少了一个括号。在公式里有嵌套的 if 语句的时候,尤其容易发生这样的错误。所以在处理公式时养成一个好习惯,括号要成对的输入。如图 7.5.6-2 所示,原因是,公式的运算结果为长度类型的值,但是参数 x 是"是/否"参数类型,这两者是不匹配的。

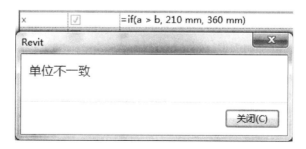

图 7.5.6-1 报错信息

图 7.5.6-2 单位不一致

在发生错误时,软件通常都会有提示信息,产生问题的原因可能已经在提示信息的文字里描述过了,所以解决问题的第一步是耐心的看一下提示信息,看看里面说了什么,再对照自己的参数和公式,逐步地修正可能有问题的地方。

8 族的一般创建流程

通常情况下，需要创建的可载入族是建筑设计中使用的标准尺寸和配置的常见构件和符号。在创建一个新的可载入族时，首先要为它选择一个合适的族样板。Revit中提供了很多不同种类的族样板，可供用户选择。在这些样板中，已经根据各自的特点预置了一些图元，可以用于定义族的几何图形和尺寸，并且有其他方面的设置，这样在载入到项目环境中应用以后，可以表现出该类图元应有的行为。当然用户也可以使用自己定义的族样板，以提高工作效率。对于经常使用的比较固定的组合，例如在族中添加的参照平面、尺寸标注、参数，可以将具有这些通用内容的族文件的后缀从".rfa"改为".rft"，这样它就从一个"族文件"转为了一个"族样板文件"，以后就可以在创建具有相同性质的族文件时来调用这个族样板，节约时间提高效率。

创建族文件中包含的内容时，这个过程可能会比较消耗时间，具体情况会取决于族本身的复杂程度。如果能够找到与所要创建的族比较类似的族，则可以通过复制、重命名并修改该现有族来进行创建，这样效率会高一点，既省时又省力。然后可将族保存为单独的Revit族文件（".rfa"文件），并载入到项目中进行使用。

创建族的目的是为了使用，所以在创建过程中要注意，"使用比较方便"是很重要的一个因素。族中的参数并不是越多越好，在我们周围的环境中看一看，很多构件最主要的特征就是五个，"长度、宽度、高度、材质、价格"，当然还有别的很多特征，例如"位置、制造商、安装日期、当前状态……"。因此在制作时还需要考虑"使用者的负担"，比如说，当他去族库里寻找时，是不是仅仅依靠族的名称和缩略图就能快速准确地找到需要的族，而且载入项目中以后只调节了三、四个参数就已经调整到位。当然这是一个比较理想的情况。多数时候，形状和变化比较复杂的族，都不可避免的会有很多的参数来进行控制。如何处理以提高使用效率，还需要不断地摸索。

8.1 通常的流程

相对于单个人的工作，为了在更大范围内获得比较稳定、一致的结果，比如在一个集团公司内部，不同的人和小组，遵循一个固定的、一般化的流程是非常重要的。下面所列出的流程，也只是建议性质的。

1. 做好规划，明确要制作的内容，必要时逐条列出写在纸上，选择合适的族样板创建一个新的族文件。很多时候，对目标本身描述不准确，是带来困难的第一个原因。所以首先一定要搞清楚这个问题，"要的是什么"。

2. 定义族的子类别。这有助于控制族中的几何图形在图面中的表达。

3. 创建族框架。这部分内容比较多，包含"设置族的插入点、添加参照平面和参照线、添加尺寸标注、给尺寸标注添加参数、添加族类型、测试"。

4. 添加几何形状及需要的二维图形，创建约束关系，调整参数，检查图元的变化情况。

5. 使用子类别和可见性设置来指定图元的显示特征，并载入项目中测试参数是否工作正常。

以上只是通常的一般性的流程，具体实施时可能需要更加细致的准备。下面简单介绍一下，在进行族的规划时需要考虑的几个要点。这里假设所创建的都是可载入族，如果是只有一个实例且没有什么变化，也可以将其创建为内建族。

1. 在族中是否存在多个类型？族中几何尺寸的变化，是设置为类型参数还是实例参数？这个变化是属于什么类型的？长度、角度、数量还是"有、没有"？

2. 在不同视图中，怎样显示这个族？

3. 这是不是一个需要主体的族？需要主体的族，比较典型的是窗族，以及类似"基于面的……"这样一些类型。如果是需要的话，那么在开始创建时就必须要使用基于主体的样板。

4. 确定合适的建模细致程度。并不是说，越细致就越好。有时可以用二维图形来代替三维模型，这样既可以节约创建模型的时间，也减小了族文件的体积，对以后的模型操作性能是有好处的。仅在需要的时候，再把三维模型做得足够细致。在工作中，估计大家还是倾向于"满足使用要求的最少建模时间"，这样的方式更适合实际情况。

5. 设置合适的插入点，提高使用效率。

当然，还有其他的很多要考虑的内容，不仅仅是上面所列出的五点。大家可以根据自己的工作情况，及时归纳和总结。

8.2 选择族样板

在开始创建一个新族时，软件会首先要求我们选择一个与该族所要创建的图元类型相对应的族样板。因为在样板中已经内置了该类族所包含的智能行为，所以选择一个合适的样板就很重要。族样板的另一个重要功能是指定类别，这个"类别"在样板内部已经预先设置好了，不过在创建族文件之后也可以再手动修改。修改方法是打开"族类别和族参数"对话框，在里面的可用类别列表中指定一个新类别。这对于统计不同类别的图元，很方便。但是在很多情况下族类别是不能切换的，基于主体的和基于面的构件不能切换为非基于主体的类别。而且，把一个包含有很多模型图元的族改为其他类别可能也是困难的，因为需要把所有的模型图元重新指定一次新的子类别。

在开始制作之前，明确这个族的性质以及它的目标，这一点很重要，可以减少后续制作过程中的反复修改，提高工作效率。开始制作时选择的族类别，决定了后续这个族将会以该类别的方式进行统计。例如，已经选择"公制橱柜"族样板创建了一个族，那么在进行明细表统计时，在"橱柜明细表"里可以看到这个族，而在"公制常规模型"和"家具"类别的明细表里，都不会看到这个族。

有很多族样板都自己带有一个说明，以文字注释的形式显示在视图中，如图 8.2.0-1 和图 8.2.0-2 所示。或者是在名称里就反映了它的用途，例如"带贴面公制窗"、"公制结构柱"。但是还有一些比较特殊的图元我们要考虑一下，为了以后使用方便，需要给它们找一个合适的类别。比如，一些垂直构件，电梯、自动扶梯等，当然也可以为它们选择"专用设备"的类别，但是这个类别不支持族中的几何形状在平面和剖面中被剖切。所以为了支持这个"剖切"，也可以把它们指定为"常规模型"的类别。但是在这样处理以后，要注意给这些族添加其他的参数，以便在进行明细表统计时把它们和项目中别的常规模型族区别开来，这些参数的作用就相当于是"过滤标准"的意思了。

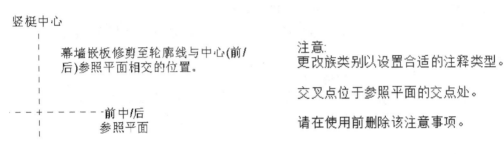

图 8.2.0-1　族样板中的说明文字　　　　图 8.2.0-2　族样板中的说明文字

下面简单介绍族样板的几种类型，以及创建自定义族样板的方法。

8.2.1　在新建族时从"新族—选择样板文件"对话框可以看到，大多数族样板都是根据其所要创建的图元族的类型进行命名的，如图 8.2.1-1 所示；但也有一些样板在族名称之中包含了描述文字，例如"基于墙的……"、"基于屋顶的……"、"基于线的……"，如图 8.2.1-2 所示。名称中具有以下四种特征的都被称为基于主体的样板，前缀是"基于"，在"基于"后面的是"墙"、"天花板"、"楼板"、"屋顶"。对于基于主体的族而言，只有存在其主体类型的图元时，才能放置在项目中。

图 8.2.1-1　族样板名称与制作内容有关　　　　图 8.2.1-2　族样板名称与其行为有关

8.2.2　使用"基于面的……"这样的族样板所创建的族，其主体是可以是工作平面、图元表面，是可以修改的。使用"基于线的……"这样的族样板所创建的族，其放置方法不同于大多数族，需要单击两次；如果是"拾取线"的方式，则单击一次就可以。后面我们会针对这两种族样板安排专门的练习。下面关于各类样板的说明，摘抄自欧特克公司关于 Revit 2016 的在线帮助文档。对其含义的理解，需要在练习和使用中不断深化、巩固。

基于墙的样板：使用基于墙的样板可以创建以墙为主体的构件。有些墙构件中（例如门和窗）可以包含"洞口剪切"，因此当我们在墙上放置该构件时，它会自动在墙上剪切出一个洞口。有很多种基于墙的构件，典型的示例包括门、窗和照明设备。在这些样板中都会有预置的一面墙，在平面视图中往往也标出了这面墙的内部和外部，或者是墙体一侧的放置边；为了能够清晰展示构件与墙之间的配合情况，使用户创建族的过程更加顺利，这面墙是必不可少的。在把族载入到项目中的时候，这面墙并不会载入，所以我们也可以把它看做是一个三维形式的"占位符"。如果对这面墙进行一些设置，可以在使用这个族的时候有更多细节，在后面第十章会安排一个关于窗族的练习，来体会这一点。这里所说的"洞口剪切"，是一个专门在主体中创建洞口的工具，只能在基于主体的族样板中使用；不同于空心形状所形成的剪切，它的特点是"切穿"，也就是当在主体上应用它时，无论主体（墙、楼板）厚度如何，都会形成一个切穿的洞口。

基于天花板的样板：使用基于天花板的样板可以创建将插入到天花板中的构件。有些天花板构件包含"洞口剪切"，所以当我们在天花板上放置该构件时，它会在天花板上自动剪切出一个洞口。这一类族的典型示例包括喷水装置和隐蔽式照明设备。

基于楼板的样板：使用基于楼板的样板可以创建将插入到楼板中的构件。有些楼板构件也包含"洞口剪切"，因此当我们在楼板上放置该构件时，它会在楼板上自动剪切出一个洞口。

基于屋顶的样板：使用基于屋顶的样板可以创建将插入到屋顶中的构件。有些屋顶构件包含"洞口剪切"，因此当我们在屋顶上放置该构件时，它会在屋顶上自动剪切出一个洞口。这一类族的典型示例包括天窗和屋顶风机。

独立样板：独立样板用于不依赖于主体的构件。独立构件可以放置在模型中的任何位置，可以相对于其他独立构件或基于主体的构件添加尺寸标注。独立族的示例包括家具、电气器具、风管以及管件。

自适应样板：使用该样板可创建需要灵活适应许多独特上下文条件的构件。例如，自适应构件可以沿分割路径或者分割表面，按照用户自定义的限制条件而重复的应用，生成一个重复系统。选择一个自适应样板时，将使用概念设计环境中的一个特殊的族编辑器创建自适应构件族。在第十章的有几个典型的基于自适应构件的练习。

基于线的样板：使用基于线的样板可以创建采用两次拾取放置的详图族和模型族。这里所说的"两次拾取"，也可以理解为"两次点击"，每次点击都会"拾取一个位置"。

基于面的样板：使用基于面的样板可以创建基于工作平面的族，这些族可以修改它们的主体。从样板创建的族可在主体中进行复杂的剪切。这些族的实例可放置在任何表面上，而不必考虑该表面的方向。基于面的族能够辨认这些方向，并默认为按照法线方向来放置。注意，只有无主体的构件才可以成为基于工作平面的族。比较典型的反例是门和窗，它们是以墙为主体的，所以不能成为基于工作平面的构件。

专用样板：当族需要与模型进行特殊交互时使用专用样板。这些族样板仅特定于一种类型的族。例如，"结构框架"样板仅可用于创建结构框架构件。

8.2.3 以上是对样板的一般性说明，下面从制作族时的需要出发，以"希望实现的功能"来确定"合适的族样板类型"。

二维族：详图项目、轮廓、注释、标题栏。

需要特定功能的三维族：栏杆、结构框架、结构桁架、钢筋、基于图案。

有主体的三维族：基于墙、基于天花板、基于楼板、基于屋顶、基于面。

没有主体的三维族：基于线、独立（基于标高）、自适应样板、基于两个标高（柱）。

8.2.4 在创建可载入族时，还有一个性质要提前考虑，就是这个族，它是否是"可剖切的"。如果它是可剖切的，那么当视图剖切面与所有类型视图中的此族相交时，此族显示为截面。在"族图元可见性设置"对话框中有一个"当在平面/天花板平面视图中被剖切时"的选项。这个选项可以决定在剖切面与族相交时，这个族的几何图形是否显示。例如，在门族中，将推拉门几何图形设置为门在平面视图中打断时显示，没有打断时不显示。对于不可剖切的族，这个选项始终处于不可用的状态，而且无法选择它。对于某些可剖切的族，这个选项可用，且可以选择它。另外还有一些可剖切的族，这个选项从不可用，但是始终会处于选中状态。

下面将这几种类型分别列出，做一个对比。其中已经把"当在平面/天花板平面视图中被剖切时"简称为"该选项"。

可剖切的系统族，且该选项为"不可用"：天花板、楼板、屋顶、墙、地形。

可剖切且该选项为"可用"：橱柜、柱、门、场地、结构柱、结构基础、结构框架、窗。

可剖切且该选项为"不可用"：幕墙嵌板、常规模型。

上面的第一类，因为我们无法通过族编辑器修改一个系统族，所以那个选项为"不可用"，是很容易理解并记住的。第三类里面有两种是"不可用"，幕墙嵌板、常规模型，在"族图元可见性设置"对话框中，这个选项是默认勾选且为灰色显示，表示"选中"并不能更改。第二类的种类最多，这个选项是可用人为控制的。

还有一些族是不可剖切的，并始终在视图中显示为投影。包含下面这些类型：栏杆、详图项目、电气设备、电气装置、环境、家具、家具系统、照明设备、机械设备、停车场、植物、卫浴装置、专用设备。也不用刻意地去记这些类型，除了其中的二维族以外，这里面的很多种类属于"从外面购入后在现场安装"的类型。

8.2.5 现在我们练习如何创建自定义的族样板。Revit 给了一种非常简洁明快的方式，以支持用户创建属于自己的族样板，只需要把目标族文件的后缀修改为".rft"即可。所以对于经常使用的设置，比如公司内部统一的参数名称、子类别的分类和设置、常用的族框架等，凡是重复次数比较多的操作，都可以先做成一个典型的族，然后通过修改后缀的方式把它转换为一个样板文件。

打开软件，点击窗口左侧"族"下面的"新建…"，打开"新族—选择样板文件"对话框，选择"公制常规模型"族样板，点击右下角的"打开"按钮。假设我们需要如图 8.2.5-1 所示的这样一个平面布置，将来会用于创建靠边缘放置的构件，但是它又不是紧挨着边的，中间会有一点空隙。控制这个空隙的参数，以及控制平面尺寸的参数，均设置为类型参数。点击功能区"创建"选项卡"基准"面板的"参照平面"，在"修改｜放置参照平面"关联选项卡绘制面板点击"拾取线"，在选项栏给偏移量输

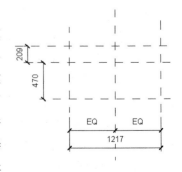

图 8.2.5-1 族中参照平面的布局

入"50",如图 8.2.5-2 所示，移动光标靠近视图中水平参照平面的下方，当距离足够近时（2 mm 以内），该参照平面会变为加粗的蓝色高亮显示，同时在它下方有一条细的浅蓝色虚线，如图 8.2.5-3 所示，这条虚线就代表了将要生成的参照平面的位置。点击鼠标左键一次，可以看到，之前蓝色高亮显示的参照平面迅速恢复原样，浅蓝色的虚线则变为绿色的虚线，这说明已经生成了一个新的参照平面了。

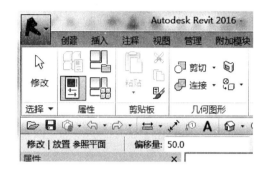

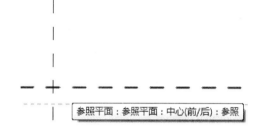

图 8.2.5-2 选项栏的设置 　　　　图 8.2.5-3 所生成参照平面的预览图像

　　修改选项栏的偏移量为"400"，点击视图中垂直的参照平面，在它左右两侧各添加一个参照平面，注意在有预览图像时点击一次即可。在关联选项卡"绘制"面板点击"直线"，换为手动绘制的方式，在下方绘制一个水平方向的参照平面，如图 8.2.5-4 所示。在功能区"注释"选项卡"尺寸标注"面板，点击"尺寸"按钮激活"对齐尺寸标注"工具，依次标注三个水平参照平面的距离和三个垂直参照平面的距离，如图 8.2.5-5 所示，其中的"400"是连续点击三个参照平面形成的。选中"400"的标注，点击出现的"EQ"符号，创建一个等分约束，如图 8.2.5-6 所示。选择左上角"50"的标注，在选项

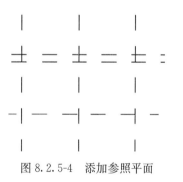

图 8.2.5-4 添加参照平面

栏点击"标签"右侧的"〈无〉"，在展开的下拉列表中选择"〈添加参数…〉"，打开"参数属性"对话框，在窗口左侧中部，给"名称"输入"间隙"，点击确定按钮关闭这个对话框。这样就添加了一个控制间隙的类型参数。同样的方式，选择"359"的尺寸标注，添加参数"B"，选择"800"的尺寸标注，添加参数"W"。保存这个文件到桌面并关闭。

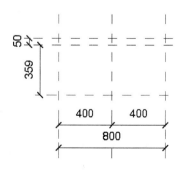

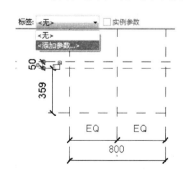

图 8.2.5-5 添加尺寸标注 　　　　图 8.2.5-6 创建一个等分约束

在桌面找到这个族文件，按键盘的 F2
键，修改它的后缀的最后一个字母为"*t*"，
按 Enter 键，这时会弹出一个警告信息，如
图 8.2.5-7 所示，点击"是"以确认修改。
关闭已经打开的其他所有文件。在"最近使
用的文件"窗口左侧，点击"族"下面的
"新建…"，打开"新族—选择样板文件"对
话框，找到刚才修改后缀的那个文件，在列

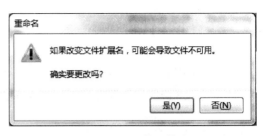

图 8.2.5-7　警告信息

表中看到，如图 8.2.5-8 所示，它已经被辨认为一个"族样板"文件了。选择这个文件，
点击窗口右下角的"打开"按钮，可以看到，新建的族文件中已经包含了我们添加过的参
照平面、尺寸标注和参数，如图 8.2.5-9 所示。

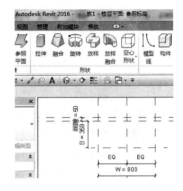

图 8.2.5-8　已经是一个族样板文件　　　　图 8.2.5-9　使用该样板创建一个新族

当然，用户可以在自定义样板中添加更丰富的内容，例如下一节的"子类别"，以提
高工作效率。这方面的经验，还需要不断地总结和完善。以上仅是一个非常简单的例子，
用于说明这个流程。相信读者经过摸索实践，一定会找到更多更好的应用方法。

8.3　定义族的子类别

在这一节中，我们通过一个简单的例子，来了解设置子类别及应用到族中图元的方
法。这些设置不仅可以用到族中的三维模型图元，也可以用于二维图元。在练习中，分别
创建一个模型族和一个项目文件，在其中都添加名称相同的子类别，但是设置不同的内
容，模型族中包括了三维模型图元和二维图元，之后把模型族载入项目文件中查看效果，
比较在设置不一致的时候会是什么结果。

8.3.1　打开软件，在程序窗口左侧点击"族"下面的"新建…"，打开"新族—选择
样板文件"对话框，在其中找到"公制常规模型"族样板，点击窗口右下角的"打开"按
钮，这样就建立了一个族文件。

8.3.2　在功能区"管理"选项卡"设置"面板点击"对象样式"，打开"对象样式"
对话框，如图 8.3.2-1 所示，其中有 3 个选项卡，我们在练习中使用的是"模型对象"选
项卡。点击窗口右下角的"新建"按钮，打开"新建子类别"对话框，如图 8.3.2-2 所

示，给名称属性输入"A-3D-01"，表示这是 A 类里面用于三维模型图元的，下面的一个属性"子类别属于"，不用修改。当前文件中只有一个可选项，就是"常规模型"。点击"确定"按钮关闭"新建子类别"对话框。再次点击"新建"按钮，在"新建子类别"对话框中给名称属性输入"A-2D-01"，表示这是 A 类里面用于二维模型图元的子类别。点击"确定"按钮关闭"新建子类别"对话框。查看对象样式对话框，如图 8.3.2-3 所示，新添加的两个类别已经出现在列表里面了。

图 8.3.2-1　"对象样式"对话框

图 8.3.2-2　新建子类别

类别	线宽		线颜色	线型图案
	投影	截面		
常规模型	1	1	■黑色	
A-2D-01	1	1	■黑色	实线
A-3D-01	1	1	■黑色	实线
隐藏线	1	1	■黑色	划线

图 8.3.2-3　查看结果

8.3.3　在"A-3D-01"右边点击"线宽"中"投影"那一列，如图 8.3.3-1 所示，选择"2"，点击"截面"选择"4"，这样就指定了不同的线宽，以区别图元在视图中的显示状态。继续点击右侧的"黑色"按钮，打开"颜色"选择框，在左上角的"基本颜色"里面点击选择一个较深的蓝色，点击确定按钮返回对象样式对话框，"线形图案"不做修改。最后结果如图 8.3.3-2 所示。点击"确定"按钮关闭对象样式对话框。完成自定义的子类别以后，开始添加二维图形和三维形状。

8.3.4　确认当前视图仍然为"参照标高平面视图"。在"创建"选项卡"形状"面板点击"拉伸"，在关联选项卡"绘制"面板选择"圆形"工具，捕捉到视图中两个参照平面的交点，点击一次以确定圆心，继续拖动鼠标并点击以确定半径，例如 600 mm。可以在草图模式下，就给这个拉伸形状指定子类别；或者在创建完成以后，选择这个三维形状再指定，两个方式都可以。不选择任何图元，在属性选项板"标识数据"下点击"子类别"右侧的"无"，接着点击显示出来的黑色小箭头以展开下拉列表，如图 8.3.4-1 所示，选择其中的"A-3D-01"，点击功能区关联选项卡的"完成编辑模式"，查看结果。如图

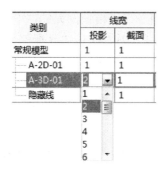

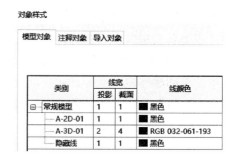

图 8.3.3-1 设置线宽　　　　　　　　　　　　　　图 8.3.3-2 设置颜色

8.3.4-2 所示，会发现这形状的边缘已经不再是默认的黑色，而是我们刚才设置的深蓝色。选中这个形状，按住 Ctrl 键，向下拖动复制一个，保持它为被选择的状态，如图 8.3.4-3 所示，修改它的"拉伸终点"的值为"1500"。放大局部可以看到，高度为"1500"的形状，具有更粗的深蓝色边缘。这是因为，上一个形状的高度是"250 mm"，而"公制常规模型"族样板里的"参照标高平面视图"，也就是当前视图，默认的剖切面高度是"1200 mm"，所以对于这个形状，我们现在看到的是它的"表面"而不是"截面"，所以它采用了对象样式里面"投影"的线宽设置。图 8.3.4-4 所示里面靠下的形状，高度为"1500 mm"，已经大于当前视图的剖切面高度，所以在显示时使用的是"截面"的线宽设置。

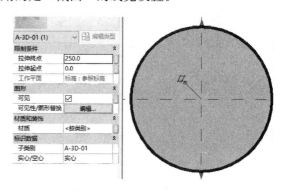

图 8.3.4-1 在草图模式中指定形状的子类别　　　图 8.3.4-2 完成后的拉伸形状

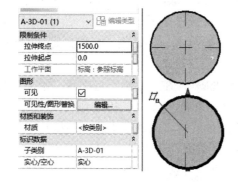

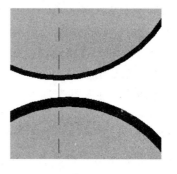

图 8.3.4-3 复制一个并修改高度　　　　　　　　图 8.3.4-4 对比两个形状的边缘

8.3.5 在功能区"注释"选项卡"详图"面板点击"符号线",在关联选项卡"绘制"面板中选择"矩形"工具,在上一个圆形拉伸的右侧绘制一个矩形,如图 8.3.5-1 所示,按两次 Esc 键结束绘制矩形的命令。采用"从右向左"的方向选择这个矩形右下方的两条边,如图 8.3.5-2 所示,在属性选项板点击"子类别"右侧的"常规模型〔投影〕",会显示一个黑色小箭头,点击这个箭头展开下拉列表,选择其中的"A-2D-01",如图 8.3.5-3 所示。因为刚才在"对象样式"对话框里,并没有修改子类别的默认设置,所以矩形的这两条边将仍然保持原来的样子。保存这个族文件。

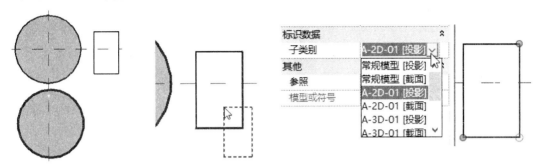

图 8.3.5-1 添加一个矩形　图 8.3.5-2 选择矩形的两条边　图 8.3.5-3 给矩形的两条边设置子类别

8.3.6 现在新建一个项目文件,并在其中对"常规模型"的类别添加子类别,也采用同样的名称,但是设置不同的内容,以比较在载入族文件以后,有冲突时软件会做出怎样的选择。点击窗口左上角的程序图标,如图 8.3.6-1 所示,选择新建项目文件,在打开的"新建项目"对话框中选择"建筑样板",如图 8.3.6-2 所示,点击"确定"按钮。

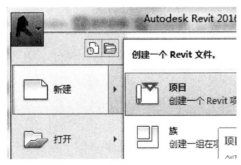

图 8.3.6-1 新建一个项目文件

图 8.3.6-2 选择建筑样板

8.3.7　在项目文件中给"常规模型"添加"子类别"，基本操作和族编辑器里面一样。在功能区"管理"选项卡"设置"面板点击"对象样式"，打开"对象样式"对话框，如图 8.3.7-1 所示，这里的模型对象就有很多了。点击窗口右下角的"新建"按钮，打开"新建子类别"对话框，在"子类别属于"的下拉列表里选择"常规模型"，如图 8.3.7-2所示，输入名称"A-3D-01"，点击确定按钮返回"对象样式"对话框，再次点击窗口右下角的"新建"按钮，在"新建子类别"对话框中输入名称"A-2D-01"，对于"子类别属于"选择列表中的"常规模型"，点击确定按钮返回"对象样式"对话框，这时可以对这两个子类别进行设置，如图 8.3.7-3 所示。

图 8.3.7-1　"对象样式"对话框

图 8.3.7-2　子类别属于常规模型

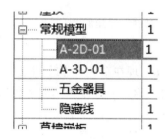

图 8.3.7-3　新建子类别

8.3.8　为了能够辨别出发生冲突以后的结果，所以关于子类别的设置内容，只要确认项目中的和族编辑器中的不一样就可以了。以相同的步骤和方法，修改线宽和颜色，如图 8.3.8-1 所示。对于"A-3D-01"，颜色换为深红色，投影与截面的线宽对调了一下，族编辑器内的是"2+4"的组合，现在是"4+2"，同时添加了一个材质"窗扇"。注意，激活材质浏览器的小按钮，默认是不显示的，需要在输入框里点击一下才会显示出来。给子类别添加了材质以后，即使在族编辑器内没有对三维形状添加材质，在载入以后也会根据子类别的设置而自动具有材质。对于"A-2D-01"，修改颜色和线宽。点击窗口右下角的"确定"按钮关闭"对象样式"对话框。

类别	线宽		线颜色	线型图案
	投影	截面		
⊟ 常规模型	1	1	■ 黑色	实线
┈ A-2D-01	3	2	▨ RGB 206-210-026	实线
┈ A-3D-01	4	2	■ RGB 221-021-027	实线

图 8.3.8-1　设置子类别的线宽和颜色

8.3.9 按组合键"Ctrl+Tab"返回族编辑器，在功能区选项卡"族编辑器"面板点击"载入到项目"，因为当前打开的项目文件只有一个，所以会直接载入，不需要选择。又因为是首次载入，所以在光标处会有一个预览图像，如图 8.3.9-1 所示，点击一次，放置一个实例，按两次 Esc 键结束放置命令。可以看到，这个族的显示形式是按照项目环境中子类别的设置来显示的。在窗口底部的视图控制栏点击"视觉样式"，选择其中的"真实"，如图 8.3.9-2 所示，查看绘图区里结果，会看到在族编辑器里没有添加过材质的两个圆形拉伸，现在已经有了木材的纹理，如图 8.3.9-3 所示。因为这是在"楼层平面：标高一"视图观察的，所以对于这两个圆形拉伸形状，我们能够看到两个线宽。点击快速访问工具栏里的小房子图标，切换到默认三维视图，如图 8.3.9-4 所示，可以看到族里的两个拉伸形状现在具有相同的线宽。

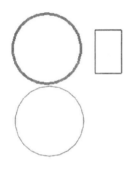

图 8.3.9-1　放置一个实例

图 8.3.9-2　修改视觉样式

图 8.3.9-3　查看图元外观

图 8.3.9-4　在默认三维视图观察

8.3.10 根据以上测试可知，当族文件中的设置与项目文件中的设置有冲突时，以项目文件中的设置为准。用户可以在自定义的族样板文件中，预先把需要的子类别都设置好，以后在创建族的过程中就可以直接使用了。如果有局部的调整和修改，那么就直接在项目文件中进行调整即可。为了得到统一的图面显示效果，在项目样板中和在族样板中，设置常用的、必要的子类别，是很有意义的，不仅可以提高"创建族"时的工作效率，也可以提高后续使用和修改时的工作效率。

8.4 创建族框架

我们这里所说的"族框架",是由用于创建族几何图形的参照平面、参照线和参数共同组成的。其中也包括族样板文件中已经预置的参照平面、参照线和参数。在族框架中比较隐蔽的一个内容是"族原点",在放置族实例时,这个族原点决定该实例的插入点位置。在确定了族原点之后,使用参照平面和参照线来构建框架,其中参照线经常用于控制带有"角度"的变化。接下来添加尺寸标注,以及定义族参数。这些参数通常控制着图元的三维尺寸和数量、可见性,例如长度、宽度和高度。根据这些参数的值,我们可以为这个族添加族类型,以进行更细致的划分。在完成框架以后,通常都要对其进行测试,方法很简单,就是修改参数的值并检查各个参照平面、参照线是否按照参数的变化进行了尺寸调整。在添加具体的三维形状和二维图形之前进行这项检查,可以有效地确保"思路正确、约束关系正确",使这个族能够完成既定目标,在使用过程中具备应有的稳定性。

我们先来熟悉族原点的定义方式。把族载入到项目中以后,在放置族实例的时候,仔细观察在光标处显示的这个族的预览图像,会发现光标的位置就是"族原点"的位置,这时的"族原点"表现的是"插入点"的性质。

8.4.1 打开软件,在窗口左侧"族"下面点击"新建族…",打开"新族—选择样板文件"对话框,在其中选择"公制常规模型"族样板,点击右下角的"新建"按钮,我们通过一个新的常规模型族来练习设置族原点。默认的初始视图为"楼层平面:参照标高",依次选择视图中的两个参照平面,查看属性选项板中的设置,会发现它们俩的"定义原点"属性都已经被勾选了,如图 8.4.1-1 所示。这样的两个参照平面的交点,就是"族原点"。我们可以根据自己的需要,绘制新的参照平面,并勾选"定义原点"的属性,这样来生成新的"族原点"。在功能区"创建"选项卡"基准"面板,点击"参照平面",在"中心(前/后)"参照平面的上方绘制一个

图 8.4.1-1 定义原点

水平方向的参照平面,如图 8.4.1-2 所示,在属性选项板中,勾选它的"定义原点"属性。移动光标再去点击"中心(前/后)"参照平面。"单击另外一个图元"的动作,会自

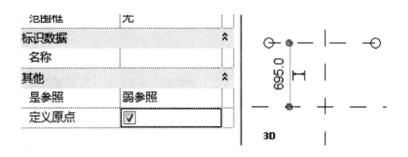

图 8.4.1-2 添加一个参照平面并勾选"定义原点"属性

动取消对之前图元的选择。查看属性选项板，会发现"中心（前/后）"参照平面的"定义原点"属性已经被自动地取消勾选了（图 8.4.1-3）。也就是说，当对另外一个具有平行关系的参照平面勾选"定义原点"属性时，软件会自动取消勾选之前的参照平面的这个属性，简短描述就是"喜新厌旧"。所以无论是新建的族，还是已有的族，如果要修改它的族原点，那么只需要绘制一个新的参照平面并勾选其"定义原点"属性就可以。

图 8.4.1-3 查看"中心（前/后）"参照平面的"定义原点"属性

8.4.2 接着我们来做一个简单的例子，来比较族原点在不同设置下的效果。还是在这个族中，用"注释"选项卡"尺寸标注"面板的"对齐尺寸标注"工具，标注平面视图中两个水平方向的参照平面之间的距离，按两次 Esc 键结束标注命令。选择这个尺寸标注，点击选项栏"标签"右侧的下拉列表，选择"〈添加参数…〉"，如图 8.4.2-1 所示，打开"参数属性"对话框，给名称输入"长度"，勾选右侧的"实例"，如图 8.4.2-2 所示，点击"确定"按钮关闭"参数属性"对话框。点击功能区"创建"选项卡"形状"面板的"拉伸"，在关联选项卡"绘制"面板选择"矩形"工具，绘制如图 8.4.2-3 所示的矩形，会出现三个锁定符号，依次点击，将这三条草图线锁定到与之重合的

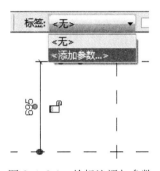

图 8.4.2-1 给标注添加参数

参照平面上。点击关联选项卡"模式"面板的"完成编辑模式"，生成这个拉伸形状。

图 8.4.2-2 设置参数信息

图 8.4.2-3 绘制一个矩形

8.4.3 在"创建"选项卡或者是"修改"选项卡，点击"属性"面板的"族类型"按钮，打开"族类型"对话框，修改其中"长度"参数的值并点击下方的"应用"按钮，查看绘图区中的变化，如图 8.4.3-1 所示，会发现拉伸形状及其顶部的参照平面，一起向上方延伸了一段距离，如果再次用同样的方法把参数值改小，又会一起向下移动。再次选中上方的参照平面，查看属性选项板，确认已经勾选它的"定义原点"属性，如图 8.4.3-2 所示。

图 8.4.3-1　修改参数值查看图元的变化

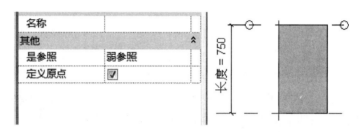

图 8.4.3-2　查看参照平面的属性

8.4.4　所以这个变化现在看上去有点奇怪，因为通常在项目中，如果是修改族参数来影响族中几何图元的尺寸时，往往"族原点"也就是"插入点"的位置，都是不会改变的，形状会以插入点为固定的中心来进行尺寸的变化。当前这个族的"族原点"，位置在拉伸形状的左上角，随着参数值的改变，也在移动。我们新建一个项目文件，载入这个族来继续检查。

8.4.5　选择"建筑样板"新建一个项目文件，在"标高 1"平面视图绘制一段水平方向的墙体，作为参照物来观察族的变化。切换回族编辑器，点击功能区选项卡"族编辑器"面板的"载入到项目"。在项目文件的"标高 1"平面视图中，移动光标靠近墙体表面的延伸线，软件会给出提示，如图 8.4.5-1 所示。观察族的预览图像时可以看到，光标的位置始终是在族中拉伸形状的左上角，这说明我们在族编辑器中对族原点的设置是有效的。单击一次，放置一个实例。选择这个族实例，查看属性选项板，在"尺寸标注"下找到"长度"参数，单击它右侧的"750"，输入一个新值。改大还是改小都可以，只是要与原来的值有比较明显的区别，这样利于观察结果，如果是改为了"755"，那么观察结果的时候可能就不是很容易确定。图 8.4.5-2 是修改之前的样子，图 8.4.5-3 是修改之后的样子，可以看出拉伸形状左上角的位置是固定不变的。这个变化方向虽然和族编辑器当中的并不一致，但是符合软件中对于"族原点"的定义，在有尺寸变化时，"原点"是不动的。在族编辑器中的变化形式，与参照平面本身的设置有关系，"公制常规模型"族样板中的"中心（前/后）"参照平面，默认是锁定的，那么自然就不会移动，所以在参数变化时，是我们在其上方添加的那个新参照平面在随着

图 8.4.5-1　放置族实例时的提示信息

参数变化而移动（图 8.4.5-3）。

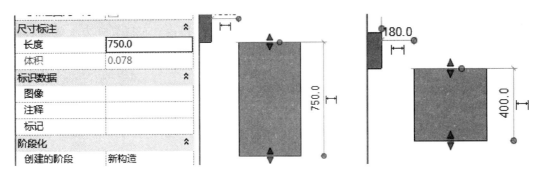

图 8.4.5-2 修改参数值查看图元的变化　　图 8.4.5-3 修改参数值
查看图元的变化

　　在调整单个族的自身参数时，族原点决定了变化时的"伸展基点"，这个位置是不随尺寸变化而变动的。在进行两个族切换时，族原点是用于替换的基准点。

　　练习了族原点的设置方法以后，我们在族中开始添加参照平面。通常在创建族几何图形之前就需要绘制参照平面，这样就可以在之后创建图元的过程中，把草图和几何图形捕捉、锁定到参照平面。这里要做个重要说明，一般情况下，参照平面用于控制以"长度"方式进行的变化，因为参照平面自身是没有端点的，它受参数的驱动变化后的位置，与它的前一个位置是平行的关系，它自身进行的是"移动"；而参照线是有端点的，可以绕端点旋转，它可以进行"移动"和"转动"。所以在需要有"旋转"的地方，就需要添加参照线来作为变化的基准。参照平面和参照线，都可以用于构成族框架。

　　添加参照平面时，要考虑到族的特征和将来的使用方式。下面我们用一个简单的小方块，代表实际生活中的家具，来举例说明。关闭其他所有已经打开的文件。

　　8.4.6 假设现在需要制作三个家具族，两个桌子和一个柜子。一个桌子是放在屋子中间的，一个桌子是靠墙的，柜子是在屋子的角落里。在有尺寸变化时，屋子中间的那个桌子，以中心为原点来改变大小；靠墙的桌子以挨着墙体的那条边的中点为原点，向两侧和室内的方向改变大小，否则如果改变尺寸以后延伸到了墙体里面或者是离开了墙体，都意味着要再进行一次"选择＋移动"的操作才可以就位；角柜只有沿着墙体的两个变化方向。

　　8.4.7 我们先来模拟第一个桌子。新建一个族，选择"公制常规模型"族样板。在参照标高平面视图中，点击功能区"创建"选项卡"基准"面板里的"参照平面"，在关联选项卡"绘制"面板点击"拾取线"工具，在选项栏给"偏移量"输入"400"，靠近"中心（前/后）"参照平面，通过"拾取—点击"的方式，在上下两侧各添加一个参照平面，修改选项栏的"偏移量"为"750"，以同样方式在"中心（左/右）"参照平面的两侧各添加一个参照平面，结果如下图 8.4.7-1 所示。因为这个族仅是示意性质的，所以没有必要再添加其他的构件，用一个拉伸形状来表现桌子在平面上的投影就可以了。使用"注释"选项卡的"对齐尺寸标注"工具，如图 8.4.7-2 所示那样标注参照平面之间的距离，标注中注意，"750"和"400"都是连续标注的。以水平方向的尺寸标注为例，其中的"1500"用于控制水平方向整体的尺寸，下方的两个"750"，在添加了等分约束之后，用于控制整体尺寸在"中心（左/右）"参照平面的两侧是平均分配的。选中这个"750"的标注，点击在其上方出现的"EQ"符号，如图8.4.7-3所示，也以同样方法处理右侧"400"的标注，结果如图8.4.7-4所示。

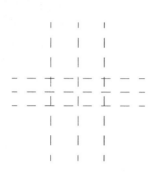

图 8.4.7-1 布置参照平面

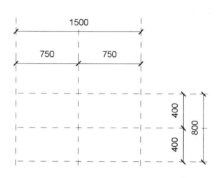

图 8.4.7-2 添加尺寸标注

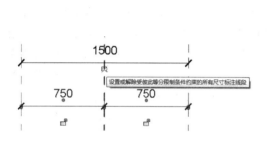

图 8.4.7-3 创建等分约束

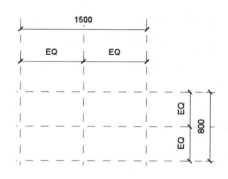

图 8.4.7-4 创建等分约束

8.4.8 选择上方"1500"的尺寸标注，在选项栏点击"标签"右侧的"〈无〉"，如图8.4.8-1所示，选择展开列表里面的"〈添加参数...〉"，打开"参数属性"对话框，给"名称"输入"W"，勾选窗口右侧的"实例"，如图8.4.8-2所示。点击"确定"按钮，关闭"参数属性"对话框。以同样的方式为"800"的尺寸标注添加实例参数"B"。打开"族类型"对话框查看，是图8.4.8-3所示的样子。

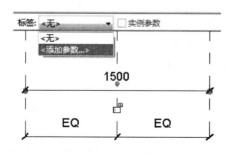

图 8.4.8-1 选择尺寸标注添加参数

图 8.4.8-2   设置参数信息

图 8.4.8-3   查看结果

8.4.9 修改参数"*B*"值为 600、"*W*"值为 1200，点击"族类型"对话框窗口右下角的"应用"按钮，查看绘图区参照平面的变化，如图 8.4.9-1 所示，参照平面受参数的驱动，已经改变了位置，并且相对于中心对称变化。点击"确定"按钮关闭"族类型"对话框。现在添加一个拉伸形状，点击功能区"创建"选项卡"形状"面板的"拉伸"，在关联选项卡"绘制"面板选择"矩形"工具，如图 8.4.9-2 所示，捕捉到外侧参照平面的交点绘制一个矩形，因为草图线与参照平面是"重合"的关系，所以在绘制完毕以后会立即显示四个锁定符号，如图 8.4.9-3 所示，依次点击这四个符号，这样就把草图线锁定到了各自对应的参照平面上了。点击

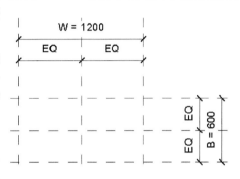

图 8.4.9-1   修改参数值查看图元的变化

关联选项卡"模式"面板的"完成编辑模式"，生成这个拉伸形状。在这个练习中，我们只需要看它的平面尺寸变化就可以，高度以及桌子腿这些细节全部忽略。按组合键"Ctrl＋S"保存这个文件为"8-4 02"，之后关闭它。

图 8.4.9-2   创建拉伸绘制一个矩形

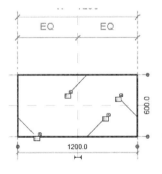

图 8.4.9-3   显示锁定符号

8.4.10 再来模拟第二个桌子，主要步骤和前面的练习一样。新建一个族，选择"公制常规模型"族样板。在参照标高平面视图中，点击功能区"创建"选项卡"基准"面板里的"参照平面"，在关联选项卡"绘制"面板点击"拾取线"工具，在选项栏给"偏移量"输入"600"，靠近"中心（左/右）"参照平面，通过"拾取—点击"的方式，在左

右两侧各添加一个参照平面，修改选项栏的"偏移量"为"700"，以同样方式在"中心（前/后）"参照平面的下方添加一个参照平面，结果如图 8.4.10-1 所示。和前一个例子比较，只添加了三个方向的参照平面，这是因为第二个桌子有一侧是靠墙的，这个方向不必有变化，否则在调整完桌子的尺寸以后，还需要再来移动一次，就增加了操作。用"对齐尺寸标注"工具标注这些参照平面之间的距离，如图 8.4.10-2 所示，水平方向还是和前面的例子一样，有两个尺寸标注；垂直方向就只有一个尺寸标注了。选择"600"的标注，点击出现的"EQ"符号，添加一个等分约束，选择"1200"的标注，方法和前面一样，添加一个实例参数"W"，选择"700"的标注，添加一个实例参数"B"，完成后如图 8.4.10-3 所示。打开"族类型"对话框，修改参数值并应用，查看绘图区的结果。确保参数工作正常，接着添加形状。同样还是"拉伸"，捕捉到外侧参照平面的交点绘制一个矩形，并将草图线锁定。点击关联选项卡"模式"面板的"完成编辑模式"，生成这个拉伸形状，如图 8.4.10-4 所示，按组合键"Ctrl+S"保存这个文件为"8-4 03"，之后关闭它。

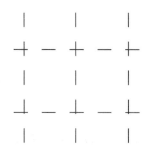

图 8.4.10-1　添加一个参照平面

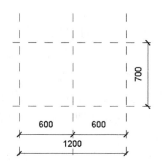

图 8.4.10-2　放置尺寸标注

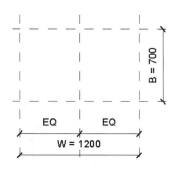

图 8.4.10-3　创建等分约束添加参数

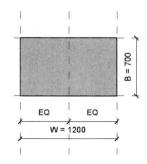

图 8.4.10-4　创建一个拉伸形状

8.4.11　第三个模拟对象的做法和前面两个桌子类似，区别在于作为族框架的参照平面的位置。新建一个族，选择"公制常规模型"族样板。在参照标高平面视图中，点击功能区"创建"选项卡"基准"面板里的"参照平面"，在关联选项卡"绘制"面板点击"拾取线"工具，在选项栏给"偏移量"输入"900"，靠近"中心（左/右）"参照平面，通过"拾取—点击"的方式，在右侧添加一个参照平面，修改选项栏的"偏移量"为"400"，以同样方式在"中心（前/后）"参照平面的下方添加一个参照平面，结果如图 8.4.11-1 所示，这次我们只添加了两个参照平面，因为这是一个放在角落里的柜子，它的另外两侧是挨着墙体的，在有尺寸变化时，这两个方向是不动的。用"对齐尺寸标注"工具标注这些参照平面之间的距离，如图 8.4.11-2 所示，这次不需要等分了，因为相对于原点，只是在右侧和下方会有变化。选择尺寸标注添加参数，和前面两个例子一样，水平方向参数为"W"，垂直方向为"B"，如图 8.4.11-3 所示，然后再添加一个拉伸形状，如图 8.4.11-4 所示，注意在草图模式里绘制矩形后，要锁定它的四条边。按组合键"Ctrl＋S"保存这个文件为"8-4 04"，之后关闭它。注意，尽量把这三个族文件保存到同一个文件夹里面。

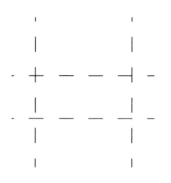

图 8.4.11-1　放置两个参照平面

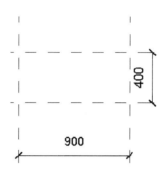

图 8.4.11-2　添加尺寸标注

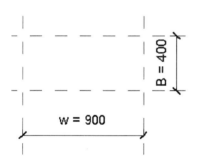

图 8.4.11-3　为尺寸标注添加参数

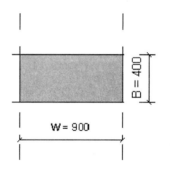

图 8.4.11-4　创建形状并锁
定到相应的参照平面

8.4.12　族文件已经准备好了，我们接着在项目环境里搭建一个非常简单的场景，模拟它们的使用效果。选择"建筑样板"新建一个项目文件，在"楼层平面：标高 1"视图中，按组合键"WA"，激活"建筑：墙"工具，在"修改|放置墙"关联选项卡"绘制"面板选择"矩形"，在绘图区绘制一个矩形，尺寸适当即可，比如 3.6 m ∗ 5 m，如图 8.4.12-1 所示。在功能区"插入"选项卡"从库中载入"面板，点击"载入族"按钮，打开"载入族"对话框，找到刚才保存族文件的位置，按 Ctrl 键选择那三个文件，点击"打开"按钮。在项目浏览器中，展开"族"分支下的"常规模型"，如图 8.4.12-2 所示，可以看到这三个族已经在列表里面。在功能区"建筑"选项卡"构建"面板，点击"构件"上面的图标，或者黑色小箭头展开下拉列表选择"放置构件"，如图 8.4.12-3 所示，查看属性选项板的类型选择器，确认是否为我们刚才制作的第三个族，如图 8.4.12-4 所

示，或者点击类型选择器展开下拉列表，从中选择"8-4 04"，如图8.4.12-5所示。移动光标，靠近围合墙体左上角的内侧，如图8.4.12-6所示，在捕捉到端点及与墙面对齐时，会显示文字形式的提示信息和蓝色加亮墙体表面。单击一次，在左上角放置族"8-4 04"的一个实例。

图8.4.12-1　绘制墙体

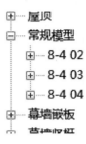

图8.4.12-2　把族载入到项目文件中

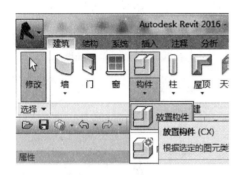

图8.4.12-3　放置构件

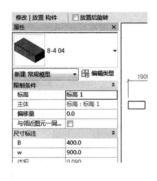

图8.4.12-4　查看属性选项板

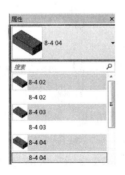

图8.4.12-5　使用类型选择器

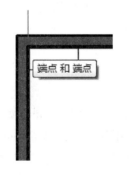

图8.4.12-6　放置在左上角

8.4.13　在类型选择器里切换为"8-4 03"，靠近上部墙体的内侧，捕捉到中点后单击以放置一个实例，如图8.4.13-1所示；在类型选择器里切换为"8-4 02"，在围合区域内部单击以放置一个实例，整体情况如图8.4.13-2所示。选择其中任意一个，在属性选项板可以看到它的两个参数，修改参数值，观察绘图区里族的变化。如图8.4.13-3所示，可以看到，在尺寸有变化的时候，与墙体相邻的两个族并没有任何部分延伸到墙体里面去，之前使用的插入点仍然保持了拾取时的位置，这种"变化当中的一致性"是非常方便的，避免了那种"按下葫芦浮起瓢"的情况，可以使我们之前所做的部分工作内容仍然有效。所以在构建族框架的时候，提前要思考清楚这个族可能的调整方式，怎样布置可以使后续工作尽量的方便。在创建比较复杂的族时，还需要对参照平面命名，以方便使用及今后的调整。

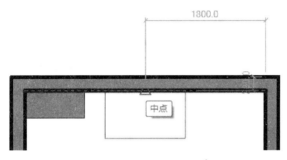

图 8.4.13-1　靠墙放置一个实例

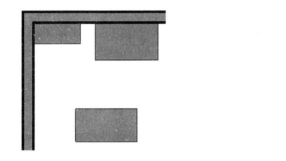

图 8.4.13-2　在中间空白区域放置一个实例

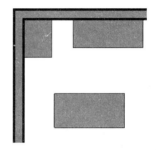

图 8.4.13-3　修改参数值查看图元变化

8.4.14　在对族做参数测试的时候要注意两点。首先是要按照它将来的使用环境来进行测试，而不是仅仅在族编辑器中测试以后就算是结束了，这样可能是会留下隐患的。其次就是按照参数可能的变化方向来进行充分的测试。打个比方，参数 K 的默认值是 1250 mm，在族中它的可能变化范围是 500~1800 mm，且包含这两个值，那么在测试的时候如果只是输入了"1400"、"1600"、"1790"这样的值，这个测试就是不够的，不仅少了一个"变小"的方向，同时还少了两个端点。

在搭建族框架并测试完毕以后，可以根据需要来创建不同的族类型，进行必要的分类。这样在使用的时候，对于某些比较典型的常用设置，就不必再频繁地调整，而是直接选用某个类型就可以了。下面我们使用本节中第三个族，来练习族类型的创建。

8.4.15　关闭其他所有文件，打开"8-4 04"，点击窗口左上角的程序图标，如图 8.4.15-1 所示，另存为"8-4 05"。在功能区"创建"选项卡"属性"面板，点击"族类型"按钮，如图 8.4.15-2 所示，打开"族类型"对话框。现有的两

图 8.4.15-1　另存为

个参数都是实例参数，先把它们修改为类型参数。如图 8.4.15-3 所示，点击参数名称使其高亮显示，再点击窗口右侧的"修改"按钮，打开"参数属性"对话框，勾选窗口右侧的"类型"，点击"确定"按钮返回"族类型"对话框。依次修改这两个参数，在转为类型参数以后，它们的名称后面不再显示"（默认）"。

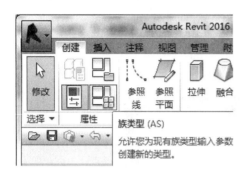

图 8.4.15-2　"族类型"按钮

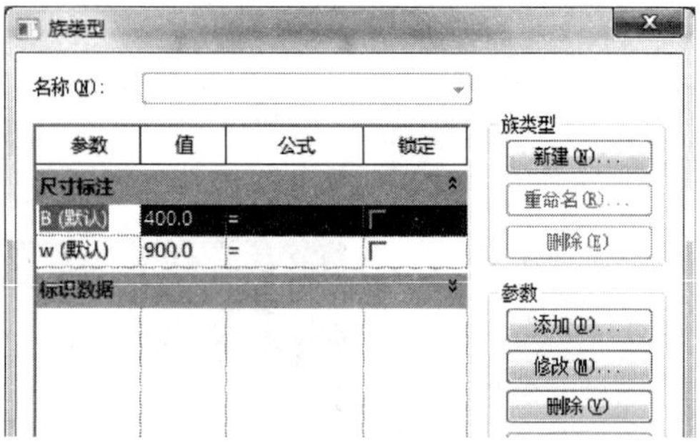

图 8.4.15-3　改为类型参数

8.4.16　点击"族类型"对话框窗口右上角的"新建"按钮，打开"名称"对话框，如图 8.4.16-1 所示，在其中输入"D-9040"，点击"确定"按钮返回"族类型"对话框，这时我们就创建了第一个类型。再次点击右上角的"新建"按钮，打开"名称"对话框，在其中输入"D-8050"，点击"确定"按钮返回"族类型"对话框，这样就创建了第二个类型。因为族类型里具体参数的值并不会自动关联到名称，所以在建立了新类型以后，务必手动修改这两个参数的值，如图 8.4.16-2 所示，再点击"确定"按钮关闭"族类型"对话框。检查绘图区里形状的变化，如图 8.4.16-3 所示，它的尺寸已经是类型中设置的值。这在载入到项目中使用时，就可以在类型选择器里直接选取族中的类型，而不必再手动修改。

图 8.4.16-1　新建族类型

图 8.4.16-2　修改参数值

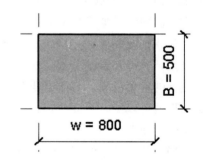

图 8.4.16-3　检查绘图区里图元的变化

8.4.17　从以上练习可以看出，在一些情况下，实例参数和类型参数是可以互相转换的。它们之间比较关键的差别是，修改类型参数的结果会影响到所有这个类型的实例。而实例参数的影响范围是有限的，仅仅是当前所选择的那部分实例。构件中的有些参数如果设置为"类型参数"可能会更好一些，比如门的高度宽度，这样可以避免它被改为一些奇怪的数字。但是务必要牢记这一点，"修改类型参数会影响所有实例"，有时忘记了这一点，可能会带来很不希望的后果。

8.5　向族中添加几何图形

在创建可载入族时，我们可以根据需要的内容，决定如何使用二维和三维几何图形来表达设计内容。一般情况下，通过创建实体几何造型来代表族所要表现图元的三维几何特征。然后再使用二维线条来向特定视图中的实体几何图形添加细节，或者创建某个图元在二维视图（平面视图、立面视图等）中的平面表示。创建族几何图形时，可以指定几何图形的可见性、材质和可选子类别。这些设置决定着族的特定几何构件在不同环境下的显示方式。为确保每个参数化族的稳定性，在构建族几何图形时，应分批逐步地添加，并且在每次增加几何图形后都应测试、验证各个图元之间的参数化关系，以减轻最后修正的难度。

我们先来看一个比较隐蔽的内容，名称是"自动绘制尺寸标注"，它可能会在我们不需要的时候出现，带来一些不需要的变化。在我们向已经放置的尺寸标注添加参数的时候，Revit 会自动创建这类尺寸标注，目的是"帮助控制设计意图"。具体的"帮助"方式和"帮助"对象，是按照它内部的规则，智能地、自动地来添加。并且在默认情况下，这些自动尺寸标注是不显示在视图中的。所以，在自动添加了这类标注以后，可能会将几何图形约束到参照平面，而这种自动生成的"约束"，在项目中可能会导致一些意外行为。下面通过一个简单的练习，我们来感受一下它的存在。

8.5.1　打开软件，新建一个族，选择"公制常规模型"族样板。按照图 8.5.1-1 所示的样子在右上角添加两个参照平面，与族样板中预置的两个参照平面，共同围合成一个矩形。放大这个区域，在其中创建一个矩形拉伸，比例大致如图 8.5.1-2 所示，注意，整个的拉伸形状都是位于矩形区域的内部，并且与四周的参照平面都有一定的间距。选择这个形状右侧或者上部的参照平面并拖动，如图 8.5.1-3 所示，可以看出，拉伸形状并没有

图 8.5.1-1　添加两个参照平面　　　　图 8.5.1-2　在围合区域中创建一个拉伸

什么变化。选择这个拉伸形状，拖动上部的造型操纵柄，直到与上部的参照平面重合，在出现图 8.5.1-4 中的锁定符号以后，点击一次这个符号，把拉伸形状这一侧的表面锁定到这个参照平面。这时再移动图 8.5.1-4 中上方的参照平面，可以看到拉伸形状是可以跟着一起变化的。但是如果移动右侧的参照平面，拉伸形状就不会有什么变化。这说明，在这种创建了"简单的、没有参数的约束"的情况下，形状本身没有锁定的表面并没有多余的动作。

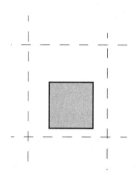

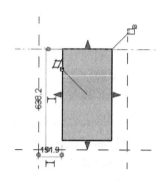

图 8.5.1-3　移动参照平面查看图元变化

图 8.5.1-4　把形状表面
锁定到一个参照平面

　　8.5.2　如图 8.5.2-1 所示，用"对齐尺寸标注"工具，标注两个垂直方向的参照平面之间的距离，然后再次移动右侧的参照平面，并观察拉伸形状的变化。可以看到，拉伸形状仍然保持原样，随着右侧参照平面位置的变化，它没有任何改变。这说明，在有尺寸标注的情况下，拉伸形状还能够保持稳定性。选择"600"的标注，点击选项栏"标签"右侧的"〈无〉"，在展开的下拉列表中选择"〈添加参数…〉"，打开"参数属性"对话框，在窗口左侧的中部，为名称输入"W"，点击窗口下方的"确定"按钮，关闭"参数属性"对话框。如图 8.5.2-2 所示，在添加完毕参数以后，移动右侧的参照平面，并查看拉伸形状的变化。这时会发现，随着参照平面的移动，拉伸形状的右侧表面也在移动，如图 8.5.2-3 所示。回顾刚才的操作，我们并没有在该表面和右侧的参照平面之间建立任何的约束关系。接下来我们打开"自动绘制尺寸标注"的可见性，来检查一下到底是怎么回事。

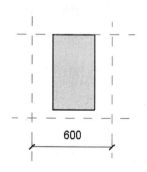

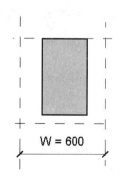

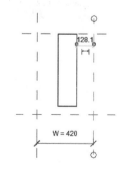

图 8.5.2-1　添加尺寸标注

图 8.5.2-2　给这个标注添加参数

图 8.5.2-3　移动参照平面
检查图元的变化

8.5.3　在功能区视图选项卡图形面板，点击"可见性/图形"，打开当前视图的"可见性/图形替换"对话框，在"注释类别"选项卡，会看到其中"自动绘制尺寸标注"的"可见性"，默认是没有勾选的，如图 8.5.3-1 所示，那么在视图中当然就看不到它了。勾选这个选项，点击窗口下方的"确定"按钮，关闭这个对话框，会发现视图中还是原来的样子，没有什么变化。选择这个拉伸形状，在"修改｜拉伸"关联选项卡"模式"面板，单击"编辑拉伸"，这时会切换到草图视图，如图 8.5.3-2 所示，我们也看到这些蓝色的"自动绘制尺寸标注"了。这个矩形有四条边，现在每个边都有一个对应的蓝色的尺寸标注。在修改编辑拉伸关联选项卡属性面板，点击"族类型"按钮，打开"族类型"对话框，修改参数"W"的值，点击窗口下方的"确定"按钮，查看绘图区的变化，如图 8.5.3-3 所示，可以看到，参照平面受参数驱动，已经改变了位置，但是自动绘制尺寸标注的值没有变，

图 8.5.3-1　"可见性/图形替换"对话框"注释类别"选项卡

所以带动草图线一起进行了移动，那么自然的，由这个草图线所生成的三维形状也就跟着改变了。点击关联选项卡模式面板的"完成编辑模式"，结束对这个拉伸形状的编辑。

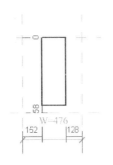

图 8.5.3-2　在草图模式下查看

图 8.5.3-3　修改参数值查看图元变化

8.5.4　在上面的练习中，退出草图编辑模式以后，这类标注就看不到了。下面我们再看另外一种情况。在功能区"注释"选项卡"详图"面板，点击"符号线"，在"修改｜放置符号线"关联选项卡"绘制"面板，选择"矩形"工具，如图 8.5.4-1 所示，在尺寸标注的下方绘制一个矩形，可以看到，在绘制完成以后，立即就出现了四个蓝色的尺寸标注，如果移动右侧的参照平面，那么这个以符号线绘制的矩形的右侧短边也会跟着一起移动。这时的"自动绘制尺寸标注"是可以直接观察到的。删掉这个矩形，在这个位置再用符号线绘制一个圆形，如图 8.5.4-2 所示，可以看到，现在有三个这种类型的标注，两个标注到了圆心，一个标注到了圆形的半径。删掉这个圆形，再以"创建"选项卡"模型"面板的"模型线"工具绘制一个椭圆，如图 8.5.3-3 所示，可以看到，对于椭圆的标注方式又有些不同。在移动右侧的参照平面时，圆形和椭圆的变化情况是不一定的，有时会整体跟着一起移动，在半径比较大时圆形可能会不动，有时椭圆的一侧会随着移动但是中心不动。读者可以多尝试几种不同的尺寸以及比例。

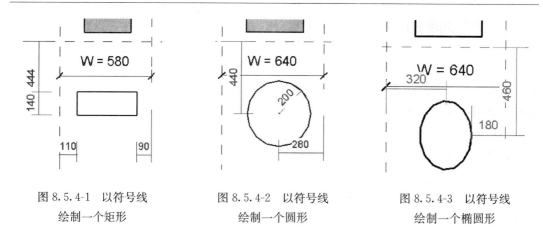

图 8.5.4-1 以符号线
绘制一个矩形

图 8.5.4-2 以符号线
绘制一个圆形

图 8.5.4-3 以符号线
绘制一个椭圆形

8.5.5 因为这个"自动绘制尺寸标注"带来的变化结果具有不确定性，所以多数时候我们要避免出现这种情况。解决办法其实很简单，对于某个图元，或者是某个图元的一部分，如果是希望它能够随着参数变化而同步改变，那么就把它锁定到相关的参照上；如果是不希望它"动"，那么就还是把它锁定到那个不动的参照上。这样来全面、主动地对族中图元的行为进行控制，避免出现意外的结果。

在将几何图形添加到构件族时，需要将几何图形约束到之前创建的参数化框架。比较常用的方法是，可以将几何图形草图约束到受参数驱动的参照平面或参照线。使用"对齐"工具并选择特定的参照平面和绘制线来建立限制条件，当显示锁定符号时，单击该符号以锁定该限制条件。在我们前面的练习中，已经接触过多次这样的方式。这里要提醒的是，不管是在草图状态把草图线锁定到参照图元（参照平面、参照线），还是在完成形状以后，把形状的表面锁定到参照图元，这两种方式都是可以的。不过有些形状，在草图模式下创建约束关系会更方便一些。如果并不需要对所添加的几何图形进行参数化控制，那么当然就不必考虑锁定的问题。

下面我们练习几种常见的锁定形式。以常规模型族中的形状为例，使用频率最高的是把一条草图线锁定到一个参照平面。如图 8.5.5-1 和图 8.5.5-2 所示，在创建拉伸形状的草图模式中，使用"对齐"工具首先选择要作为标准的参照物，下图中的参照物是右侧的参照平面，然后再选择要对齐的实体，它将要移动到参照那里与之成为"对齐"的状态。在完成这样的一个操作之后，通常都会出现图 8.5.5-3 所示的锁定符号，点击这个符号，

图 8.5.5-1 先拾取参照平面

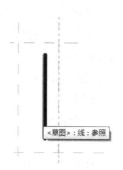

图 8.5.5-2 再拾取草图线

就可以把这条草图线锁定到右侧的这个参照平面。这是在草图状态下的"从线到面"的锁定形式。在形状完成之后，拖动它的造型操纵柄直到与参照图元重合，也可以创建对齐关系，如图 8.5.5-4 所示，在出现"对齐"的提示以后（蓝色高亮显示）松开鼠标左键，也会出现锁定符号，单击它就可以创建一个锁定关系。这个用于"对齐"的参照图元，可以是参照平面、参照线、其他图元的表面。

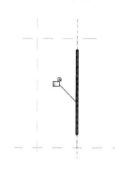

图 8.5.5-3　显示锁定符号

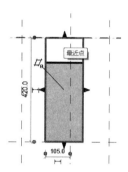

图 8.5.5-4　把形状表面
锁定到参照平面

以上这两种情况，共同的特点就是处理的对象都是"线段"。在我们创建几何图形时，不管是二维还是三维的，如图 8.5.5-5 中的绘制面板，可以使用的线条有很多种。其中的直线、矩形、多边形，都可以归结为"线段"，特点是"有长度、有两个端点"。除去这些类型以外，还有圆形、圆弧、样条曲线、椭圆，这样的一些"曲线"形式的类型。对于"线段"，可以锁定的部分还有它的端点，比较下面的图 8.5.5-6 和图 8.5.5-7，图 8.5.5-6 所示是对齐工具拾取到端点时的样子，在端点处会显示一个蓝色的圆点，图 8.5.5-7 所示是对齐工具拾取到线条本身时的样子，整个线条都会蓝色高亮显示。

图 8.5.5-5　绘制面板

图 8.5.5-6　使用"对齐"工具
拾取到线段的端点

图 8.5.5-7　拾取到线段本身

新建一个族，选择"公制常规模型"族样板，在"中心（前/后）"参照平面的上方绘制一个水平方向的参照平面，然后创建一个拉伸形状，在草图模式下绘制一个圆形并选中它，查看属性选项板，如图 8.5.5-8 所示，勾选"中心标记可见"属性，查看刚才绘制的圆形，在圆心的位置已经有了一个小的十字标记，如图 8.5.5-9 所示，使用对齐工具，拾取参照平面之后再点击圆形的这个十字标记，可以看到圆形会立即向参照平面移动过去，且圆心位于参照平面所确定的平面上，同时出现一个锁定符号，如图 8.5.5-10 所示，点击这个符号，就可以把圆形以"锁定圆心"的方式约束到这个参照平面上了。点击关联选项卡的"完成编辑模式"按钮，生成这个拉伸形状，再移动这个参照平面的时候就可以看到，拉伸形状是跟着参照平面同步移动的。所以对于圆形的位置控制，是从控制它的圆心开始的。

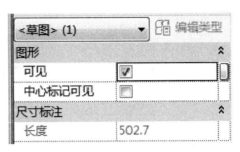

图 8.5.5-8　中心标记可见

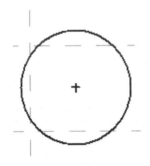
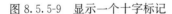

图 8.5.5-9　显示一个十字标记

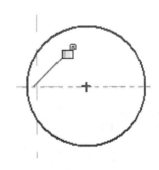

图 8.5.5-10　把圆心锁定到参照平面

再次创建一个拉伸，绘制一段样条曲线，使用对齐工具，拾取参照平面之后再靠近样条曲线，如图 8.5.5-11 所示，会看到在样条曲线的两个端点之间会蓝色高亮显示一段连接线，点击这段连接线，它会调整自己的方向并移动到参照平面的位置，如图 8.5.5-12 所示，同时显示一个锁定符号。点击这个符号，这段样条曲线就锁定到了这个参照平面。补齐周围的边界线，点击关联选项卡的"完成编辑模式"按钮，生成这个拉伸形状。选择那个参照平面并上下拖动，如图 8.5.5-13 所示，可以看到样条曲线会跟着一起移动。所以，样条曲线也是可以沿着端点连线的方向来锁定的。

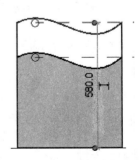

图 8.5.5-11　拾取到样条曲　　　图 8.5.5-12　显示锁定符号　　　图 8.5.5-13　移动参照平
线两个端点之间的连线　　　　　　　　　　　　　　　　　　　面检查锁定关系

在这个拉伸形状的左侧，绘制一个垂直方向的参照平面，然后选中这个拉伸，点击"修改 | 拉伸"关联选项卡"模式"面板的"编辑拉伸"按钮，进入草图模式以后，删掉左侧下方的草图线，使用"对齐"工具，拾取刚才绘制的垂直方向的参照平面，再去拾取样条曲线的左侧端点，如图 8.5.5-14 所示，会显示一个蓝色实心圆点，点击这个圆点后可以看到，它沿着水平方向移动到了参照平面的位置，并显示一个锁定符号，如图 8.5.5-15 所示，点击这个符号，可以在样条曲线的这个端点和参照平面之间建立一个约束。比较刚才的比例，读者会发现，这个端点移动以后，样条曲线是按照原有的形状被"放大"了，它自身各部位的比例并没有改变。用直线工具把缺失的另外两侧补起来，点击关联选项卡的"完成编辑模式"，结束对这个形状的编辑。选择左侧垂直的参照平面并移动它，如图 8.5.5-16 所示，可以看到样条曲线的端点始终是随着参照平面一起移动。所以对于样条曲线而言，可以利用端点以及端点的连接线来进行锁定控制。

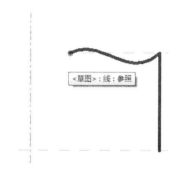

图 8.5.5-14　拾取到样条曲线的端点

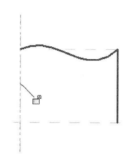

图 8.5.5-15　样条曲线的端点移动到参照平面

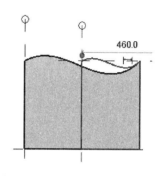

图 8.5.5-16　移动参照平面检查锁定关系

圆弧的属性类似圆形，也有"中心标记可见"这样的属性。下面我们做一个小练习，以参数控制圆弧的半径和位置，从而控制拉伸形状顶部的曲线。关闭其他所有文件，新建一个族，选择"公制常规模型"族样板，在视图中添加如图 8.5.5-17 所示的参照平面和参照线，其中的参照线在添加完毕以后已经勾选了它的"中心标记可见"属性，所以会显示一个绿色的十字标记。使用"对齐"工具，如图 8.5.5-18 所示，拾取参照平面后再分别点击以检查圆弧的"端点"和"圆心"对该工具的响应结果。可以看到，如果是拾取圆心，那么圆弧整体移动且圆心停留在参照平面的位置，并出现锁定符号；如果是拾取圆弧的端点，那么圆弧仍然是整体移动且该端点停留在参照平面的位置，并出现锁定符号。为了使图面看上去整齐有序也更容易理解，我们选择把圆弧的圆心锁定到参照平面并锁定，然后把圆弧的端点也拖动到参照平面并锁定，如图 8.5.5-19 和图 8.5.5-20 所示。在点击锁定符号时注意，因为图元的多于一个的部位有约束关系，所以可能会显示多个锁定符号，图 8.5.5-19 中就是这样，那么在点击时注意查看光标当前拾取的是哪个锁定符号。锁定符号在显示时为蓝色，被光标拾取到以后会转为紫色，类似图 8.5.5-19 中的那样；如果紫色显示的符号不是要处理的那个，那么按一下键盘的 Tab 键进行可选项之间的切换。

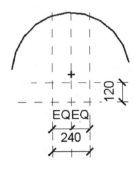

图 8.5.5-17　布置参照平面和参照线

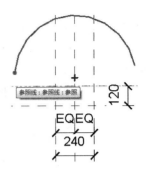

图 8.5.5-18　使用"对齐"工
具可拾取到圆心或端点

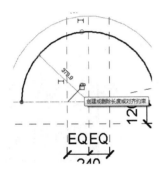

图 8.5.5-19　锁定圆心后再
锁定一侧的圆弧端点

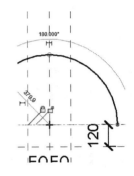

图 8.5.5-20　锁定圆弧另一侧的端点

选中圆弧，点击出现的临时尺寸标注旁边的符号，如图 8.5.5-21 所示，把它转换为永久尺寸标注，再选择这个标注给它添加一个参数"R"，再给标注"120"和"240"分别添加参数"A"和"B"，如图 8.5.5-22 所示。创建一个拉伸形状，在草图模式下，使用"拾取线"工具依次点击拾取图 8.5.5-23 中所示的参照平面和参照线，注意在每次拾取之后及时点击锁定符号。然后使用关联选项卡"修改"面板的"修改/延伸为角"工具，修剪为图 8.5.5-24 所示的样子。点击关联选项卡"完成编辑模式"按钮，生成这个形状。

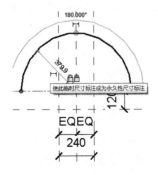

图 8.5.5-21　转换关于半径的尺寸

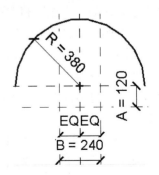

图 8.5.5-22　给尺寸标注添加参数

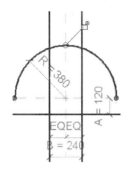

图 8.5.5-23　以"拾取"方式绘制草图线

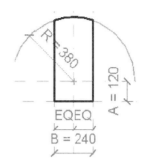

图 8.5.5-24　修剪后的草图线

点击功能区"创建"选项卡"属性"面板的"族类型"按钮，打开"族类型"对话框，点击窗口右上角的新建按钮，采用默认名称创建一个类型，修改参数的值，如图 8.5.5-25 所示，再新建第二个类型，修改参数值如图 8.5.5-26 所示的数值。新建一个项目文件，选择"建筑样板"，切换回族编辑器，点击选项卡"族编辑器"面板的"载入到项目"，在项目文件的标高一平面视图中，沿着水平方向点击两次，放置两个实例，选择其中的一个在类型选择器里切换为"类型 2"，如图 8.5.5-27 所示，通过参数设置，我们就得到了总高度相同，但是顶部弧形不同的两个构件。对于圆弧的圆心和端点进行控制，可以帮助我们方便地进行这类设置。

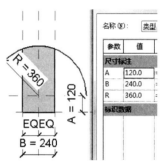

图 8.5.5-25　新建一个族类型并设置参数值

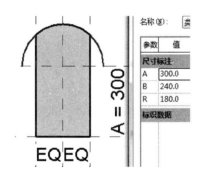

图 8.5.5-26　第二个类型

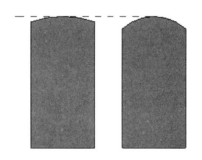

图 8.5.5-27　放置两个实例且换为不同的类型

我们来接着看椭圆的特点。先关闭其他文件，再新建一个族，选择"公制常规模型"族样板。点击功能区"创建"选项卡"模型"面板的"模型线"，选择"椭圆"工具，在"标高 1"平面视图，绘制一个椭圆，如图 8.5.5-28 所示。选中它，查看属性选项板，如图 8.5.5-29 所示，勾选"中心标记可见"，这时绘图区的椭圆有明显的变化，如图 8.5.5-30 和图 8.5.5-31 所示，分别是选中时和待选时的状态，通过椭圆的中心，有两条互相垂直的蓝色的线。

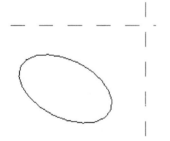

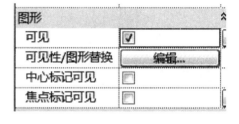

图 8.5.5-28　绘制一个椭圆

图 8.5.5-29　中心标记可见

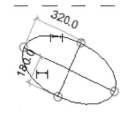

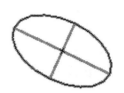

图 8.5.5-30　椭圆被选中时

图 8.5.5-31　预选时的样子

使用"对齐"工具，先点击一次视图中垂直的参照平面，再靠近椭圆，并在椭圆内部移动，如图 8.5.5-32 和图 8.5.5-33 所示，可以看到"对齐"工具能够辨认到这两条线。点击椭圆内部显示的较长的那条蓝线，会看到椭圆自身旋转一个方向以后，靠到了垂直的参照平面上，并且显示一个锁定符号，如图 8.5.5-34 所示。这表明，这两条蓝线是可以用作椭圆自身的参照进行锁定对齐的。按两次 Esc 键结束"对齐"命令，再次选择椭圆以后，在属性选项板勾选"焦点标记可见"，查看椭圆的变化，如图 8.5.5-35 所示，在其内部的两端显示了两个十字标记。

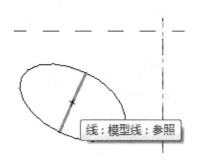

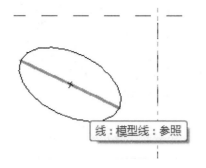

图 8.5.5-32　使用"对齐"工具
可捕捉到通过椭圆中心的参照

图 8.5.5-33　有两个通过椭
圆中心的可用参照

在功能区"注释"选项卡"尺寸标注"面板选择"对齐尺寸标注"工具，点击拾取图 8.5.5-36 中椭圆内部上下位置的两个十字标记，标注它们之间的距离，并给这个尺寸标注添加一个参数，如图 8.5.5-37 所示，打开族类型对话框修改该参数的值并应用，可以看到，这个参数能够驱动椭圆的尺寸进行变化。删掉这个标注，选择椭圆，如图 8.5.5-38 所示，

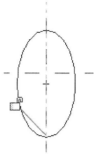

图 8.5.5-34　执行对齐后显示一个锁定符号

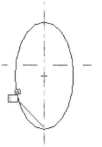

图 8.5.5-35　显示焦点标记

点击显示在临时尺寸标注的转换符号，将其转为永久性尺寸标注，依次选择这两个标注，并给他们添加参数，如图 8.5.5-39 所示，打开"族类型"对话框，修改参数的值并应用，查看椭圆的变化。

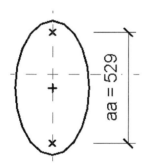

图 8.5.5-36　标注焦点的距离并添加参数

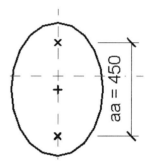

图 8.5.5-37　修改参数值插件图元变化

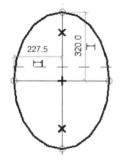

图 8.5.5-38　选择椭圆显示临时尺寸标注

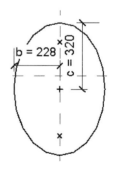

图 8.5.5-39　给标注添加参数

　　创建一个拉伸形状，在草图状态绘制一个椭圆，如图 8.5.5-40 所示，选择椭圆以后，勾选"中心标记可见"和"焦点标记可见"，把显示的两个临时尺寸标注都转为永久性尺寸标注，然后把椭圆的中心移动到视图中参照平面的交点位置。使用"角度尺寸标注"工具，标注椭圆长轴和"中心（前/后）"参照平面的夹角，如图 8.5.5-41 所示，并给这个标注添加一个参数。点击关联选项卡的"完成编辑模式"，生成这个拉伸形状。打开"族类型"对话框，修改参数 an 的值并应用，可以看到，在小于 90°的范围内是比较稳定的，大于 90°以后，如图 8.5.5-42 所示，在某些位置就会报错了。所以为了使用方便，可以使用"创建"选项卡"控件"面板的工具，给这个族添加用于翻转控制的控件，如图 8.5.5-43 所示，提高操作过程中的稳定性。

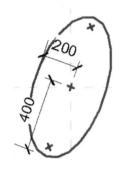

图 8.5.5-40　绘制一个椭圆

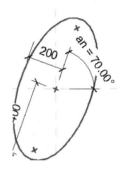

图 8.5.5-41　放置一个角度尺
寸标注并添加参数

图 8.5.5-42　报错信息

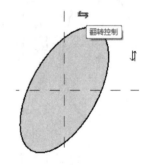

图 8.5.5-43　添加翻转控件

从前面的练习中可以看到，对于椭圆，可以直接从中心开始创建尺寸标注来控制它的尺寸，在进行"对齐锁定"的操作时，中心点和通过中心的两个轴都可以利用。

熟悉工具以及工具之间的组合，是创建灵活、可靠的自定义图形的基础。通常都需要先"简化问题、验证思路"，之后再进行细化，并在过程中及时检查各图元之间的约束关系是否工作正常。在完成族编辑器内的检查之后，还需要载入到项目中，按照将来可能存在的使用方式来进行更多的检查，这些检查工作是必要的，是确保自定义族在使用过程中具备足够稳定性的重要环节。

8.6　可见性设置及测试

族的可见性决定在哪个视图中显示族，以及该族在视图中的显示效果。通常情况下，当在族中包含三维几何图形时，该图元在不同视图中显示的结果也是不同的。在平面视图中，可能会希望仅查看图元的二维图形表示。而在三维视图或立面视图中，则可能希望查看图元的三维表示的全部细节。通过在族编辑器内的设置，用户可以灵活地控制族中几何图形的显示方式。例如，可以用三维形状来创建门框，但是在平面视图中用二维线条来表示该门框，且不显示三维形状。

也可以通过设置，以视图的详细程度来决定族中图元的可见性。例如，可以创建一个带有某种装饰细节的构件。之后通过可见性设置，使这个装饰细节仅在把视图设置为某个详细程度时再显示。这样就可以使用视图控制栏上的"详细程度"选项来控制项目视图中的显示内容。可以在创建二维或三维几何图形的过程中设置图元可见性和详细程度，也可以在完成创建之后再进行设置。注意，对于三维形状，默认会自动显示在三维视图中。

族可以是可剖切的或不可剖切的。如果族是可剖切的，则当平面视图剖切面与这个族相交时，它在当前平面视图里会按照"截面"来显示。如果这个族所属的类别是不可剖切的，那么不管是否与剖切面相交，这个族都将显示为投影。可以在"对象样式"对话框中来查看某个族类别的"可剖切"的性质。如果对应于"线宽"下的"截面"列处于禁用状态，那么该类别是不可剖切的。点击"管理"选项卡"设置"面板的"对象样式"按钮可以打开这个对话框。

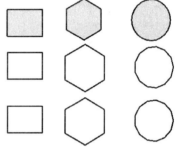

图 8.6.0-1　绘制三维形状和二维图形

下面我们通过一个练习来熟悉可见性设置的基本流程。打开软件，新建一个族，选择"公制常规模型"族样板，在参照标高平面视图绘制如图 8.6.0-1 中的三维和二维图形。上部第一排是三个拉伸形状，第二排是以注释选项卡的符号线工具绘制的二维图形，第三排是把符号线绘制的图形向下复制以后，选中它们，在"修改|线"关联选项卡"编辑"面板，点击"转换线"工具，把这些线条都转换为模型线。转换完毕时会有一个提示信息，如图 8.6.0-2 所示。

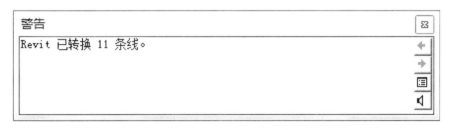

图 8.6.0-2　转换后的警告信息

我们先使用这些图形来练习使用视图的"详细程度"来控制图元的可见性。如图 8.6.0-3 所示，如果是这样框选的方式，则选择集里面会有三种图元，在"修改|选择多个"关联选项卡里面也找不到相关工具，所以要根据图元的种类，分批设置。仅选择左上角的矩形拉伸形状，在"修改|拉伸"关联选项卡"模式"面板点击"可见性设置"按钮，打开"族图元可见性设置"对话框，如图 8.6.0-4 所示，我们这次只操作窗口下方"详细程度"那个部分的设置。因为这个拉伸形状的位置是在左边，所以为了看上去容易建立对应关系，只保留"粗略"前面的勾选，对于"中等"和"精细"就去掉。按照相同步骤依次选择左侧这一列的符号线和模型线，也都设置为"粗略"模式下可见。符号线图

元对应的"族图元可见性设置"对话框是图 8.6.0-5 所示的样子，模型线图元对应是图 8.6.0-6 所示的样子。

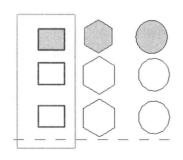

图 8.6.0-3　选择多种类型的图元

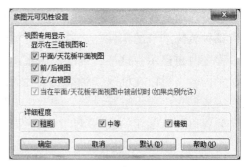

图 8.6.0-4　"族图元可见性设置"对话框

图 8.6.0-5　符号线的设置信息

图 8.6.0-6　模型线的设置信息

　　用同样方法，对于中间的一列设置为"中等"模式下可见，右侧的一列设置为"精细"模式下可见。设置完毕以后，我们先在族编辑器里进行检查。在软件窗口下方的视图控制栏，如图 8.6.0-7 所示，把当前视图的"详细程度"改为"精细"。观察绘图区的变化，如图 8.6.0-8 所示，左侧的两列已经转为灰色显示，右侧的还是黑色。根据刚才所做的设置，在视图的"详细程度"为"精细"时，左侧两列应该是"不可见"的状态，在族编辑器内，软件以"显示灰色边缘"的方式来表示"不可见"。切换到默认三维视图，并把视图的"详细程度"改为"中等"，如图 8.6.0-9 所示，现在是中间一列可见，其他两列灰色显示。符号线在这个视图是看不到的，所以没有显示。

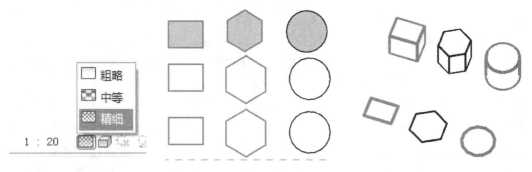

图 8.6.0-7　视图控制栏　　　图 8.6.0-8　查看图元变化　　　图 8.6.0-9　在默认三维视图查看

　　完成了族编辑器内部的检查之后，还需要载入到项目中进行检查。新建一个项目，选择"建筑样板"，切换回族编辑器，点击选项卡"族编辑器"面板的"载入到项目"按钮，把这个族载入到新建的项目文件中。默认的初始视图是"标高 1"平面视图，点击一次放置一个族实例，如图 8.6.0-10 所示，只有中间的六边形这一列是可见的。因为在默认的建筑样板里，"标高 1"平面视图的"详细程度"的设置是"中等"。分别改为"精细"和"粗略"，查看视图中这个族的显示，如图 8.6.0-11 和图 8.6.0-12 所示，确认关于可见性的设置是否工作正常。接着我们创建一个新族，练习"族图元可见性设置"对话框的其他选项。

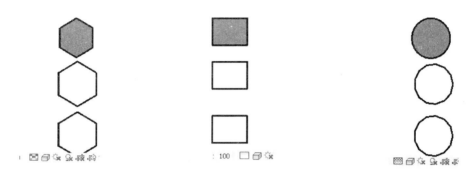

图 8.6.0-10　放置一个族实例　　图 8.6.0-11　把"详细程度"　　图 8.6.0-12　把"详细程度"
　　　　　　　　　　　　　　　　　　　　　设置为"粗略"　　　　　　　　设置为"精细"

　　关闭这两个文件。新建一个族，选择"公制常规模型"族样板。点击"创建"选项卡"基准"面板的"参照平面"，在"修改│放置参照平面"关联选项卡选择"拾取线"工具，在选项栏给"偏移量"输入"200"，移动光标拾取"中心（前/后）"参照平面，在它下方添加一个参照平面，在选项栏修改"偏移量"为"900"，移动光标拾取"中心（左/右）"参照平面，在它右侧添加一个参照平面，这样就围出一个矩形区域，完成后如图 8.6.0-13 所示的样子。点击功能区"创建"选项卡"形状"面板的"拉伸"，选择关联选项卡"绘制"面板的"矩形"工具，捕捉到围合区域的对角位置，绘制如图 8.6.0-14 所示的矩形，点击关联选项卡的"完成编辑模式"，生成这个拉伸。选择这个形状，在属性选项板修改"拉伸终点"的值为"2000"。保持它为选中的状态，在"修改│拉伸"关联选项卡"模式"面板点击"可见性设置"，打开"族图元矩形设置"对话框，如图 8.6.0-15 所示，去掉"前/后视图"和"左/右视图"的勾选，在这两个视图中，我们将用符号线来表示它的立面。点击"确定"按钮关闭这个对话框。

图 8.6.0-13　添加参照平面　　　　　图 8.6.0-14　绘制一个矩形

在项目浏览器双击"立面"分支下的"前",打开前立面视图。因为我们已经设置这个形状在前、后立面都是"不可见"的状态,所以它现在的边缘都是灰色显示的。在功能区"注释"选项卡"详图"面板,点击"符号线",在关联选项卡绘制面板选择拾取线工具,如图 8.6.0-16 所示,移动光标靠近这个拉伸形状的顶部边缘,通常只有邻近光标的那条边会蓝色高亮显示。按一次键盘的 Tab 键,功能是

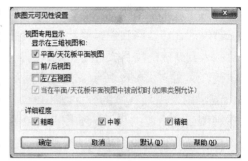

图 8.6.0-15 设置该拉伸形状的可见性

在可选项之间切换,直至如图 8.6.0-17 所示,拉伸形状的外轮廓都蓝色高亮显示了,点击鼠标左键,这样就生成了一个与该形状外轮廓对应的符号线形式的矩形,如图8.6.0-18所示。修改选项栏的"偏移量"为"50",再次靠近顶部,并按 Tab 键拾取到整个的矩形,直到出现以蓝色虚线显示的将要生成的符号线的位置,如图 8.6.0-19 所示,点击鼠标左键。这样就完成了前立面的二维图形。双击项目浏览器"立面"分支下的"右",切换到右立面,以同样的方式先用符号线添加一个基于拉伸形状外轮廓的矩形,再手动画两个圆形作为记号,如图 8.6.0-20 所示,以和前立面的图形作为区别。

图 8.6.0-16 拾取线

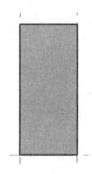

图 8.6.0-17 拾取到拉伸形状的外轮廓

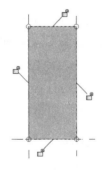

图 8.6.0-18 生成线条

图 8.6.0-19 再次拾取

图 8.6.0-20 绘制两个圆形

新建一个项目文件,选择"建筑样板"。切换回族编辑器,点击选项卡"族编辑器"面板的"载入到项目",在项目文件的"标高 1"平面视图点击一次,放置一个族实例,按两次 Esc 键结束放置命令。打开南立面,显示如图 8.6.0-21 所示,打开东立面,显示

如图 8.6.0-22 所示，可以看出，族编辑器内部的"前立面"对应于项目环境中的"南立面"。返回到项目文件的"标高 1"平面视图，选择这个矩形，按一下空格键，它会以左上角为圆心，逆时针旋转 90°，再分别打开南立面和东立面，可以看到显示内容刚好是互相交换了一下。所以在族编辑器中对于"前/后"和"左/右"方向的设置，是基于这个族的局部坐标系的。再次返回"标高 1"平面视图，选择这个实例，使用旋转工具把它转动一个角度，注意不要是 90°的倍数。按组合键"WT"，平铺视图，在南立面和东立面视图中，如图 8.6.0-22 和图 8.6.0-23 所示，现在可以看到族中的那个拉伸形状，符号线已经看不到了，这是因为当前视图已经和创建符号线的视图不再平行。所以在创建族的平面表示时，需要注意这些表示内容的方向。

图 8.6.0-21　在南立面查看　　图 8.6.0-22　在东立面查看

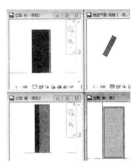

图 8.6.0-23　平铺视图

下面我们再练习"可见性参数"的方法。返回族编辑器中的参照标高平面视图，创建一个新的拉伸形状，草图为圆形，如图 8.6.0-24 所示。选择这个形状，查看属性选项板，如图 8.6.0-25 所示，点击"可见"右侧的小方块，打开"关联族参数"对话框，如图 8.6.0-26 所示，点击窗口左下角的"添加参数"按钮，打开"参数属性"对话框，输入名称为"YZ"，勾选右侧的"实例"，点击两次"确定"按钮，这样我们就给这个圆柱体添加了一个实例性质的可见性参数。

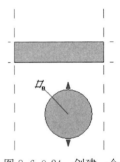

图 8.6.0-24　创建一个
拉伸形状

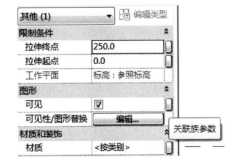

图 8.6.0-25　关联族参数

图 8.6.0-26　设置参数信息

再次把这个族载入到项目中，覆盖之前的版本，如图 8.6.0-27 所示，选择第一项。

选中这个族实例，查看属性选项板，已经列出了可见性参数"YZ"，如果清除勾选，那么视图中的圆柱就看不到了。通过这种方法可以对族中图元的可见性提供更加灵活的控制，如图 8.6.0-28 所示。

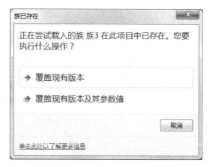

图 8.6.0-27　覆盖之前的版本

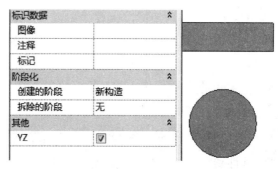

图 8.6.0-28　可见性参数

　　在检查"可见性"的流程中，还有一项就是关于族中的参照图元，包括参照线和参照平面。因为在后期使用族的过程中，涉及选择、捕捉、标注之类很多工作，那么自然是希望能够在操作中直接抓住"关键的点"。如果族中有较多的参照图元，在进行选择和尺寸标注时，不可避免地就会捕捉到很多不必要的位置，而不是通常那个"最合适"的位置。所以在完成搭建框架、添加图形、测试参数之后，对于那些不需要在以后的操作中被辨认出来的参照平面和参照线，要把他们的"是参照"属性设置为"非参照"，如图 8.6.0-29所示，使这个族在项目中使用的时候，特别是在面对"对齐"、"尺寸标注"这样一些工具的时候，能够有更加简洁、高效的表现。

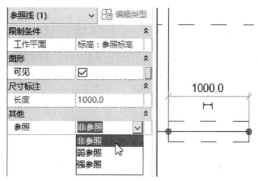

图 8.6.0-29　将"参照"属性设置为"非参照"

9 二维族练习

在很多情况下，都会用到二维形式的族。其中有一些是用于图面表达的详图构件族，还有一些是用于控制三维形状的轮廓，当然还有其他的用途。本章的主要内容是练习一些经常用到的二维族。

9.1 轮 廓 族

轮廓族包含一个二维形状（通常为闭合环），可以将该闭合环载入到项目中并应用于某些建筑图元。下面我们通过制作三个轮廓族，分别应用于幕墙竖梃、楼板边缘、金属压型板，来初步掌握轮廓族的制作流程。

9.1.1 打开软件，新建一个族，选择"公制轮廓—竖梃"族样板。为了方便使用，在这个族样板中已经放置了说明文字，说明哪一侧是朝向幕墙外侧的，以及幕墙嵌板的修剪位置，如图 9.1.1-1 所示。我们先做一个大致的外轮廓，检验合格以后再添加细节。注意，练习中的尺寸并不是真实产品的实际尺寸，读者可以根据自己做过的项目，选择其他数字。

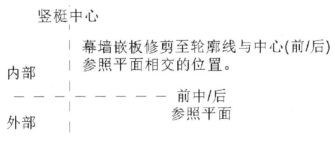

图 9.1.1-1 族样板中的说明

9.1.2 先以视图中参照平面的交点为中心，在周围布置参照平面作为框架。点击"创建"选项卡"基准"面板的"参照平面"，在"修改│放置参照平面"关联选项卡"绘制"面板选择"拾取线"工具，在选项栏为"偏移量"输入"40"，移动光标点击两次视图中垂直方向的参照平面，在它的两侧各添加一个参照平面，修改选项栏的偏移量为80，点击水平方向参照平面靠下的一侧，添加第三个参照平面，再修改选项栏的偏移量为160，点击水平方向参照平面靠上的一侧，添加第四个参照平面，完成后如图 9.1.2-1 所示。点击"创建"选项卡"详图"面板的"直线"工具，在"修改│放置线"关联选项卡"绘制"面板选择"矩形"工具，绘制如图 9.1.2-2 所示的矩形，保存这个族为"9-1-1"。

9.1.3 新建一个项目文件，选择"建筑样板"。在"标高 1"平面视图以默认的"幕墙"类型从左向右绘制一道墙体如图 9.1.3-1 和图 9.1.3-2 所示，符号"修改墙的方向"的位置表明，这道墙体的外侧现在是朝上的。切换到默认三维视图，点击"建筑"选项卡

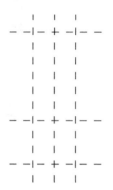

图 9.1.2-1　添加参照平面

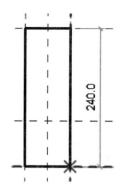

图 9.1.2-2　绘制一个矩形

"构建"面板的"幕墙网格"，在这个幕墙上面添加两个竖向的幕墙网格，如图 9.1.3-3 所示。

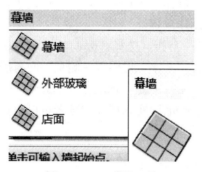

图 9.1.3-1　幕墙工具

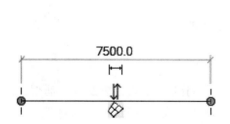

图 9.1.3-2　绘制墙体

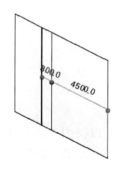

图 9.1.3-3　添加幕墙网格

9.1.4 切换回轮廓族，点击"创建"选项卡"族编辑器"面板的"载入到项目"，这样就把这个轮廓族载入到项目文件中了。在项目文件中打开三维视图，点击"建筑"选项卡"构建"面板的"竖梃"，在属性选项板点击"编辑类型"按钮，如图 9.1.4-1 所示，打开"类型属性"对话框，点击"构造"下面"轮廓"的值框，展开下拉列表，选择其中的"9-1-1"，如图 9.1.4-2 所示。点击窗口下方的确定按钮，关闭这个对话框。移动光标点击刚才添加的幕墙网格线，如图 9.1.4-3 所示，这样就创建了使用自定义轮廓的竖梃。

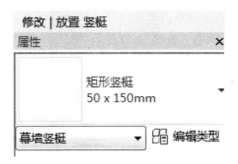

图 9.1.4-1 编辑类型

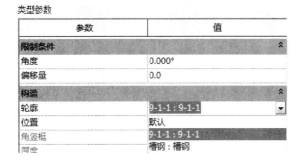

图 9.1.4-2 选择轮廓

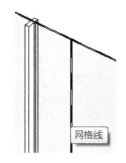

图 9.1.4-3 添加竖梃

9.1.5 打开"标高1"楼层平面视图，查看竖梃的截面，如图9.1.5-1所示。其中的斜线是因为当前竖梃类型采用了"金属—铝—白色"的材质，而这个材质设置了截面填充图案，如图9.1.5-2和图9.1.5-3所示。因为我们之前在族编辑器里创建轮廓的时候，朝向外部的一边，就是轮廓较短的一边，所以现在的竖梃朝向是正确的，这是因为这道墙体的外侧就是朝上的，尽管现在的这个竖梃看上去和族编辑器内的样子刚好相反。

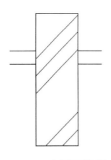

图 9.1.5-1 在平面视图查看

图 9.1.5-2 查看竖梃属性

图 9.1.5-3 在材质浏览器中查看截面填充图案的设置

9.1.6 在放置完毕以后，现在已经可以确认轮廓族的表现是正常的。选中嵌板查看它的类型属性，可以看到材质是"玻璃"，厚度是"25"，这些属性暂时不做修改。其中与轮廓族有关的是玻璃的厚度，如图 9.1.6-1 所示。

材质和装饰	
完成	
材质	玻璃
尺寸标注	
厚度	25.0

图 9.1.6-1　查看嵌板的类型属性

9.1.7 返回族编辑器，现在开始给轮廓添加更多细节。因为玻璃厚度是 25，忽略胶条等其他空隙，把卡入竖梃的宽度定为 26 mm，深度为 15 mm，朝外的一侧添加一个长宽各 20 mm 的凹槽。绘制方式还是先添加参照平面，再修改线条，完成后如图 9.1.7-1 和图 9.1.7-2 所示。再次载入到项目中并覆盖之前的版本，在"标高 1"平面视图和默认三维视图中查看竖梃的样子，如图 9.1.7-3 和图 9.1.7-4 所示。注意，竖梃轮廓族只支持单一的闭合环，所以无法依靠这种轮廓类型来表现更具体的产品细节。比如，无法通过轮廓族来把竖梃创建为图 9.1.7-5 中的形状。图 9.1.7-5 中的形状是用"内建模型"方式做的一个拉伸形状。

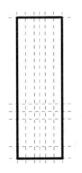

图 9.1.7-1　添加参照平面

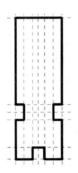

图 9.1.7-2　修改轮廓线条

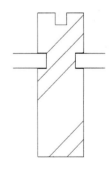

图 9.1.7-3　在平面视图查看

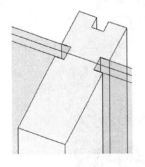

图 9.1.7-4　在三维视图查看

图 9.1.7-5　由两个闭合环生成的拉伸形状

接下来我们练习楼板边缘。关闭刚才的两个文件，新建一个族，因为没有专门的用于楼板边缘轮廓的族样板，所以我们选择"公制轮廓"族样板。

9.1.8 创建新族以后，在没有选择任何图元、执行任何命令的情况下，属性选项板显示的是关于这个族本身的一些属性，并不是当前视图的属性。如图 9.1.8-1 所示，先在属性选项板中把"轮廓用途"指定为"楼板边缘"，这样做的好处是，在载入到项目中以后，这个轮廓族只会出现在楼板边缘的类型属性对话框中，这样就不会在编辑其他的也使用二维轮廓的族时，在"轮廓"属性下出现一个太长的包含无用选项的列表。视图中预置的两个参照平面互相垂直，把参照标高平面分成了四个部分，如图 9.1.8-2 所示。参照平面的交点当然就是轮廓族的插入点，但是哪一个区域对应于楼板呢？族样板中并没有给出说明。

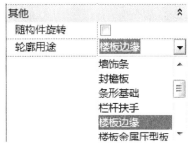

图 9.1.8-1 设置"轮廓用途"属性   图 9.1.8-2 初始平面视图

9.1.9 假设我们要做的是一个位于楼板上表面且朝向内侧的一个小的翻边，那么还是先测试图形对于图元的方向，再来添加细节。如图 9.1.9-1 所示，在右上角绘制一个角部带有尖角的矩形，这个尖角的作用就是帮助判别方向的。如果是以参照平面的交点为中心，绘制了一个对称的图形，甚至是圆形，那么是无法判断方向的。把这个族保存为"9-1-2"。新建一个项目，选择建筑样板，并在"标高 1"平面绘制一块楼板，切换到三维视图，如图 9.1.9-2 所示。

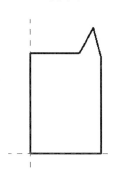

图 9.1.9-1 绘制一个带有特征的图形   图 9.1.9-2 在三维视图查看楼板

9.1.10 返回到轮廓族，把它载入到项目中。在"建筑"选项卡"构建"面板点击"楼板"下方的黑色小三角箭头，展开下拉列表选择其中的"楼板边"，如图 9.1.10-1 所示，点击属性选项板的"编辑类型"按钮，打开"类型属性"对话框，在"轮廓"属性的下拉列表里找到刚刚载入的轮廓族，如图 9.1.10-2 所示，把它指定为当前类型使用的轮廓。

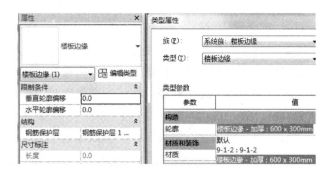

图 9.1.10-1　楼板边　　　　　　　　　　　　　图 9.1.10-2　选择轮廓族

9.1.11　移动光标靠近楼板上表面的边缘，在边缘显示为蓝色高亮的状态时单击，如图 9.1.11-1 所示，会立即沿着这段边缘的全长生成一段楼板边缘，如图 9.1.11-2 所示。很明显，这个轮廓族在垂直方向是正确的，但是在水平方向是反的，所以再返回族编辑器进行修改。

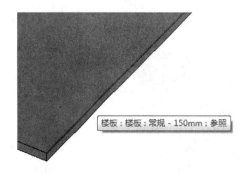

图 9.1.11-1　拾取到楼板图元的边缘　　　　　　　图 9.1.11-2　生成楼板边缘

9.1.12　删掉用于测试方向的图形，绘制如图 9.1.12-1 中带有一个小饰条的矩形，图形右下角为参照平面的交点，再次载入到项目中并覆盖之前的版本。查看绘图区中楼板边缘的状态，如图 9.1.12-2 所示，现在这是预期的效果。

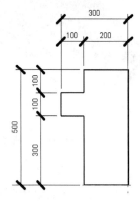

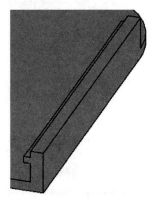

图 9.1.12-1　在左上角区域绘制新图形　　　　　图 9.1.12-2　载入项目文件覆盖之前的版本

294

9.1.13　选中这个楼板边缘，在"修改｜楼板边缘"关联选项卡"轮廓"面板点击"添加/删除线段"，如图 9.1.13-1 所示，然后拾取楼板远端的弧形边缘和侧边，如图 9.1.13-2 所示，把最后生成的形状渲染一个小图来检查一下，如图 9.1.13-3 所示。

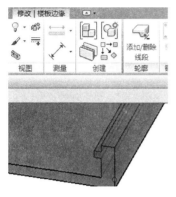
图 9.1.13-1　添加/删除线段

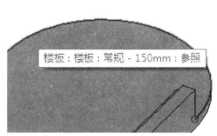
图 9.1.13-2　拾取楼板图元的其他边缘

图 9.1.13-3　查看结果

第三个轮廓练习是金属压型板。不同于前面两个轮廓类型，这个类型的轮廓是开放的。关闭刚才的两个文件，新建一个族，选择"公制轮廓"族样板。以下所使用的尺寸仅是出于练习的目的，不是来自真实产品。

9.1.14　先在属性选项板中指定轮廓用途为"楼板金属压型板"，如图 9.1.14-1 所示。然后添加参照平面，尺寸如图 9.1.14-2 所示。图 9.1.14-2 中最左侧的是族样板中预置的"中心（左/右）"参照平面。添加线条如图 9.1.14-3 所示，只需要绘制一个最小的重复单元即可。保存这个族为"9-1-3"。

图 9.1.14-1　设置轮廓用途

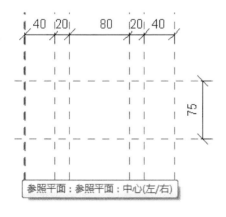
图 9.1.14-2　添加参照平面

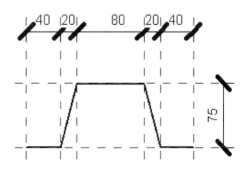
图 9.1.14-3　添加二维图形

9.1.15　新建一个项目，选择"建筑样板"，在"标高 1"平面视图绘制一块楼板。

在楼板的草图中，如图9.1.15-1所示，带有两条短线的边是该楼板图元中平行于金属压型板的方向。在绘制时或者编辑楼板边界时，可以使用关联选项卡"绘制"面板的"跨方向"工具来调整这个方向，如图9.1.15-2所示。

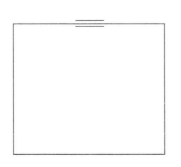

图9.1.15-1 绘制楼板草图

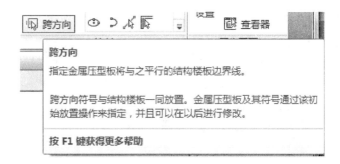

图9.1.15-2 跨方向

9.1.16 返回族编辑器中，把轮廓族载入到项目中。选中这个楼板，点击属性选项板的"编辑类型"按钮，打开"类型属性"对话框，如图9.1.16-1所示，点击"结构"右侧的"编辑"按钮，打开"编辑部件"对话框，如图9.1.16-2所示。点击图9.1.16-2中的"插入"按钮，并将所添加的层移动到列表的最下方，在"功能"一栏内点击展开列表，选择其中的"压型板"，如图9.1.16-3所示，因为当前只有一个压型板轮廓族，所以会自动选择它作为当前压型板类型的轮廓。对"压型板用途"属性选择"与上层组合"。

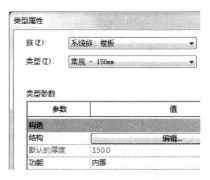

图9.1.16-1 类型属性

图9.1.16-2 编辑部件

图9.1.16-3 设置为"压型板"

9.1.17 点击窗口左下角的"预览"按钮，查看应用以后的效果，如图9.1.17-1所示。点击"确定"按钮两次，关闭这两个对话框。打开默认三维视图，会发现楼板还是之前的样子，底部没有任何变化，这是因为软件并不会在三维视图中表现这种结构。返回"标高1"楼层平面视图，创建如图9.1.17-2所示的剖面，与楼板边界草图中的"跨方向"为垂直关系，打开这个剖面视图，在视图控制栏把"详细程度"修改为"中等"或"精细"，就可以看到应用了轮廓族以后的结果，如图 9.1.17-3 所示。金属压型板轮廓，是不需要闭合环草图的特殊轮廓的例子。

图 9.1.17-1　预览效果

图 9.1.17-2　创建一个剖面视图 　　　　　　　　图 9.1.17-3　打开剖面视图观察

9.2　注释符号族的种类

注释符号族是应用于族的标记或符号，可以提取特定族类别的信息，或者仅是常规注释。对于"不提取模型信息"的这个类型，图 9.2.0-1 中的"指北针"是一个很好的例子。相反就是那些可以提取模型信息的，图 9.2.0-2 中的门标记就是这样的例子，它提取了这个门族的"类型标记"属性的值。对于这两种类型，我们分别查看几个例子。

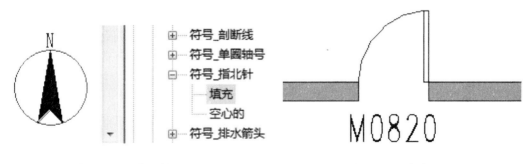

图 9.2.0-1　指北针 　　　　　　　　　　　　　图 9.2.0-2　门标记

先从注释族的概念开始。首先要明确的是，注释族的实例总是视图专有图元。图9.2.0-3 中有一些例子，门标记，窗标记，和一个房间标记。

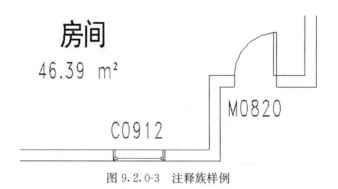

图 9.2.0-3　注释族样例

当前的楼层平面视图是"标高1"，在项目浏览器中展开"楼层平面"的分支，找到"标高1"，在它的名称上单击右键，光标移动到弹出菜单的"复制视图"，可以看到有三个选项，如图 9.2.0-4 和图 9.2.0-5 所示，前两个选项的差别是，在复制视图的时候是否"同时复制细节"，如果不复制"细节"，那么新视图中就不会包含类似注释族这样的视图专有图元。

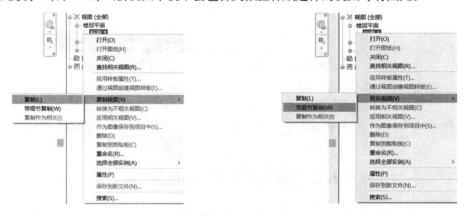

图 9.2.0-4　复制　　　　　　　　　图 9.2.0-5　带细节复制

下面按照不同的选项，把"标高1"平面视图分别复制一次，然后查看复制之后的结果，进行对比。如图 9.2.0-6 所示，可以看出，"带细节复制"会把原视图中的几个标记也一并复制到了新视图中。所以，可以从这样的结果里，判断哪些是视图专有图元，哪些不是。

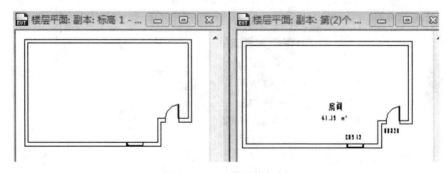

图 9.2.0-6　带细节复制

标记族，具有提取信息的功能，图 9.2.0-7 里面在名称中带有"标记"的都是对应于某种族类别的标记族样板。使用"公制常规注释"族样板制作的族，是不能提取信息的。我们的练习先从常规注释族开始。

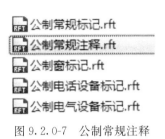

图 9.2.0-7　公制常规注释

图 9.2.0-8 中的"符号＿剖断线"和"符号＿排水箭头"，都是软件的默认项目样板文件中预置的注释族。关于图 9.2.0-9 中的"指北针"，有两个版本，"填充"和"空心的"。

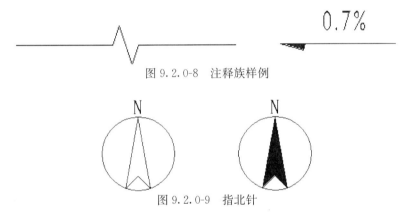

图 9.2.0-8　注释族样例

图 9.2.0-9　指北针

点击功能区"注释"选项卡"符号"面板中的"符号"工具，如图 9.2.0-10 所示，在属性选项板的类型选择器下拉列表里选择需要的类型，如图 9.2.0-11 所示，在绘图区单击，就可以放置一个符号族的实例。

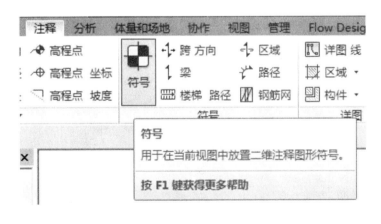

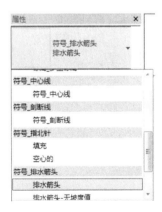

图 9.2.0-10　符号工具

图 9.2.0-11　选择需要的类型

放置后的符号族也可以修改它们的外观。例如，选中绘图区域中"空心的指北针"，点击关联选项卡"引线"面板中"添加引线"的命令，如图 9.2.0-12 所示，指北针的一侧会立即显示所添加的引线，如图 9.2.0-13 所示，拖动蓝色实心圆点，可以修改引线的形状，如图 9.2.0-14 所示。

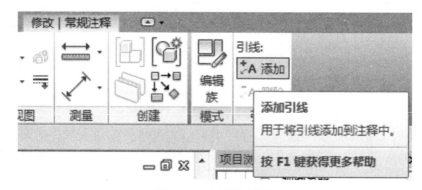

图 9.2.0-12　添加引线

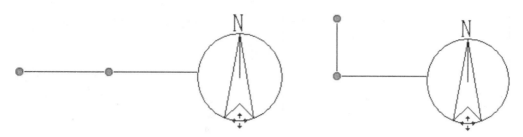

图 9.2.0-13　显示引线　　　　　　　　图 9.2.0-14　调整引线外观

在添加引线以后，还可以进行其他相关设置。保持对该符号族实例的选择，点击属性选项板的"编辑类型"按钮，打开"类型属性"对话框，点击"引线箭头"参数后面的"值"列的对应位置，如图 9.2.0-15 所示，在下拉列表里选择"实心箭头 30 度"，点击"确定"，查看指北针的变化，如图 9.2.0-16 所示。

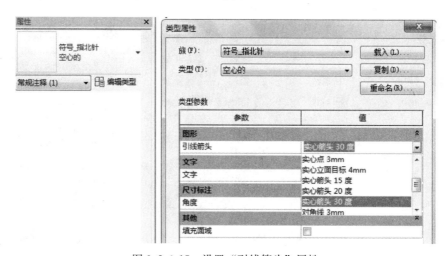

图 9.2.0-15　设置"引线箭头"属性

以上的"指北针"族主要依靠族中绘制的二维图形来表示信息。符号族中也可以通过添加标签，来携带文字信息。下面，我们通过一个小练习，来初步熟悉注释族中使用标签的工作流程。

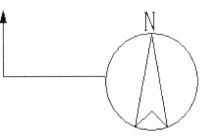

图 9.2.0-16　查看图元变化

点击软件界面左上角的程序图标，移动光标到"新建"命令，在侧拉菜单展开以后，移动光标到最下方的"注释符号"，如图 9.2.0-17 所示，点击这个命令，打开"新注释符号—选择样板文件"对话框，选择其中的"公制常规注释"，如图 9.2.0-18 所示，点击窗口右下角的"打开"按钮。

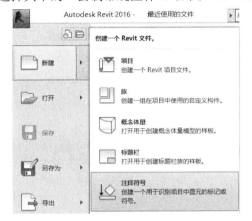

图 9.2.0-17　新建注释符号

图 9.2.0-18　选择族样板

可以看到，在视图中参照平面交点的旁边有一个说明，如图 9.2.0-19 所示，这是给用户准备的提示信息，看完以后可以删掉。点击功能区"创建"选项卡"详图"面板中的"直线"工具，如图 9.2.0-20 所示，在"修改｜放置线"关联选项卡"绘制"面板中，选择"圆形"工具，如图 9.2.0-21 所示。

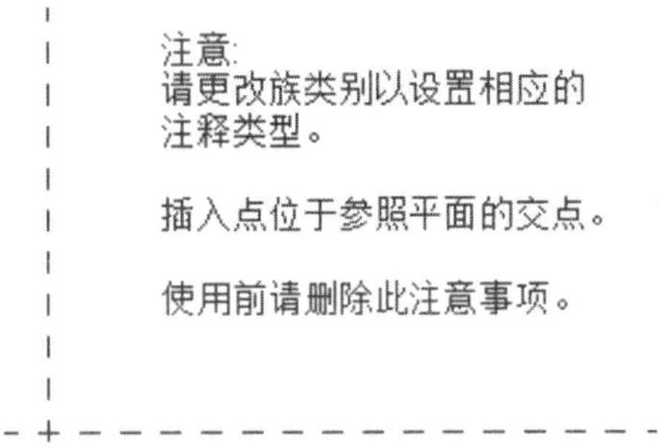

以参照平面交点为圆心，绘制一个半径为 10 mm 的圆形，如图 9.2.0-22 所示，然后在"创建"选项卡"文字"面板中点击"标签"工具，在圆心处单击一次，会自动打开"编辑标签"对话框，如图 9.2.0-23 所示。

注意：
请更改族类别以设置相应的注释类型。

插入点位于参照平面的交点。

使用前请删除此注意事项。

图 9.2.0-19　族样板中预置的说明

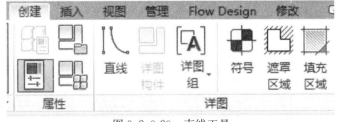

图 9.2.0-20　直线工具

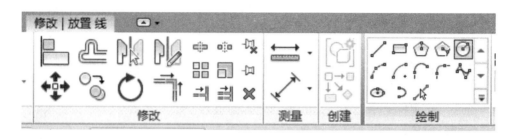

图 9.2.0-21　圆形工具

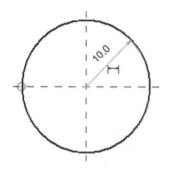

图 9.2.0-22　绘制一个圆形

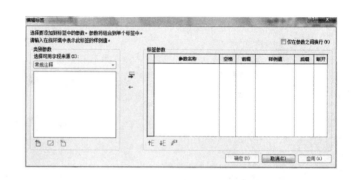

图 9.2.0-23　"编辑标签"对话框

在"编辑标签"对话框中，点击窗口左下角的"添加参数"按钮，打开"参数属性"对话框，如图 9.2.0-24 所示，首先添加一个名称为"测试类型"的文字参数，勾选"类型"，如图 9.2.0-25 所示，点击"确定"，返回"编辑标签"对话框，会看到列表中现在只有一个刚刚创建的"测试类型"的参数，使用窗口中部的"将参数添加到标签"按钮，把这个参数添加到右侧的"标签参数"列表中，再次点击窗口左下角的"添加参数"按钮，打开"参数属性"对话框，添加一个名为"测试实例"的文字参数，勾选"实例"，如图 9.2.0-26 所示。

图 9.2.0-24　"参数属性"对话框

图 9.2.0-25　设置参数信息

图 9.2.0-26　设置参数信息

在标签参数列表中，勾选"测试类型"参数后面的"断开"，如图 9.2.0-27 所示，点击确定，关闭"标签参数"对话框，查看绘图区域的结果，如图 9.2.0-28 所示。

图 9.2.0-27　断开　　　　　　　　　　　　　　　图 9.2.0-28　查看结果

点击"创建"选项卡"族编辑器"面板的"载入到项目"命令，如图 9.2.0-29 所示。如果当前只打开了一个项目和一个族文件，那么会直接载入到项目文件中，而不会弹出下图中的"载入到项目中"对话框，询问要把这个族载入到哪个项目文件里（图 9.2.0-30）。

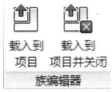

图 9.2.0-29　"载
　　入到项目"按钮

图 9.2.0-30　"载入到项目中"对话框

因为是首次把这个族载入到这个项目文件中，所以会自动进入"放置符号"的状态，光标处有这个族的预览图形，十字光标的位置就是族编辑器里绘制圆形时的圆心，也就是参照平面的交点，单击一次就会放置这个族的一个实例，再单击两次，共放置三个，然后按两次 Esc 键结束放置命令。如图 9.2.0-31 所示，选中其中一个实例时，中间会显示一个问号，这是因为，对于我们所设置的参数，当前还没有具体的值可以显示。点击属性选项板的"编辑类型"按钮，打开"类型属性"对话框，可以看到在列表里面，参数"测试类型"后面的输入框是空的，如图 9.2.0-32 所示。点击这个输入框，输入这个参数名称的拼音首字母"CSLX"，点击确定关闭"类型属性"对话框，查看这三个族的变化，如图 9.2.0-33 所示的样子。

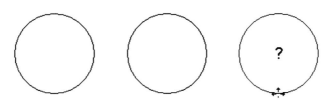

图 9.2.0-31　选择一个实例

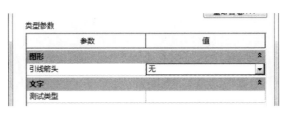

图 9.2.0-32　查看类型属性

303

图 9.2.0-33 查看结果

保持对其中一个实例的选择，查看属性选项板，如图 9.2.0-34 所示，在"文字"分组下，有"测试实例"的参数，后面也是空值，点击后输入该参数的拼音首字母"CSSL"，移动光标到绘图区域查看结果，如图 9.2.0-35 所示，输入的值已经出现在族中了。

图 9.2.0-34 查看实例属性

图 9.2.0-35 输入参数值检查结果

对比另外两个实例，可以看出，对类型参数的修改，会把这个传递到所有该类型的实例，对实例参数的修改，只影响当前所选择的那部分实例，如图 9.2.0-36 所示。

图 9.2.0-36 对比修改参数后的结果

以上是常规注释族中所使用的标签。在编辑这些标签时要注意，各个族样板中所使用的标签，在"可用字段来源"上会不一样。例如图 9.2.0-37～图 9.2.0-39，是常规注释族与门标记族、房间标记族中在"编辑标签"时的界面，从左到右依次为常规注释、门标记、房间标记。可以看到，因为类别的不同，可选字段互相之间有明显的差别。

门标记、房间标记这样的族，是依附于所标记的主体图元而存在的。当主体图元的相关信息有改变时，会立即在标记族中反映出来；如果删掉该主体图元，则标记族也会立即消失。要注意在不同环境下，标签所显示的内容也是不一样的。在族编辑器中的标签，所显示的内容是"样例值"，载入到项目中使用以后，显示的才是相关参数的值。

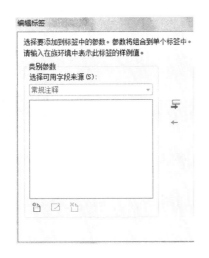

图 9.2.0-37 常规注释族

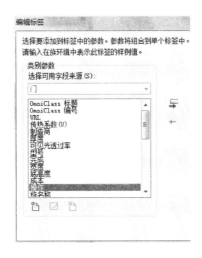

图 9.2.0-38 门标记族

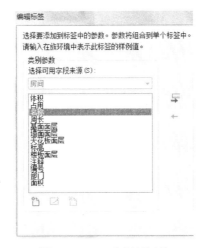

图 9.2.0-39 房间标记族

不同种类的标记族是与特定种类的模型图元相关的，例如门标记对应于门族，而常规注释没有这种关系。或者说，常规注释就是用于表示一些基本的图形和文字内容，不直接与模型图元的信息产生关系。

9.3 创建一个注释族

在图纸中经常需要有很多符号和图形来对设计内容进行注释说明。使用 Revit 的注释族，我们可以创建出项目需要的多种形式的图形符号。本节的内容通过创建一个"指北针"来熟悉制作注释族的流程。

打开软件，使用默认的建筑样板新建一个项目，默认的初始视图是"标高 1"平面视图。在完成指北针的制作以后，把它载入到这个项目文件中并放置在这个视图里以进行检查。我们通过这个练习熟悉一些基本工具的使用方法和创建流程，读者也可以制作其他的自己感兴趣的内容。当然也可以绘制其他符号，完成后也需要在项目文件中进行测试。

　　点击软件界面左上角的程序图标，移动光标到"新建"命令，在侧拉菜单展开以后，移动光标到最下方的"注释符号"，点击这个命令，打开"新注释符号—选择样板文件"对话框，如图9.3.0-1所示，选择其中的"公制常规注释"，点击右下角的"打开"按钮。在"注释"文件夹里面列出了很多族样板，从它们的名称上面，可以大致判断出种类，其中大部分都是标记类型的。如果是新建"族"的方式，那么访问的是上一层的文件夹，如图9.3.0-2所示。

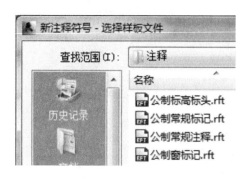

图9.3.0-1　选择注释族样板

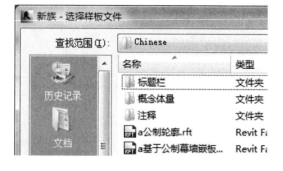

图9.3.0-2　文件夹结构

　　放大视图，查看位于参照平面交点右上方区域的说明文字，如图9.3.0-3所示，在这段文字中表达了三个意思，①调整这个族的类别，②参照平面的交点就是族的插入点，③在使用前要删除说明文字本身，不然它会作为族的一部分，在载入到项目中使用以后，也出现在视图当中。当然，如果读者已经熟悉了这几条，那么可以在开始制作的时候就删掉这个说明。

　　首先绘制一个圆形，半径为12 mm。点击"创建"选项卡"详图"面板中的"直线"工具，在关联选项卡"修改 | 放置线"的"绘制"面板中，选择"圆形"工具，移动光标捕捉到参照平面的交点，点击一次以确定圆心，向任意方向拖动光标，在小键盘输入"12"并按下 Enter 键，完成圆形的绘制。滑动鼠标中键的滚轮，调整视图范围，使能够显示圆形的全部，但是也别在屏幕上缩放的太小。

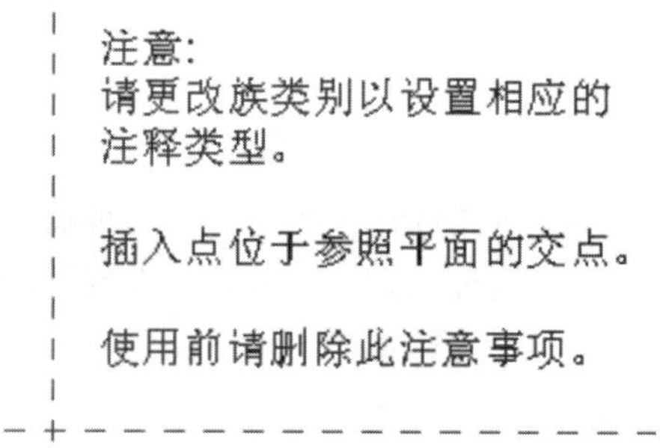

注意：
请更改族类别以设置相应的注释类型。

插入点位于参照平面的交点。

使用前请删除此注意事项。

图9.3.0-3　族样板中的说明文字

　　选择"绘制"面板的"拾取线"工具，在选项栏的"偏移量"后面输入"1.5"，移动光标靠近视图中间那个垂直参照平面的左侧，这时会出现一条浅色的虚线，表示将要生成的直线的位置，如图9.3.0-4所示，单击一次，创建位于参照平面左侧的这条直线，同样的方式，在参照平面右侧也创建一条直线，如图9.3.0-5所示，全部完成以后如图9.3.0-6所示。在进行拾取操作时，作为基准的"中心（左/右）"参照平面会变为蓝色高亮显示。

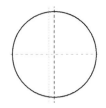
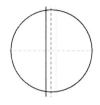
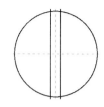

图 9.3.0-4　添加左侧线条　　　　图 9.3.0-5　添加右侧线条　　　　图 9.3.0-6　检查结果

选择"绘制"面板中的"直线"工具，子类别设置为"常规注释"，捕捉直线与圆形在下方的交点，及垂直参照平面与圆形在上方的交点，绘制折线，与圆形围合成一个向上的三角形，如图 9.3.0-7 中的蓝色线条，绘制完成后，删除起参照作用的两条垂直的直线，如图 9.3.0-8 所示。

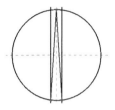
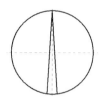

图 9.3.0-7　绘制折线　　　　　　　　　　图 9.3.0-8　删去辅助线

点击"创建"选项卡"详图"面板的"填充区域"，在"修改｜创建填充区域边界"关联选项卡"绘制"面板里选择"拾取线"工具，子类别设置为"不可见线"，如图 9.3.0-9 所示，拾取刚才绘制的圆形和两条直线，如图 9.3.0-10 所示，选择"修改"面板的"修剪/延伸为角"工具，如图 9.3.0-11 所示。

图 9.3.0-9　设置子类别　　　　　　　　图 9.3.0-10　拾取线

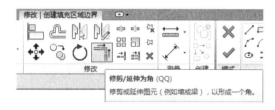

图 9.3.0-11　修剪/延伸为角

点击三角形下方的内部位置，将图形修改为具有三条边的封闭三角形，如图 9.3.0-12

所示，如果有提示信息弹出，点击"取消连接图元"即可，如图 9.3.0-13 所示。

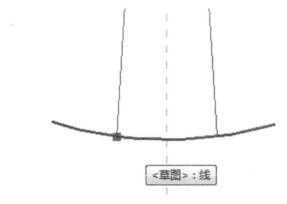

图 9.3.0-12　修改二维图形

图 9.3.0-13　取消连接图元

　　完成后按两次 Esc 键结束该命令。框选当前视图内的全部图形，查看属性选项板的信息，如图 9.3.0-14 所示，当前的草图模式下共有三条线，点击关联选项卡上模式面板的绿色对勾"完成编辑模式"，如图 9.3.0-15 所示，这样就完成了这个填充区域的绘制，如图 9.3.0-16 所示。

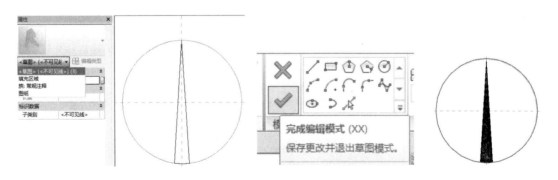

图 9.3.0-14　长宽查看现有线条　　　　图 9.3.0-15　完成编辑模式　　图 9.3.0-16　检查结果

　　点击"创建"选项卡"文字"面板的"文字"工具，点击属性选项板的"编辑类型"

按钮，打开"类型属性"对话框，先设置好文字属性再放置，如图 9.3.0-17 所示。点击"确定"，关闭这个对话框，移动光标在圆形的上方点击并输入"北"，移出光标到空白位置单击，结束输入，再按两次 Esc 键，结束"文字"命令。选中文字对象，用光标抓到文字边框左上角的拖曳控制柄调整它的位置，如图 9.3.0-18 所示，也可以使用键盘的方向键来进行微调。

图 9.3.0-17　文字的类型属性

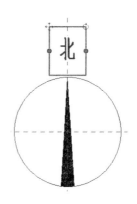

图 9.3.0-18　放置一个文字对象

在前面的绘制过程中，把填充区域的草图线的类别设置为了"不可见线"，这样做的目的是，在非细线模式下也得到一个具有锐利顶点的三角形。下面我们在旁边做个对比，就可以很清楚的看到，"不可见线"和"常规注释"之间的差异了。

点击功能区"创建"选项卡"详图"面板的"填充区域"，确认在"子类别"面板中为"〈常规注释〉"，在"绘制"面板中选择"直线"工具，在绘图区域的空白位置，如图 9.3.0-19 所示，首先绘制一条长度为 10 mm 的水平线条，再向上垂直绘制 10 mm 的垂直线条，再连接起点，形成一个直角三角形后，点击高亮选项卡"模式"面板的"完成编辑模式"，如图 9.3.0-19～图 9.3.0-21 所示的绘制过程。

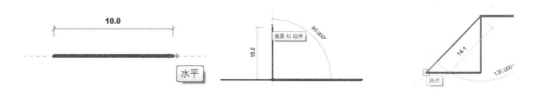

图 9.3.0-19　从左向右绘制一条线段　　图 9.3.0-20　再向上绘制　　图 9.3.0-21　围成一个三角形

选中这个填充区域，向右侧复制一个，点击"修改｜填充区域"选项卡"模式"面板的"编辑草图"，框选右侧三条草图线，在面板"子类别"下把类型换为"〈不可见线〉"，如图 9.3.0-22 所示，点击"模式"面板的"完成编辑模式"，这样就修改了填充区域的草图线的子类别。检查"快速访问工具栏"上，确认"细线模式"的按钮不要按下，对比这两个填充区域有什么不同结果，如图 9.3.0-23 所示。

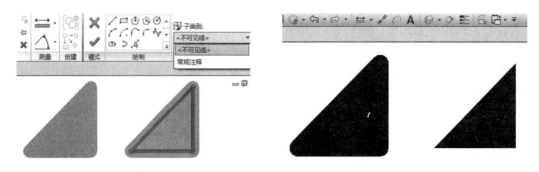

图 9.3.0-22 设置草图线的子类别   图 9.3.0-23 对比不同子类别的结果

可以看出，在非细线模式下，填充区域的草图线使用"〈不可见线〉"类别，就可以使三角形具有外观正常的锐利的端点，如果是"〈常规注释〉"，则会有明显的圆弧倒角的效果。如果激活"细线模式"，则两者都会是锐利的端点。对比完成以后，把这两个填充区域都删掉。在制作其他族的时候，读者可以根据自己的需要进行相应的选择。在完成以上制作内容后，保存这个族，名称为"指北针—24"，

新建一个项目文件，选择建筑样板，切换回刚才的注释族，点击选项卡中"族编辑器"面板中的"载入到项目"，因为同时打开的只有新建的项目和这个注释族，所以会直接载入到新的项目文件中，同时光标附近会有这个族的预览图像，按空格键可以按照每次90°的角度来切换指北针的角度，单击即完成一个实例的放置。按两次 Esc 键，结束放置命令。

9.4 创建一个标记族

注释族中的标记族能够提取模型图元中所包含的信息。图纸中通常会使用大量的标记来对图纸内容做详细的说明，例如门标记、窗标记等。本节我们的练习内容是制作一个窗标记族，用于提取以"公制窗"族样板制作的洞口族的数据，目的是熟悉标记族的创建流程。该标记族的外观格式，仅是出于练习的目的而设置的。先搭建一个简单的环境，然后再开始制作这个标记族。

9.4.1 新建一个项目文件，选择"建筑样板"，在"楼层平面：标高 1"视图中，绘制一道水平方向的墙体。再新建一个族，选择"公制窗"族样板，点击"创建"选项卡"属性"面板的"族类型"按钮，打开"族类型"对话框，添加两个类型并将"长度"和"宽度"设置为不同的尺寸，如图 9.4.1-1 所示。把这个窗族保存为"9-4-1"，载入到项目中，在之前绘制的墙体上面放置两个实例，选择其中的一个在属性选项板修改它的"底高度"属性值为"600"，如图 9.4.1-2 所示。

9.4.2 点击窗口左上角的程序菜单按钮，选择"新建→注释符号"，打开"新注释符号—选择样板文件"对话框，选择其中的"公制窗标记"族样板，用"直线"工具在参照平面交点的右上角绘制如图 9.4.2-1 所示的表格，点击"创建"选项卡"文字"面板的"文字"工具，在表格里左上角的第一个方格内单击一次，输入"T"，表示洞口的顶高

度，用键盘的方向键调整文字的位置，使其位于方格的中间，如图9.4.2-2所示。选择这个文字对象，单击属性选项板的"编辑类型"按钮，在打开的"类型属性"对话框里把"背景"属性改为"透明"，如图9.4.2-3所示。

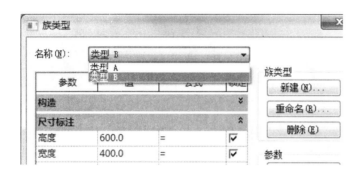

图9.4.1-1　设置参数值

图9.4.1-2　修改族实例的实例参数值

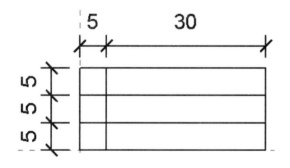

图9.4.2-1　绘制表格

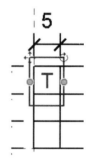

图9.4.2-2　放置文字图元

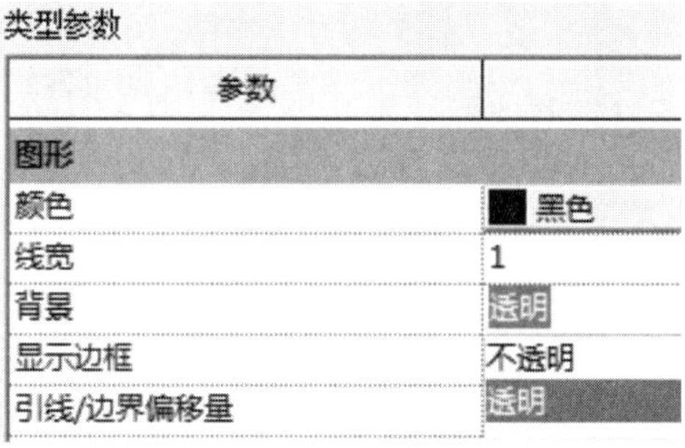

<table>
<tr><th colspan="2">类型参数</th></tr>
<tr><th>参数</th><th></th></tr>
<tr><td colspan="2">图形</td></tr>
<tr><td>颜色</td><td>■黑色</td></tr>
<tr><td>线宽</td><td>1</td></tr>
<tr><td>背景</td><td>透明</td></tr>
<tr><td>显示边框</td><td>不透明</td></tr>
<tr><td>引线/边界偏移量</td><td>透明</td></tr>
</table>

图9.4.2-3　设置文字图元的属性

9.4.3　调整好这个文字对象以后，把它复制到下面两个方格里，分别修改文字内容为"B"和"W"，表示洞口底高度和洞口宽度。点击"创建"选项卡"文字"面板的"标签"工具，在表格右侧点击上部的第一个横框，会自动打开"编辑标签"对话框，在左侧的"类别参数"列表中双击"顶高度"，把它添加到右侧的"标签参数"列表里面，点击窗口右下角的"确定"按钮。选择这个标签，在属性选项板把它的"水平对齐"属性修改为"左"，如图9.4.3-1所示，然后点击"编辑类型"按钮，在"类型属性"对话框

311

中把它的"背景"属性也改为"透明"，点击"确定"按钮关闭"类型属性"对话框。标签的位置可能需要调整，使用方向键可以微调。完成后的样子如图 9.4.3-2 所示。复制这个标签到下面的两个横框。

图 9.4.3-1　设置标签的属性

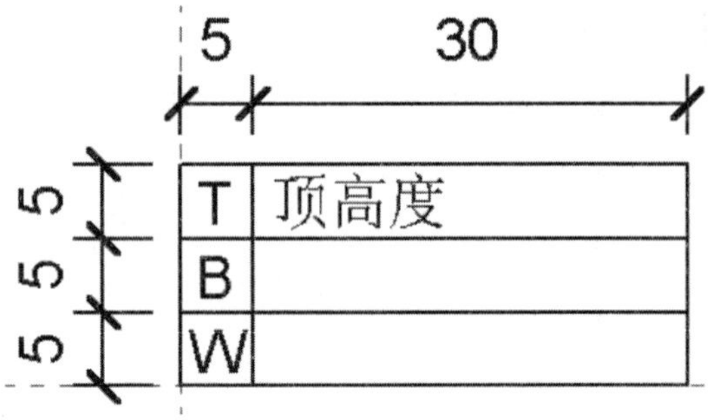

图 9.4.3-2　调整标签的位置

9.4.4　选择第二个标签，点击属性选项板"标签"属性右侧的"编辑"按钮，如图 9.4.4-1 所示。在打开的"编辑标签"对话框里，删去"标签参数"列表中的"顶高度"，双击"类别参数"列表当中的"底高度"把它添加到"标签参数"列表中，点击"确定"按钮关闭"编辑标签"对话框。再用同样的方法，把第三个标签读取的参数换为"宽度"，最终结果如图 9.4.4-2 所示。在功能区"视图"选项卡"视图"面板点击"可见性/图形"按钮，打开当前视图的"可见性/图形替换"对话框，在"注释"类别选项卡，去掉"参照平面"和"尺寸标注"的勾选，如图 9.4.4-3 所示，点击窗口右下角的"确定"按钮，关闭这个对话框。完成后的效果如图 9.4.4-4 所示，这样看上去简洁一些。

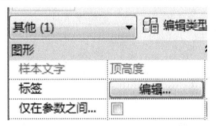

图 9.4.4-1　"编辑"按钮

图 9.4.4-2　添加三个标签

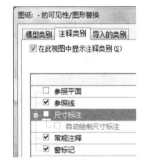

图 9.4.4-3　设置注释类别的可见性

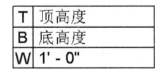

图 9.4.4-4　设置后的效果

9.4.5　点击选项卡"族编辑器"面板的"载入到项目"，把这个族载入到之前创建的项目文件中，会自动进入标记对象的命令，在状态栏也会有相应的提示信息"单击要标记的对象"，如图 9.4.5-1 所示，在"标高 1"平面视图指向用于开洞的窗族时，会显示该标记族的预览图像。放置时可以包含引线，这样更容易辨认标记族和其主体族之间的关联。因为包含了引线，在点击拾取到主体族之后，还要再点击两次才能完成一个标记族的放置。标记这两个窗族，如图 9.4.5-2 所示，已经正确显示了关于洞口的信息。在这个练习中，用于创建表格的线条使用的是软件当中默认的子类别，标签的外观也是使用默认的格式，包括标签当中文字的大小、字体、宽度系数等内容。这些细节在进行实际项目时，都是需要考虑的。保存这个项目文件为 9-4-3 并关闭它。

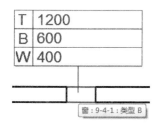

图 9.4.5-1　拾取被标记的图元

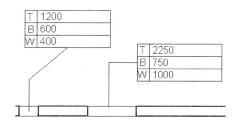

图 9.4.5-2　标记图中的两个洞口

9.5　标记族中的共享参数

在我们为自定义标记族选定类别以后，会列出与该类别相关的参数，这些参数是已经预置到软件中的，固定的就是那些。在上一节中，我们已经看到了这样的例子。但是在某些情况下，我们可能需要在标记中添加这样一些参数，它们并没有包含在软件中的标准列表当中。软件给我们提供了一种方式，可以在标记族中使用自定义参数。首先需要在一个外部文件中对它们进行设置，然后才可以在标记族中使用。这就是我们在前面介绍过的共享参数。

本节的练习内容是这样的：在已有的共享参数文件里创建两个参数，用于描述"是谁在什么时间做的这件事"，然后制作一个新的项目样板，在该样板文件的项目参数里引用这两个共享参数，并指定给"窗族"的类别，这样以后如果再使用这个样板创建了项目文件，那么只要是载入到其中的窗族都会自动的具有这两个项目参数，就不必再挨个的去修改每一个窗族了，会方便很多。之后就是在标记族的标签里，添加这两个共享参数，在项目文件中再进行标记时，就可以把信息读取出来了。

9.5.1　打开软件，再打开上一节的文件"9-4-3"，在这个项目文件里修改共享参数。点击功能区"管理"选项卡"设置"面板的"共享参数"，打开"编辑共享参数"对话框，点击"组"框下的"新建"按钮，在"新参数组"对话框里输入名称为"9-5"，如图 9.5.1-1 所示，点击"确定"按钮返回"编辑共享参数"对话框。点击"参数"框的"新建"按钮，打开"参数属性"对话框，为"名称"输入"班组"，"参数类型"选择"文字"，如图 9.5.1-2 所示，点击"确定"按钮返回"编辑共享参数"对话框。重复这个步骤，再添加一个"文字"类型的参数为"日期"，完成后如图 9.5.1-3 所示。关闭这个文件，不用保存。

图 9.5.1-1　新建一个参数组　　　　　　　图 9.5.1-2　设置参数信息

9.5.2　在"最近使用的文件"界面，点击窗口左侧"项目"下的"新建…"，打开"新建项目"对话框，选择"建筑样板"，并勾选窗口右侧的"项目样板"，如图 9.5.2-1 所示，点击"确定"按钮。我们将在这个样板文件中创建项目参数。创建项目参数时，需要从共享参数文件中选择刚才所创建的那两个新参数，因为如果只是项目参数，虽然其携带的信息可以统计进入明细表，但是在视图中无法被标记。

图 9.5.1-3　添加另外一个参数　　　　　　　图 9.5.2-1　新建一个项目样板

9.5.3　点击功能区"管理"选项卡"设置"面板的"项目参数"，打开"项目参数"对话框，点击窗口右侧的"添加"按钮，打开"参数属性"对话框，在"参数类型"框里，勾选"共享参数"，框内右下角的"选择"按钮会转为黑色显示，表示现在可以使用了。单击这个"选择"按钮，打开"共享参数"对话框，在参数组"9-5"下选择"班组"，如图 9.5.3-1 所示，单击"确定"按钮返回"参数属性"对话框，在右侧的列表里勾选"窗"，在窗口中部勾选"实例"，如图 9.5.3-2 所示，单击"确定"按钮返回"项目参数"对话框。可以看到，"班组"已经出现

图 9.5.3-1　选择参数

314

在"可用于此项目图元的参数"列表当中了。再次点击窗口右侧的"添加"按钮，按照相同步骤把共享参数文件中的"日期"参数也添加给"窗"族类别。完成后点击"确定"按钮，关闭"项目参数"对话框。

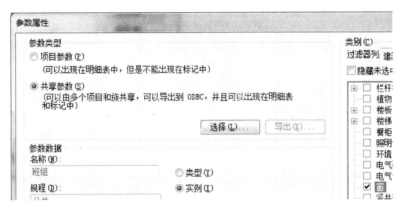

图 9.5.3-2　设置参数信息

9.5.4　保存这个文件为"9-5-2"并关闭它。点击窗口左上角的程序图标，选择"新建"→"项目"，如图 9.5.4-1 所示，在打开的"新建项目"对话框中点击右侧的"浏览"按钮，打开"选择样板"对话框，如图 9.5.4-2 所示，从中定位到刚才保存的样板文件，单击"打开"按钮，返回到新建项目对话框，如图 9.5.4-3 所示，点击"确定"按钮，这样就以刚才的新样板创建了一个项目文件。

图 9.5.4-1　新建一个项目文件

图 9.5.4-2　定位到刚才保存的样板文件

图 9.5.4-3　新建项目对话框

9.5.5　在"标高 1"平面视图中，绘制一道水平方向的墙体。在功能区点击"插入"选项卡"从库中载入"面板的"载入族"按钮，打开"载入族"对话框，找到上一节练习中保存的窗族"9-4-1"，点击"打开"按钮把它载入到当前的项目文件中。按快捷键

"WN"激活"放置窗"的命令，查看属性选项板的类型选择器，确认是刚刚载入的这个窗族，如图9.5.5-1所示，然后在墙体上点击两次，添加两个洞口。选择其中的一个，将其改为"类型B"，完成后如图9.5.5-2所示。

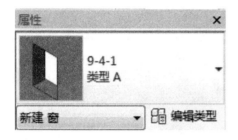

图9.5.5-1　选择载入的窗族　　　　　　图9.5.5-2　放置两个实例并改为不同类型

9.5.6　再以同样的方式载入上一节保存的标记族"9-4-2"。点击功能区"注释"选项卡"标记"面板的标题，展开扩展菜单以后点击其中的"载入的标记和符号"，如图9.5.6-1所示，打开"载入的标记和符号"对话框，查看与窗族对应的标记族，是不是我们刚刚载入的"9-4-2"，如图9.5.6-2所示。点击"注释"选项卡"标记"面板的"按类别标记"，拾取视图中的两个窗族，如图9.5.6-3所示。

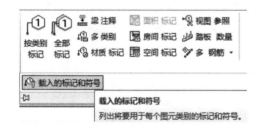
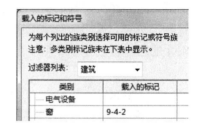

图9.5.6-1　扩展菜单中的　　　　　　图9.5.6-2　选择载入的标记族

　　　　　"载入的标记和符号"

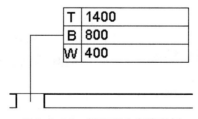

图9.5.6-3　标记两个窗族实例

9.5.7　选择其中的一个窗族，查看属性选项板中的信息，可以看到，尽管并没有在之前的窗族中添加班组与日期的参数，但是它已经有了这两个参数，在其中输入内容，如图9.5.7-1所示。因为制作的标记族内还没有添加相应的标签，所以不会显示这些新添加的信息。选择这个标记族，点击"修改｜窗标记"关联选项卡"模式"面板的"编辑族"，进入族编辑器环境，在这里给标记族添加新的标签以读取这两个参数。选择表格左侧的一个文字图元，在属性选项板点击"编辑类型"按钮，如图9.5.7-2所示，打开类型属性对话框以后，把其中的"宽度系数"改为"0.7"，"颜色"改为红色，点击"确定"按钮，完成后的结果如图 9.5.7-3 所示。这样就修改了文字图元的外观。

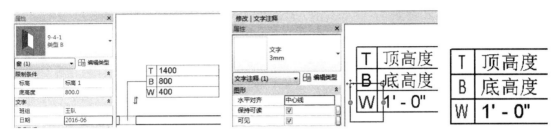

图 9.5.7-1　查看图元的实例属性　　　　图 9.5.7-2　编辑类型　　　　图 9.5.7-3　修改
文字图元的外观

9.5.8　同样的，如果选择一个标签后点击属性选项板的"编辑类型"按钮，在"参数属性"对话框里也可以修改标签的外观，例如"字体"、"文字大小"、"颜色"、"宽度系数"等等。

9.5.9　选择表格最下方的横线，向下以 5 mm 的间距复制两根，把垂直方向的线条延伸下来，再把文字图元和标签各复制两个到新位置里，修改文字内容为"班组"和"日期"，这时会发现左侧表格的宽度不够了，那么把表格最左边的垂直线段向左移动 3 mm，5 个文字图元也都向左移到表格中间，完成后如图 9.5.9-1 所示。这时表格的左下角已经偏移了参照平面的交点位置，我们先不管它，载入后看看有什么区别。

9.5.10　在文字图元修改完毕以后，我们开始修改下方的两个标签，使其能够读取两个新参数的值。选择与文字"日期"对应的标签，在属性选项板点击"标签"属性右侧的"编辑…"按钮，打开"编辑标签"对话框，点击窗口左下角的"添加参数"按钮，如图 9.5.10-1 所示。在打开的"参数属性"对话框中，在"参数类型"框内只有共享参数一个类型，而且是灰色不可更改的，如图 9.5.10-2所示。点击选择按钮，打开共享参数对话框，选择其中的日期，如图 9.5.10-3 所示，点击两次确定按钮，

图 9.5.9-1　在表格
中添加更多内容

返回"编辑标签"对话框。把"日期"参数添加到"标签参数"列表中，把原有的"宽度"参数删掉，如图 9.5.10-4 所示。同样的，把文字"班组"右侧的标签内容也替换为"班组"参数。

9.5.11　把这个标记族载入到项目文件中，覆盖之前的版本，结果如图 9.5.11-1 所示，左边的是空白的，是因为还没有给用于开洞的窗族输入对应的信息。图 9.5.11-2 是关于这个窗族的明细表，字段名称已经换为了 W、B、T。

9.5.12　以上就是这样的一个基本流程，通过"项目参数"的形式给特定的族类别自动的添加需要的参数，方便操作和管理；如果在创建项目参数时引用已有的共享参数，那么之后就可以对这些项目参数进行明细表统计和在视图中标记。

图 9.5.10-1 "添加参数"按钮

图 9.5.10-2 仅能使用共享参数

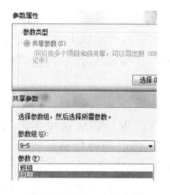

图 9.5.10-3 选择参数

图 9.5.10-4 把参数添加到"标签参数"列表中

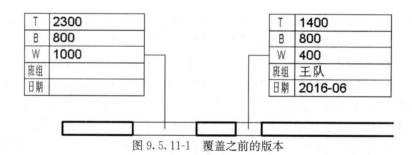

图 9.5.11-1 覆盖之前的版本

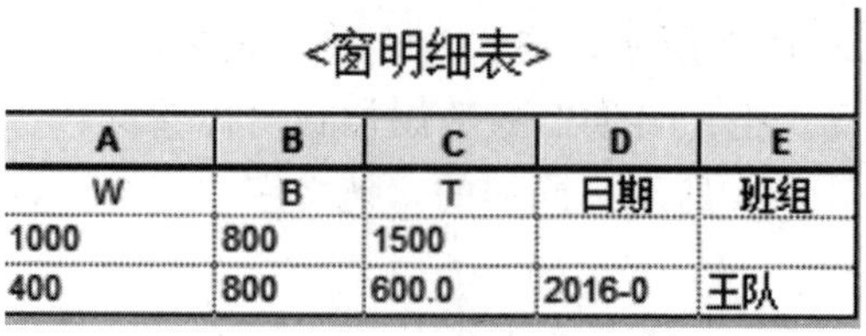

<窗明细表>

A	B	C	D	E
W	B	T	日期	班组
1000	800	1500		
400	800	600.0	2016-0	王队

图 9.5.11-2 关于这些参数的明细表

9.6 详图构件族

详图搭建建筑设计和实际建筑之间的桥梁，并将有关如何实现设计的信息传递给相关人员。在建筑信息模型中,并不是要用"三维建模"的形式来表现每一个实际存在的构件。经常会有这样的节点或者构件,它们的构造和做法是固定的,多次出现在不同项目的多个位置,所以可以为这些节点或者构件创建标准详图,以提高操作效率,避免重复的、过度的建模工作。可以用之前的标准 CAD 节点来创建所需的详图或详图构件。

一般主要使用两种类型视图来创建详图,详图视图和绘图视图。前者可以包含建筑信息模型中的图元,后者虽然是存在于项目文件中的视图,但它是与建筑信息模型没有直接关系的图纸。

详图构件是基于线的二维图元,可将其添加到详图视图或绘图视图中。它们仅在这些视图中才可见。详图构件与属于建筑模型一部分的建筑图元不相关。本节我们练习两种形式的详图构件,一种是单独的详图构件,以及用它构成的重复详图构件,一种是基于线的详图构件。

9.6.1 打开软件,新建一个族,选择"公制详图项目"族样板。在参照平面交点的右上角区域,添加水平方向和垂直方向的参照平面各一个。标注这两个参照平面与平行的中心参照平面的距离,并给尺寸标注添加类型参数,如图 9.6.1-1 所示。点击"创建"选项卡"详图"面板的直线工具,在"修改 | 放置线"关联选项卡"绘制"面板选择"矩形"工具,捕捉到参照平面的交点绘制一个矩形,如图 9.6.1-2 所示,点击出现的四个锁定符号,把线条锁定到对应的参照平面。再以直线工具给矩形添加两条对角线,如图 9.6.1-3 所示。添加线条完毕以后,打开族类型对话框,修改参数的值,查看图元的变化情况,如图 9.6.1-4 所示。保存这个族文件为"9-6-1"。

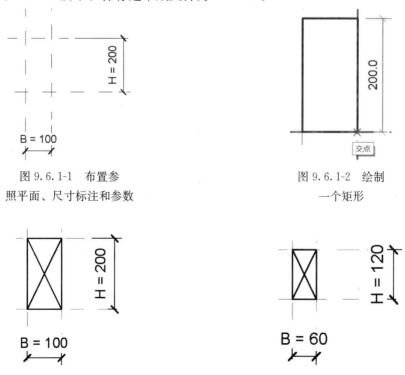

图 9.6.1-1　布置参
照平面、尺寸标注和参数

图 9.6.1-2　绘制
一个矩形

图 9.6.1-3　添加对角线

图 9.6.1-4　修改参数值查看图元的变化

9.6.2 新建一个项目，选择"建筑样板"。返回刚才的族文件，载入到这个新项目中。会自动进入放置详图构件的状态，单击一次即可在"标高 1"平面视图里放置一个实例。用"对齐尺寸标注"工具来标注它的长宽，在视图控制栏修改视图的比例，可以看到这个详图构件始终保持固定的大小。

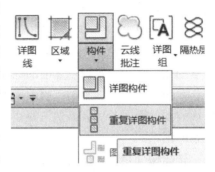

9.6.3 在"注释"选项卡"详图"面板点击"构件"下的小三角箭头以展开下拉列表，选择其中的"重复详图构件"，如图 9.6.3-1 所示，

图 9.6.3-1 重复详图构件

在属性选项板点击"编辑类型"按钮，打开"类型属性"对话框，点击窗口右上角的"复制"按钮，在打开的"名称"对话框里输入"M1"，新建一个类型，如图 9.6.3-2 所示。点击"确定"按钮，返回"类型属性"对话框，在"详图"属性的右侧，展开下拉列表，选择其中的"9-6-1"，如图 9.6.3-3 所示。

图 9.6.3-2 输入新类型的名称

图 9.6.3-3 选择详图构件族

9.6.4 关于"布局"属性，"填充可用间距"表示详图构件将沿路径长度进行重复，因此间距等于构件宽度，所以构件之间没有间隙；"固定距离"表示详图构件从路径起点开始按照为"间距"参数指定的确切值进行等距排列；"固定数量"表示将把详图构件按照已定义的数量沿路径排列，同时进行间距调整以容纳该数目的构件，如果设置为这种类型的布局，那么需要在族的实例属性中定义"数量"参数；"最大间距"表示详图构件沿路径长度等距排列，其可能的间距不会大于在"间距"属性中指定的值，而总是采用较小的间距，以确保路径两端不会出现非完整构件。如果勾选"内部"参数，将会把详图构件的排列限制于路径长度之内。对比图 9.6.4-1 和图 9.6.4-2，对于同样的 700 mm 长的一条路径，是否启用"内部"参数的差别。

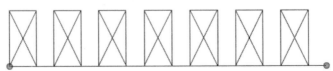

图 9.6.4-1 启用"内部"参数

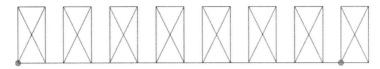

图 9.6.4-2　未启用"内部"参数

9.6.5　在"详图旋转"属性中，可以设置所引用的详图构件的方向，共有四个选项，如图 9.6.5-1 所示，可以在这里直接设置角度，而不必返回所引用的那个详图构件族再进行调整。保存这两个文件并关闭。

再看另外一种类型，基于线的详图构件。这类详图构件在放置时，需要单击两次，沿着两次点击的连线来生成这个构件。在练习中，我们使用填充区域制作一个类似"火柴头"的构件，并以参数控制这个构件的外观。新建族，选择"基于公制详图项目线"族样板，保存文件为"9-6-2"。

图 9.6.5-1　"详图旋转"
属性可用的选项

9.6.6　在"创建"选项卡"基准"面板点击"参照平面"，在"修改│放置参照平面"关联选项卡"绘制"面板选择"拾取线"，在选项栏把"偏移量"的值改为"50"，移动光标拾取"中心（前/后）"，如图 9.6.6-1 所示，在该参照平面的上下两侧各放置一个参照平面。使用"对齐尺寸标注"工具标注这三个参照平面的距离，并将其锁定，如图 9.6.6-2 所示。

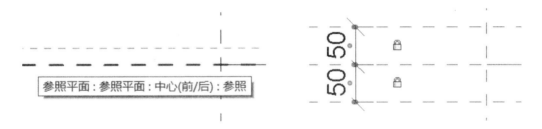

图 9.6.6-1　添加参照平面　　　　　　　图 9.6.6-2　标注并锁定

9.6.7　在"创建"选项卡"详图"面板选择"填充区域"，软件会自动切换到"修改│创建填充区域边界"关联选项卡，选择"绘制"面板的"矩形"工具，捕捉到参照平面的交点绘制一个矩形，如图 9.6.7-1 所示，绘制完毕后会立即显示四个锁定符号，依次点击这些符号，把草图线锁定到对应的参照平面上，如图 9.6.7-2 所示。

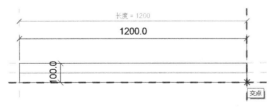

图 9.6.7-1　绘制一个矩形

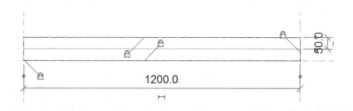

图 9.6.7-2　锁定矩形的四条边

9.6.8　再选择"绘制"面板中的"圆形"工具，在图 9.6.8-1 所示的位置绘制一个圆形，选择这个圆形，在属性选项板勾选"中心标记可见"。选择"对齐"工具，先拾取"中心（前/后）"参照平面，再拾取圆形的中心标记，点击出现的锁定符号，这样就把圆形锁定到了"中心（前/后）"参照平面上，如图 9.6.8-2 所示；再拾取图 9.6.8-3 中的参照平面和圆形的中心标记，在出现锁定符号时，如图 9.6.8-4 所示，点击这个符号，这样就把圆形锁定到了参照线的右侧端点。族样板中预置的这条参照线，左侧端点代表放置这个构件时的第一次单击，右侧端点代表第二次单击。

图 9.6.8-1　绘制一个圆形

图 9.6.8-2　锁定圆心

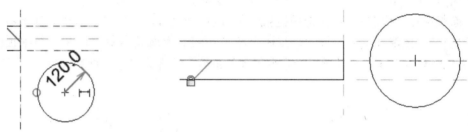

图 9.6.8-3　锁定圆心

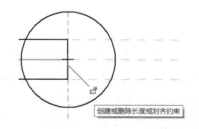

图 9.6.8-4　圆形的位置

9.6.9　选择这个圆形，点击临时尺寸标注的文字部分，把圆形的半径修改为"100"，如图 9.6.9-1 所示，移动光标在空白处单击，这个修改会立即生效，如图 9.6.9-2 所示；在关联选项卡"修改"面板点击"拆分图元"，如图 9.6.9-3 所示。

9.6.10　移动光标，如图 9.6.10-1 所示，在圆形左半边位于矩形区域内的位置单击一次，再使用图 9.6.10-2 中的"修剪/延伸为角"工具，把圆形和矩形修剪为图 9.6.10-3 中的形状，再选择位于圆形内部的垂直线段，删掉它。

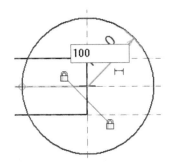

图 9.6.9-1　修改关于半径的标注

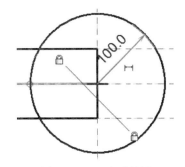

图 9.6.9-2　查看结果

图 9.6.9-3　拆分图元

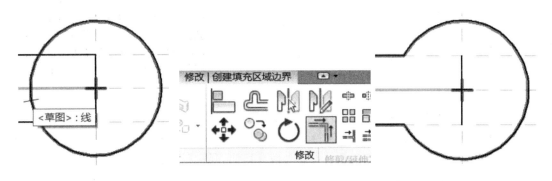

图 9.6.10-1　拆分位置　　　图 9.6.10-2　修改/延伸为角　　　图 9.6.10-3　修剪后的图形

9.6.11　点击关联选项卡"模式"面板的"完成编辑模式"，生成这个填充区域，如图 9.6.11-1 所示，看上去是个火柴头的样子。选择这个填充区域，在属性选项板点击"编辑类型"按钮，打开"类型属性"对话框。点击窗口右上角的"复制"按钮，在名称对话框中输入"3"，点击"确定"按钮返回"类型属性"对话框。如图 9.6.11-2 所示，点击填充样式属性右侧的值框以后，在右侧会显示一个小按钮，点击这个小按钮，打开"填充样式"对话框，在窗口左侧的列表中选择"实体填充"，保持"填充图案类型"为"绘图"不做修改，点击"确定"按钮返回"类型属性"对话框。

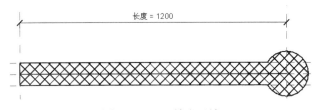

图 9.6.11-1　填充区域

323

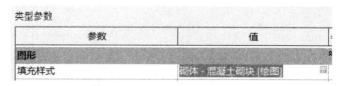

图 9.6.11-2　修改"填充样式"的属性

9.6.12　点击"颜色"属性右侧的长条按钮，打开"颜色"选择对话框，如图 9.6.12-1 所示，选择第一行第六个的蓝色。点击两次"确定"关闭这两个对话框。新建一个项目，选择"建筑样板"，再返回到族"9-6-2"中，把当前这个详图构件族载入到项目文件中。载入以后会自动进入"放置详图构件"的状态，点击两次可以放置一个实例，以不同长度和不同方向分别绘制几个，查看图元形态是否正确。

9.6.13　返回族"9-6-2"中，接下来在"火柴头"的头部添加两个图形，并以参数控制其可见性，最后指定到不同的类型中。点击"创建"选项卡"详图"面板的"填充区域"，选择关联选项卡"绘制"面板的"圆形"工具，在类似图 9.6.13-1 的位置，绘制一个半径为 80 mm 的圆形，并在属性选项板勾选它的"中心标记可见"属性，使用"对齐"工具，把这个圆形也锁定到参照线的右侧端点位置，如图 9.6.13-2 所示。点击关联选项卡的"完成编辑模式"，生成这个填充区域。保持对这个填充区域的

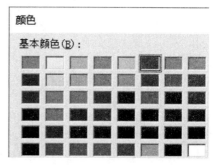

图 9.6.12-1　设置颜色

选择，在属性选项板点击"可见"属性右侧的"关联族参数"按钮，在打开的"关联族参数"对话框中，点击窗口左下角的"添加参数"按钮，打开"参数属性"对话框，输入名称为"1"，点击两次"确定"按钮关闭这两个对话框。这样我们就给这个填充区域添加了一个关于"可见性"的类型参数。

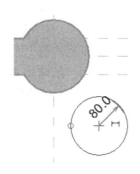

图 9.6.13-1　绘制一个圆形

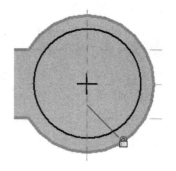

图 9.6.13-2　锁定到这个位置

9.6.14　选择这个填充区域，在属性选项板点击"编辑类型"按钮，同之前的那个填充区域一样，在打开的"类型属性"对话框中，复制一个类型并命名为"1"，修改"填充样式"为"实体填充"，以及给"颜色"属性换一个不同的颜色，如图 9.6.14-1 所示，修

改完毕后关闭这个对话框。重复前面的步骤，再添加一个圆形的填充区域，复制后的新类型命名为"2"，也采用相同的半径，为 80 mm，设置为红色的实体填充，并添加可见性参数为"2"。

9.6.15　打开"族类型"对话框，在窗口右上角点击"新建"按钮，在打开的"名称"对话框中输入名称为1，如图 9.6.15-1 所示，点击"确定"按钮返回"族类型"对话框。以相同的步骤再添加一个类型"2"。接着进行参数设置，在类型 2 中把可见性参数"1"的勾选去掉，如图 9.6.15-2 所示，同样地，在类型 1 中把可见性参数"2"的勾选去掉。设置完毕以后，点击"确定"按钮关闭这个对话

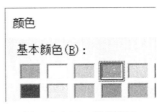

图 9.6.14-1　设置颜色

框。在"创建"选项卡"控件"面板点击"控件"，软件自动切换到"修改 | 放置控制点"关联选项卡，如图 9.6.15-3 所示，选择其中的"双向水平"，移动光标在现有图形下方靠近中间的位置单击一次，放置一个控件，然后按两次 Esc 键退出这个命令。这个控件的作用是为了以后方便调整详图构件的方向。在绘制过程中也可以连续按两次空格键来切换方向。

图 9.6.15-1　新建族类型

图 9.6.15-2　设置参数信息

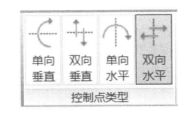

图 9.6.15-3　添加翻转控件

9.6.16　再次把这个族载入到项目文件中，覆盖之前的版本。选择一个实例，如图 9.6.16-1 所示，会显示这个控件，单击它一次，则会把该详图构件的方向按照"终点—起点"的方向倒过来重新放置。可以在类型选择器里切换为不同的类型以查看效果，检验参数是否工作正常。这里要注意的是，第一次把这个详图构件族载入项目中的时候，还没

有在族中创建类型，所以软件会用族文件的名称来作为类型的名称。在后续的修改过程中，我们已经添加了新的类型，再次载入并覆盖的时候，这个最初的类型不会被取消，仍然会在项目浏览器中列出，如图 9.6.16-2 所示。但是这不意味着在族"9-6-2"中含有三个类型，如果再新建另外一个项目文件，再把族"9-6-2"载入其中，那么在项目浏览器中出现的就只有族中所包含的两个类型，如图 9.6.16-3 所示。所以，测试用的项目文件和实际工作用的项目文件，最好还是分开，以避免出现不必要的内容。

图 9.6.16-1 选择族实例   图 9.6.16-2 被覆盖后的   图 9.6.16-3 载入一个新
                              版本仍然含有默认的类型 项目文件后查看项目浏览器

10 三维族练习

10.1 对线段和参照点的几种标注方式

在制作自适应构件时，经常需要对族内的参照点和参照线进行标注，本节的主要内容是介绍几种常见的标注方式。通过不同的方式，来提取不同性质的尺寸，可以提高使用这些数据的便利性。下面我们先来看一个简单的例子，复习这个概念"工作平面对尺寸标注的影响"。

10.1.1 选择建筑样板，新建一个项目文件，在标高 1 平面视图中绘制一道水平方向的墙体，选中这个墙体，在关联选项卡"模式"面板点击"编辑轮廓"，会打开"转到视图"对话框，在其中选择"南"，如图 10.1.1-1 所示，点击窗口下方的"打开视图"按钮。软件会自动转换到南立面，在"修改｜墙＞编辑轮廓"关联选项卡"绘制面板"点击"矩形"工具，在墙体轮廓内部绘制一个矩形，再点击"模式"面板的"完成编辑模式"，切换到默认三维视图，查看这个墙体，大致是如图 10.1.1-2 所示的样子。

图 10.1.1-1 "转到视图"对话框　　　　　　　图 10.1.1-2 编辑墙轮廓

10.1.2 点击"注释"选项卡"尺寸标注"面板的"对齐"按钮，使用"对齐尺寸标注"工具拾取洞口内侧表面，如图 10.1.2-1 所示，被拾取的表面的边界会转为蓝色高亮显示。在洞口的左右两个侧面各单击一次，移动光标到墙体朝向读者的一侧，在其他空白位置再单击一次，这样就放置了一个尺寸标注，如图 10.1.2-2 所示。单击"建筑"选项卡"工作平面"面板的"设置"按钮，在打开的"工作平面"对话框中，选择"拾取一个平面"，如图 10.1.2-3 所示，单击"确定"按钮关闭这个对话框。

10.1.3 移动光标靠近洞口的下表面，在墙面整体高亮时按 Tab 键，直到洞口下表面的边界为蓝色高亮显示时，如图 10.1.3-1 所示，单击鼠标左键。这样我们就把当前视图的工作平面指定为墙体洞口的下表面了。再次使用"对齐尺寸标注"工具来标注洞口两个侧面的距离，完成后如图 10.1.3-2 所示，按下 Shift 键和鼠标中键，旋转视图查看这些图元，可以看到第二个标注是在较高的位置，如图 10.1.3-3 所示。

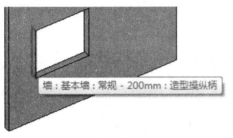

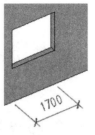

图 10.1.2-1 拾取洞口内侧表面　图 10.1.2-2 完成尺　图 10.1.2-3 拾取
寸标注　一个平面作为工作平面

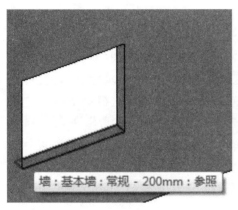

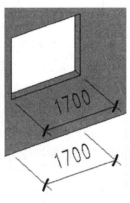

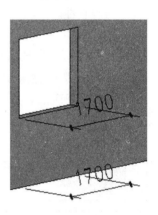

图 10.1.3-1 捕捉到的平面以蓝色显示　图 10.1.3-2 完成尺寸标注 图 10.1.3-3 两个标注位置不同

10.1.4 按照前面第二步的操作，把当前工作平面设置为洞口右侧的表面，如图 10.1.4-1 所示，使用"对齐尺寸标注"工具拾取洞口的上下表面进行标注，如图 10.1.4-2 所示。隐藏洞口底部的尺寸标注以后，转动视图进行观察，会发现第三个尺寸标注是垂直方向的，如图 10.1.4-3 所示。所以这些尺寸标注的实际意义是，"所拾取的参照在当前工作平面内的投影"。本例中这些尺寸标注的数字也反映了洞口的实际尺寸，这是因为标注中拾取的表面与标注时的工作平面具有互相垂直的关系。下面我们在自适应公制常规模型中，练习几种不同性质的尺寸标注方式。关闭这个项目文件。

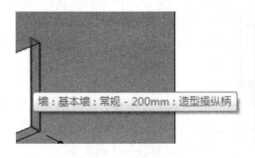

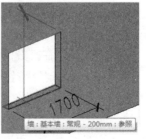

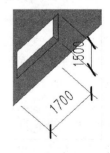

图 10.1.4-1 设置洞口右侧为工作平面　图 10.1.4-2 标注洞口　图 10.1.4-3 第三个
上下两个表面　尺寸标注是垂直方向的

10.1.5 新建一个族，选择"自适应公制常规模型"族样板。初始视图是默认三维视图，在参照标高平面放置两个参照点，选择这两个参照点，点击关联选项卡的"使自适应"按钮把它们转换为自适应点，再点击关联选项卡"绘制"面板的"通过点的样条曲线"，这样就在两个自适应点之间创建了一条线段，如图 10.1.5-1 所示。使用"对齐尺寸标注"工具，拾取这两个自适应点，放置一个尺寸标注，如图 10.1.5-2 所示。在拾取的时候要注意观察蓝色高亮显示的是哪个部分，当自适应点变为一个蓝色实心圆点时再单击。图 10.1.5-3 和图 10.1.5-4 都没有拾取到自适应点本身，图 10.1.5-3 是拾取到了由自适应点所确定线段的端点平面，这个平面比自适应点自带的平面又大一圈，图 10.1.5-4 则是拾取到了两个平面相交后的直线。

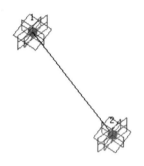

图 10.1.5-1 通过点的样条曲线

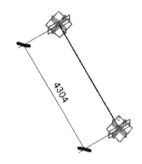

图 10.1.5-2 标注这两个点的距离

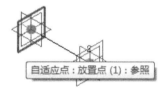

图 10.1.5-3 拾取的是参照平面

图 10.1.5-4 拾取的是两个面的相交线

10.1.6 现在看上去，这个数字似乎就是这个线段的长度。选择一个自适应点，在显示的三维控件中，向上拖动蓝色箭头，如图 10.1.6-1 所示，可以看到，现在线段的长度确实是增加了，但是标注的数字是没有变化的。单击项目浏览器"楼层平面"下的"参照标高"，切换到参照标高平面视图。可能会因为把自适应点移动的超过了该视图的剖切平面，而看到类似图 10.1.6-2 中的样子，我们再把视图范围修改一下就可以了。在项目浏览器中选择"参照标高"，使其保持蓝色高亮显示的状态，如图 10.1.6-3 所示，在属性选项板点击"视图范围"属性右侧的"编辑…"按钮，打开"视图范围"对话框，修改其中"顶"和"剖切面"的数值，改得大一点，这样就可以看到了，如图 10.1.6-4 所示。在参照标高平面再次标注这两个自适应点之间的距离，如图 10.1.6-5 所示，可以看到还是"4304"。选择左侧的点向上移动一段距离，现在尺寸标注的数字变为"4858"，如图 10.1.6-6 所示。切换回默认三维视图，可以看到这个视图里的尺寸标注也已经是"4858"了。

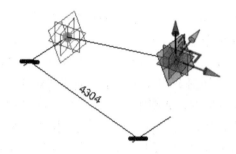

图 10.1.6-1　向上拖动自适应点

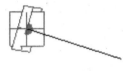

图 10.1.6-2　参照标高平面视图

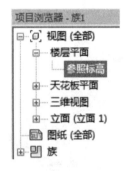

图 10.1.6-3　选中参照标高平面视图

图 10.1.6-4　视图范围设置窗口

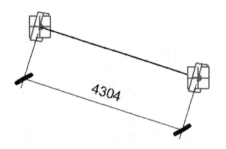

图 10.1.6-5　再次标注两点间的距离

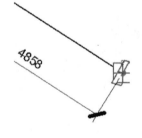

图 10.1.6-6　观察标注的变化

10.1.7　所以，之前在默认三维视图里所放置的第一个尺寸标注，只能够辨认线段端点投影在参照标高平面以后的变化，但是无法辨认线段在 Z 轴方向上的变化。它所测量到的值，是线段在水平平面投影以后的值，不是线段的真实长度。

10.1.8　在我们需要得到线段的真实长度时，或者说要得到这两个点之间的三维空间距离时，这样的尺寸标注显然是不能满足要求的。所以我们还是回到工作平面的概念上面来解决这个问题。这两个点之间的线条现在是黑色的，表示它还是模型线。选择这个线条，在属性选项板勾选"是参照线"属性，这样就把它转为了参照线。选中它仔细观察，如图 10.1.8-1 所示，通过之前章节的介绍我们已经知道，这样的线段本身带有四个平面，其中的两个是沿着其自身长度方向的，另外两个是在端部的。所以我们现在可以把沿着长度方向的任意一个平面设置为工作平面，然后再进行标注。点击"创建"选项卡"工作平面"面板的"设置"按钮，然后移动光标靠近参照线，如图 10.1.8-2 和图 10.1.8-3 所

330

示，会以蓝色虚线外框来指示可用平面的位置，可以按 Tab 键切换到合适的平面。在这个例子当中，选择哪个平面都可以。选好以后再左键单击一次就可以了。

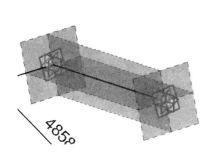

图 10.1.8-1　将
模型线转变为参照线

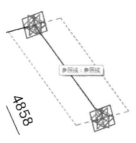

图 10.1.8-2　参照线
长度方向的一个参照平面

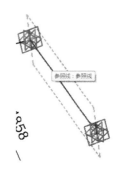

图 10.1.8-3　参照线长
度方向的另一个参照平面

10.1.9　使用"对齐尺寸标注"工具，拾取这两个点，放置一个尺寸标注。在拾取时仍然要注意观察，在有关于"自适应点"的提示出现以后，如图 10.1.9-1 所示，再单击拾取这个位置。标注完毕以后可以看到，如图 10.1.9-2 所示，现在的数字是"5215"。按两次 Esc 键结束标注命令。选择这个参照线，查看属性选项板，在"长度"属性右面的数字，如图 10.1.9-3 所示，是"5215.1"，这表明我们第二次放置的尺寸已经正确的报告了线段的长度。

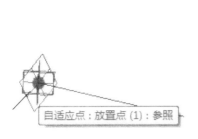

图 10.1.9-1　"自
适应点"的提示

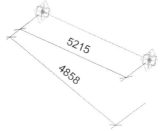

图 10.1.9-2　标注
的值发生了变化

图 10.1.9-3　属性
栏里查看线的长度值

10.1.10　两者之间之所以会相差 0.1，是因为当前使用的尺寸标注类型属性里，"舍入"的设置是"0 个小数位"。选择这个尺寸标注，点击属性选项板的"编辑类型"按钮，在打开的"类型属性"对话框里，点击"单位格式"属性后面的长条按钮，打开图 10.1.10-1 所示的"格式"对话框，去掉"使用项目设置"的勾选，在"舍入"的下拉列表里选择"1 个小数位"（图 10.1.10-2），点击两次"确定"，关闭这两个对话框，查看尺寸标注的变化，已经和线段属性中的数字一样了，如图 10.1.10-3 所示。

10.1.11　如图 10.1.11-1 所示，使用"工作平面"面板的"设置"工具，把参照标高重新设置为当前视图的工作平面。在参照标高平面放置两个参照点，转换为自适应点，在平面中这两个点是图 10.1.11-2 所示的样子。设置"中心（前/后）"参照平面为新的工作平面，如图 10.1.11-3 所示。

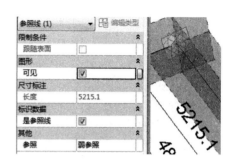

图 10.1.10-1　　　　图 10.1.10-2　不勾选"使用项目　　图 10.1.10-3　查看尺寸标注的变化
"格式"对话框　　　设置",将"舍入"设为"1 个小数位"

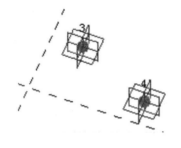

图 10.1.11-1　"设置"工具　　　图 10.1.11-2　两个自适应点　　图 10.1.11-3　设置"中心（前/
后）"参照平面为新的工作平面

10.1.12　使用"对齐尺寸标注"工具，拾取如图 10.1.12-1 所示的自适应点携带的平面，这个平面与刚刚设置的工作平面是互相垂直的关系。再以同样方向拾取另外一个点的平面，如图 10.1.12-2 所示，完成后的样子如图 10.1.12-3 所示。

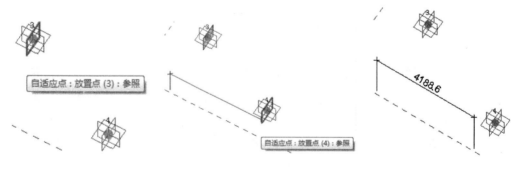

图 10.1.12-1　拾取工作平面　　　图 10.1.12-2　拾取　　　　图 10.1.12-3　完成
　　　　　　　　　　　　　　　　另一个点的工作平面　　　　　以后的尺寸标注

10.1.13　选中编号为"3"的自适应点，依次拖动三维控件中的三个箭头，如图 10.1.13-1 所示，可以发现，当前的这个尺寸标注自动忽略了蓝色与绿色箭头方向的移动变化，只报告红色箭头方向的变化。或者说是，在当前这样的环境设置下，关于三号点和四号点的这个尺寸标注，只报告 X 轴方向的变化，而不理会 Y 轴和 Z 轴的变化。

10.1.14　这里先做个小的总结，由两个点所形成的线段，其中一个端点在三维空间中自由移动时，以前面 10.1.5 的方式所创建的尺寸标注，会自动忽略该点在 Z 轴方向上变化时对线段长度的影响，被忽略的轴向与该尺寸标注的工作平面是互相垂直的关系。如果标注时的工作平面是"中心（左/右）"参照平面，那么被忽略的方向会是 X 轴。以 10.1.9 的方式所创建的尺寸标注，会如实的反映该线段的长度，而不管端点在哪个方向上移动。以 10.1.12 的方式所创建的尺寸标注，会忽略端点的两个方向上的变化，而只反映标注时所拾取的两个平行平面之间的垂直距离。每个方式都是有价值的，只是应用的场合各不相同。比较常见的是 10.1.9 的方式。保存这个文件为"10-1-2"并关闭它。

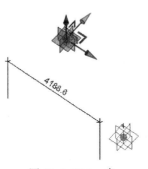

图 10.1.13-1　自适应点的三维控件

10.1.15　接着我们练习一个角度标注的例子。新建一个族，选择"基于公制幕墙嵌板填充图案"族样板。选择蓝色网格，使用视图控制栏的工具把它临时隐藏，如图 10.1.15-1 所示。使用"角度尺寸标注"工具，如图 10.1.15-2 所示，标注任意两条相邻的参照线之间的夹角，结果会是 90°，如图 10.1.15-3 所示。

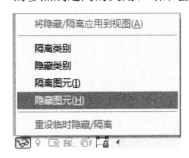

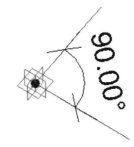

图 10.1.15-1　临时隐藏工具　　图 10.1.15-2　角度尺寸标注工具　　图 10.1.15-3　标注结果为 90°

10.1.16　选择位于这两条参照线交点位置的自适应点，并向上拖动一段距离，如图 10.1.16-1 所示，可以看到自适应点的位置已经很高了，但是那个角度尺寸标注还留在下面没有动，而且也并没有如实反映两条参照线现在的真实夹角。删掉这个标注，选择其中一条参照线，转动视图仔细观察，会发现另外一条参照线与这个参照线长度方向的任意一个平面都有夹角，如图 10.1.16-2 所示，不具备平行关系，所以如果采用前面的方法，那么得到的结果仍然不是真实角度。

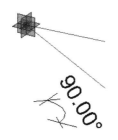

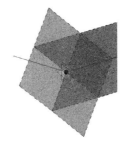

图 10.1.16-1　向上拖动自适应点　　　　图 10.1.16-2　参照线与参照平面有夹角

10.1.17　欧特克公司的工程师给我们提供了一个有趣的方法，既然没有现成的平面可以作为工作平面，那么就利用已有的条件，自己创造一个可用的平面。点击"创建"选项卡"绘制"面板的"点图元"工具，并确认方式为"在面上绘制"，如图 10.1.17-1 所示，分别在这两条参照线靠近交点的位置添加一个参照点，如图 10.1.17-2 所示。这样在这个角部，算上族样板预置的那个自适应点，现在总共有三个点，已经可以构成一个三角形了。由于构成三角形的三个顶点都位于相关联的线段上，或者是线段的端点，或者是从属于线段，所以当线段发生变化时，三角形也是同步跟着变化的，其中一个顶点的角度，恰好就是这两条参照线的夹角。

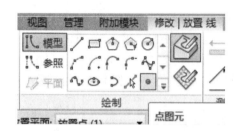

图 10.1.17-1　选中"在面上绘制"

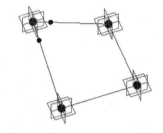

图 10.1.17-2　添加两个参照点

10.1.18　接下来就用参照线连接这三个点以形成一个三角形。点击"创建"选项卡"绘制"面板的"参照"，默认会使用"直线"工具，在选项栏勾选"根据闭合的环生成表面"和"三维捕捉"，如图 10.1.18-1 所示，然后依次捕捉这三个点绘制一个三角形，如图 10.1.18-2 所示，因为已经勾选了"根据闭合的环生成表面"，所以会在绘制完毕后立即生成一个三角形的表面。这里有一个小细节要注意，捕捉已有的三个点来绘制一个三角形，总共需要点击四次，其中第一次和第四次点击的是同一个点，如果只是点击了三次，那么只绘制了两条线，还没有围合成三角形。

图 10.1.18-1　选项栏勾选相关命令

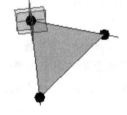

图 10.1.18-2　生成一个三角形的面

10.1.19　接着就可以设置工作平面了。点击"创建"选项卡"工作平面"面板的"设置"按钮，移动光标到这个三角形的表面，如图 10.1.19-1 所示，在三角形的边界都转为蓝色高亮显示以后单击一次。在进行角度标注时要注意，如图 10.1.19-2 所示，通常要拾取族样板中预置的参照线，即图 10.1.19-2 中蓝色高亮显示的部分，如果是图 10.1.19-3 中那条我们自己绘制的，那么在添加参数进行计算时可能会报错。

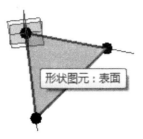

图 10.1.19-1 拾取
三角形的表面为工作平面

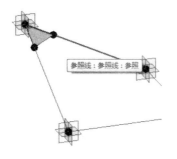

图 10.1.19-2 标注到族样板
中预置的参照线上

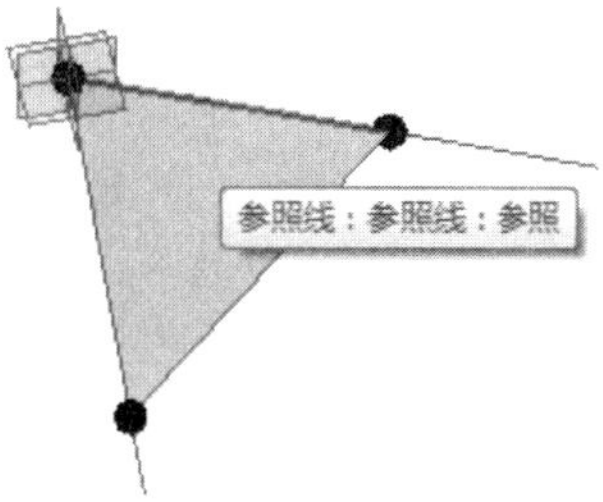

图 10.1.19-3 这是用户
自己绘制的线

10.1.20 下面做个小测试，对两种参照线都各标注一次，如图 10.1.20-1 所示，选择标注并添加参数，如图 10.1.20-2 所示，在参数属性对话框中，如图 10.1.20-3 所示，标注于预置参照线的参数起名为"YY"，并勾选"实例"和"报告参数"。标注于自己绘制的参照线的参数起名为"AA"，也勾选"实例"和"报告参数"。

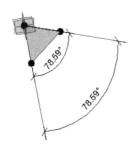

图 10.1.20-1 分别标注两种参照线

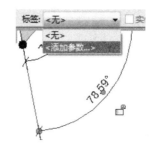

图 10.1.20-2 选中标注添加参数

图 10.1.20-3 勾选"实例"和"报告参数"

10.1.21 标注完毕以后是图 10.1.21-1 所示的样子。打开族类型对话框，添加一个"参数类型"为"角度"的实例参数"CC"，并为它添加公式"$YY * 2$"，如图 10.1.21-2 所示，能够正常运行这个公式。再把公式换为"$AA * 2$"，则立即弹出报错信息，如图 10.1.21-3 所示。

10.1.22 这是因为，在这个族样板里，只有那些预置的图元才是"主体图元"，包括最初的参照线和参照点。所以如果这个参数可能会在后续的公式中使用，那么就养成一个好习惯，在开始的时候，就标注到主体图元上。

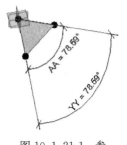

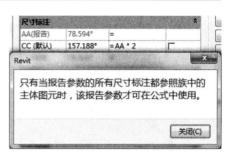

图 10.1.21-1　参
数添加完毕

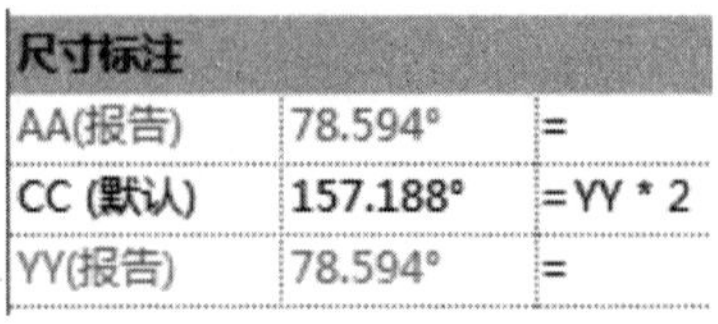

图 10.1.21-2　给
"CC"参数添加公式

图 10.1.21-3　报错信息

10.2　参控三角形构件

在之前的练习中，我们接触过的锁定方式主要有两种，一种是把草图线锁到参照平面或者参照线，这个草图线可以是直线或者曲线，对应于参照的形状；还有一种是把草图线的端点锁到参照平面或者参照线。本节练习另外一种锁定方式，利用已经锁定的其他图元来对草图线生成约束。

10.2.1　打开软件，新建一个族，选择"公制常规模型"族样板，切换到前立面视图。假设我们要制作的构件是一个三角形的外轮廓，底边是水平的，另外两条边可以调整。所以它可能是直角三角形，也可能是锐角三角形、钝角三角形，那么如何控制它的斜边，就是必须要考虑的问题。或者可以把这个问题简化为"如何控制这个三角形的顶点"。

10.2.2　在前立面视图，"中心（左/右）"参照平面的右侧，先绘制第一个参照平面，用这两个参照平面之间的距离来作为三角形的底边，如图 10.2.2-1 所示。为了使三角形的顶点能够有一个较大的活动范围，控制时的参数比较直观，比如对于顶点的水平位移参数，输入负值时就移动到"中心（左/右）"参照平面的左侧，输入正值就移动到右侧，我们采取下面这样的方式：在左侧较远的位置放置一个锁定的参照平面，距离"中心（左/右）"参照平面的距离为一个定值，比如为 3 m，然后以这个参照平面为固定点，向右再引出一个参照平面，它们之间的距离为"定值＋位移"，这样就可以通过输入正负值的方式来控制三角形的顶点在"中心（左/右）"参照平面的哪一侧。在如图 10.2.2-1 所示的基础上再绘制两个垂直方向的参照平面，并添加尺寸标注，如图 10.2.2-2 所示。

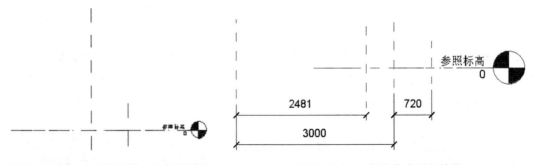

图 10.2.2-1　在右侧绘制一个参照平面

图 10.2.2-2　标注完成后的效果

10.2.3　其中最左侧的参照平面在放置以后把它锁定，对于"2481"尺寸标注右侧的参照平面命名为"*ST*"，并给这个尺寸标注添加实例参数"*ST*"，如图 10.2.3-1 所示，对于"720"的尺寸标注添加实例参数"*SA*"，如图 10.2.3-2 所示。在参照标高上方绘制一个水平方向的参照平面，标注它到参照标高的距离，并添加参数为"*H*"。添加参数的具体方法和前面章节的相同，选中尺寸标注以后点击选项栏"标签"右侧的下拉列表，选择其中的"〈添加参数…〉"，打开"参数属性"对话框后在其中进行设置。

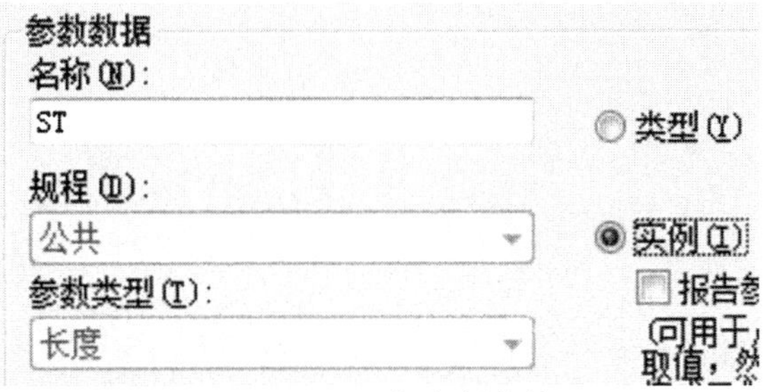

图 10.2.3-1　添加实例参数 ST

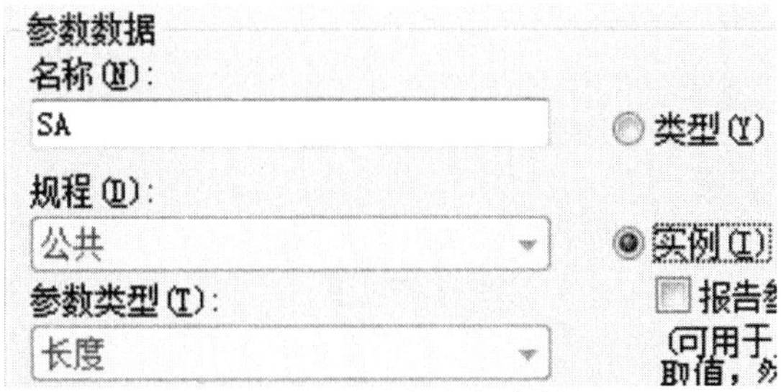

图 10.2.3-2　添加实例参数 SA

10.2.4　打开"族类型"对话框，添加一个参数"*TT*"，如图 10.2.4-1 所示，这个参数是不依赖于尺寸标注而存在的。如果是直接加到尺寸标注上的参数，输入负值时会报错，比如给"*TT*"赋值为"－300"，点击"族类型"对话框底部的"应用"按钮，是可以的。但是给 *SA* 也赋值"－300"并点击"应用"按钮，则会报错，如图 10.2.4-2 所示，提示我们这个值是无效的。所以在某些情况下，如果一个参数的值可能会有负值，那么得想办法转换一下，而不是直接在某个尺寸标注上面直接添加该参数。给参数"*ST*"输入公式"3000＋*TT*"，点击"确定"按钮关闭这个对话框，可以看到参数"*ST*"的值现在已经是"2700"，表明已经接受参数的控制了。

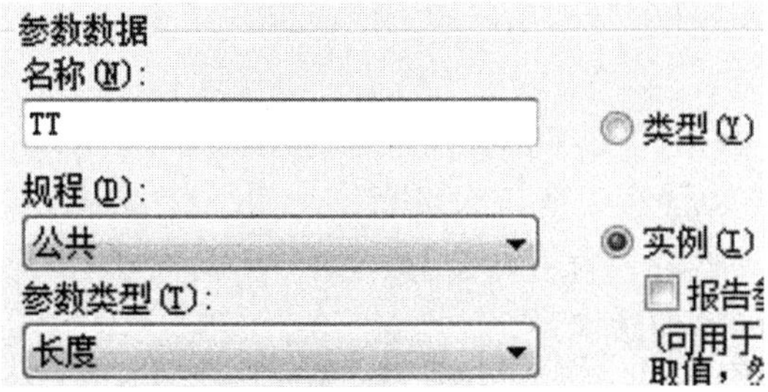

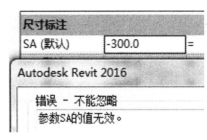

图 10.2.4-1　添加实例参数 *TT*　　　　图 10.2.4-2　报错信息

10.2.5　如图 10.2.5-1 所示，控制框架已经完成了大部分，还差最后一条参照线，我们把它添加到图 10.2.5-1 中圆圈的位置，用它来控制三角形的顶点。放大这个位置，在旁边绘制一条垂直方向的参照线，如图 10.2.5-2 所示。使用"对齐"工具，先拾取图 10.2.5-2 中水平方向的参照平面，移动光标靠近参照线下方的端点，在参照线的端点处显示一个蓝色实心圆点时，如图 10.2.5-3 所示，单击一次，这个端点会向下移动到水平方向的参照平面上，同时显示一个锁定符号，如图 10.2.5-4 所示。单击这个锁定符号，把参照线的端点锁定到水平方向的参照平面。

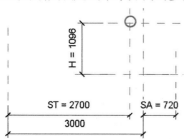

图 10.2.5-1　完成后的控制框架

图 10.2.5-2　在参照平面旁边绘制一根垂直方向的参照线

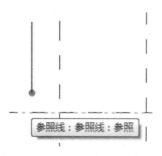

图 10.2.5-3　使用"对齐"工具捕捉参照线的端点

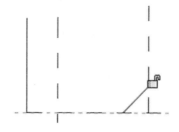

图 10.2.5-4　将端点对齐锁定到参照平面上

10.2.6　继续使用"对齐"工具，先点击"ST"参照平面，如图 10.2.6-1 所示，再点击那条参照线，在显示锁定符号以后，如图 10.2.6-2 所示，点击该锁定符号。这样就把线条本身锁定到了"ST"参照平面，而把线条的端点锁定到了水平方向的另外一个参照平面。按 Esc 键两次结束"对齐"命令。参数和各项约束条件准备完毕以后，就可以开始添加形状了。

10.2.7　点击"创建"选项卡"形状"面板的"拉伸"，默认会选中"直线"工具，如图 10.2.7-1 所示的位置绘制一条水平方向的草图线，如图 10.2.7-2 和图 10.2.7-3 所示，使用"对齐"工具把线条的端点锁定到两侧的参照平面并锁定。

10.2.8　再使用"对齐"工具把它向下锁定到参照标高平面，如图 10.2.8-1 和图 10.2.8-2。按 Esc 键两次结束"对齐"命令。选择"修改｜创建拉伸"关联选项卡"绘制"面板的"直线"工具，捕捉到刚才添加的参照线的端点，如图 10.2.8-3 所示，单击一次作为新线条的起点，移动光标捕捉到水平方向草图线的左端点，单击一次作为新线条的终点。

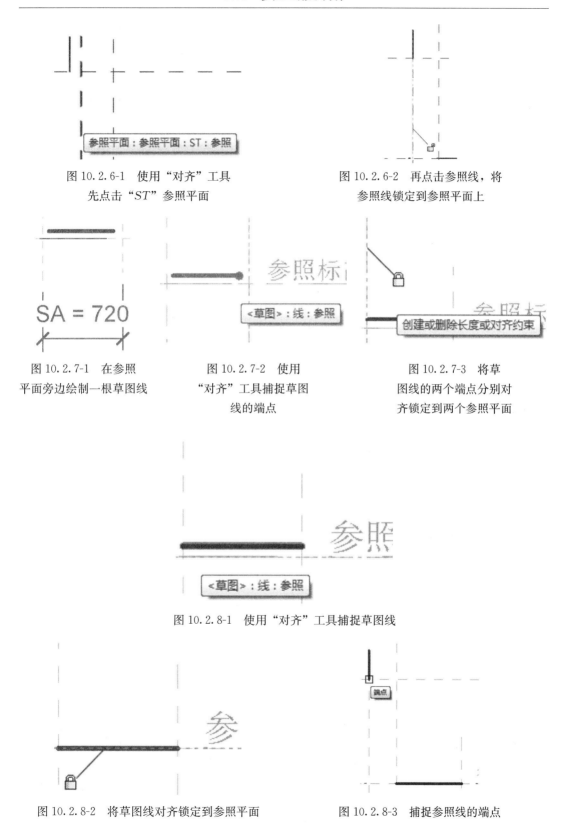

图 10.2.6-1　使用"对齐"工具
先点击"ST"参照平面

图 10.2.6-2　再点击参照线，将
参照线锁定到参照平面上

图 10.2.7-1　在参照
平面旁边绘制一根草图线

图 10.2.7-2　使用
"对齐"工具捕捉草图
线的端点

图 10.2.7-3　将草
图线的两个端点分别对
齐锁定到两个参照平面

图 10.2.8-1　使用"对齐"工具捕捉草图线

图 10.2.8-2　将草图线对齐锁定到参照平面

图 10.2.8-3　捕捉参照线的端点

10.2.9　绘制时注意观察，在捕捉到水平方向草图线的端点时会显示相应的提示信息，如图 10.2.9-1 所示。再以同样步骤绘制一条草图线，图 10.2.9-2 和图 10.2.9-3 这样就构成了一个三角形。注意，在添加三角形的后两条边时，没有再锁定线条的端点，只是在绘制时进行了捕捉。在选择端点时可以使用 Tab 键来辅助切换。点击关联选项卡"模式"面板的"完成编辑"模式，这样就完成了这个拉伸形状的创建。

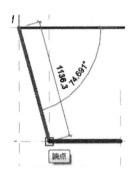 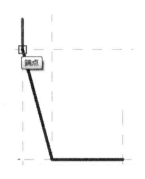 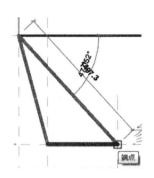

图 10.2.9-1　捕捉草图线的端点　　图 10.2.9-2　继续绘制草图线　　图 10.2.9-3　完成三根草图线
　　　　　　　　　　　　　　　　　　　　　　　　　　　　　　　　　　　　的首尾连接

10.2.10　打开"族类型"对话框，修改"TT"参数的值为"900"并点击"应用"按钮，如图 10.2.10-1 所示，修改参数"H"的值为"300"、参数"TT"为"400"、参数"SA"为"800"，点击"应用"按钮查看结果，如图 10.2.10-2 所示，可以看到，参数能够驱动三角形两个顶点进行移动，左下角的顶点位于插入点的位置，本例中不再给它设置其他变化。

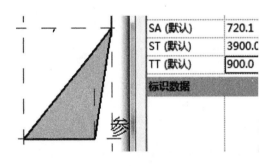 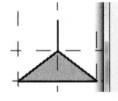

图 10.2.10-1　修改参数的值　　　　　图 10.2.10-2　修改参数的值并观察图形的变化

10.2.11　现在的测试还不全面，因为现有的形状是从"左下角为钝角"的形式修改过来的，但是还没有再改回去，有时会出现这样的情况，某个参数"能朝一个方向修改但是改不回原样"。所以给参数"TT"输入"－500"再检查一次。如图 10.2.11-1 所示，可以看到它是能够返回去的。之所以在没有进行锁定的情况下，仍然能够由参数来驱动图元的变化，还是因为前面章节里提过的"自动绘制尺寸标注"，在"可见性/图形替换"对话框中打开该类别的可见性就可以看到，如图 10.2.11-2 所示，在草图编辑模式中有两个这样的标注，退出编辑模式后在三角形顶点位置还有一个，这些自动产生的约束会驱动图元根据参数的变化而变化。

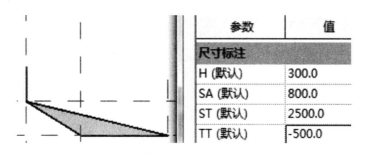

图 10.2.11-1　修改参数"TT"的值

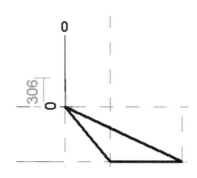

图 10.2.11-2　草图编辑模式中仍然有两个标注

10.2.12　本节练习的主要目的是拓展读者在创建约束条件时的思路，除了最常见的"把线段锁定到参照平面"的方式，还可以有其他的一些形式。对于有"角度"特征的变化，通常我们是使用参照线来进行控制的，因为参照线有端点可以转动，而参照平面没有端点是无法用参数来控制它转动的。但是通过其他的方式，例如在本例中，使用那条锁定在参照平面的参照线，来带动三角形的两条斜边，就可以在不使用"角度"类型参数的情况下，来实现具有"角度"特征的变化。

10.3　五边形与六边形

这一节的练习内容是使用嵌板族来进行图形的拼接组合。通过巧妙的构思，有时会得到一个很有意思的结果。仔细观察图 10.3-1 和图 10.3-2，这是一个体育中心外表面局部照片，其中的最小单元是五边形，每四个五边形凑在一起以后形成一个六边形，所组成的六边形有两个方向，如图 10.3-3 所示。位于垂直方向六边形顶部的五边形，恰好是另外一个水平方向六边形中部的五边形，也就是说相邻且交叉的两个六边形之间会共用一个五边形。

再看下面这两个图，图 10.3-4 是一款运动鞋的鞋底，它的花纹也采用了同样的形式，在五边形中间还加入了一点变化；图 10.3-5 是一家酒店的外立面，对于五边形的部分有不同的材质，看上去更炫一些。我们通过一个嵌板族的练习，来模拟这样的一个效果。仅是通过模拟来接近这个效果，不是说设计者就是这样做的。

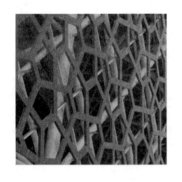

图 10.3-1　某体育
中心外表面局部 1

图 10.3-2　某体育
中心外表面局部 2

图 10.3-3　六边形有两个方向

图 10.3-4　某运动鞋的鞋底

图 10.3-5　某酒店外立面

10.3.1　打开软件，新建一个族，选择"基于公制幕墙嵌板填充图案"族样板。样板中对于"瓷砖填充图案网格"，预先选择的是"矩形"，我们要用的是"六边形"。所以要先把这个形式改过来。单击选择图 10.3.1-1 中的瓷砖填充图案网格，展开属性选项板类型选择器的下拉列表，选择其中的"六边形"，如图 10.3.1-2 所示。在切换为六边形以后，还需要修改网格间距的尺寸，使它当前的轮廓接近于我们所要模拟的那些形状。保持对瓷砖填充图案网格的选择，在属性选项板中，修改"水平间距"属性的值为"1600"，结果如图 10.3.1-3 所示。

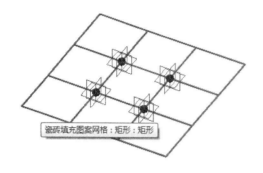

图 10.3.1-1　选中预设的网格

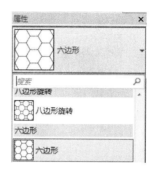

图 10.3.1-2　将矩形网格改为六边形网格

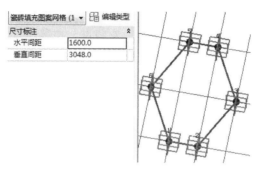

图 10.3.1-3　修改"水平间距"属性的值

10.3.2　接着开始构建嵌入六边形中的那四个五边形。选择 3 点和 6 点，点击"修改｜自适应点"关联选项卡"绘制"面板的"通过点的样条曲线"，会立即生成一条模型线，保持对这条线的选择，在属性选项板勾选"是参照线"属性，把它转为参照线，如图 10.3.2-1 所示。在这条参照线的中间位置，以及在 1、2 点和 4、5 点连线的中间位置各添加一个参照点，注意添加时为"在面上绘制"的模式。如图 10.3.2-2 所示，选择图中的两个参照点，使用"通过点的样条曲线"命令生成一条线段，并将其转为参照线，如图 10.3.2-3 所示。对位于 1、2 点连线上的参照点也执行同样的操作，连接到六边形中间的参照点。完成后是图 10.3.2-4 所示的样子。为了便于观察，已经隐藏了瓷砖填充图案网格。

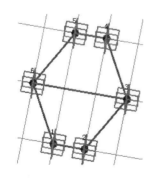

图 10.3.2-1　连接 3 号点和 6 号点

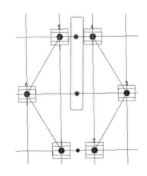

图 10.3.2-2　在三条线的中点各放一个参照点

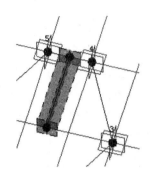

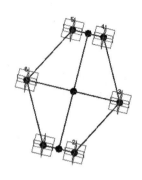

图 10.3.2-3　连接其中两个参照点　　　　　图 10.3.2-4　再连接另外两个参照点

10.3.3　选择"创建"选项卡"绘制"面板的"点图元"工具，在 2、3 点和 3、4 点的连线中点也都添加一个参照点，选择这两个参照点，在属性选项板把"显示参照平面"属性设置为"始终"，如图 10.3.3-1 所示。在上一步所添加的后两条线段上，放置两个参照点，如图 10.3.3-2 所示，我们将用这两个参照点来作为搭建五边形的基础。如图 10.3.3-3 所示，选择图中方框位置的参照点，在选项栏单击"点以交点为主体"。移动光标，靠近添加在 3、4 点连线中点的参照点，单击它已经显示的那个平面，如图 10.3.3-4 所示。

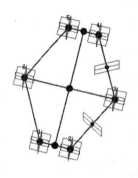

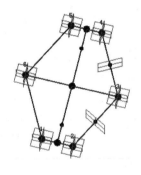

图 10.3.3-1　在 2、3 点和 3、4 点　　　　　图 10.3.3-2　在另外两条连线
的连线中点分别添加一个参照点　　　　　　　上分别放置一个参照点

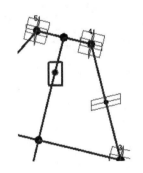

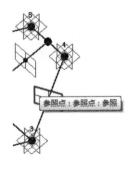

图 10.3.3-3　选中一个点勾　　　　　图 10.3.3-4　再拾取参
选"点以交点为主体"　　　　　　　照点的参照平面

10.3.4　这个图形是对称的，所以对另外一条线段上的那个参照点也做同样的操作，只是在单击时要选择位于 2、3 点连线上的那个参照点的平面，如图 10.3.4-1 和图 10.3.4-2 所示。这时观察这个六边形，如图 10.3.4-3 所示，在它的右侧现在已经有五个点，可以构成一个五边形了。为了看得更清楚，我们先用模型线把这五个点连接起来。

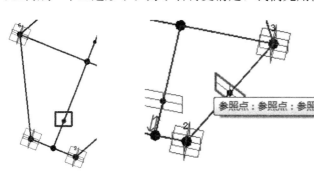
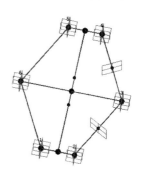

图 10.3.4-1　选中另一个参照
点勾选"点以交点为主体"

图 10.3.4-2　选中另一个参照
点的参照平面

图 10.3.4-3　右侧完成 5 个点

10.3.5　点击"创建"选项卡"绘制"面板的"直线"工具，使用"模型线"的类型，在选项栏勾选"三维捕捉"和"链"的选项，按照图 10.3.5-1 中所示的位置，捕捉已经放置的参照点，绘制一个闭合的五边形。这时再观察这个六边形，除了右侧的刚刚绘制完毕的五边形以外，在上下两个位置还各有半个五边形，如图 10.3.5-2 所示。那么就接着在 5、6 点和 6、1 点连线中间继续添加参照点，并把新添加的参照点用模型线连接到中间线段对应的参照点。连接完毕以后，隐藏参照点和自适应点再查看，是图 10.3.5-3 所示的样子，看上去已经有两个五边形了。上下位置的两个五边形是由参照线围成的，载入到其他环境以后会看不到。这时我们最好检查一下这个框架，方法很简单，在六边形的角部任意选择一个自适应点并移动它，查看与之关联的其他参照点是否能够随着一起移动。先把刚才隐藏的点都放出来，选择六边形角部的任意一个自适应点，拖动一下，如图 10.3.5-4 所示，在移动第 5 点时，周围和它有关系的参照点、参照线都随着一起动了，这是一个正常的状态，说明连接关系是正确的。对于移动过的自适应点，软件提供了一个方法，可以把它们快速的放回原位。

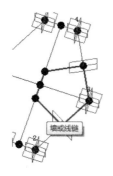
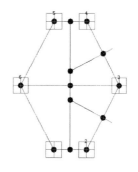

图 10.3.5-1　绘制五边形

图 10.3.5-2　上下各有半个五边形

345

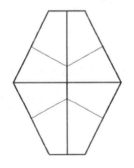

图 10.3.5-3   两个五边形

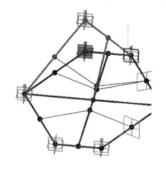

图 10.3.5-4   拖动一个参照点

10.3.6   放出刚才隐藏的瓷砖图案填充网格并选中它,在选项栏单击"将点重设为网格"按钮,可以把所有移动过的自适应点一次性的放回到"标高 1"平面,如图 10.3.6-1 所示。虽然现在已经有了初步的形状,但是在继续添加细节之前,还是需要搭建一个简单的环境,用来检查现在的这个思路是否正确。所以我们要新建一个概念体量文件,把这个族载入以后铺到一个分割表面上,验证这个构件的工作情况。把当前这个文件保存为"10-3-1"。

10.3.7   新建一个概念体量文件,在项目浏览器中,双击"立面"下的"南",切换到南立面,选择"创建"选项卡"基准"面板下的"标高"命令,绘制一个标高并把它的高度调节为16 m,如图 10.3.7-1 所示。点击"创建"选项卡"绘制"面板的"平面"按钮,激活"参照平面"工具,在"中心左右"参照平面的左侧,绘制一个垂直方向的参照平面,调整它到"中心左右"参照平面的距离为 30 m,如图 10.3.7-2 所示,在它的左边再添加一个垂直方向的参照平面,距离为 4 m,再绘制一个与已有参照

图 10.3.6-1   将点重设为网格

平面相交的水平方向的参照平面,并调节它到"标高 1"的距离为 8 m,如图 10.3.7-3 所示;这些只是测试构件所用的基准框架的尺寸,与要模拟的对象无关。

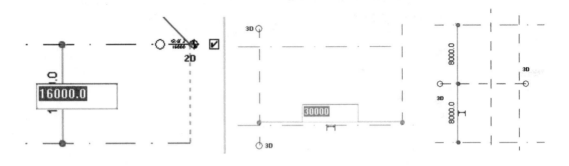

图 10.3.7-1   调整标高的值   图 10.3.7-2   调整参照平面的水平距离   图 10.3.7-3   调整参照平面的标高

10.3.8   点击"创建"选项卡"绘制"面板的"起点—终点—半径弧",如图

10.3.8-1 所示，按照图 10.3.8-2 所示的位置捕捉到参照平面的交点绘制一个圆弧，按两次 Esc 键结束这个命令。选择"直线"工具，沿着"中心左右"参照平面绘制一条垂直线段，如图 10.3.8-3 所示。

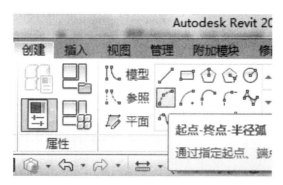

图 10.3.8-1 "起点—终点—半径弧"绘制工具

图 10.3.8-2 绘制一段圆弧 　　　　图 10.3.8-3 绘制一条直线段

10.3.9 选择圆弧和这条线段，点击关联选项卡"形状"面板的"创建形状"，在显示的预览图像里选择左侧的那个，如图 10.3.9-1 所示。切换到默认三维视图，选择已完成形状的一个表面，点击关联选项卡"分割"面板的"分割表面"，如图 10.3.9-2 所示，默认会以横纵各十个格子来划分这个表面，保持对分割表面的选择，在属性选项板类型选择器的下拉列表里找到"六边形"并选择它，如图 10.3.9-3 所示。

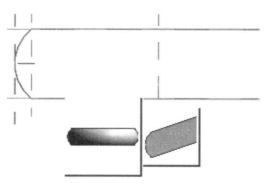

图 10.3.9-1 选择左侧的形状

图 10.3.9-2　分割表面

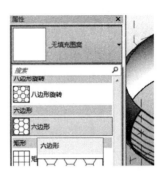

图 10.3.9-3　选择"六边形"作为填充图案

10.3.10　查看这个表面，如图 10.3.10-1 所示，因为现在还是默认的分割数量，所以看上去有点奇怪。在选项栏把 V 网格后面的"编号"右侧的数字改为"120"，如图 10.3.10-2 所示。返回嵌板族"10-3-1"，点击"创建"选项卡"族编辑器"面板的"载入到项目"，把嵌板族载入到刚才的体量族。在体量族中选择分割表面，在属性选项板的类型选择器里找到刚刚载入的嵌板族"10-3-1"并选择它，如图 10.3.10-3 所示，将其应用到分割表面，结果如图 10.3.10-4 所示，对于垂直方向的六边形还差顶部、底部的一条线段，整体上算是已经有了一个基本的样子。把这个体量族保存为"10-3-2"。

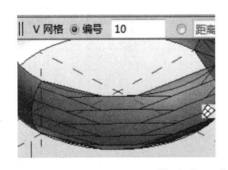

图 10.3.10-1　初始分割后的表面

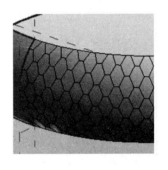

图 10.3.10-2　修改"V"参数后的表面

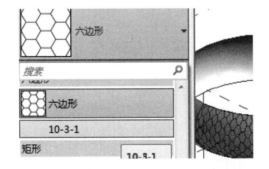

图 10.3.10-3　选择刚载进来的族

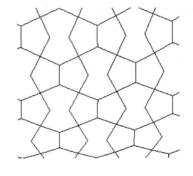

图 10.3.10-4　应用到分割表面后的样子

10.3.11　返回嵌板族 10-3-1，现在开始给它添加形状，以替换之前示意用的模型线。选择之前添加的模型线，在属性选项板勾选"是参照线"属性，全部转为参照线。查看现在这个由参照线组成的框架，族样板预置的六条参照线可以看作是外围的路径，如图10.3.11-1所示，内部较短的线段可以看作是第二条路径，如图10.3.11-2所示，内部的另外两条折线可以看作是第三、第四条路径，如图10.3.11-3所示，所以总共需要做四个形状就可以了。为了创建及修改方便，我们将新建一个自适应族用于作为控制形状的轮廓。

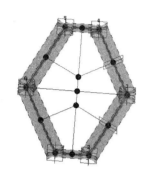 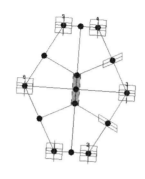 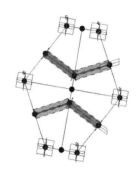

图10.3.11-1　预置的六条线　　　图10.3.11-2　内部较短的线　　　图10.3.11-3　内部的两条折线

10.3.12　新建一个族，选择"自适应公制常规模型"族样板，在"标高1"平面放置一个参照点，选择这个参照点，点击关联选项卡"自适应构件"面板的"使自适应"按钮，把它转换为自适应点。点击"创建"选项卡"工作平面"面板的"设置"按钮，拾取到这个自适应点所带的水平的平面，如图10.3.12-1所示，单击一次。点击"创建"选项卡"绘制面板"的"圆形"工具，以"模型线"的类型，确认方式为"在工作平面上绘制"，如图10.3.12-2所示，捕捉到自适应点作为圆心，如图10.3.12-3所示，绘制一个圆形。

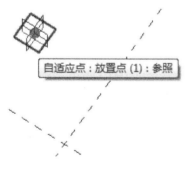　　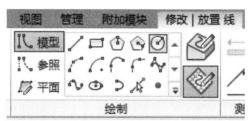　　

图10.3.12-1　拾取自　　　　　图10.3.12-2　打开　　　　　图10.3.12-3　捕捉
适应点的水平参照平面　　　"在工作平面上绘制"　　　自适应点作为圆心

10.3.13　选择这个圆形，会显示关于它的半径的临时尺寸标注，点击"使此临时尺寸标注成为永久性尺寸标注"把它转换为永久尺寸标注，如图10.3.13-1所示。选择这个标注，在选项栏点击标签右侧下拉列表的"〈添加参数…〉"，如图10.3.13-2所示，在打开的"参数属性"对话框中，如图10.3.13-3所示，输入名称为"*R*"，其他都保持不变，点击"确定"按钮关闭这个对话框。

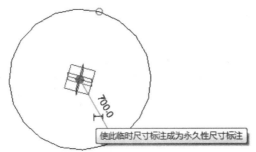

图 10.3.13-1　将临时尺寸标注改为永久尺寸标注

图 10.3.13-2　选中尺寸标注添加参数

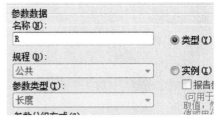

图 10.3.13-3　参数名称

10.3.14　打开"族类型"对话框，把参数"R"的值改为"100"，点击"确定"按钮关闭这个对话框。把这个轮廓族保存为"10-3-3"。在"创建"选项卡"族编辑器"面板，点击"载入到项目"，因为当前总共运行了三个文件，所以会打开"载入到项目中"对话框，如图 10.3.14-1 所示，要求我们选择一个文件以载入当前的族。选择其中的"10-3-1"并点击确定按钮，会自动进入放置构件的状态。放置时注意观察，在如图 10.3.14-2 中所显示的主体就是不正确的，因为需要的其实是那条重合的短线。按 Tab 键在可选项之间切换，在短线蓝色高亮显示时再单击放置轮廓族，如图 10.3.14-3 所示。

图 10.3.14-1　"载入到
项目中"对话框

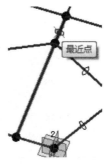

图 10.3.14-2
不正确的主体

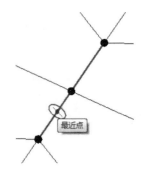

图 10.3.14-3　按"Tab 键"
切换不同主体

10.3.15　放置族"10-3-3"的四个位置如图 10.3.15-1 所示，放置完毕后按两次 Esc 键结束放置构件的命令。选择外围的六条参照线，再选择放在右下角的自适应族，如图 10.3.15-2 所示，在属性选项板的属性过滤器显示总共选择了七个图元。单击"修改 | 选择多个"关联选项卡"形状"面板的"创建形状"，会立即生成图 10.3.15-3 所示的形状。这种创建形状的方式，在前面的章节里介绍过，可以概括为"路径＋轮廓"。

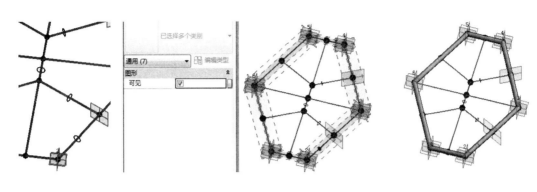

图 10.3.15-1　放
置族的四个位置

图 10.3.15-2　选择
外围六边形和轮廓族

图 10.3.15-3　创建形状

10.3.16　按照同样的方式，创建另外三个形状。注意在选择图元的时候，可以先选择作为轮廓的那个自适应族，再选择作为路径的参照线，这样在观察的时候稍微方便一点，要不然参照平面所携带的平面都会以半透明的淡蓝色显示，可能会对其他要操作的图元形成遮挡。完成以后，大致是如图 10.3.16-1 所示的样子。这时还要测试一下这些形状是否稳定，类似前面那次测试一样，在六边形的角部选择一个自适应点，移动一段距离，看看有什么变化。在拖到 3 或者 6 点的时候，报错了，如图 10.3.16-2 所示，仔细查看图中的预览图像，六边形内部最短的那个形状看不到了，所以可能是它出了问题，那么先点击这个消息的"取消"按钮，关闭这个对话框。选择这个形状，在"修改｜形状图元"关联选项卡"形状图元"面板里点击"锁定轮廓"，如图 10.3.16-3 所示，再次拖动 3 点或 6 点，这次正常了。

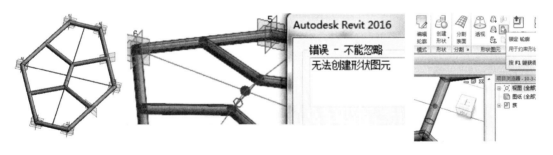

图 10.3.16-1
初步完成的效果

图 10.3.16-2　报错信息

图 10.3.16-3　锁定轮廓

10.3.17　把这个族载入到"10-3-2"当中，覆盖之前的版本。因为这次族里的内容相比上次而言，多了形状和四个自适应族，所以更新的时候会慢一些。更新完毕以后是图 10.3.17-1 所示的样子，可以看到在分割表面的边缘，会自动切去族里多余的形状，这是因为分割表面默认的"边界平铺"的方式是"部分"，如图 10.3.17-2 所示。但是那些自适应族现在还能看到，所以再返回 10-3-1 族，选择这四个自适应族，在属性选项板里勾去它们的可见属性，如图 10.3.17-3 所示。然后再次载入到 10-3-2 中并覆盖之前的版本，这次的边缘就整齐一些了。

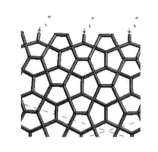

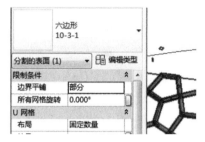

图 10.3.17-1　更新之后的效果　　　图 10.3.17-2　属性"边界　　　图 10.3.17-3　去掉属性
平铺"为"部分"　　　　　　"可见"的勾选

10.3.18　现在的角度还是横平竖直的，读者可以修改角度及分割数量，使这个表面更接近原型。如图 10.3.18-1 所示是旋转 10°，U 网格划分为 24 时的样子。

图 10.3.18-1　对表面进行调整

10.3.19　另外一种形式的嵌板，读者可以自行练习。可以把现有的嵌板族另存以后，删去其中的四个形状和那四个自适应族，直接进行修改。在这个六边形内部创建足够的边界以后，做四个五边形的拉伸形状，如图 10.3.19-1 所示，并分别赋予不同的材质，大致是这样的一个流程，如图 10.3.19-2 所示。

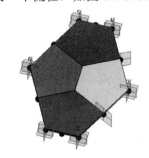

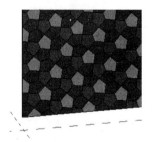

图 10.3.19-1　做四个五边形　　　　　图 10.3.19-2　表面填充效果
的拉伸形状并赋予不同材质

10.4 自适应构件当中的报告参数

在欧特克官网的帮助文档中，对报告参数的描述是，"报告参数是一种参数类型，其值由族模型中的特定尺寸标注来确定。报告参数可从几何图形条件中提取值，然后使用它向公式报告数据或用作明细表参数。"报告参数支持的参数类型有长度、半径、角度和弧长度，且其中的弧长度只能标注为报告参数。仅当尺寸标注参照对应族（如标高、幕墙嵌板边界参照平面）中的主体图元时，才能在公式中使用报告参数。如果任何尺寸标注的参照对应族几何图形，则可以用报告参数来标记尺寸标注，但是不能在公式中使用此参数。下面我们先通过一个简单的例子，初步熟悉在可载入族中创建报告参数，然后在项目文件中提取对应信息的流程，总共会用到三个文件：嵌板族、概念体量族、项目文件。

10.4.1 打开软件，新建一个族，选择"基于公制幕墙嵌板填充图案"族样板。为了观察方便，先隐藏瓷砖填充图案网格，如图 10.4.1-1 所示，计划是使用报告参数来提取 1、2 点之间连线的长度，以及在 1 点的线段间的夹角。我们先添加有关的标注和参数，之后再制作嵌板中的几何形状。因为要提取的是线段的实际长度，所以在标注之前，需要先设置对应的工作平面。点击功能区"创建"选项卡"工作平面"面板的"设置"按钮，移动光标靠近 1、2 点的连接线，如图 10.4.1-2 所示，在出现一个虚线矩形框时单击一次。这样就将该参照线所携带的水平方向的平面设置为当前工作平面。

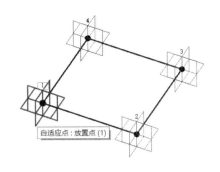
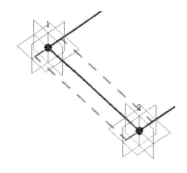

图 10.4.1-1 隐藏瓷砖填充图案网格   图 10.4.1-2 设置工作平面

10.4.2 使用"对齐尺寸标注"工具，拾取 1 点和 2 点放置一个尺寸标注。在拾取时注意查看光标处的提示，如图 10.4.2-1 所示，添加完毕后是图 10.4.2-2 所示的样子。在放置尺寸标注时注意，务必要标注到自适应点，如果这个位置有其他的形状，那么第一次拾取到的可能会是形状图元的顶点，如图 10.4.2-3 所示，这时所显示的蓝色实心圆点是表示这个形状的顶点。形状的顶点并非是主体图元，关于它的尺寸标注可以使用报告参数，但是不能在公式中使用。我们当然并不喜欢有这样的限制条件，尽管在这个练习中，并没有给报告参数添加任何的公式，可以按下 Tab 键来切换所拾取的目标。

10.4.3 选择这个标注，在选项栏"标签"右侧的下拉列表中单击"〈添加参数…〉"，如图 10.4.3-1 所示，在打开的参数属性对话框中，在"参数类型"框里选择"共享参数"，如图 10.4.3-2 所示，这是因为，如果选择"族参数"类型的话，根据下面显示的提示信息，我们就不能用明细表来统计这个线段的长度了。在选择了"共享参数"以后，点击图 10.4.3-2 中的"选择"按钮，打开"共享参数"对话框，如图 10.4.3-3 所示，其中还是之前第 9 章的内容。

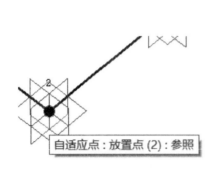

图 10.4.2-1　标注到点上

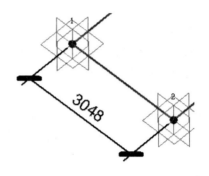

图 10.4.2-2　标注完成

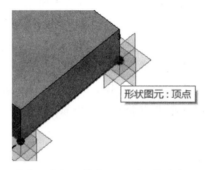

图 10.4.2-3　注意观察提示信息，否则可能会标注到其他图元上

图 10.4.3-1　选择尺寸标注并添加参数

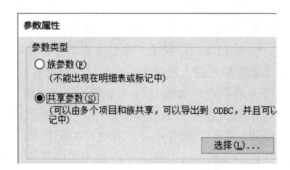

图 10.4.3-2　选择"共享参数"

10.4.4　我们为本节练习添加一个新的参数组，在这个参数组内再添加所需的参数。在"共享参数"对话框中，点击窗口右侧的"编辑"按钮，打开"编辑共享参数"对话

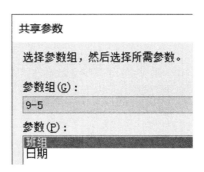

图 10.4.3-3　"共享参数"设置对话框

框，点击"组"框内的"新建"按钮，打开"新参数组"对话框，输入名称为"10-4"，如图 10.4.4-1 所示，点击"确定"按钮返回"编辑共享参数"对话框。因为稍后还会提取在 1 点位置夹角的信息，所以这里就把长度类型和角度类型的参数各添加一个。点击"参数"框内的"新建"按钮，打开"参数属性"对话框，输入名称为"D"，如图 10.4.4-2 所示，点击"确定"，再以同样步骤添加角度类型的参数"A"，如图 10.4.4-3 所示。点击两次"确定"，返回"共享参数"对话框。

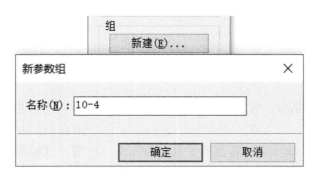

图 10.4.4-1　建立新的参数组

图 10.4.4-2　新建参数 D　　　　　　　　图 10.4.4-3　新建参数 A

10.4.5　选择其中的参数"D"，如图 10.4.5-1 所示，点击确定按钮，返回"参数属性"对话框，勾选窗口右侧的"实例"和"报告参数"，如图 10.4.5-2 所示，再点击"确定"按钮一次，就把参数 D 加给关于 1、2 点的尺寸标注了，如图 10.4.5-3 所示。

355

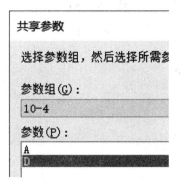

图 10.4.5-1 选择共享参数 D

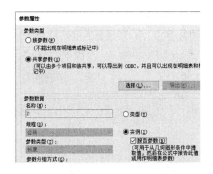

图 10.4.5-2 设成实例报告参数

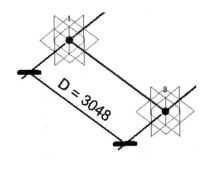

图 10.4.5-3 将参数指定给尺寸标注

10.4.6 如同前面章节介绍过的，在添加角度标注之前，我们先构建一个平面，作为角度标注的工作平面，以反映两条线段之间的夹角。在 1 点两侧的参照线上各添加一个参照点，如图 10.4.6-1 所示，选择直线工具，勾选选项栏的三维捕捉，以参照线的类型，捕捉这两个参照点以及 1 点，绘制一个三角形，如图 10.4.6-2 所示；选择这个三角形，点击"修改｜参照线"关联选项卡"形状"面板的"创建形状"，在软件给出的预览图像中点击右侧的那个，如图 10.4.6-3 所示，我们只需要一个表面就可以了。

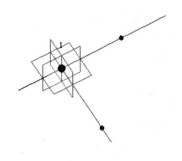

图 10.4.6-1 在两条参照线
上各放置一个参照点

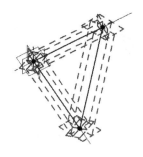

图 10.4.6-2 将点连接成
三角形

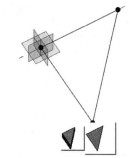

图 10.4.6-3 选择右边的
面作为生成的形状

10.4.7 在功能区左侧，点击"修改"下的"选择"，在展开的下拉列表里勾选"按面选择图元"，如图 10.4.7-1 所示，这样在选择表面的时候方便一点。点击"创建"选项卡"工作平面"面板的"设置"按钮，移动光标指到三角形的内部，如图 10.4.7-2 所示，单击一次完成设置。选择"创建"选项卡"尺寸标注"面板的"角度尺寸标注"，如图 10.4.7-3 所示，拾取在 1 点两侧的参照线，如图 10.4.7-4 所示，这里要注意，拾取的是族样板中预置的、作为矩形边界的参照线。

图 10.4.7-1　按面选择图元

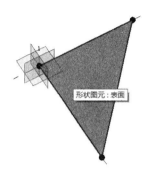

图 10.4.7-2　将面设为工作平面

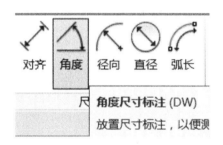

图 10.4.7-3　选择"角度尺寸标注"

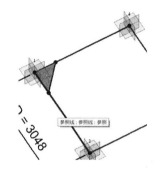

图 10.4.7-4　标注两条参照线的角度

10.4.8　放置了这个角度尺寸标注以后，选中它，在选项栏"标签"右侧的下拉列表中单击"〈添加参数…〉"，在打开的"参数属性"对话框中，选择"共享参数"并点击"选择"按钮，打开"共享参数"对话框，选择参数组"10-4"下的参数"A"，点击"确定"按钮返回"参数属性"对话框，如图 10.4.8-1 所示；和之前的参数 D 一样，在窗口右侧勾选"实例"和"报告参数"，如图 10.4.8-2 所示。

图 10.4.8-1　"参数属性"对话框

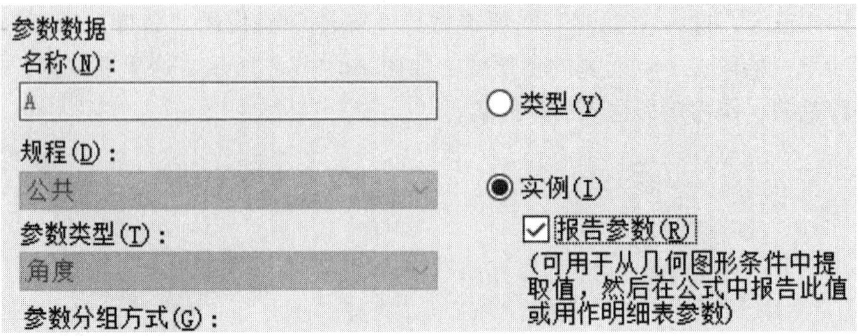

参数数据
名称(N)：
A
类型(Y)
规程(D)：
公共
实例(I)
参数类型(T)：
报告参数(R)
角度
(可用于从几何图形条件中提取值，然后在公式中报告此值或用作明细表参数)
参数分组方式(G)：

图 10.4.8-2 勾选“实例”和“报告参数”

10.4.9 选择围成矩形的这四条参照线，如图 10.4.9-1 所示，点击“修改｜参照线”关联选项卡“形状”面板的“创建形状”，软件会给出两个预览图像，选择右边的那个，如图 10.4.9-2 所示。在应用之前，还是习惯性的检查一下，拖动 1 点改变它的位置，查看相关标注是否有变化，如图 10.4.9-3 所示，能够跟着一起“动”才是正常的。这个嵌板族现在就算是准备好了，把这个文件保存为“10-4-1”。

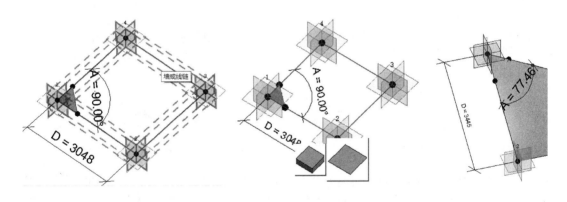

A = 90.00°
D = 3048
墙或线链

图 10.4.9-1 选择四条参照线

A = 90.00°

图 10.4.9-2 选择右边的面作为生成的形状

A = 77.46°
D = 3445

图 10.4.9-3 检查角度参数

10.4.10 接着我们再创建一个分割表面以应用这个嵌板族。新建一个概念体量文件，在“标高 1”平面以从西到东的方向绘制一个圆弧，如图 10.4.10-1 所示。注意圆弧的尺度，不要太小了，比如说小于 10 mm。选择这个圆弧，在“修改｜线”关联选项卡“形状”面板点击“创建形状”，生成一个单表面的形状。移动光标靠近这个形状的顶部，在顶部边缘蓝色高亮显示时，如图 10.4.10-2 所示，点击选中这个边缘，这时会显示一个三维控件。仔细观察这个三维控件，相比于参照点被选中时所显示的那种，还有些不一样。在水平方向上没有通常的箭头，而是一个实心圆点。这个圆点的颜色，取决于绘制时圆弧端点间连线的方向，或者说是圆弧的弦的方向。如果弦是南北方向的，那么圆点会显示为绿色；如果是东西方向的，则显示为红色；如果不是正交的方向，则会显示为橙色，如图 10.4.10-3～图 10.4.10-5 所示。

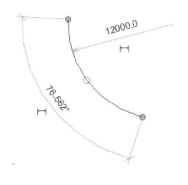

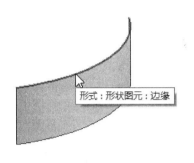

图 10.4.10-1 绘制一段圆弧　　　　　　图 10.4.10-2 移动光标靠近表面的上边缘

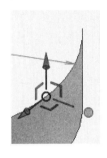

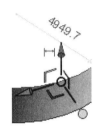

图 10.4.10-3 绿色圆点　　　　图 10.4.10-4 红色圆点　　　　图 10.4.10-5 橙色圆点

10.4.11 选择这个表面的顶部边缘以后，把三维控件里的蓝色箭头向上拖动一段距离，移动光标靠近三维控件中心的空心圆圈，如图 10.4.11-1 所示，会显示提示信息"修改半径—圆心已固定"，按住这个空心圆圈向远处拖动一段距离，如图 10.4.11-2 所示；把光标放到图 10.4.11-3 中的绿色实心圆点上，显示提示信息为"修改半径—弧端点固定"，按下绿色圆点向远处拖动，会发现可以把这个圆弧的方向转过来，如图 10.4.11-4 所示。

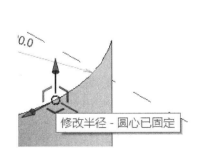

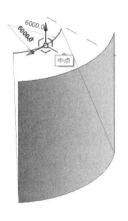

图 10.4.11-1 将蓝色箭头向上拖动一段距离　　图 10.4.11-2 将圆圈往外拖动一段距离

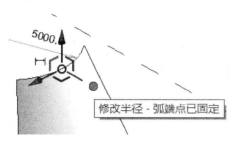

图 10.4.11-3　拖拽绿色圆点

图 10.4.11-4　弧面的方向发生改变

10.4.12　选中这个表面，点击"修改 | 形式"关联选项卡"分割"面板的"分割表面"，保持默认的分割数量不变。切换回嵌板族，点击"创建"选项卡"族编辑器"面板的"载入到项目"，因为这是一个用"基于公制幕墙嵌板填充图案"族样板制作的族，所以在首次载入以后并不会自动进入放置族的状态。选择分割表面，如图 10.4.12-1 所示，在属性选项板类型选择器的下拉列表里找到"10-4-1"并选择它，应用到分割表面以后是图 10.4.12-2 所示的样子。在每个嵌板的左下角，都有一个小三角形，这个三角形就是为了测量角度而设置的那个平面，如果不想看到它，可以在嵌板族里选择小三角形，在属性选项板里关闭它的"可见"属性。把当前这个文件保存为"10-4-2"。

图 10.4.12-1　在类型选择器里找到对应的族

图 10.4.12-2　应用到分割表面后的效果

10.4.13　新建一个项目文件，选择"建筑样板"。返回体量族"10-4-1"，如图 10.4.13-1 所示，点击"创建"选项卡"族编辑器"面板的"载入到项目"，在弹出的"载入到项目中"对话框里，选择"项目 1"，点击"确定"按钮，软件在切换到项目环境时，会立即显示一个提示信息，如图 10.4.13-2 所示。因为在这个项目样板的设置里，"标高 1"视图平面默认是不显示体量族的。直接关闭这个信息就可以。

图 10.4.13-1　载入到项目中对话框

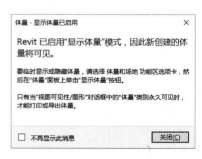

图 10.4.13-2　提示信息

10.4.14　这时在光标较远处会出现该体量族的预览图像，如图 10.4.14-1 所示，之所以会那么远，是因为刚才在概念设计环境中，绘制弧形的时候距离那两个中心参照平面的相交的位置太远了，如图 10.4.14-2 所示，所以在项目环境中放置这个体量族的时候，预览图像到光标的距离也比较大。

图 10.4.14-1　预览图像

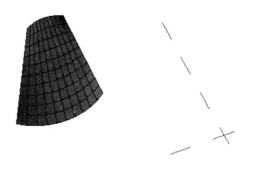

图 10.4.14-2　形状到族的插入点有一段距离

10.4.15　点击一次即可放置一个该体量族的实例。因为族中的形状是一个单一的表面，没有包含其他内容，会立即弹出图 10.4.15-1 所示的信息，说明当前这个族不能执行的任务。如果在体量族中包含有单一表面和有体积的其他形状，例如球体或者一个方盒子，那么会弹出如图 10.4.15-2 所示的信息。

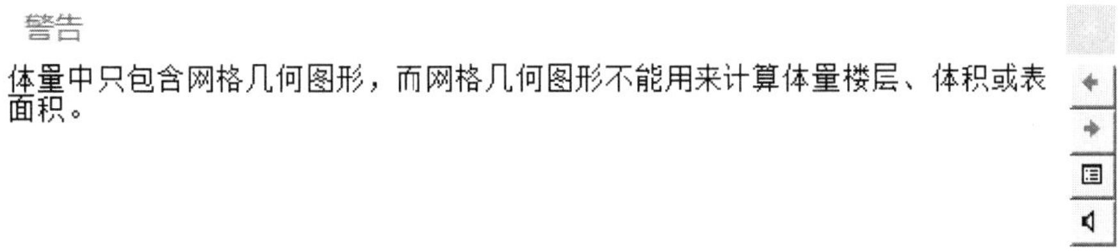

警告
体量中只包含网格几何图形，而网格几何图形不能用来计算体量楼层、体积或表面积。

图 10.4.15-1　体量警告信息 1

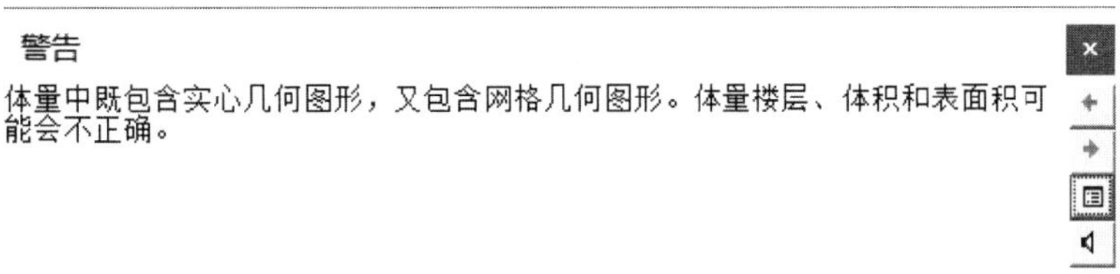

警告
体量中既包含实心几何图形，又包含网格几何图形。体量楼层、体积和表面积可能会不正确。

图 10.4.15-2　体量警告信息 2

10.4.16 默认的方式是连续放置，因为一个实例就可以了，所以按 Esc 键两次，结束"放置体量"的命令。切换到默认三维视图，点击功能区"视图"选项卡"创建"面板的"明细表"，在展开的下拉列表中选择"明细表/数量"，如图 10.4.16-1 所示；在打开的新建明细表对话框（图 10.4.16-2）中，选择"幕墙嵌板"类别，右侧名称内的"配电盘明细表"可以直接忽略。因为"幕墙嵌板"的名字来源于"Curtain Panel"，而 panel 也具有"配电盘"的含义，如图 10.4.16-3 所示。这个位置从 2012 版以来，一直是这样。在英文版的界面里，这个位置是"Panel Schedule"，如图 10.4.16-4 所示。

图 10.4.16-1 选择"明细表/数量"

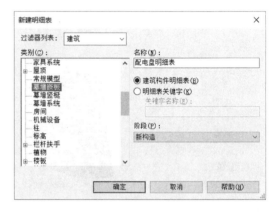

图 10.4.16-2 "新建明细表"对话框

图 10.4.16-3 "配电盘"释疑　　　　　图 10.4.16-4 英文界面

10.4.17 在左侧类别列表中选择"幕墙嵌板"以后，点击"新建明细表"对话框的"确定"按钮，会自动打开"明细表属性"对话框，如图 10.4.17-1 所示，可以看到我们之前在嵌板族里面添加的两个参数，依次双击它们就可以添加到右侧的"明细表字段"列表中，再找到"族与类型"的字段也添加进来，并使用列表下方的"上移"按钮，把"族与类型"的位置调整到最上方，完成后如图 10.4.17-2 所示。点击明细表属性对话框下方的确定按钮，即可生成关于幕墙嵌板这两个参数的明细表，如图 10.4.17-3 所示。

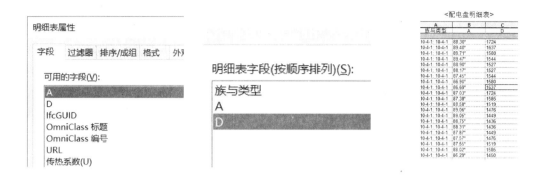

图 10.4.17-1　明细表属性对话框　　图 10.4.17-2　调整字段的位置　　图 10.4.17-3　生成的明细表效果

10.4.18　关闭另外两个文件，只保留当前文件的默认三维视图和明细表视图，按快捷键"WT"平铺视图，在明细表视图中选择第一行的数据，如图 10.4.18-1 所示，与之对应的那块嵌板会在默认三维视图中蓝色高亮显示。如果连续按下键盘中向下的方向键，可以看到蓝色高亮显示的顺序是先从左到右逐个显示过去，然后向上换到第二排再继续从左到右，所以明细表内部默认的排序是和创建形状时的顺序有关。因为最初的圆弧，在平面视图观察时，就是以从左到右这样的方向绘制的。保存这个文件为"10-4-3"并关闭它。

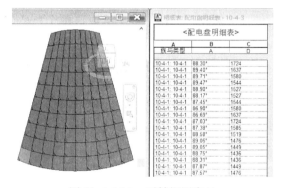

图 10.4.18-1　平铺视图窗口

10.4.19　在开始下一个练习之前，可以先把软件关闭后再打开。因为在运行时间过长以后，可能会出现某些模块工作不稳定的情况。比较常见的是材质浏览器窗口，右侧的材质编辑区的内容会以英文显示，同时其中的选项卡也可能会少一到两个。所以为了后续文件的稳定性，在已经操作了比较久的时间后，就把软件重新再打开一次。

以上是报告参数在嵌板族中的例子，在自适应族中使用报告参数，往往会产生更加有趣的变化。以下练习的原型来自 Zack Kron 先生的博客，他现在任职于欧特克公司，担任 Senior Product Manager，向他表示感谢！

在练习中，我们创建一个这样的构件：包含有两个自适应点，其中一个携带一个圆形并且用于在表面定位，另外一个会捕捉到一个可以自由活动的参照点并以其为主体，这两个自适应点之间的距离会按照设置的规则来影响圆形的半径，比如"靠得越近半径就越小"。

363

10.4.20 打开软件，新建一个族，选择"自适应公制常规模型"族样板。初始视图是默认三维视图，在项目浏览器中，展开"楼层平面"，双击下面的"参照标高"，切换到参照标高平面视图。点击创建选项卡绘制面板的点图元命令，在平面视图中放置两个参照点，如图 10.4.20-1 所示，靠近参照平面交点的为第一个放置的参照点。选择这两个参照点，在"修改｜参照点"关联选项卡"自适应构件"面板点击"使自适应"按钮，把它们都转换为自适应点，默认的会显示它们的编号，如图 10.4.20-2 所示；因为使用这个构件的表面是平整的，所以我们直接标注这两个参照点的距离就可以了，不需要再创建一个参照线来提供工作平面。

图 10.4.20-1　放置两个参照点　　　　图 10.4.20-2　将参照点转变为自适应点

10.4.21 使用"对齐尺寸标注"工具，依次拾取这两个自适应点，放置一个尺寸标注。选择这个尺寸标注，在选项栏"标签"右侧的下拉列表中点击"〈添加参数…〉"，打开"参数属性"对话框，在"参数类型"框内勾选"共享参数"，点击"选择"按钮，打开"共享参数"对话框。这次我们不再创建新的参数了，直接使用本节前面一个练习的参数。选择"D"，点击"确定"按钮，返回"参数属性"对话框，勾选"参数数据"框内的"实例"和"报告参数"，如图 10.4.21-1 所示，再点击"确定"按钮关闭此对话框，这样关于距离的报告参数就添加好了。

图 10.4.21-1　设为"实例"和"报告参数"

10.4.22 切换到默认三维视图。这时我们给这两个自适应点做个分工，1 点用于拾取那个自由的参照点，2 点去拾取分割表面的节点，所以圆形要加在 2 点上。添加图形之前，先把 2 点携带的那个水平方向的平面设置为工作平面，再添加圆形。点击"创建"选项卡"工作平面"面板的"设置"按钮，移动光标靠近 2 点，根据蓝色高亮显示的外框来判断拾取到了哪个平面，在拾取到水平的平面时，如图10.4.22-1所示，单击一次。然后在"创建"选项卡"绘制"面板选择"圆形"工具，使用"模型线"的类型，捕捉到2点作为圆心，绘制一个圆形，按两次Esc键结束绘制命令。选择这个圆形，点击临时尺寸标注下方的符号，如图10.4.22-2所示，把它转为永久性尺寸标注。

图10.4.22-1 拾取自适应点的水平参照平面

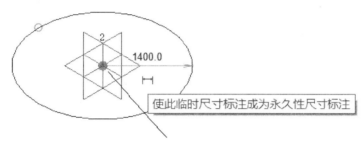

图10.4.22-2 以点为圆心绘制圆形模型线

10.4.23 选择这个标注，点击选项栏"标签"右侧的下拉列表，选择其中的"〈添加参数…〉"，在打开的参数属性对话框中，为名称输入"R"，在"参数数据"框勾选"实例"，如图10.4.23-1所示，点击"确定"按钮，关闭这个对话框。点击创建选项卡属性面板的族类型按钮，打开"族类型"对话框，在这里设置这两个参数之间的关联。在参数R右侧输入公式"$0.1 * D$"，如图10.4.23-2所示，点击"确定"按钮关闭这个对话框。选择1点在参照标高平面移动一段距离，查看圆形的大小是否能够随着一起变化。

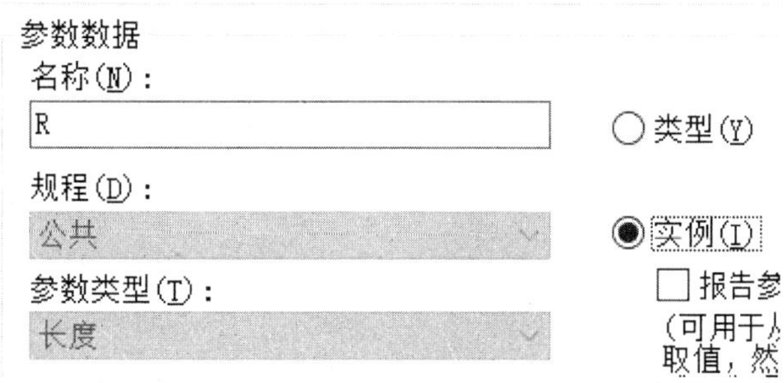

图10.4.23-1 给半径添加参数R

10.4.24 自适应构件准备好以后，现在开始准备分割表面。新建一个概念体量文件，选择创建选项卡绘制面板的矩形工具，在选项栏勾选"根据闭合的环生成表面"，在"标高1"平面绘制一个边长为20 m的正方形，绘制完毕后会立即生成一个表面，选择这个

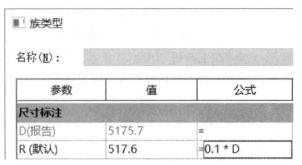

图 10.4.23-2　给参数添加公式

表面，在"修改｜形式"选项卡"分割"面板点击"分割表面"，关联选项卡会立即切换为"修改｜分割的表面"，点击"表面表示"面板标题右侧的小箭头，如图 10.4.24-1 所示，会立即打开"表面表示"对话框，如图 10.4.24-2 所示，勾选其中"表面"选项卡的"节点"属性，点击"确定"按钮关闭这个对话框。通过启用节点，可以在放置自适应构件时提供参照。在这个表面的旁边放置一个参照点，如图 10.4.24-3 所示的样子。

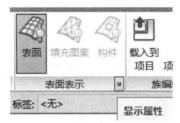

图 10.4.24-1　"表面表示"面板标题右侧的小箭头

图 10.4.24-2　勾选"节点"

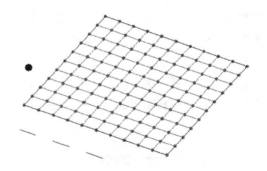

图 10.4.24-3　查看结果

10.4.25　返回自适应构件族，点击"创建"选项卡"族编辑器"面板的"载入到项目"，会自动进入放置构件的状态，光标处会有这个族的预览图像，如图 10.4.25-1 所示，其中黑色圆点是光标的位置。捕捉到放置在"标高 1"的参照点后点击一次，移动光标时仔细观察，如图 10.4.25-2 所示，会发现随着光标移动的已经是第 2 点和圆形了，而且距离参照点的距离越远，圆形的半径就会越大。继续移动光标，捕捉到分割表面的节点，如图 10.4.25-3 所示，会显示相关提示，并且图标会变为带有一个斜十字叉的空心圆圈，单击一次，就完成了这个自适应构件族的放置。默认的是连续放置的模式，而这里仅需要一个构件，所以按两次 Esc 键结束放置构件的命令。

图 10.4.25-1　刚开始放置构件时的状态　　图 10.4.25-2　随着光标移动的已经是第 2 点和圆形

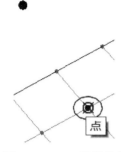

图 10.4.25-3　捕捉节点

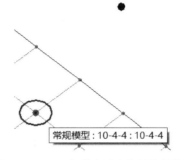

图 10.4.25-4　完成自适应构件族的放置

10.4.26　移动光标靠近位于分割表面的圆圈，在显示图 10.4.25-4 中的提示信息时，点击选择这个自适应构件族，在"修改｜常规模型"关联选项卡"修改"面板点击图 10.4.26-1 中的"重复"，软件会开始计算并分布这个构件，如图 10.4.26-2 所示，所消耗的时间取决于电脑的性能和构件的复杂程度，以及分布的数量。整体效果见如图 10.4.26-3 所示，越靠近参照点的位置，圆形的半径就越小，离得越远半径就越大，在远端还会彼此发生重叠。

图 10.4.26-1　"重复"命令

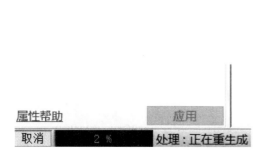

图 10.4.26-2　软件开始运算

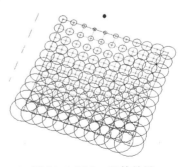

图 10.4.26-3　整体效果

367

10. 4. 27 选择位于矩形外部的参照点，如图 10.4.27-1 所示，把它拖到矩形的内部，因为要重新计算圆形的半径，视图会停滞一小段时间。如图 10.4.27-2 所示，整体查看一下，可以看到还是之前的规律，"近小远大"。我们还可以通过添加条件语句的方式，来限制远端圆形的半径，使它们互相之间不要再发生重叠。因为这个矩形表面的长宽都是 20 m，划分数量为 10 个，所以每个方格的大小就是 2 m。

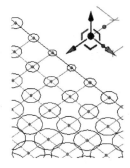

图 10.4.27-1　选择参照点

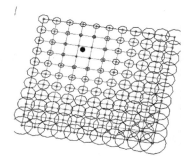

图 10.4.27-2　"近小远大"的效果

10. 4. 28 最小化所有窗口，在桌面新建一个文本文件，我们先在这里把公式逐步的写出来，理清顺序以后再把它复制到族文件参数的公式里。首先界定一个最小值，比如"当距离在 3 m 以内时，半径始终为 200 mm"，再界定一个最大值，"当距离在 12 m 以上时，半径始终为 900 mm"，去掉两边的范围以后，还剩下中间位置的，这个会稍微麻烦一点点。因为前面的两个分界点是 3 m 和 12 m，对应的半径是 200 mm 到 900 mm，所以在距离从 3 m 开始进行变化时，半径需要均匀的从 200 mm 变化到 900 mm。把前面这几个关系，简洁的列到文本文件中，如图 10.4.28-1 所示。从中可以看出，距离的变化范围是 9 m，半径的变化范围是 700 mm。我们通过"先减后加"的方式来得到这个变化。

新建文本文档 - 记事本

文件(F)　编辑(E)　格式(O

```
<3000      200
>12000     900

3000---12000
200---900
```

图 10.4.28-1　把已经确定的关系写到文本文件中

假设 D 值现在为 8 m，那么在对应的圆半径时，需要先减去 3 m，用余下的值与 9 m 相比较，比较的结果再以 700 mm 的基础来换算，算完以后再回去加上起始时的半径"200 mm"，写在文件中是图 10.4.28-2 所示的样子，其中除了"8000"以外都是固定值，所以再用 D 来替换它后再写一次，如图 10.4.28-3 所示。

```
<3000      200
>12000     900

3000---12000
200---900

((8000-3000)/9000)*700+200
```

图 10.4.28-2　用公式表达关系

```
>12000     900

3000---12000
200---900

((8000-3000)/9000)*700+200

((D-3000)/9000)*700+200
```

图 10.4.28-3　关系的调整

10.4.29 所以这个条件语句最后可以写成下面的样子,如图 10.4.29-1 所示。返回到自适应构件族中,打开"族类型"对话框,把这个公式复制到参数 D 的后面,如图 10.4.29-2 所示,点击"确定"关闭"族类型"对话框。

$$\text{if}(D<3000, 200, \text{if}(D>12000, 900, (((D-3000)/9000)*700+200)))$$

图 10.4.29-1 条件语句

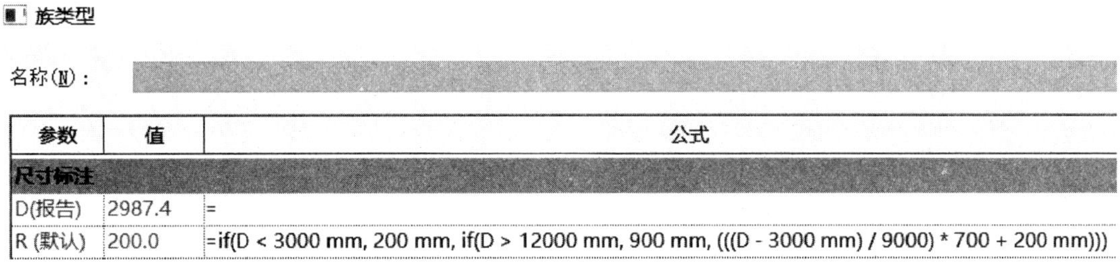

■ 族类型

名称(N):

参数	值	公式
尺寸标注		
D(报告)	2987.4	=
R (默认)	200.0	=if(D < 3000 mm, 200 mm, if(D > 12000 mm, 900 mm, (((D - 3000 mm) / 9000) * 700 + 200 mm)))

图 10.4.29-2 将公式给到参数

10.4.30 再次载入到体量文件中,覆盖之前的版本,如图 10.4.30-1 所示,说明公式工作正常,起到了约束半径的作用。

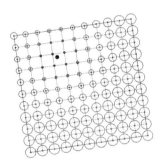

图 10.4.30-1 图形变化达到预期效果

10.5 在"公制窗"族样板中使用报告参数

我们在上一节中初步练习了"报告参数"的创建和使用方法,使用了两个不同的族样板。这两个样板都有个共同的特点,都是偏重于"概念设计"的。这一节我们通过在"公制窗"族中添加一个简单的构件,练习在这类族中使用报告参数的方法。具体做法是在洞口顶部添加一个方块,我们希望在把这个族载入到项目中以后,族中的这个方块能够自动识别墙体的厚度从而来同步的改变自己的厚度,并报告自己的体积。

10.5.1 打开软件,新建一个族,选择"公制窗"族样板。默认的初始视图是"楼层平面:参照标高",选择视图中的墙体,在左右两端会各显示一个小的蓝色实

心圆点，移动光标放置到这个圆点上面，会出现提示信息"拖曳墙端点"，如图
10.5.1-1 所示，点按右侧的蓝色圆点向右拖动一段距离，然后也把墙体左侧的端点
向右拖动一段距离，如图 10.5.1-2 所示，仔细查看会发现，在墙体的两侧各有一个
参照平面。

图 10.5.1-1 提示信息   图 10.5.1-2 墙体两侧各有一个参照平面

10.5.2 使用"对齐尺寸标注"工具，标注这两个参照平面之间的距离，如图
10.5.2-1 所示，选择这个标注，在选项栏"标签"右侧的下拉列表里选择"〈添加参
数…〉"，在打开的"参数属性"对话框中，在"参数类型"框内勾选"共享参数"，点击
"选择"按钮，打开"共享参数"对话框，点击窗口右侧的"编辑"按钮，打开"编辑共
享参数"对话框，点击"组"框内的"新建"按钮，输入名称"10-5"，如图 10.5.2-2 所
示，然后点击"确定"按钮。现在可以在这个参数组下添加参数了，新建两个长度类型的
参数，名称分别为 LR 和 RW，如图 10.5.2-3 所示，含义为"$LR=$左侧的参照平面"、
"$RW=$右侧的墙"。

图 10.5.2-1 标注参照平面间的距离

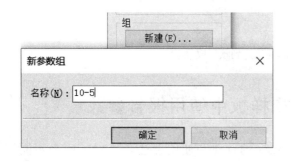

图 10.5.2-2 新建参数组   图 10.5.2-3 新建参数

10.5.3 点击"确定"按钮，返回"共享参数"对话框，切换到参数组"10-5"，选
择其中的参数"LR"，如图 10.5.3-1 所示，点击"确定"按钮，返回"参数属性"对话
框，如图 10.5.3-2 所示，其中已经默认勾选了"实例"和"报告参数"。点击"确定"按
钮关闭"参数属性"对话框，查看绘图区域，参数已经添加到了关于参照平面的尺寸标
注，如图 10.5.3-3 所示。

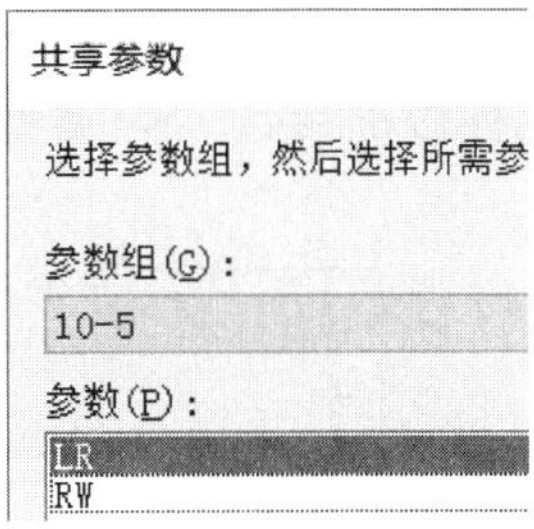

图 10.5.3-1   选择参数 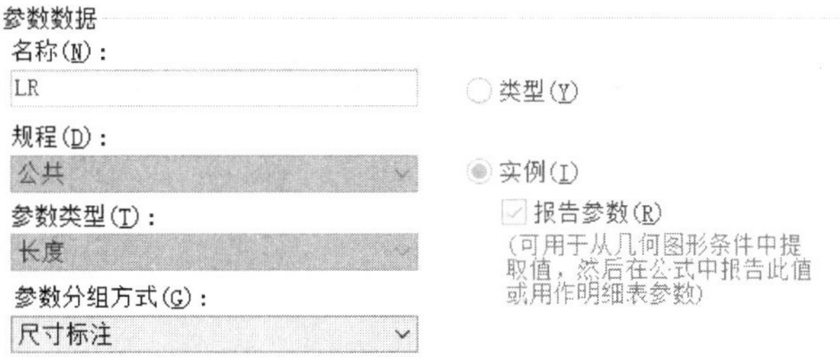   图 10.5.3-2   "参数   图 10.5.3-3
                                属性"对话框   将参数加给
                                                        尺寸标注

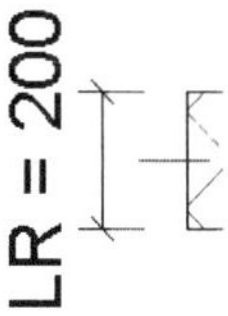

10.5.4   继续使用"对齐尺寸标注"工具，如图 10.5.4-1 所示，在选项栏先把拾取时的优先选项改为"参照墙面"，移动光标靠近墙体右端的表面，如图 10.5.4-2 所示，在墙面转为蓝色高亮显示且有关于墙体的参照提示时，单击以放置尺寸标注，如图 10.5.4-3 所示。

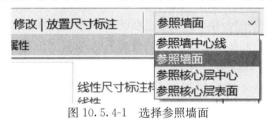

图 10.5.4-1   选择参照墙面

图 10.5.4-2   墙面转为蓝色高亮显示

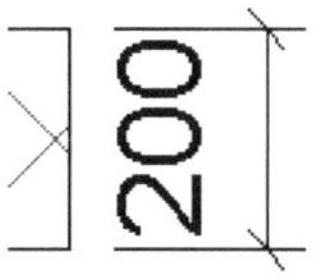

图 10.5.4-3   放置尺寸标注

10.5.5   同样的，给这个标注添加参数 RW，但是这时已经和刚才的那个参数不一样了。如图 10.5.5-1 所示，这次需要手动地来勾选"实例"和"报告参数"这两个选项了。添加完毕后是图 10.5.5-2 所示的样子。

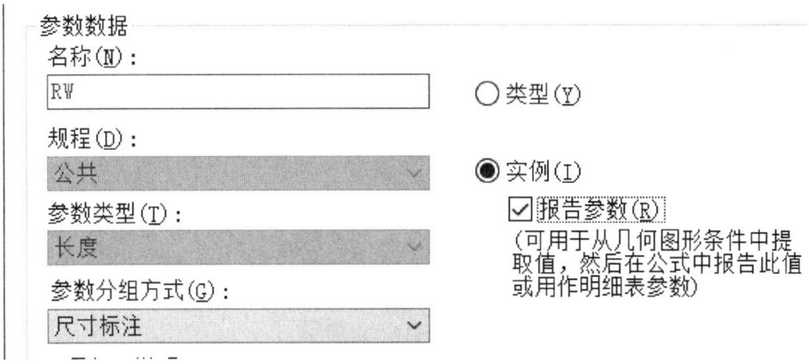

图 10.5.5-1   手动勾选   图 10.5.5-2   将参数
"实例"和"报告参数"   加给尺寸标注

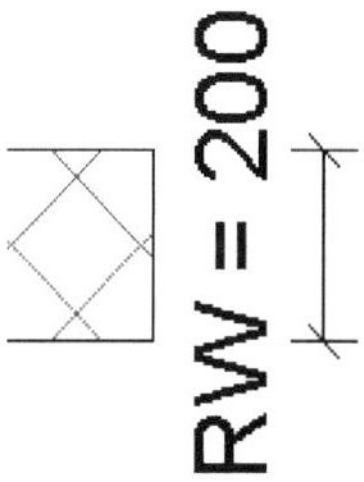

10.5.6 切换到"内部"立面视图，在洞口内靠近顶部的位置添加一个水平方向的参照平面，标注它和洞口顶部参照平面之间的距离，并给这个尺寸标注添加参数 H，类型为"族参数"，勾选"实例"，如图 10.5.6-1 和图 10.5.6-2 所示。

图 10.5.6-1　参数属性设置框　　　　　　图 10.5.6-2　给尺寸标注添加参数

10.5.7 在制作具体形状之前，我们先进行一个测试，看看这两个关于墙体厚度的报告参数，哪个可以在公式中使用，当然这也意味着参数的标注所关联的图元是否为主体图元。先添加一个共享性质的体积参数。在"管理"选项卡"设置"面板点击"共享参数"，打开"编辑共享参数"对话框，在参数组 10-5 中添加一个体积类型的参数 V，如图 10.5.7-1 所示。打开"族类型"对话框，点击窗口右侧的"添加"按钮，打开"参数属性"对话框，勾选"参数类型"框内的"共享参数"，点击"选择"按钮，打开"共享参数"对话框，选择参数组 10-5 下面的参数 V，如图 10.5.7-2 所示，点击"确定"按钮返回"参数属性"对话框，勾选"实例"，把"参数分组方式"改为"尺寸标注"，如图 10.5.7-3 所示，点击"确定"返回"族类型"对话框。

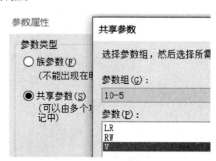

图 10.5.7-1　添加共享参数 V　　　　　　图 10.5.7-2　选择参数 V

图 10.5.7-3　族类型对话框

10.5.8　我们先用如图 10.5.8-1 所示的公式来计算体积，输入完毕以后再点击“应用”按钮，这时会弹出图 10.5.8-2 所示的信息，通知我们这个公式是有问题的，根源在于参数 *LR* 对应的尺寸标注没有参照族中的主体图元。所以得出结论是，在公制窗族中，与墙体两个表面锁定在一起的参照平面不是主体图元。

尺寸标注		
H (默认)	191.3	=
LR(报告)	200.0	=
RW(报告)	200.0	=
V (默认)	0.000	=LR*H*宽度
高度	1500.0	=
宽度	1000.0	=

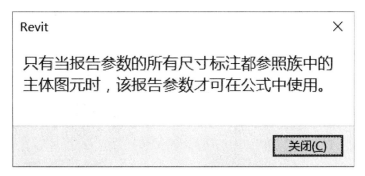

图 10.5.8-1　将公式给到参数 *V*

图 10.5.8-2　提示信息

10.5.9　我们再把公式里的参数换为另外一个，如图 10.5.9-1 所示，这次能够计算出结果了。所以在这个族样板里，这个墙体算是主体图元。族样板中的墙体本身是用于表示窗族在项目中放置时的主体，并不会载入到项目中。下面我们在这个位置补一个形状，然后把这个族载入到项目中测试，看它是否能够正确报告墙体厚度和计算体积。点击“确定”按钮关闭“族类型”对话框。在这个位置创建一个矩形拉伸，如图 10.5.9-2 所示，注意草图线都要锁定。在内部立面生成拉伸形状以后，切换到右立面，如图 10.5.9-3 所示，选择这个形状，拖动造型操纵柄，把它的两个面与墙面对齐并锁定。

尺寸标注		
H (默认)	191.3	=
LR(报告)	200.0	=
RW(报告)	200.0	=
V (默认)	0.038	=RW * H * 宽度
高度	1500.0	=
宽度	1000.0	=

图 10.5.9-1　将参数换为另一个

图 10.5.9-2　创建一个拉伸形状

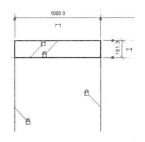

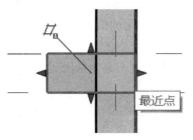

图 10.5.9-3　拖动造型操纵柄把它
的两个面与墙面对齐并锁定

10.5.10　仍然在族中先测试一次，选择这个墙体，在属性选项板的类型选择器里，展开下拉列表，如图 10.5.10-1 所示，更换为别的类型，检查这个拉伸形状有没有同步变化。

10.5.11　新建一个项目文件，选择"建筑样板"，在"标高 1"平面视图中绘制三道不同厚度的墙体。返回公制窗族，点击"创建"选项卡"族编辑器"面板的"载入到项目"，在每个墙体上面放置两个实例，如图 10.5.11-1 所示。可以看到这个族内的形状能够识别出墙体的厚度。选择一个实例，如图 10.5.11-2 所示，在属性选项板修改参数 H 的值，查看参数 V 的结果是否正确。

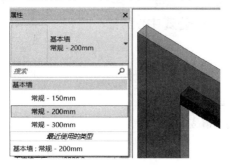

图 10.5.10-1　更换墙体的类型

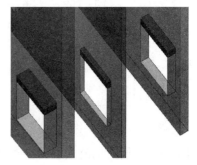

图 10.5.11-1　在每个墙体
上放置两个实例

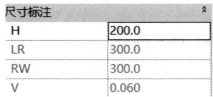

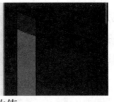

尺寸标注	
H	200.0
LR	300.0
RW	300.0
V	0.060

图 10.5.11-2　修改参数值

10.5.12　返回公制窗族，保存为"10-5-1"，再另存为"10-5-2"，我们在这个族中再看另外一种情况。打开参照标高平面视图，在视图控制栏把当前视图的"详细程度"改为"精细"，选择墙体，在属性选项板点击"编辑类型"按钮，打开"类型属性"对话框，点击"结构"右侧的"编辑…"按钮，打开"编辑部件"对话框，在外部边添加一个厚度为100 mm 的面层，并给它添加一个与结构层不同的材质，如图 10.5.12-1 所示，点击两次"确定"按钮关闭这两个对话框。使用"对齐尺寸标注"工具，在墙体右侧拾取墙体表面和结构层表面,如图 10.5.12-2,放置一个尺寸标注。用前面的方法,先设置一个共享参数 Q,再给这个尺寸标注添加一个参数并引用共享参数 Q,且设置为"实例"和"报告参数"。

层   外部边

	功能	材质	厚度
1	面层 1 [4]	砖,普通,红色	100.0
2	核心边界	包络上层	0.0
3	结构 [1]	默认墙	200.0
4	核心边界	包络下层	0.0

图 10.5.12-1 编辑墙体的构造

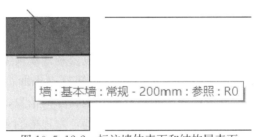

墙:基本墙:常规 - 200mm:参照:R0

图 10.5.12-2 标注墙体表面和结构层表面

10.5.13 打开"族类型"对话框,我们把参数 Q 添加到一个公式中,来检查关于墙层之间的分界线的尺寸标注,是否算是标注到主体图元。如图 10.5.13-1 所示,把参数 Q 加到参数 H 和 V 的公式中,点击"应用"按钮,发现并没有报错。关闭族族类型对话框,选择这个墙体编辑它的类型属性,把面层的厚度修改为 150 mm。打开"族类型"对话框,检查各参数的值,如图 10.5.13-2 所示,参数 Q 已经提取到这个变化并已经反映在公式中。这个特性对于制作更细致的窗族是很有意义的。

尺寸标注		
H (默认)	100.0	=Q
LR(报告)	300.0	=
Q(报告)	100.0	=
RW(报告)	300.0	=
V (默认)	0.040	=(Q + RW) * H * 宽度

图 10.5.13-1 检查墙层之间分界线的尺寸标注

尺寸标注		
H (默认)	150.0	=Q
LR(报告)	350.0	=
Q(报告)	150.0	=
RW(报告)	350.0	=
V (默认)	0.075	=(Q + RW) * H * 宽度

图 10.5.13-2 打开"族类型"对话框检查各参数的值

10.6　使用自适应构件展开表面

通过设置足够的参数，自适应构件可以帮我们提取模型中的很多信息，减少大量的重复劳动。本节中的练习原型，来自 Zack Kron 先生在他的博客中分享的一个案例。本书编写组采取了嵌套族的做法，这样在形式上更容易理解一些，也简化了所需要的公式。

练习目标是把一个基于异形曲面的分割表面的组成部分，展开铺平在一个水平的平面，这个分割表面的分割方式为"矩形"。在练习中，首先制作一个自适应族，其中有关于四边形的信息，由三个长度参数和两个角度参数来构成。其次是一个幕墙嵌板族，使用"基于公制幕墙嵌板填充图案"族样板，选用六边形的网格，其中的四个点用于在分割表面提取信息，第五个点用于在水平平面的定位，第六个点不安排任务，放置在空白位置的一个参照点即可。构件制作完毕后，载入到概念设计环境中，利用搭建的一个简单场景进行测试。

10.6.1　打开软件，新建一个族，选择"自适应公制常规模型"族样板。在项目浏览器中双击"楼层平面"下的"参照标高"，切换到参照标高平面视图。我们在这个族中构建四边形，因为之后会使用六边形的元素来复制分割表面的信息，所以，为了更好地识别参数与图元之间的关系，先约定一个简单的命名规则，六边形的 1 到 4 点对应于当前族中四边形从左上角开始的逆时针方向的四个顶点，六边形 1 点和 2 点之间的边长对应于四边形左侧，六边形 2 点和 3 点之间的边长对应于四边形底部的那条边，依次类推，所以以边长有关的参数采用"s12"和"s23"这样的名称，其他与夹角有关的参数，把顶点编号放在中间，叫做"a123"和"a234"。

10.6.2　在视图中参照平面交点的右侧，添加一个垂直方向的参照平面，标注这两个垂直参照平面之间的距离，并添加一个"实例"性质的族参数为"s23"，如图 10.6.2-1 和图 10.6.2-2 所示。捕捉到图 10.6.2-2 中参照平面的交点，从交点开始向左上方和右上方各绘制一条参照线，如图 10.6.2-3 所示。

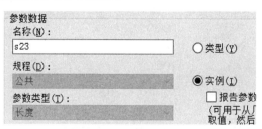

图 10.6.2-1　族类型对话框

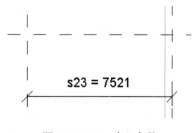

图 10.6.2-2　建立参数

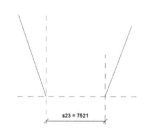

图 10.6.2-3　绘制两条参照线

10.6.3 我们先把参照线的端点锁定到参照平面。以左边的参照线为例，使用"对齐"工具，先拾取水平方向的参照平面，再移动光标靠近参照线的端点，如图 10.6.3-1 所示，默认仍然会是高亮显示整条参照线，按 Tab 键进行切换，在参照线的端点处显示蓝色实心圆点时点击一次，如图 10.6.3-2 所示，会显示一个锁定符号，点击这个符号就把参照线的端点锁定到了这个水平的参照平面上了。使用同样的方式，把这条参照线的端点也锁定到图 10.6.3-3 中垂直方向的参照平面上，如图 10.6.3-4 所示。然后把右侧参照线的下部端点也锁定到对应位置的参照平面。

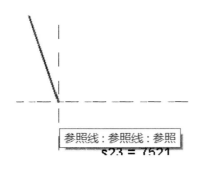

图 10.6.3-1　拾取的是整条线

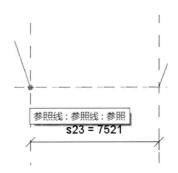

图 10.6.3-2　拾取的是端点

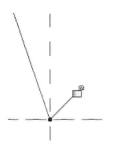

图 10.6.3-3　将端点对齐到参照平面

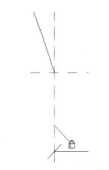

图 10.6.3-4　锁定端点

10.6.4 仅有这样的锁定，参照线在旋转时的稳定性还是不够的，在大于 0°到小于 90°的范围内还可以，但是在超过 90°后经常会发生"可以过去但是回不来"的情况，所以还要继续添加更多的图元来约束这两条参照线的行为。以左边的参照线为例，继续绘制新的参照线，捕捉到这条参照线已经锁定的那个端点，如图 10.6.4-1 所示，这样的显示表明，现在捕捉到的是已经蓝色高亮显示的参照线的端点，并不是我们想要的效果，按一次 Tab 键，如图 10.6.4-2 所示，现在有两个蓝色高亮显示的图元了，分别是参照线和中心左右参照平面，所捕捉位置是没有变化的，但是意义不一样了，是这条参照线与中心左右参照平面的交点。在确认所捕捉到的是"交点"以后单击一次，再向左边方向移动光标绘制一条较短的参照线，如图 10.6.4-3 所示，标注这两条参照线之间的夹角，并单击在放置标注后显示的锁定符号，如图 10.6.4-4 所示，这样我们就添加了具有约束作用的辅助图元。同样的，对右侧的参照线也添加这样一条参照线。

图 10.6.4-1　捕捉的是参照线端点

图 10.6.4-2　捕捉到的是交点

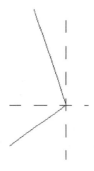

图 10.6.4-3　绘制另外一根参照线

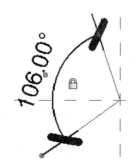

图 10.6.4-4　标注两根参照线的夹角并锁定

10.6.5　选择"创建"选项卡"绘制"面板的"点图元"，模式为"在面上绘制"，捕捉到图 10.6.5-1 所示的四个位置，放置四个参照点，其中两个是放置在参照线的端点。选择靠上的两个参照点，在属性选项板中把它们俩的"测量类型"属性改为"线段长度"，如图 10.6.5-2 所示。

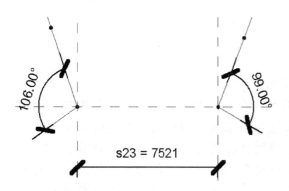

图 10.6.5-1　在参照线上放置四个参照点

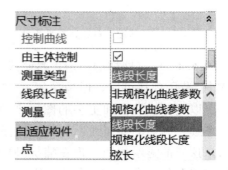

图 10.6.5-2　把"测量类型"设置为"线段长度"

10.6.6　选择左侧参照线上的参照点，如图 10.6.6-1 所示，在属性选项板点击"线段长度"属性的"关联族参数"按钮，打开"关联族参数"对话框，点击窗口左下角的"添加"按钮，打开参数属性对话框，输入名称为"$s12$"，选择"实例"类型，如图 10.6.6-2 所示，点击确定按钮，返回"关联族参数"对话框，选择参数 $s12$，点击"确定"关闭这个对话框，同时参数也添加到该参照点的"线段长度"属性了，如图 10.6.6-3 所示。同样的，给右边参照线上的那个参照点添加参数为"$s34$"。

图 10.6.6-1 选择参照点

图 10.6.6-2 关联族参数

图 10.6.6-3 查看结果

10.6.7 再添加两个角度尺寸标注，并添加相应的角度参数，也都是实例类型的，如图 10.6.7-1 和图 10.6.7-2 所示。现在还差一个四边形的形状，来直观的表现将来所携带的各参数的信息。选择"直线"工具，以"参照线"的类型，在选项栏勾选"根据闭合的环生成表面"和"三维捕捉"，捕捉到图 10.6.7-1 中的四个点，绘制一个四边形。

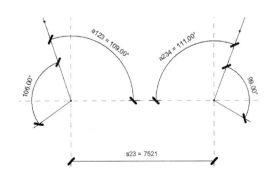

图 10.6.7-1 添加两个角度参数

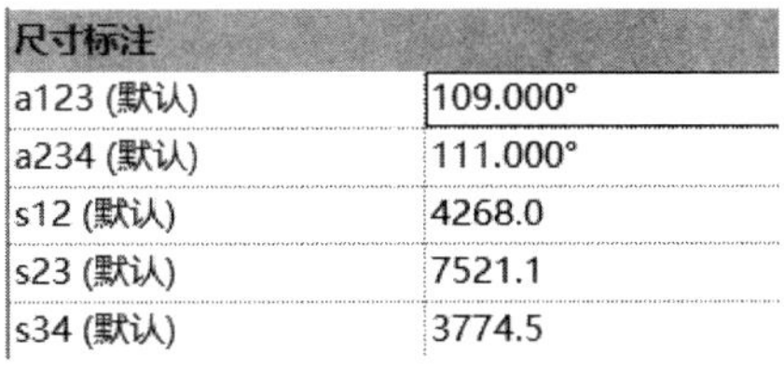

尺寸标注	
a123 (默认)	109.000°
a234 (默认)	111.000°
s12 (默认)	4268.0
s23 (默认)	7521.1
s34 (默认)	3774.5

图 10.6.7-2 "族类型"对话框

10.6.8 再打开族类型对话框，修改参数的值，检查图元的变化情况，参数是否能够驱动对应的图元，如图 10.6.8-1 所示。确认无误后，把这个族文件保存为"10-6-1"。当然，在开始制作的时候就保存，这个习惯更好。

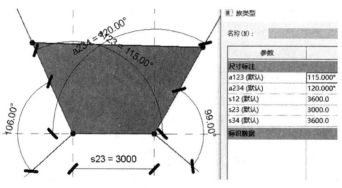

图 10.6.8-1   测试参数

10.6.9   现在开始制作嵌板族，之后我们会把刚才制作的自适应族载入到这个族中并关联各项参数。新建一个族，选择"基于公制幕墙嵌板填充图案"族样板。简要描述一下制作流程，先创建有关的共享参数，并在添加尺寸标注以后，把相关参数添加到对应的尺寸标注上，载入自适应族，放置到第 5 点，把它的参数关联到嵌板族的对应参数。

10.6.10   选择瓷砖填充图案网格，在属性选项板类型选择器的下拉列表中，换为六边形的图案。点击"管理"选项卡"设置"面板的"共享参数"，打开"编辑共享参数"对话框，在这里新建一个参数组为"10-6"，在参数组内添加三个长度类型的参数和两个角度类型的参数，如图 10.6.10-1 所示。添加尺寸标注的过程不再赘述，按照之前的方法就可以，要注意的内容还是在标注时所选择的工作平面，特别是在标注角度时，要先制作一个小的三角形，以及在标注过程中要拾取样板中预置的那些参照点和参照线，那些图元才是主体图元。完成的标注当然还要检查一下，移动 2 点和 3 点，查看有关标注的变化情况，如图 10.6.10-2 所示。确认无误以后，开始给这些标注以"共享参数"的方式，添加为"实例"的"报告参数"，因为参数名称是和标注的位置有关联的，所以要注意别搞混了，添加完毕以后的样子如图 10.6.10-3 所示。选择瓷砖填充图案网格，点击选项栏的"将点重设为网格"，把自适应点都放回"标高 1"平面。

图 10.6.10-1   创建共享参数

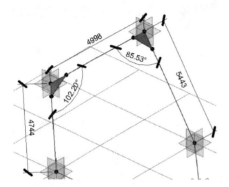

图 10.6.10-2   标注角度和边长

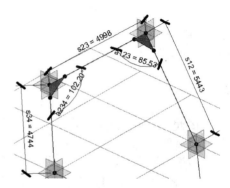

图 10.6.10-3   给角度和边长添加共享参数

10.6.11　现在给第 5 点添加一个参照点，后面将把这个参照点作为之前自适应族"10-6-1"的主体。点击"创建"选项卡"工作平面"面板的"设置"按钮，拾取到第 5 点自带的水平方向的平面，单击一次，如图 10.6.11-1 所示，再选择"点图元"工具，捕捉到第 5 点以后单击一次，放置一个参照点，如图 10.6.11-2 所示。按两次 Esc 键结束放置点的命令。移动光标指到第 5 点，如图 10.6.11-3 所示，当显示的提示信息为参照点时，点击选中它，会显示该参照点的三维控件，按住其中的蓝色箭头向上拖动一段距离，把参照点与自适应点分开一些，方便观察。为了检验该参照点的主体是否正确，选择第 5 点并拖动一段距离，如果互相之间关系正确的话，参照点会随着第 5 点一起移动。

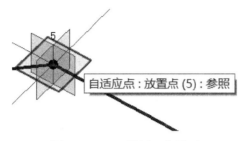

图 10.6.11-1　设置工作平面

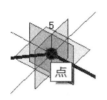

图 10.6.11-2　在 5 号点上再放一个参照点

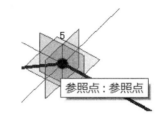

图 10.6.11-3　选中参照点

10.6.12　选择这个参照点，在属性选项板把它的"显示参照平面"属性修改为"始终"，如图 10.6.12-1 所示。返回自适应族，点击"创建"选项卡"族编辑器"面板的"载入到项目"。在进入嵌板族后，会自动进入放置族的状态，如图 10.6.12-2 所示，移动光标捕捉到参照点，单击一次即可放置一个实例，按两次 Esc 键结束放置构件的命令。之所以添加这个参照点，是因为自适应点是没有"旋转角度"参数的，如果对于放置后的方向不满意，或者需要调节复制结果的高度，那么就可以通过给参照点添加参数来实现控制。

图 10.6.12-1　始终显示参照点的参照平面

10.6.13　选择这个构件，在属性选项板可以看到它的参数，挨个点击参数右侧的

"关联族参数"按钮，在打开的"关联族
参数"对话框中，如图 10.6.13-1 和图
10.6.13-2 所示，选择名称相同的参数就
可以了。

10.6.14 添加完毕后，选择 1 点和 4
点，点击"修改｜自适应点"关联选项卡
"绘制"面板的"通过点的样条曲线"，选
择这条模型线和放置在第 5 点的构件，以
及六边形的 1 至 4 点之间的三条边，隔离

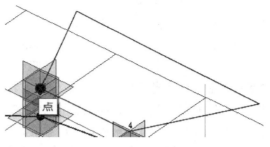

图 10.6.12-2 捕捉参照点放置族

其他图元，如图 10.6.14-1 所示，可以看到这个自适应构件已经通过关联参数的方式，复
制了当前族内的一个四边形。把这个文件保存为"10-6-2"。

尺寸标注	
a123	115.000°
a234	120.000°
s12	3600.0
s23	3000.0
s34	3600.0

图 10.6.13-1 嵌套族的参数

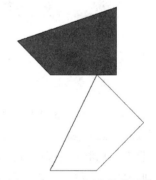

尺寸标注		关联族参数
a123	115.000°	族参数：
a234	120.000°	参数类型：
s12	3600.0	
s23	3000.0	兼容类型的现有放
s34	3600.0	＜无＞
体积		a123
标识数据		a234

图 10.6.13-2 关联族参数

图 10.6.14-1 隔离其他图元

10.6.15 现在开始搭建一个环境来测试这个构件的工作情况。新建一个概念体量文
件，如图 10.6.15-1 所示，在标高 1 平面中按照从左到右的方向绘制一个圆弧，在它的下方，
按照"从右上到左下"的方向绘制一个矩形，绘制时勾选"根据闭合的环生成表面"。选择
圆弧，点击"修改｜线"关联选项卡"形状"面板的"创建形状"，生成一个表面，然后按
照前面第 4 节的方法改为下图 10.6.15-2 所示的样子，选中这个表面，点击"修改｜形式"
关联选项卡"分割"面板的"分割表面"，保持默认的分割数量不变，点击"修改｜分割的
表面"关联选项卡"表面表示"面板标题右侧的小箭头，如图 10.6.15-3 所示。

10.6.16 在打开的"表面表示"对话框中，勾选"表面"选项卡的"节点"，如图
10.6.16-1 所示，点击"确定"关闭这个对话框。选择位于"标高 1"平面的那个矩形表
面，也执行同样的操作。使用"点图元"工具，在选项栏选择"标高 1"为放置平面，在

矩形分割表面的旁边放置一个参照点。如图 10.6.16-2 所示，这样就准备好了测试场景。保存这个文件为"10-6-3"。

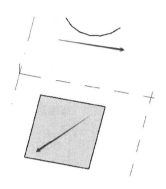

图 10.6.15-1 新建体量族

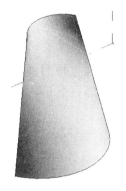

图 10.6.15-2 改变体量形状

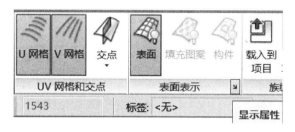

图 10.6.15-3 点击小箭头

图 10.6.16-1 勾选"节点"

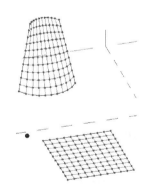

图 10.6.16-2 准备好测试场景

10.6.17 返回到族 10-6-2 中，点击"创建"选项卡"族编辑器"面板的"载入到项目"，在打开的"载入到项目中"对话框里选择"10-6-3"（图 10.6.17-1），点击"确定"按钮关闭这个对话框，同时软件会自动切换到体量族 10-6-3 的界面。因为载入的族是使用"基于公制幕墙嵌板填充图案"族样板制作的可载入族，首次载入以后并不会自动进入放置构件的状态。因为是要使用这个六边形的嵌板族来提取矩形分割表面的信息，所以不能采用通常的那种方法，即"选中分割表面以后在类型选择器中指定填充图案的类型"。

10.6.18 在项目浏览器中，展开族下面的常规模型和幕墙嵌板这两个分支，如图

10.6.18-1 所示，选择其中的 10-6-2，拖到绘图区中，在光标处会显示这个族的预览图像，如图 10.6.18-2 所示。第一点放置在不规则曲面的左下角，如图 10.6.18-3 所示，第二点放置在图 10.6.18-4 所示的位置，依次类推把第三点和第四点按照逆时针的方向，放置在曲面左下角第一个方格的其余两个角。

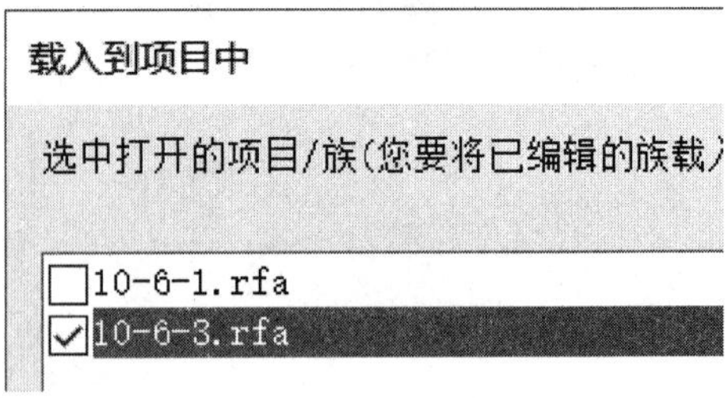

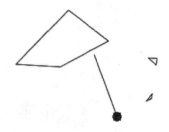

图 10.6.17-1 族的嵌套

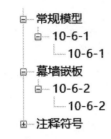

图 10.6.18-1 找到对应的族

图 10.6.18-2 将族拖到绘图区

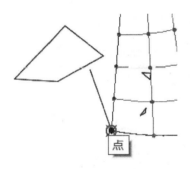

图 10.6.18-3 第一点位置

图 10.6.18-4 第二点位置

10.6.19 这时再移动光标，如图 10.6.19-1 所示，光标处的预览图像是黑点带着一个矩形，互相之间还有段距离，这是因为刚才在制作 10-6-2 的时候，在第 5 点的位置上，并没有把偏移后的参照点放回去。捕捉到"标高 1"平面里矩形分割表面左上角的第一点，单击一次，如图 10.6.19-2 所示，再移动光标，把构件中的第六个点，捕捉到旁边的参照点后单击一次。因为默认的方式是连续放置，所以在单击了 6 次之后，就自动进入下一个构件的放置状态，光标处又开始显示一个完整的族 10-6-2 的预览图像。已经不需要再放置第二个构件了，所以按两次 Esc 键结束这个命令。

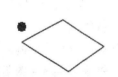

图 10.6.19-1 预览图像

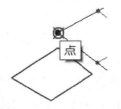

图 10.6.19-2 第一点位置

10.6.20　移动光标，如图 10.6.20-1 所示的位置，当显示了族名称以后，单击选择这个构件，在修改幕墙嵌板关联选项卡修改面板点击重复工具，如图 10.6.20-2 所示，软件会立即开始计算，这会消耗一段时间，如图 10.6.20-3 所示。

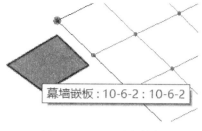

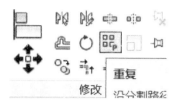

图 10.6.20-1　选择构件

图 10.6.20-2　"重复"命令

图 10.6.20-3　开始计算

10.6.21　铺完以后，如图 10.6.21-1 所示，部分表面发生了重叠，这是因为当初绘制的矩形表面还不够大。移动光标靠近分割表面另外一侧的边缘，如图 10.6.21-2 所示，在提示信息显示为边缘以后，单击选中它，拖动三维控件中的红色箭头向右移动，在完成更新以后查看结果，如图 10.6.21-3 所示，比刚才好一些了。这样就通过这个六边形的构件，提取到了矩形分割表面的信息，把每个分割后的小块也铺在了一个平面上。

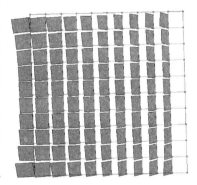

图 10.6.21-1　初始效果

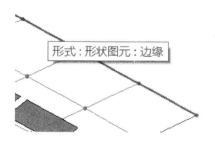

图 10.6.21-2　选择形状图元的边缘

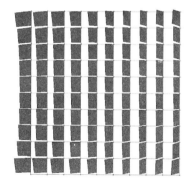

图 10.6.21-3　调整形状之后的效果

10.6.22　可以做一些不同的曲面来测试，如图 10.6.22-1 所示。测试时注意前四点的位置和第五点的位置要对应。在之前的统计嵌板信息的练习里面，我们已经看到了，分割表面内部是有自己的顺序的，与绘制时线条的顺序、方向有关。好比在曲面上是第一块，但是在矩形分割表面那里拾取到了除第一块的其他位置，那么可能会出现只提取到一排分割表面，甚至只有一个的情况，如图 10.6.22-2 所示。这也是为什么，练习中在搭建场景时，要指定绘制顺序和方向的原因。

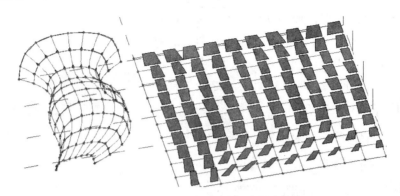

图 10.6.22-1 其他形式的分割表面

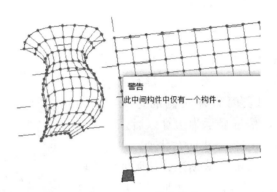

图 10.6.22-2 警告信息

10.7 用自适应构件制作莫比乌斯环

莫比乌斯环是一个很有意思的形状，本节中练习创建两种形式的环结构，分别是带状的和实体的。这两种环结构都用到了自适应构件，以及构件中的参数。下面我们先练习第一种，在自适应点某个平面的正负方向上添加参照点，之后以参照点之间的连线来创建形状，当参照点的偏移距离由参数控制时，那么也就可以用参数来控制所生成的形状了。

10.7.1 打开软件，新建一个族，选择"自适应公制常规模型"族样板。在参照标高平面放置一个参照点，并把它转为自适应点。选择这个自适应点，在属性选项板把它的"定向到"属性修改为"主体（xyz）"，使它的 Z 方向，在放置到路径上以后对应于该点的切线方向。点击"创建"选项卡"工作平面"面板的"设置"按钮，移动光标靠近这个自适应点，如图 10.7.1-1 所示，在水平的那个平面蓝色高亮显示时，点击一次将其设置为当前工作平面。选择"点图元"工具，捕捉到这个自适应点，点击一次放置一个参照点。

自适应点：放置点 (1)：参照

图 10.7.1-1 预选平面会蓝色高亮显示

按两次 Esc 键，结束"点图元"的命令。移动光标靠近这个自适应点，如图 10.7.1-2 所示，在显示信息为"参照点"时单击一次，选择这个参照点后，拖动蓝色箭头沿垂直方向把参照点移动一段距离，如图 10.7.1-3 所示。注意，图中淡蓝色的为自适应点，黑色的为参照点。之所以选择这个方向的平面，是因为在放置到圆形的分割路径上以后，这个平面是半径方向的，可以用于旋转族中的模型线来调整角度。

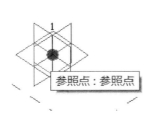

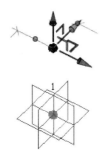

图 10.7.1-2　显示预选图元的信息　　　　图 10.7.1-3　沿着垂直方向移动一段距离

10.7.2　保持对这个参照点的选择，在属性选项板把它的"显示参照平面"属性改为"始终"。点击"创建"选项卡"工作平面"面板的"设置"按钮，移动光标靠近这个参照点，如图 10.7.2-1 所示，设置其携带的任意一个垂直方向的平面为工作平面。使用"点图元"工具，以这个参照点为主体，添加一个参照点，这时会弹出一个警告消息，如图 10.7.2-2 所示，提示我们现在有重叠的点，点击"确定"关闭它。按两次 Esc 键结束点图元的命令。

10.7.3　移动光标靠近这个参照点，在显示为图 10.7.3-1所示的样子时，周围的三个平面也都高亮显示了，说明这是之前的参照点，是以自适应点为主体的那个点，而不是我们最后添加的点。再微微移动一下光标或者按 Tab 键，在显示为图10.7.3-2 所示的样子时，表明这是刚才添加的那个参照点。单

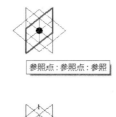

图 10.7.2-1　设置参照点
携带的一个垂直
平面为工作平面

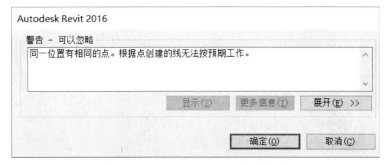

图 10.7.2-2　可以忽略的报错信息

击选中它，沿着垂直于刚才所设置的工作平面的方向移动一段距离。保持对这个参照点的选择，在属性选项板"偏移量"属性右侧点击"关联族参数"按钮，在打开的"关联族参数"对话框中，点击左下角的"添加"参数按钮，打开"参数属性"对话框，如图10.7.3-3 所示，添加一个实例参数"PY01"，点击两次"确定"按钮关闭这两个对话框。

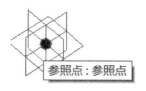

图 10.7.3-1　已经设置为"始终"显示
参照平面的那个参照点

图 10.7.3-2　上一步里最后添加的参照点

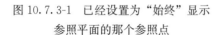

图 10.7.3-3　为偏移量属性关联一个参数

10.7.4　继续在参照点的这个平面上添加另一个参照点，仍然会有警告消息弹出来，单击"确定"关闭它。选择这个最后添加的参照点，在以反方向移开以后，对它的"偏移量"属性也添加一个实例参数"PY02"。选择最后添加的这两个参照点，点击"修改｜参照点"关联选项卡"绘制"面板的"通过点的样条曲线"，生成一条模型线，稍后我们将用这条线来创建莫比乌斯环的形状。选择它们俩之间的参照点，在属性选项板单击"旋转角度"右侧的"关联族参数"按钮，打开"关联族参数"对话框，如图 10.7.4-1 所示，和前面的步骤一样，添加一个角度类型的实例参数"A"。现在是如图 10.7.4-2 所示这个样子。

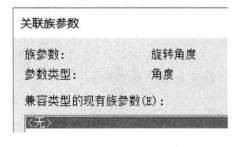

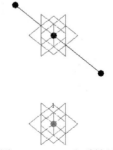

图 10.7.4-1　为旋转角度属性关联一个参数

图 10.7.4-2　查看结果

10.7.5　打开"族类型"对话框，在这里添加四个类型参数，其中两个是"长度"类型的参数，分别是"KD"和"PXJ"，表示"宽度"和"偏心距"的意思，第三个是"是/否"类型的参数"SFPX"，为"是否偏心"的意思，第四个是数值类型的参数"K"，表示一个由是否参数决定的系数。添加完毕以后如图 10.7.5-1 所示的样子。

10.7.6　假设使用这个构件时，会以默认对称的形式来生成形状，所以添加下面的公式，如图 10.7.6-1 所示，其中以是否参数来决定 K 值是 1 还是 0，KD 均分给 $PY01$ 和 $PY02$，PXJ 则以带有系数的形式加给 $PY01$ 和 $PY02$，保存这个文件为"10-7-1"。

10.7.7　新建一个概念体量文件，在"标高 1"平面绘制一个半径为 15 m 的圆形。选择这个圆形，在"修改｜线"关联选项卡"分割"面板点击"分割路径"。保持对分割路径的选择，在属性选项板把"数量"属性改为 12。保存这个体量族为"10-7-2"。

参数	值
尺寸标注	
A (默认)	0.000°
K	0.000000
KD	2400.0
PXJ	600.0
PY01 (默认)	1200.0
PY02 (默认)	-1200.0
SFPX	☐

图 10.7.5-1　添加另外四个参数

参数	值	公式
尺寸标注		
K	0.000000	=if(SFPX, 1, 0)
KD	2400.0	=
PXJ	600.0	=
PY01 (默认)	1200.0	=K * PXJ + 0.5 * KD
PY02 (默认)	-1200.0	=K * PXJ - 0.5 * KD
SFPX	☐	=

图 10.7.6-1　添加相关的公式

10.7.8　返回自适应族，选择图 10.7.8-1 中的参照点，在属性选项板修改它的"偏移量"属性为 0，把它放回原位。这个参照点的功能就是带着另外的两个参照点进行旋转。点击"创建"选项卡"族编辑器"面板的"载入到项目"，因为当前只运行了两个文件，所以会直接进入放置构件的状态。在分割路径的节点上按顺序点击四次，如图 10.7.8-2 所示，放置四个实例。按两次 Esc 键退出放置构件的命令。

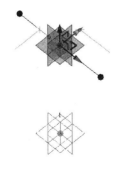

图 10.7.8-1　选择中间的参照点

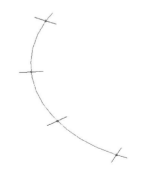

图 10.7.8-2　捕捉到路径上的分割节点放置四个实例

10.7.9　选择其中的一个构件，点击属性选项板的"编辑类型"按钮，打开"类型属性"对话框，修改参数 KD 的值为"3600"，点击"确定"关闭这个对话框。选择从左数起的第二个构件，在属性选项板修改参数 A 的值为"15°"，后续的第三个和第四个构件的参数 A 值依次递增 15°，改完以后是如图 10.7.9-1 所示的样子，框选这四个自适应族，点击功能区关联选项卡"形状"面板的"创建形状"，生成如图 10.7.9-2 中的表面。可以修改递增的度数为 30°，如图 10.7.9-3 所示的样子，曲面的变化会更加明显一些。

图 10.7.9-1　每个实例设置不同的旋转角度

图 10.7.9-2　生成一个单表面形状

10.7.10　在其他节点上也依次放置构件，并修改角度，每四个一组创建一个形状，完成后如图 10.7.10-1 所示的样子。选中一个自适应族，编辑它的类型属性，修改 KD、$SHPX$ 和 PXJ，检查参数的工作情况，如图 10.7.10-2 所示，可以看到确实以偏心的方式完成了这些形状。

10.7.11　修改 KD 为 2400 mm，取消偏心，选中一个表面，在"修改｜形式"关联选项卡"分割"面板单击"分割表面"，在选项栏把 V 网格的数量改为"1"，点击"表面表示"面板标题右侧的小箭头，打开"表面表示"对话框，勾选"表面"选项卡的"节点"属性，点击"确定"

图 10.7.9-3　修改角度变化的
步长为 30° 后的样子

按钮关闭这个对话框。为了能看得更简洁一些，隔离其他图元，如图 10.7.11-1 所示。可以制作一个嵌板族应用到这个表面，看看会是什么样子。

图 10.7.10-1　每三段生成一个表面围成一圈

10.7.12　新建一个族，选择"基于公制幕墙嵌板填充图案"族样板。我们先把最简单的拉伸形状铺上去试一下。选择预置的参照线，点击关联选项卡"形状"面板的"创建形状"，在预览图像中选择左侧的那个，如图 10.7.12-1 所示，选中这个形状，在属性选项板

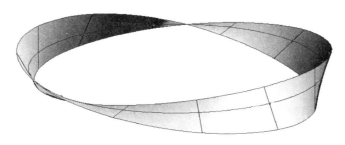

图 10.7.10-2 测试参数

修改"正偏移"属性为"500",如图 10.7.12-2 所示,然后把这个族载入到 10-7-2 中。

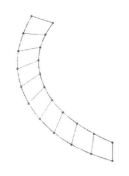

图 10.7.11-1 创建一个分割表面

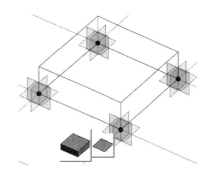

图 10.7.12-1 创建一个拉伸形状

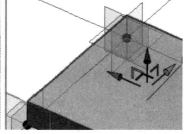

图 10.7.12-2 修改拉伸形状的参数

10.7.13 在族 10-7-2 中,选择分割表面,在属性选项板类型选择器的下拉列表里选择刚刚载入的嵌板族,应用到表面以后是如图 10.7.13-1 所示的样子,在板块之间会有错开的缝隙。这是因为在相邻的交点位置,法线方向不一致。我们可以通过在嵌板族中的设置来改善这个外形。返回嵌板族,删掉已有的形状。

10.7.14 在"创建"选项卡"工作平面"面板点击"设置"按钮,如图 10.7.14-1 所示,拾取 1 点的水平方向的平面单击一次,在"绘制"面板选择"点图元"工具,捕捉 1 点并单击,在与 1 点重合的位置添加一个参照点。以此类推,首先设置水平方向的平面为工作平面,再在该点的位置添加一个参照点。如图 10.7.14-2 所示,框选这些图元,在属性选项板的属性过滤器下拉列表里,选择参照点,如图 10.7.14-3 所示,在属性选项板修改"偏移量"为"500",查看绘图区参照点的变化,如图 10.7.14-4 所示。

图 10.7.13-1　应用到分割表面以后

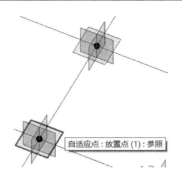

图 10.7.14-1　设置工作平面

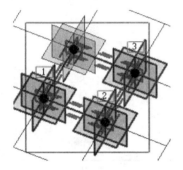

图 10.7.14-2　框选该范围的所有图元

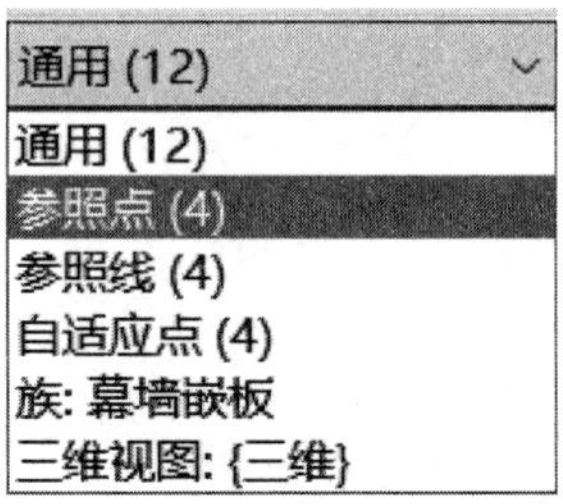

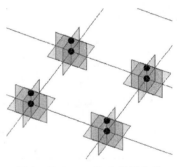

图 10.7.14-3　使用属性过滤器选择参照点

10.7.15　选择"参照线"的类型，用"直线"工具，在选项栏勾选"三维捕捉"，捕捉上层的四个参照点，绘制一个矩形，如图 10.7.15-1 所示。绘制完毕后，照例检查一下约束关系，选择下方的任意一个自适应点，拖动一段距离，观察对应的参照点及相连接的参照线的变化，如图 10.7.15-2 所示，能够一起移动，说明关系是正确的。选择这些参照线，如图 10.7.15-3 所示，点击关联选项卡"形状"面板的"创建形状"，会立即生成一个形状，外观和刚才被删掉的那个是一样的。尽管外观一样，但是意义是不一样的，被删掉的那个是"拉伸"类型，现在的这个是"放样"类型。

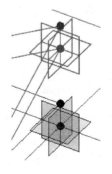

图 10.7.14-4　修改参照点的
偏移量属性以后的样子

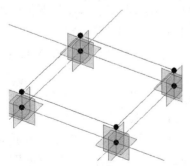

图 10.7.15-1　打开"三维捕捉"把
上面一层的参照点连接起来

图 10.7.15-2　移动自适应点
查看主体的约束情况

10.7.16　把这个族再次载入到10-7-2当中并覆盖之前的版本，如图10.7.16-1所示，现在各个板块之间没有缝隙了。嵌板族是一类很有意思的构件，利用它自动重复以及捕捉节点的特性，可以做出很多变化丰富的作品。如图10.7.16-2所示，在一个基本单元内做的设置，可以在曲面形式的分割表面自动重复，按照族内预定的规则完成铺设，如图10.7.16-3所示。

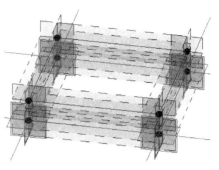

图10.7.15-3　创建一个形状

图10.7.16-1　覆盖之前的版本

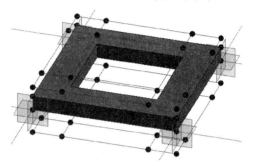

图10.7.16-2　带有细节的基本单元

图10.7.16-3　在分割表面应用这个单元

下面我们练习另外一种方式。与前面方法不同的是，这次要在自适应族当中就做好一个基本单元，比如，至少相当于前面方法中三个节点之间的那样一段。这样的处理方式，虽然在制作族的时候会麻烦一些，但是在使用的时候，可以进行更高效的调整，而不是去处理每个节点位置的参数。关闭所有已经打开的文件，关闭软件。

10.7.17　打开软件，新建一个族，选择"自适应公制常规模型"族样板。在参照标高平面中放置一个参照点，并把它转为自适应点，和之前的设置一样，也把这个自适应点的"定向到"属性修改为"主体（xyz）"，如图10.7.17-1所示。我们先处理好这第一个自适应点，在复制后再修改有关的参数，这样可以快一点。这时接下来的处理，和前面的练习也类似，因为需要有控制旋转的参数，所以要以自适应点为主体来添加一个参照点，又为了后续操作观察时方便，再把这个参照点按照垂直方向移开一段距离。所使用的工作平面，仍然是自适应点所携带的那个水平方向的平面。如图10.7.17-2所示，在把参照点移开以后，把它的"显示参照平面"属性修改为"始终"。

图 10.7.17-1　转换为一个自适应
点并修改它的"定向到"属性

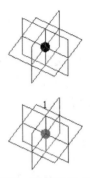

图 10.7.17-2　以自适应点为主体添
加一个参照点并垂直移动一段距离

10.7.18　这次我们采取另外一种方法来控制截面轮廓的尺寸，通过在圆形的对称位置加点，就可以依靠修改半径来改变轮廓的大小。设置参照点的水平平面为工作平面，如图 10.7.18-1 所示，选择"圆形"工具，以"参照线"的形式，捕捉到参照点绘制一个圆形。在圆形上面添加四个参照点，大致如图 10.7.18-2 所示，视图方向是软件默认的东南视角。点击 ViwCube 顶部的"上"，从顶部视图来观察，是图 10.7.18-3 所示的样子。我们的计划是通过一个参数来控制矩形轮廓的形状，以另一个参数来控制矩形轮廓的大小。

图 10.7.18-1　设置工作平面

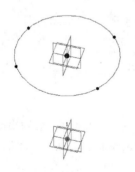

图 10.7.18-2　绘制圆形并添加四个参照点

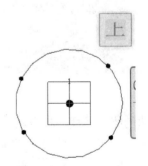

图 10.7.18-3　顶视图看过去的样子

10.7.19　选择图 10.7.19-1 中的圆形，把显示的临时尺寸标注转为永久性尺寸标注，如图 10.7.19-1 所示。选择这个标注，给它添加一个类型参数"R"，用于控制圆形的大小，这样就可以带动这四个参照点来一起变化。选择图 10.7.19-1 中右上角的参照点，在属性选项板点击"规格化曲线参数"属性右侧的"关联族参数"按钮，如图 10.7.19-2 所示，给它添加一个类型参数"a1"，逆时针方向给其余的三个参照点也添加参数，依次为"a2"至"a4"；选择圆心位置的参照点，在属性选项板点击"旋转角度"属性右侧的"关联族参数"按钮，给它添加一个实例参数"an"。保存当前文件为"10-7-5"。

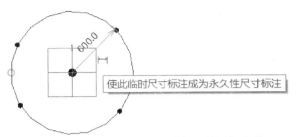

图 10.7.19-1 转换临时尺寸标注并添加参数

尺寸标注	
控制曲线	☐
由主体控制	☑
测量类型	规格化曲线参数
规格化曲线参数	0.120842
测量	起点
自适应构件	关联族参数

图 10.7.19-2 添加关联参数

10.7.20 打开"族类型"对话框，添加一个数值类型的参数"k"，如图 10.7.20-1 所示，现在就可以开始添加公式了。和前面的练习一样，我们的目标是要得到一个矩形的轮廓，所以希望这四个参照点的位置是互相对称的。查看图 10.7.20-1 中从 a1 到 a4 这四个参数的值，再对比图 10.7.19-1 中的位置，再想到圆形内部测量方式的特点，解决这个对称关系的方法，很容易就联想到了。如图 10.7.20-2 所示，以图中的水平箭头为对称轴，垂直箭头为互相对应的点，所以 a2 和 a3 关于"0.5"是对称的，a1 和 a4 是关于"1"对称的。我们统一使用参数 k 来调节它们，在使用它之前，先把它的值从"0"改为"0.1"。完成后的公式如图 10.7.20-3 所示。应用这些公式以后，四

参数	值
尺寸标注	
R	600.0
an (默认)	0.000°
其他	
a1	0.120842
a2	0.424242
a3	0.588168
a4	0.891864
k	0.000000

图 10.7.20-1 添加一个数值类型的参数

个参照点已经位于对称的位置，使用直线工具，以参照线的形式，启用"三维捕捉"，捕捉这四个参照点绘制一个四边形。

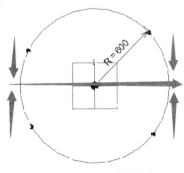

图 10.7.20-2 对称方向

a1	0.100000	=k
a2	0.400000	=0.5 - k
a3	0.600000	=0.5 + k
a4	0.900000	=1 - k
k	0.100000	=

图 10.7.20-3 给参数添加公式

10.7.21 在参数和公式都准备完毕以后，先进行一次测试。修改的参数是这三个，R 来带动四边形改变尺寸，k 决定矩形的长宽比例，an 使参照点进行旋转。观察各个图元的变化情况，是否正确响应了修改后的参数值。如果有问题，就要及时返回修改。

10.7.22 框选全部图元，如图 10.7.22-1 所示，使用"复制"工具向旁边再复制出另外两组。仔细观察可以发现，复制后的自适应点，其编号会自动增加，各个图元也仍然保留有自己的参数。这里我们再增加一个参数，角度在变化时的递增值。打开"族类型"对话框，添加一个"角度"类型的类型参数"aa"，初始值设置为15°；再添加一个"角度"类型的实例参数"$an2$"，并给它输入公式"$an+aa$"。完成后如图 10.7.22-2 所示，这里的 $an2$ 是用于第二个自适应点的参照点。同理再添加用于第三个参照点的角度参数 $an3$，它的公式为"$an+aa*2$"，最终成果如图 10.7.22-3 所示。点击"确定"按钮关闭"族类型"对话框。

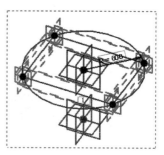

图 10.7.22-1　选择全部已有的图元

参数	值	公式
尺寸标注		
R	600.0	=
aa	15.000°	=
an (默认)	0.000°	=
an2 (默认)	15.000°	=an + aa
其他		
a1	0.100000	=k
a2	0.400000	=0.5 - k
a3	0.600000	=0.5 + k
a4	0.900000	=1 - k
k	0.100000	=

图 10.7.22-2　添加参数和公式

参数	值	公式
尺寸标注		
R	600.0	=
aa	15.000°	=
an (默认)	0.000°	=
an2 (默认)	15.000°	=an + aa
an3 (默认)	30.000°	=an + aa * 2
其他		
a1	0.100000	=k
a2	0.400000	=0.5 - k
a3	0.600000	=0.5 + k
a4	0.900000	=1 - k
k	0.100000	=

图 10.7.22-3　完成后的结果

10.7.23 选中第二个自适应点上方的参照点，在属性选项板点击"旋转角度"属性右侧的"关联族参数"按钮，打开"关联族参数"对话框，选择其中的"$an2$"，点击"确定"按钮关闭这个对话框。同样的，给第三个自适应点上方的参照点添加参数"$an3$"。如图 10.7.23-1 所示，可以看到，在参数的驱动下，相关图元已经发生了变化。选择第二个自适应点，向上垂直移动一段距离，再选择第三个自适应点，向上垂直移动更多的距离。选择第一个自适应点上方的参照点，在属性选项板把它的"偏移量"属性修改为"0"，与另外两个自适应点所对应的参照点也做同样的修改，修改完毕后如图 10.7.23-2 所示。选择这三个四边形，点击关联选项卡"形状"面板的"创建形状"，如图 10.7.23-3 所示，生成了一个矩形截面的扭曲的形状。

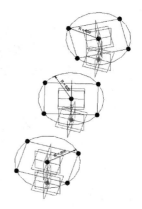

图 10.7.23-1　把参数交给对应的图元以后查看结果

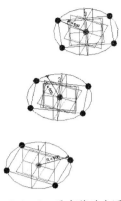

图 10.7.23-2　垂直移动自适应点
并把圆心处的参照点放回原位

图 10.7.23-3　创建一个形状

10.7.24　新建一个概念体量文件，在"标高 1"平面绘制一个半径为 10 m 的圆形，保持对圆形的选择，在"修改｜线"关联选项卡"分割"面板点击"分割路径"，在属性选项板把"数量"改为"12"，返回到自适应族中。点击"创建"选项卡"族编辑器"面板的"载入到项目"。载入后会自动进入放置构件的状态，点击路径上连续的三个节点，就可以放置一个自适应构件。因为族中的尺寸设置得比较小，所以旋转的效果看上去不明显，如图 10.7.24-1 所示。选择这个构件，在属性选项板点击"编辑类型"按钮，打开"类型属性"对话框，修改参数 R 为"1500"，参数 aa 为"30°"，点击"确定"按钮关闭这个对话框，结果如图 10.7.24-2 所示。再放置其他的构件以后，只需要调节起始角度参数 an 的值就可以了，如图 10.7.24-3 所示。

图 10.7.24-1　在分割路径上放置一个实例

图 10.7.24-2　修改参数后的样子

图 10.7.24-3　继续在分割路径上放置其他实例

10.7.25 通过在自适应族内的设置，以参数的形式来表现将来可能出现的修改，可以提高使用过程中的效率。参数和族，可以替代我们做很多重复性的工作。把其他部位补齐，继续调节参数，检查构件的变化情况，如图 10.7.25-1 所示，保存这个族为"10-7-6"。

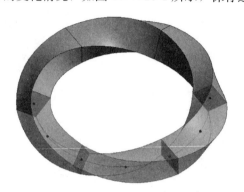

图 10.7.25-1　查看最终效果

10.8　"整体"与"个体"

有很多族构件，在其内部包含有多个完全一样的形状，所需要控制的是它们的间距和数量。多数情况下，都是采用阵列的方式来制作，只是在使用"阵列"命令之后，族文件的体积经常会迅速增加。但是某些情况下，可以不使用阵列来制作这样的族，同时它的体积也完全在可接受的范围之内。

在图 10.8.0-1 中，看上去似乎有四个方盒子，移动光标靠近左侧的形状，如图 10.8.0-2 所示，根据蓝色线框显示的范围可以知道，左边的两个方盒子其实是属于一个拉伸形状，尽管看上去似乎是"两个"，但是它们俩其实是"一个"。移动光标点击右下角的方盒子，如图 10.8.0-3 所示，只有外侧的被选中了，说明这两个并列的方盒子，完全是彼此独立的两个形状。所以在图 10.8.0-1 中，总共是有三个形状。

图 10.8.0-1　看上去有四个盒子

图 10.8.0-2　预览图像表明这是一个形状

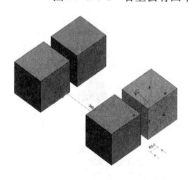

图 10.8.0-3　这是一个单独的形状

所以在某些情况下,当这个形状本身比较简单时,就可以采取这种"障眼法",来避免使用阵列命令。当然这种方法也有限制条件,需要预先知道构件数量的可能变化范围,如果太大或者是无法确定,那么这种方式就不是很合适了。

在练习中,我们要制作如图 10.8.0-4 中的形状,在族中这个形状会以可控制的间距,沿着垂直于六边形表面的方向排列出去。它的各个尺寸是固定的,会发生变化的是排列后的总长和排列数量,排列时最远端可能到达 1200 mm 的位置,数量最多的时候是 6 个,如图 10.8.0-5 的样子。在设定了这样几个数据之后,我们就可以开始具体的制作内容了。

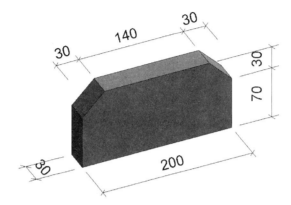

图 10.8.0-4　构件的三维尺寸

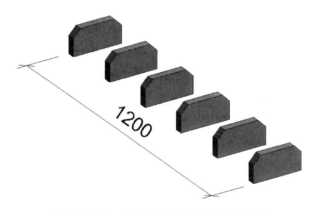

图 10.8.0-5　最大范围和最多数量时的样子

10.8.1 打开软件,新建一个族,选择"公制常规模型"族样板。在"创建"选项卡"基准"面板点击"参照平面",选择"修改 | 放置参照平面"关联选项卡"绘制"面板的"拾取线"工具,在选项栏为"偏移量"输入"30",移动光标靠近"中心(左/右)"参照平面,使新生成的参照平面在这个参照平面的右侧;在选项栏把"偏移量"改为"100",在右侧再添加一个参照平面。就以这样的布局,如图 10.8.1-1 所示,共生成 11 个参照平面。接着对这些参照平面进行标注,不需要连续标注,间距为 30 mm 的和间距为 100 mm 的都分别标注,如图 10.8.1-2 所示。依次选择下排标注,并点击显示的锁定符号,这些位置是不需要变化的。选择上一排尺寸标注,在选项栏"标签"的下拉列表里选择"〈添加参数…〉",打开"参数属性"对话框,为名称输入"S",点击"确定"按钮关闭这个对话框。

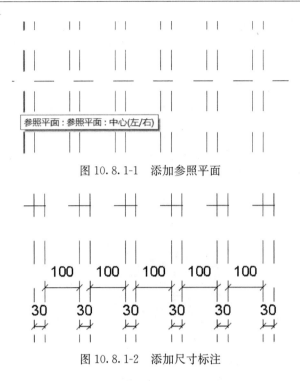

图 10.8.1-1 添加参照平面

图 10.8.1-2 添加尺寸标注

10.8.2 切换到右立面视图，按照本节开始所示的尺寸把这个拉伸形状做出来，如图 10.8.2-1 所示。返回到参照标高平面视图，如图 10.8.2-2 所示，在拉伸形状的右侧添加一个参照平面。

图 10.8.2-1 在右视图制作一个拉伸形状

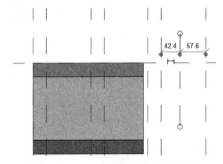

图 10.8.2-2 添加一个参照平面

10.8.3 把拉伸形状的右侧锁定到这个参照平面，并标注该参照平面到"中心（左/右）"参照平面的距离，如图 10.8.3-1 所示，选择这个尺寸标注，在选项栏"标签"的右侧下拉列表中选择"〈添加参数…〉"，打开"参数属性"对话框，为名称输入"K"，点击"确定"按钮关闭这个对话框。打开族类型对话框，添加一个整数类型的参数"n"，再添加一个长度类型的参数"L"，这个参数用于控制构件排列后的总宽度。完成后如图 10.8.3-2 所示。

10.8.4 因为要输入控制的参数是 L 和 n，它们决定了间距 S 的大小，所以先给参数 S 添加公式。观察参照标高平面视图中的图形可以知道，在参数 L 里面共包含了 n 个 30 mm 的宽度和（n-1）个间距，所以可以看作是"$S=(L-n*30)/(n-1)$"。但是这样有一个问题,就是这个公式在 $n=1$ 的时候会不成立,分母为 0 了,所以需要修改一下。使用条件语句进行分类处理,在 $n=1$ 时,直接使 S 为 100,在 n 为其他值时,采用前面的公式,如图 10.8.4-1 所示。参数 K 用于控制拉伸形状的长度,一般情况下自然要比 L 大一点,特殊的位置就是在 $n=1$ 的时候,所以也给它添加一个条件语句,在参数 K 后输入"if($n=1$,50 mm,L)"。

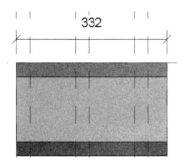

参数	值
尺寸标注	
K	332.4
L	0.0
S	100.0
其他	
n	0

图 10.8.3-1 把拉伸形状的右端锁定到
新加的参照平面并添加尺寸标注

图 10.8.3-2 再添加两个参数,K 和 n

参数	值	公式
尺寸标注		
K	300.0	=if(n = 1, 50 mm, L)
L	300.0	=
S	240.0	=if(n = 1, 100 mm, (L - n * 30 mm) / (n - 1))
其他		
n	2	=

图 10.8.4-1 为参数添加公式

10.8.5 接下来我们开始添加用于剪切的空心形状,在这个空心形状内部,含有多个矩形草图,这样才会在剪切以后形成"一块一块"的感觉。创建一个空心拉伸,绘制草图如图 10.8.5-1 所示,注意在右边要多出去一块,且宽度不小于 100 mm。因为要剪切伸出去的实心拉伸形状。点击关联选项卡的"完成编辑模式",会立即看到剪切后的效果,如图 10.8.5-2 所示。打开族类型对话框,修改其中参数 L 和 n 的值,查看模型的变化。

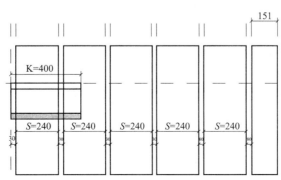

图 10.8.5-1 绘制草图注意锁定关系

10.8.6 最后再按照 1200 mm 和 6 个这样的数字来测试一下，如图 10.8.6-1 所示，可以看到是满足要求的。移动光标选中其中的实心拉伸，可以看到它的"真面目"，如图 10.8.6-2 所示，虽然看上去是 6 个，但是其实是剪切以后形成的彼此独立的小块，这样就把"整体"处理成了"个体"。

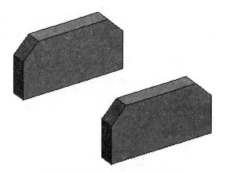

图 10.8.5-2　剪切后的样子

图 10.8.6-1　测试参数

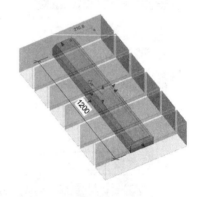

图 10.8.6-2　以整体的拉伸和整体的剪切来形成"分散独立"的效果

10.9　约束关系的几种组合形式

本节内容是介绍在创建族框架的过程中，在族编辑器内的不同环境下，关于约束关系的几种组合形式，所以也可以看作是对第 8 章第 4 节的一个补充。

本节中所讨论的约束关系，是基于以下这些图元的：参照点（也包括自适应点）、参照线、参照平面，以及它们之间的某些组合。当然，能够提供约束关系的不止是这些图元，具体使用怎样的形式，需要用户根据任务目标和使用条件来灵活确定。

10.9.1 先来看"点→点"之间的情况。选择"公制体量"族样板，新建一个概念体量文件。在概念设计环境中，当以参照点（或自适应点）所携带的参照平面为主体时，附加的参照点会具有"偏移量"的属性，以指示该点相对于该平面的垂直距离和方向。之后也可以再利用这个附加的参照点，使用他的"偏移量"和"旋转角度"属性，为其他图元提供参照。在标高 1 平面放置一个参照点以后，把它的"显示参照平面"属性设置为"始终"，"名称"属性设为"第一点"，然后使用"设置工作平面"工具，如图 10.9.1-1 所示，将该点的水平方向的平面设置为新的工作平面。再使用"绘制"面板的"点图元"工具，捕捉到第一个放置的参照点，单击一次。如图 10.9.1-2 所示，这时会弹出一个警告信息来通知我们，有图元发生了重叠。点击"确定"按钮以关闭这个警告信息，按两次 Esc 键结束放置参照点的命令。

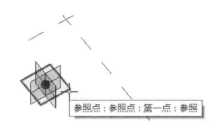

图 10.9.1-1 设置新的工作平面

图 10.9.1-2 添加第二个参照点时的警告信息

如果要使用"偏移量"属性来控制第二个点到第一个点的距离，就需要先找到它。但是因为这两个参照点现在的位置是重合的，所以从外观上判断不出哪个是第二点。如图10.9.1-3 所示，移动光标靠近参照点，查看所显示的提示信息，可以知道当前的待选图元是第一个参照点。继续移动光标，也可以配合使用 Tab 键进行切换，如图 10.9.1-4所示，找到第二个参照点，单击以选中它。

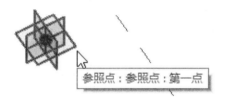

图 10.9.1-3 提示信息中显示参照点的名称

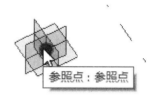

图 10.9.1-4 第二个参照点

选中第二个参照点以后，如图 10.9.1-5 所示，在属性选项板将它的"偏移量"属性值改为"2000"。当把光标从属性选项板移到绘图区时，软件会自动应用这个值，可以看到第二点向上移动了一段距离。保持对第二个参照点的选择，用前面小节中介绍的方法，给它的"旋转角度"和"偏移量"属性都加上参数，分别命名为"P2XZ"和"P2PY"，完成后如图 10.9.1-6 所示。

尺寸标注		
控制曲线	☐	
由主体控制	☑	
偏移量	2000	

图 10.9.1-5 修改"偏移量"属性的值

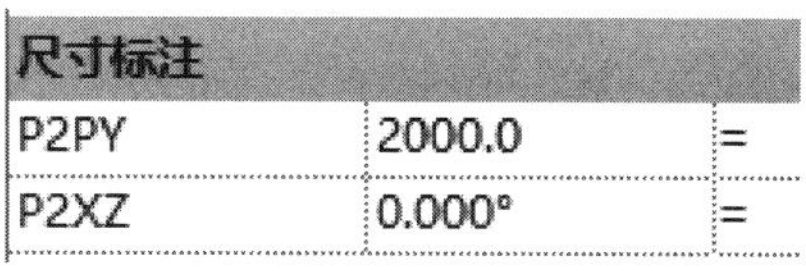

尺寸标注		
P2PY	2000.0	=
P2XZ	0.000°	=

图 10.9.1-6 给第二个参照点添加参数

把第二个参照点的"显示参照平面"属性也设置为"始终"，"名称"设为"第二点"，然后使用"设置工作平面"工具，在其所携带的垂直平面中选择任意一个作为新的工作平面，如图 10.9.1-7 所示。然后使用"点图元"工具，捕捉到第二个参照点，以放置第三个参照点，如图 10.9.1-8 所示。同样的，也会弹出一个警告信息，直接点击"确定"即可。移动光标靠近第二点，根据显示的信息来判断，找到并选择第三点，以垂直于工作平面的方向，拖动一段距离，如图 10.9.1-9 所示。

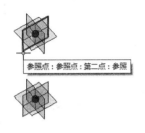
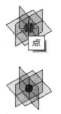
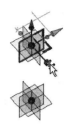

图 10.9.1-7 设置新的工作平面　　图 10.9.1-8 添加第三个参照点　　图 10.9.1-9 移动一段距离

这时如果再给第三个参照点的"偏移量"属性加上参数，那么就得到了一个这样的约束关系"长度＋角度＋长度"，这样的组合可以完成垂直方向的高度变化，以及顶部水平方向的旋转，而旋转时的半径可以由第三个参照点的"偏移量"属性来控制。读者可以打开"族类型"对话框，修改现有的参数值，观察这三个点图元的变化。在我们周围的环境中，塔吊就具备这样的特征。

10.9.2　还有其他一些有趣的"点→点"之间的组合，例如"自适应点＋参照点"。新建一个族，使用"自适应公制常规模型"族样板，在参照标高平面放置一个参照点，保持该点为选中的状态，在功能区"修改｜自适应点"关联选项卡"自适应构件"面板点击"使自适应"按钮，将其转为自适应点。在 2016 版软件当中，通常在完成这样的转换以后，该点的"定向到"属性会设置为"实例（xyz）"，在这个练习中，把这个属性改为"全局（xyz）"。使用"设置工作平面"工具，选择这个自适应点所带的平行于"中心（前/后）"参照平面的那个平面，单击一次将其设置为新的工作平面，如图 10.9.2-1 所示。使用"绘制"面板的"点图元"工具，捕捉到这个自适应点，单击一次以放置一个参照点，然后按两次 Esc 键结束放置参照点的命令。与前面的练习不同，这次不会有警告信息弹出来了。如图 10.9.2-2 所示，移动光标找到这个参照点，单击将其选中。在显示的三维控件中，按住绿色箭头拖动一段距离，如图 10.9.2-3 所示。这个方向相当于 Y 轴，也是垂直于刚才所设置的工作平面的方向，所以这个移动距离也是可以添加参数的。

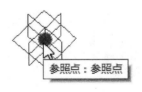
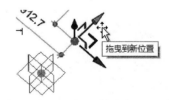

图 10.9.2-1 设置工作平面　　　图 10.9.2-2 找到参照点　　　图 10.9.2-3 沿 Y 轴移动一段距离

框选这两个点，在功能区"修改｜选择多个"关联选项卡"绘制"面板点击"通过点的样条曲线"，这样就在这两个点之间添加了一条模型线。为了观察方便，再单独选择参照点，如图 10.9.2-4 所示，在属性选项板勾选"可见"属性，把这个族保存为"10-9-2"。使用"公制体量"族样板，新建一个概念体量文件，以"模型线"的类型，在"标高 1"平面绘制两个圆形，再分别创建为圆柱体和球体。返回族"10-9-2"，载入到体量族之后，在圆柱体和球体朝北一侧的不同位置放置多个实例，如图 10.9.2-5 所示。可以看到，同一个族的各个实例，仍然都保持为在族编辑器环境时的状态，"以水平线条指向北侧"。这是关于"保持方向＋偏移距离"的一个组合形式。

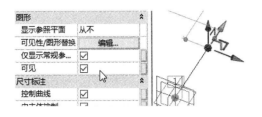

图 10.9.2-4　勾选参照点的"可见"属性

图 10.9.2-5　放置在不同表面的多个实例

通常情况下，"法线方向＋偏移距离"是使用更多的一种形式，那么在族编辑器中，需要把自适应点的"定向到"属性设置为"主体（xyz）"，同时，在添加参照点时，要选择自适应点的与"标高 1"平面相平行的那个水平平面，而在移动参照点时，应拖动三维控件中的蓝色箭头，即沿着 Z 轴方向移动，然后再通过线条连接这两个点。读者可以再自行制作一个这样的小构件，放置到球体和圆柱体的表面，查看其方向的变化。

10.9.3　也可以利用两个参照点来制作可以指向任意角度的"全方向"的构件。关闭刚才所有的文件。使用"公制体量"族样板，新建一个概念体量文件。在"标高 1"平面放置一个参照点，给他的"旋转角度"属性加上一个参数，命名为"$a1$"，参照点的名称设置为"PH"，"显示参照平面"属性设置为"始终"。再以"设置工作平面"工具，设置该点的任意一个垂直平面为工作平面，本例中选择的是平行于"中心（前/后）参照平面"的那个平面。再使用"点图元"工具，捕捉到这个参照点后放置第二个参照点。移动光标靠近参照点，根据提示信息，选择第二个点，修改其"偏移量"属性的值，如图 10.9.3-1 所示，移开一段距离。设置第二个点的名称为"PV"，"显示参照平面"属性设置为"始终"，给"旋转角度"添加参数为"$a2$"，再使用"设置工作平面"工具，把第二个参照点的平行于"中心（前/后）参照平面"的面设为新的工作平面，如图 10.9.3-2 所示。

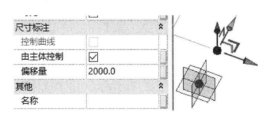

图 10.9.3-1　移开一段距离以方便操作

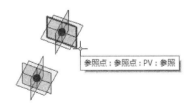

图 10.9.3-2　设置新的工作平面

然后使用"直线"工具，以第二点为起点，向上垂直绘制一段直线，如图 10.9.3-3 所示，作为观察旋转效果的指示器。注意所显示的提示信息为"水平"，这是因为该信息是相对于该点的工作平面而言的。再理清一下顺序：放置第一个点时，其主体为"标高 1"平面，放置第二个点时，其主体为第一个参照点，绘制线段时，其主体为第二个参照点，并且使用的工作平面是图 10.9.3-2 所示的垂直平面，而这个平面是平行于放置第二点时在第一点那里所设置的工作平面，所以提示信息会显示为"水平"。现在把第二个参照点的"偏移量"属性改为"0"，他就回归原位了。打开"族类型"对话框，修改参数

$a1$ 和 $a2$ 的值，如图 10.9.3-4 所示，查看线条指示的方向。在测试到一些特殊角度时，如图 10.9.3-5 所示，会弹出提示信息，直接点击"确定"即可，这个角度值仍然是可以使用的。

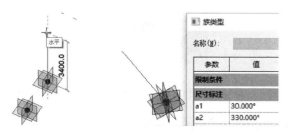

图 10.9.3-3　绘制一
段直线

图 10.9.3-4　修改参数值查
看线条的方向

图 10.9.3-5　在特殊角度时
会有提示信息

　　角度参数 $a1$ 和 $a2$ 分别控制的是水平方向和垂直方向的角度，这两者结合起来，可以指向空间中的任何一个方向。如果使用前文讲过的共享参数的形式，那么在项目文件中可以把这两个值都统计到明细表当中去。当然，在放置构件以后，可以手动的进行旋转，但是这种"旋转动作"，往往是没有属性来记录的。在本例中，假设情况是"在水平方向的旋转值是一个值得记录的信息"，所以添加了 $a1$ 参数。

　　10.9.4　在前面的其他章节里，已经有过"点→线"之间的例子。将点图元添加到线条以后，最常用的两个测量类型是"规格化曲线参数"和"线段长度"，前者是以相对于整段曲线的比例来控制点图元的位置，后者是以具体的一个长度来控制点图元的位置。除此以外，还有一种形式是"分割点→线"。新建一个族，选择"自适应公制常规模型"族样板。在参照标高平面放置 3 个参照点，选择这 3 个参照点，在功能区关联选项卡"自适应构件"面板点击"使自适应"按钮，将其转为自适应点。选择这 3 个自适应点，点击功能区"修改｜自适应点"关联选项卡"绘制"面板的"通过点的样条曲线"，这时会生成一条模型线。保持对这条线的选择，在"修改｜线"关联选项卡"分割"面板，点击"分割路径"，结果如图 10.9.4-1 所示。所生成的分割路径，在外观上表现为附着在线条上面的若干个点。分割路径的"布局"属性默认为"固定数量"，还有其他几个选项如图 10.9.4-2 所示。对应于这四个选项，属性选项板所显示的内容也会略有不同，如图 10.9.4-3 所示，当设置"布局"为"固定距离"时，下方会显示"距离"属性，可以直接输入一个值，或者添加一个参数。同样，另外三种方式下，也都可以对数量和距离添加参数。

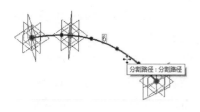

图 10.9.4-1　分割路径

图 10.9.4-2　布局形式

图 10.9.4-3　与"布局"选项
对应的属性

使用这种方式可以按照直线或者曲线的路径来布置成排的构件。当然，这些构件需要做成自适应构件的形式，分布在分割路径上以后，这个族才可以使用。详见提供的配套学习资料。

10.9.5　接着看常规模型内的"线→线"组合。因为参照线是有端点的，所以经常用于控制图元内的角度变化，在接下来的练习中，使用两条参照线及相关的尺寸标注建立一个"角度＋长度＋角度"的组合。

新建一个族，选择"公制常规模型"族样板。在项目浏览器内，双击"立面"分支下的"前"，打开前立面视图。选择"创建"选项卡"基准"面板的"参照线"工具，如图10.9.5-1所示，捕捉到参照平面与参照标高的交点，单击一次作为线条的起点，再向右上方移动鼠标，如图10.9.5-2所示，单击一次作为线条的终点。选择"修改"选项卡"修改"面板的"对齐"工具，先左键单击一次拾取视图中垂直方向的参照平面，再移动光标靠近参照线的起点，如图10.9.5-3所示，参照线本身会加粗并蓝色高亮显示，光标处有关于参照线的提示信息。保持光标停留在参照线的端点位置，按一次 Tab 键，如图10.9.5-4所示，参照线不再以"加粗并高亮"的方式显示了，而是在端点的位置显示了一个蓝色的实心圆点，这时再左键单击一次，相当于是把参照线的起点锁定在"中心（左/右）"参照平面上。这时会显示一个锁定符号，如图10.9.5-5所示，单击这个符号一次。比较这两张图中的提示信息，文字内容是相同的，不同点在于绘图区中的图形显示。同样的，继续使用"对齐"工具依次拾取参照标高和参照线的端点，并单击显示的锁定符号，如图10.9.5-6所示，这样在两个方向上创建的约束关系，就把参照线的端点固定在了参照标高与"中心（左/右）"参照平面的交点位置。

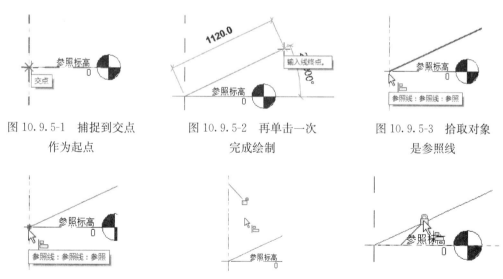

图 10.9.5-1　捕捉到交点 　　图 10.9.5-2　再单击一次　 　图 10.9.5-3　拾取对象
　　作为起点　　　　　　　　　完成绘制　　　　　　　　　　是参照线

图 10.9.5-4　按 Tab 键切换为　 图 10.9.5-5　对齐后锁定端点　 图 10.9.5-6　锁定到水平方向
　参照线的端点

在功能区"创建"选项卡"工作平面"面板，点击"设置"按钮，在打开的"工作平面"对话框中，选择"拾取一个平面"，如图10.9.5-7所示，然后点击"确定"按钮关闭这个对话框。移动光标靠近刚才绘制的参照线，如图10.9.5-8所示，单击左键一次，这样就把参照线自身携带的这个平面设为了新的工作平面。尽管这个平面与前立面视图的默认工作平面，即"中心（前/后）"参照平面是平行且重叠的，但是意义不同。选择"参照线"工具，捕捉到第一条参照线上的任意一个位置，单击左键一次作为起点，再绘制第二条参照线，如图 10.9.5-9 所示。

图 10.9.5-7　选择"拾取
一个平面"

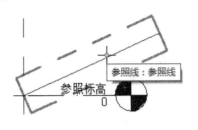

图 10.9.5-8　设置工作平面

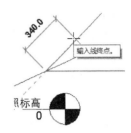

图 10.9.5-9　绘制第二条参照线

如图 10.9.5-10 所示，使用"注释"选项卡"尺寸标注"面板的"角度尺寸标注工具"，分别标注第一条参照线到参照标高以及第二条参照线的夹角，并添加参数。再选择"对齐尺寸标注"工具，移动光标靠近第一条参照线的起点，如图 10.9.5-11 所示，刚刚靠近时，这条参照线会整体的加粗并蓝色高亮显示。需要标注的对象是参照线的端点，而不是参照线本身，所以要连按几次 Tab 键进行切换。多数情况下，在连续按四次 Tab 键之后就可以切换到参照线的端点了，之所以会有这么多次，是因为在这里有多个具有参照作用的图元，分别是参照标高、中心（左/右）参照平面、与参照标高重合且锁定的另外一个参照平面。读者可以在每次按完 Tab 键之后稍停一下，查看左下角状态栏的提示信息，那里会显示当前待选图元的名称。在切换到参照线的端点之后，会显示一个蓝色实心圆点，如图 10.9.5-12 所示，然后单击一次以拾取到这个端点。

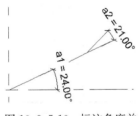

图 10.9.5-10　标注角度并
添加参数

图 10.9.5-11　拾取到参照线

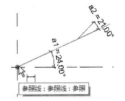

图 10.9.5-12　拾取到参照
线的端点

移动光标靠近第二条参照线的起点，如图 10.9.5-13 所示，这一次也是会首先拾取到参照线本身。按两次 Tab 键，切换到这条参照线的端点后，然后左键单击一次拾取这个端点。向左上方移动光标，如图 10.9.5-14 所示，在空白位置单击一次，完成这个标注。同样的，也给这个尺寸标注添加参数，如图 10.9.5-15 所示。

为了提高第一条参照线的稳定性，再添加一条"多余"的参照线，这是所添加的第三条参照线了。在绘制时注意，如图 10.9.5-16 所示，这时所捕捉的对象是第一条参照线的一个端点，这样的约束还不够。按 Tab 键进行切换，如图 10.9.5-17 和图 10.9.5-18 所示，虽然还是在同样的位置，但是意义已经不同了，所捕捉的参照是"两个图元的交点"，

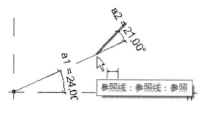

图 10.9.5-13　拾取到第二
条参照线

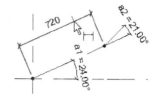

图 10.9.5-14　完成这个标注

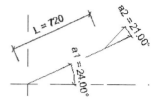

图 10.9.5-15　同样添加
上参数

这样的约束效果会强一些。切换到合适的参照以后，以交点为起点绘制一条参照线，方向没有特别的要求，但是为了与另外已有的两条参照线有所区别，可以向右下方绘制，长度稍短，然后使用"角度尺寸标注"工具，标注这条参照线与第一条参照线之间的夹角，最后选择这个角度标注，并点击出现的锁定符号，固定这两条参照线之间的关系。

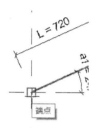

图 10.9.5-16　捕捉到第一条
参照线的端点

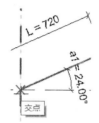

图 10.9.5-17　捕捉到中心（左/右）
参照平面与参照线的交点

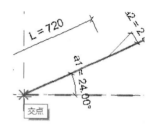

图 10.9.5-18　捕捉到水平参照
平面与参照线的交点

在完成尺寸标注、添加参数、附加约束参照线的步骤以后，打开"族类型"对话框，依次修改各参数的值进行检查。在检查的时候注意，对于计划中该构件的可能变化范围和方向，及一些特殊位置的值，都需要进行测试，以确保在添加后续的形状之前，这个框架就具有足够的稳定性。本例中为了截图方便，所绘制的参照线长度都比较短，在实际操作中，还是要按照构件的特征做好规划。

10.9.6　在各种约束关系当中，最常见的、使用频率最高的还是基于参照平面并用于对"长度"类型参数进行控制的约束关系。参照平面是没有端点的，在进行参数驱动时，移动方向垂直于自身的平面。在绘图区中选择一个参照平面时，两端会各显示一个空心小圆圈，这并不是参照平面的端点，仅仅是当前视图中用于调节参照平面显示外观的操纵柄。在前面的 8.4 节中介绍插入点的时候，已经练习过几种基本的形式。以下练习所使用的族样板都是"公制常规模型"。

如图 10.9.6-1 所示，在很多构件中，参照平面都是基于中心向两侧均分的，所以在相应的控制框架中会布置两排尺寸标注，第一排尺寸标注用于创建等分限制条件，拾取到的对象包括左、中、右共三个参照平面，第二排尺寸标注所拾取的对象是左右两侧的参照平面，并加上了参数。这样在调节参数 W 的时候，因为位于中间的参照平面是锁定的，所以会把变化均分到左右两侧，是"等分限制＋控制尺寸"的形式。在软件自带的柱族中，有很多这样的例子。如图 10.9.6-2 所示，"多个等分限制＋控制尺寸"是前一种形式的变化。在布局中，因为中心（左/右）参照平面位于左侧，所以在参数值进行变化时，构件的左端点作为变化的"基点"是不会动的。当构件中的不同部位具有相同的值且需要统一修改时，例如图 10.9.6-3 所示的情况，就需要采取单独标注并添加相同参数的方法。

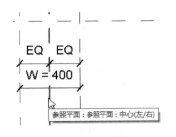

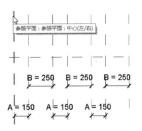

图 10.9.6-1　带有等分限制条件
及控制尺寸的形式

图 10.9.6-2　多个等分限制条件
及控制尺寸的形式

图 10.9.6-3　以相同参数控制
多个不相邻的部位

以上的三个例子中，各个参照平面之间的前后顺序都是固定的，当参数值发生变化时，每个参照平面都只能在相邻参照平面的单侧移动，或者在参数值改为"0"时，互相重叠在一起。这些参数值，例如 W、A、B，不能够输入负值，否则就会报错，如图 10.9.6-4 所示。假设在某个构件中，有个参数的值在 $-800\sim1200$ 的范围内变化，那么这种在尺寸标注上直接添加参数的方法就不行了，需要采用类似 8.2 节中那样的做法，通过一个辅助参照平面来进行转换。如图 10.9.6-5 和图 10.9.6-6 所示，参数 AA 的变化范围是"$-800\sim1200$"，通过公式"$1000mm+AA$"来影响参数 ZH，进而控制目标参照平面的位置。其中辅助参照平面的位置，由一个已经锁定的尺寸标注来固定（本例中是数值为"1000"的那个尺寸标注），使其始终保持在"中心（左/右）"参照平面左侧 1000mm 的距离上。

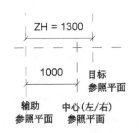

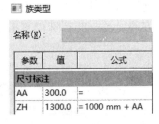

图 10.9.6-4　添加到尺寸标注的
参数不支持输入负值

图 10.9.6-5　使用辅助
参照平面进行转换

图 10.9.6-6　不把 AA 参数
直接指定给尺寸标注

要创建一个有效、稳定的约束关系，首先需要把面临的问题分析清楚，搞明白变化的起点在哪里，涉及的变量是什么性质，以怎样的方式来相互产生作用。经过在项目中的不断实践和练习，这方面的经验会越来越丰富。当然还有其他很多建立约束关系的形式，以上只是介绍了常见的一小部分，更多有趣的组合还有待读者来发掘。

11　Dynamo 简介

Dynamo 是专为设计师打造的一款图形化编程工具,它可以配合欧特克公司的其他软件一起使用,也可以独立运行。支持多种数据格式的输入与输出,可以方便的和其他用户进行充分的信息共享。

一般情况下,在使用 Dynamo 的过程中,用户需要根据自己所要解决的问题,确定输入数据的类型,并选择合适的节点来搭建具有相应功能的结构,经过运算后输出结果。使用 Dynamo 中提供的工具,用户可以创建复杂的三维形状,报告项目中的信息,执行有固定操作内容的标准流程,以及完成很多其他类型的任务。

使用 Dynamo 的过程,和使用其他软件编写代码相比,并不是一回事。Dynamo 是提供给设计师和工程师使用的,目的是使不具有编程经验的人也可以通过这个工具来享受程序所带来的便利。它是一个图形化的工具,在一个图形界面中工作,拖放并连接各个节点来完成特定的功能,而不是手动的输入一行一行的代码。

使用 Dynamo 的好处是显而易见的。这些具有特定功能的图形化的节点可以在不同的项目之间重复使用,节约了大量的时间;以标准流程来处理某个数据的不同的值,这样可以在相同的时间里测试更多的选项以进行对比;支持多种数据格式的输入与输出,具有良好的与其他软件平台的交互性,例如 Navisworks、SketchUp、Excel、Rhino、Maya 等。

11.1　创建一个三维视图

Dynamo 具备很多的功能。作为第一个练习,我们将在一个项目文件中,使用 Dynamo 的节点,创建一个三维等轴测视图。在项目浏览器中,这个新视图的位置在"三维视图"分支目录下面。

11.1.1　打开 Revit2016,在"附加模块"选项卡,点击 Dynamo 的图标,激活 Dynamo 运行窗口,如图 11.1.1-1 所示。这时的 Dynamo 界面以灰色细线分成了 7 个功能区,分别是"文件"、"要求"、"最近使用的"、"参照"、"备份"、"代码"、"样例",在窗口的最下方有一行文字,"显示文件夹中的样例",点击后会打开存放样例文件的文件夹,这个文件夹是在安装 Dynamo 的时候就同步安装好的。如图 11.1.1-2 所示。

图 11.1.1-1　Dynamo 运行窗口

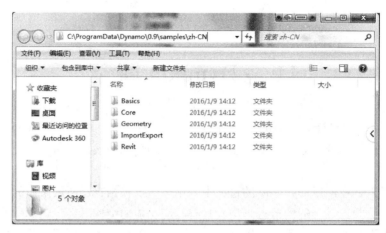

图 11.1.1-2　Dynamo 自带的样例库

这里要注意的是，如果窗口开得比较小，可能会看不到界面下方的一些内容，比如样例文件的列表，那么需要拖动窗口右侧的滑块，来显示下方的内容，如图 11.1.1-3 所示。

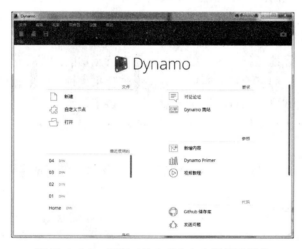

图 11.1.1-3　当窗口较小时会在右侧显示滑块

11.1.2　接着我们新建一个 Dynamo 文件。点击左侧文件功能区的"新建"按钮，创建一个新的 Dynamo 文件，如图 11.1.2-1 所示。

图 11.1.2-1　"新建"按钮在左侧

新文件的界面是下面的这个样子，上部横向分布的为菜单栏，左侧垂直区域为节点的树状目录，右侧为工作区（图 11.1.2-2）。我们将在后续的操作过程中，逐步的熟悉其中的细节。

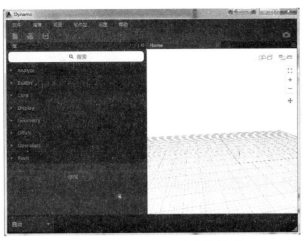

图 11.1.2-2　Dynamo 文件的界面

11.1.3　在左侧目录中，点击最下方的"Revit"，会立即展开这个分支，再点击其中末尾的"Views"，如图 11.1.3-1 所示，其中列出了很多与视图操作有关的节点的分组。展开这些分支中的第一个，即"AxonometricView"，如图 11.1.3-2 所示，可以看到下面有三个节点，在练习中需要用到的是第一个，"ByEyePointAndTarget"。

在把光标放到按钮上面时，会自动在右侧显示工具提示信息，如图 11.1.3-3，首先是这个工具的功能，"从视点和目标位置创建 Revit 三向投影（等轴测）视图。"下方是分别列出输入和输出数据的类型，可以看到，输入为两个点和一个字符串，输出为一个等轴测视图。

点击这个按钮两次，就会向工作区中添加两个这样的节点（图 11.1.3-4）。和 Revit 软件中那些被选中的图元一样，Dynamo 中使用添加蓝色高亮外框的方式来提示用户所选择的节点。本次练习中只要一个这样的节点就够了，所以点击键盘的"Delete"键，删掉一个。

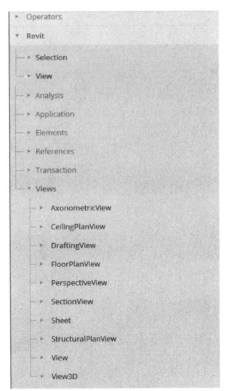

图 11.1.3-1　节点库中的 Views 下的内容

节点的布局，通常都是名称在顶部，左侧为输入，右侧为输出，光标悬停在相应的端口时，会有更加具体的说明，如图 11.1.3-5～图 11.1.3-8 所示，分别是光标放在顶部和左右两侧时的提示。

从图中可以看出，输入端的两个点分别代表了"视点"和"目标"，也就是相当于"眼睛"的位置和"看到哪里去"，字符串则是新生成的视图的名称。所以，接下来继续创建这些元素，以满足这个节点的运行条件。

413

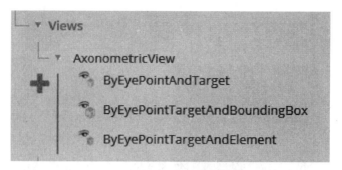

Views
AxonometricView
ByEyePointAndTarget
ByEyePointTargetAndBoundingBox
ByEyePointTargetAndElement

图 11.1.3-2 展开目录

ByEyePointAndTarget
ByEyePointTargetAndBoundingBox
ByEyePointTargetAndElement
CeilingPlanView
DraftingView
FloorPlanView
PerspectiveView
从视点和目标位置创建 Revit 三向投影(等轴测) 视图。
输入
eyePoint : Point
target : Point
name : string
输出
AxonometricView

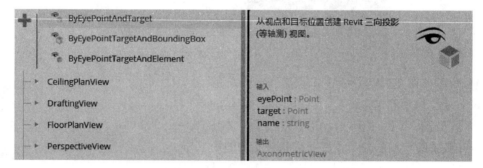

图 11.1.3-3 节点的说明

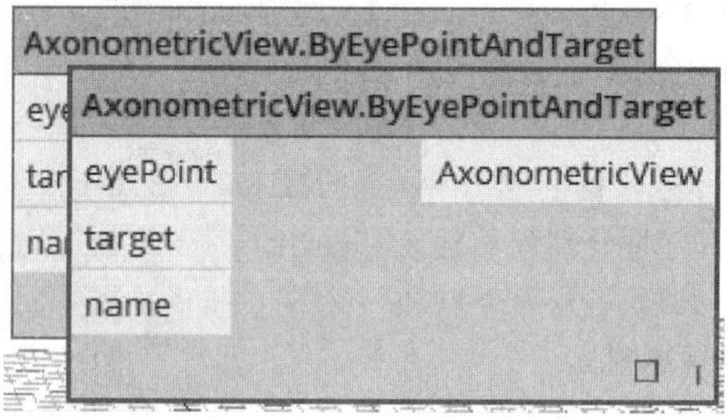

AxonometricView.ByEyePointAndTarget
AxonometricView.ByEyePointAndTarget
eyePoint
target
name
AxonometricView

图 11.1.3-4 每单击一次就会添加一个节点

从视点和目标位置创建 Revit 三向投影(等轴测) 视图。
AxonometricView.ByEyePointAndTarget (eyePoint: Point, target: Point, name: string = "dynamo3D"): AxonometricView
AxonometricView.ByEyePointAndTarget
eyePoint
target
name
AxonometricView

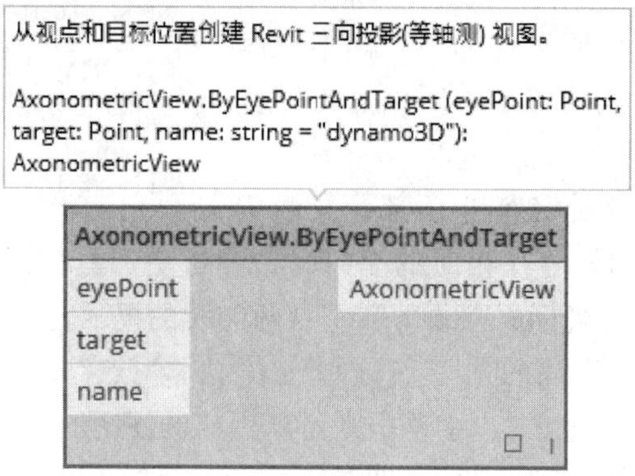

图 11.1.3-5 光标停留在节点顶部时的提示信息

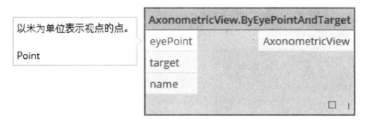

图 11.1.3-6 左侧第一个输入端的提示信息

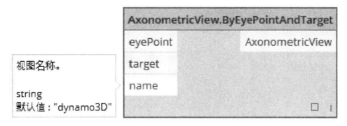

图 11.1.3-7 左侧第三个输入端的提示信息

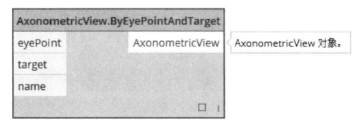

图 11.1.3-8 右侧输出端的信息

11.1.4 在左上角的搜索框中输入"point",会立即列出所有与 point 有关的节点,关联度最高的、最常用的会被列在最上面,如图 11.1.4-1 所示,我们要使用的,就是列表里的第一个,它的功能描述是"通过给定的三个笛卡尔坐标形成一个点",光标放到这个节点所占的位置,会显示提示信息,说明三个坐标需要的数据类型,如图 11.1.4-2 所示。

图 11.1.4-1 搜索结果

点击一次,添加到工作区,如图 11.1.4-3 所示。

11.1.5 在左上角的搜索框输入"number",结果如图 11.1.5-1 所示,选择列表中的第二个，功能是"用于生成数字值的滑块"，点击一次，添加到工作区中，如图11.1.5-2 所示。

图 11.1.4-2　提示信息

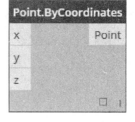

图 11.1.4-3　添加到工作区中的节点

图 11.1.5-1　搜索结果

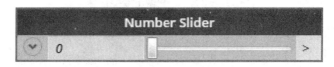

图 11.1.5-2　用于生成数字值的滑块

如果添加的节点彼此之间有重叠，可以把光标放在节点标题的灰色区域按下后进行拖动，点击在输入框里或者是端口的位置，是无法移动的。

点击节点左侧的圆形按钮，在展开的区域里，我们需要对滑块的滑动范围进行设置，如图 11.1.5-3 所示。如果是从东南方向看到场地中间，那么"eyepoint"这个点的 Y 值就需要是负值才可以，而且是以"m"为单位来使用点的坐标，所以数值本身的范围不用太大，暂定为正负各 20 m，所以对于"Min"就输入为"－20"，对于"Max"就是"20"，步距保持为"0.1"，表示将来视点会以每次最小 100 mm 的距离进行移动，完成后如图11.1.5-4 所示。

11.1.6　现在工作区中已经有了 3 个节点，如图 11.1.6-1 所示的样子，为了以后检查的时候方便，也为了更容易理解前后逻辑关系，我们把这 3 个节点的位置调整为图11.1.6-2 所示的样子，同时，把 Number Slider 的设置区域也收起来，点击其左上角的小圆按钮即可。

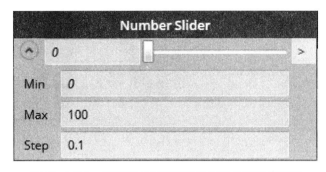

图 11.1.5-3　展开节点的下部以设置滑块的取值范围

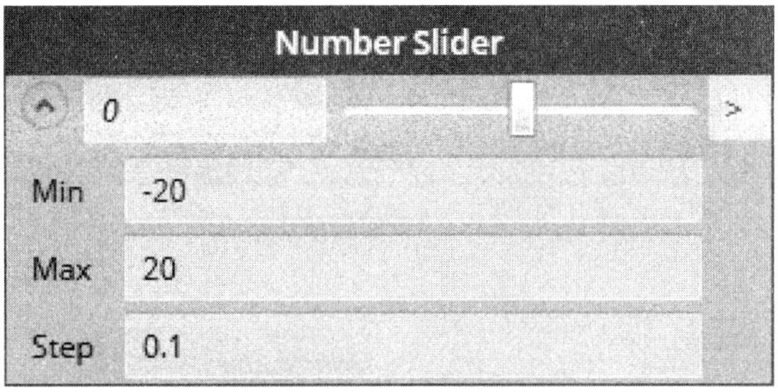

图 11.1.5-4　设置结果

11.1.7　我们希望最后可以多方向的调节视图的角度，所以就需要对 eyepoint 的三个坐标都能够进行控制。选中节点 Number Slider，按键盘组合键"Ctrl＋C"一次，再按下"Ctrl＋V"两次，这样就把该节点又复制了两个，因为是连续复制的，新的两个节点可能会互相重叠一部分，如图 11.1.7-1 所示，我们手动把它们拖开就可以了。

在把它们俩摆放到第一个 Number Slider 节点下方以后，可以再处理的更加整齐一点，看上去更美观。选中这三个 Number Slider 节点，在工作区的空白区域单击右键，在弹出

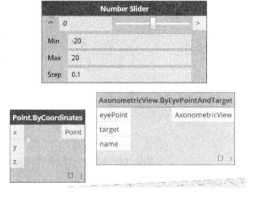

图 11.1.6-1　添加完毕的节点

的快捷菜单里面，移动光标到"对齐选择"，这时会自动展开一个侧拉的菜单，其中包含八个对齐选项，如图 11.1.7-2 所示。

首先我们选择"左侧"，把三个 Number Slider 节点的左端对齐，之后再执行一次"选择—单击右键—对齐选择"，这次选择"Y 分发"，使这三个节点垂直方向的间距相等，然后依次点击这三个节点右侧的 $\boxed{>}$ 图标，连接到"Point.ByCoordinates"节点左侧的端口，结果如图 11.1.7-3 所示。

框选这四个节点，执行一次复制"Ctrl＋C"、"Ctrl＋V"，在保持选择的情况下，把复制出来的四个节点，整体移动到之前的节点的下方，依次点击"Point.ByCoordinates"

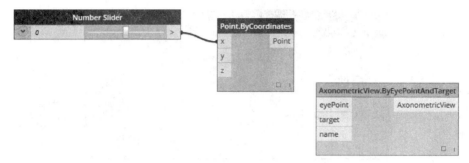

图 11.1.6-2 调整互相之间的位置

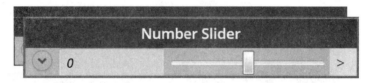

图 11.1.7-1 复制后的节点彼此重叠

图 11.1.7-2 节点的对齐选项

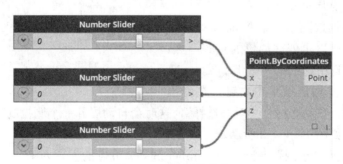

图 11.1.7-3 连接节点

节点右侧的"Point",引出一条虚线后分别连接到视图节点左侧的"eyepoint"和"target",如图 11.1.7-4 所示。

11.1.8 目标点可以选在原点位置,三个坐标值都保持为 0,调节视点的 X 值为 5,Y 值为 -5,Z 值为 4,这样就相当于在高度 4 m,水平直线距离 7.07 m 的位置以 45°角看向原点。

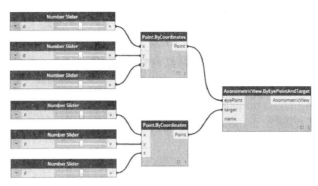

图 11.1.7-4　复制后连接节点

11.1.9　视图节点的三个条件，已经具备了两个，现在还差一个条件，就是新视图的名称。在空白区域双击鼠标左键，会生成一个 Code Block 节点，如图 11.1.9-1 所示，点击其中的输入框，输入引号以后，再输入文字，务必注意的是，引号不是中文输入法状态下的那种，完成后如图 11.1.9-2 所示。字符串末尾的分号是软件自动添加的。

图 11.1.9-1　双击空白区域生
成一个 Code Block 节点

图 11.1.9-2　输入文字内容

点击右端的按钮 ，连接到视图节点的"name"，整体如图 11.1.9-3 所示。

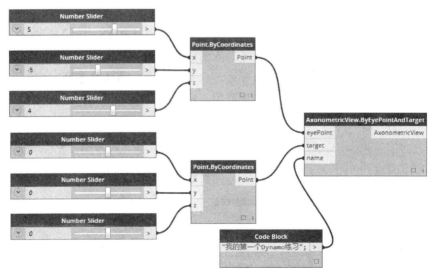

图 11.1.9-3　连接节点

11.1.10　按下键盘的组合键"Ctrl+S"，保存当前文件。回到 Revit 项目文件的界面，在项目浏览器中展开"三维视图"的分支，在下面可以找到具有这个名称的视图，如图 11.1.10-1 所示。

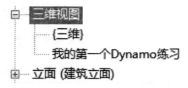

图 11.1.10-1　新建的视图已经出现在项目浏览器中

11.1.11　返回到 Dynamo 的界面，在右上角有一个照相机图标，移动光标指到它以后显示提示信息"将工作空间另存为图像"，如图 11.1.11-1 所示，点击它以后会打开"将工作台保存至图像"对话框，如图 11.1.11-2 所示，选择一个位置可以保存一个默认名称为"Capture"的 PNG 格式图像文件。

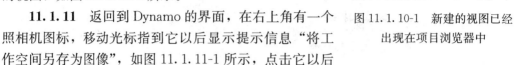

图 11.1.11-1　窗口右上角的按钮　　　　图 11.1.11-2　打开"将工作台保存至图像"对话框

读者可以在模型中创建一些建筑图元，并在该视图中进行查看。在 Dynamo 中拖动视点的数字滑块时，Revit 中的视图角度会即时改变。或者使用提供的文件"01　Welcome to Dynamo.rvt"来完成以上练习。

本次练习所用的版本是 0.9.0。

11.2　创建墙体并着色

在本节练习中，我们首先批量创建一些墙体，这些墙体按照一定的规则进行排列，最后在三维视图中为它们添加颜色。使用 0.9.1 的版本。

11.2.1　首先描述一下墙体分布的规律，在平面图中，墙体是东西方向的，第一段墙体的开始位置在项目基点，每段墙体的长度为 4 m，间距为 1 m，下一段墙体的起始端与上一段墙体的末端对齐，类似于图 11.2.1-1 中的样子。

图 11.2.1-1　样例

我们希望达到的效果是，可以通过输入的参数直接控制墙体的数量，并在所有墙体上面均匀着色。

11. 2. 2　以默认的建筑样板新建一个项目文件，切换到默认三维视图，关闭楼层平面标高一的视图。在功能区的"附加模块"选项卡，点击"可视化编程"面板的 Dynamo 图标，打开 Dynamo 的运行窗口，点击文件分组的"新建"按钮，创建一个新的 Dynamo 文件。

11. 2. 3　首先添加用于控制墙体数量的节点，这样的一个值当然是整数，同时我们也希望在全部节点布置完毕以后，能够比较方便的调节这个数量，查看结果。所以，选择"Integer Slider"节点，带有滑块且输出值为整数。在左上角的搜索框中输入"integ"或者"Integ"，会立即列出两个结果，如图 11.2.3-1 所示，我们选择第二个。点击一次以后，找到工作区中的这个节点，点击位于左侧的圆形展开按钮，在这里对滑块的变化范围进行设置。把最小值"Min"设为 1，意思是最少也要有一片墙体，最大值"Max"设为20，这个数量能够看出测试效果即可，不必设置的很大，因为太多的图元会增加程序运行的时间。步距"Step"仍然保持为 1，不做改变，如图 11.2.3-2 所示。

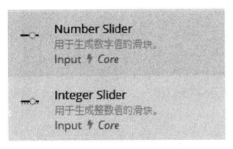

图 11.2.3-1　搜索结果

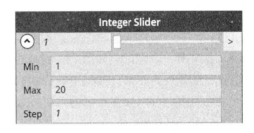

图 11.2.3-2　设置节点取值范围和步长

11. 2. 4　把墙体的数量转化为距离，要放大 1000 倍，因为在当前环境下单位是 mm。所以在后续过程中，使用这个数量来计算墙体坐标进行定位时，在公式中要乘以 1000 的系数。接下来分析墙体坐标的特征。回到本节开始时的那张图，先看墙体坐标的 Y 值，从左向右依次查看四个墙体，Y 值依次是"0、1000、2000、3000"，所以它的规律是"墙体数量减去一再乘以一千"，确认了规律之后就把它转化到公式里面去。在"Integer Slider"节点的右侧空白位置双击，在弹出的 Code Block 的输入框里写入"1000 *（n-1）"，这里要注意的是，中文输入法状态下的符号可能会导致节点运行错误，如图 11.2.4-1 所示，公式中的右括号导致了问题，节点不仅仅是颜色变了，顶部还浮出一个标记，光标放到这个标记上面以后，如图 11.2.4-2 所示，显示的提示信息也没有具体指明错误的原因。退出中文输入法，再次输入右括号，就正常了，顶部的标记也会自动消失，如图 11.2.4-3 所示。

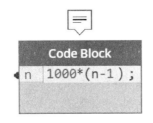

图 11.2.4-1　节点改变了颜色

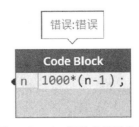

图 11.2.4-2　提示有错误发生

421

11.2.5 为了方便后续的检查，有必要给这个节点改一下名字。在这个 Code Block 顶部的深灰色区域双击，打开"编辑节点名称"窗口，在文本输入框里，"Code Block"已经是高亮显示，表示已经被选中。当然可以起一个全新的名字，但是建议初学还是保留节点的原始名字。在高亮显示的"Code Block"后方点击一下，输入"＝Y 最大值"，完成后点击右下角的"接受"按钮。结果如图 11.2.5-1 所示。

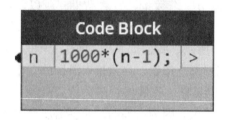

图 11.2.4-3　解决了输入法的
问题以后，节点的状态正常

图 11.2.5-1　修改节点的名称

11.2.6 光标放到这个 Code Block 下方的浅灰色区域以后，会在节点底部弹出一个显示栏，其中有当前的运算结果，如图 11.2.6-1 所示。稍停一下以后，在这个显示栏的右侧，会闪出一个标记，如图 11.2.6-2 所示。移动光标并点击这个标记，可以把这个显示栏固定在节点的底部。如果不锁定的话，在把光标移开之后，这个显示栏会自动收回。在处理过程中，可以根据自己的需要，来决定是否固定显示运算结果。

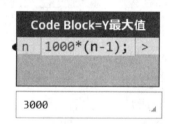

图 11.2.6-1　在节点底部显示运行结果

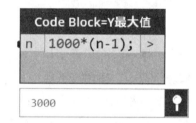

图 11.2.6-2　可以把这个结果转为固定显示

11.2.7 接下来需要把这个值处理为一个序列。根据前面的分析，我们知道，在墙体数量为 4 时，在墙体坐标数字里面总共有 4 个 Y 值，从零开始直到 3000，现在得到的仅仅是最大的那个 Y 值。Dynamo 提供了非常简洁的范围表达式来处理这样的事情，只需很简单的设置就可以了。为了便于查看结果，添加一个 Watch 节点。在 Dynamo 的搜索框里输入"watch"，列出三个包含 Watch 功能的节点，选择第一个，名字最简单的那个，功能描述是"将节点输出内容可视化"。如图 11.2.7-1 所示，是单击后添加到工作区中的样子。

图 11.2.7-1　Watch 节点

11.2.8 我们这里还是先学习一下，根据已有的条件怎样创建简单的队列，或者说是 List，列表。如图 11.2.8-1 所示，双击空白区域生成一个 Code Block 节点，在 Code Block 里面输入"2..6"，这两个小点，使用键盘上大于号

"＞"那个位置的，或者是小键盘 Del 键的那个，都可以。把这个节点的输出端连接到 Watch 节点的输入端，查看结果。可以看到所产生的效果就是，从第一个数字开始按照 1 的步长排列到第二个数字。选中这两个节点，复制以后把范围表达式修改为"3..9..2"，如图 11.2.8-2 所示，结果是按照 2 的步长从 3 开始走到 9，因为 9 到 3 的距离正好是步长的整倍数，所以在生成的队列里面，第一个数字和第二个数字都会出现。如图 11.2.8-3 所示，9 到 2 的距离并不是步长 3 的整倍数，所以列表里就只包含了从 2 开始的 3 个数字，彼此之间的间距是 3 个单位。

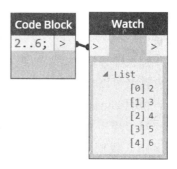

图 11.2.8-1 创建一个步长为 1 的序列

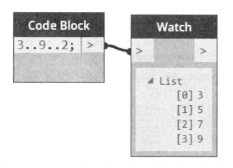

图 11.2.8-2 创建一个指定步长为"2"的序列

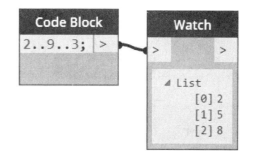

图 11.2.8-3 创建一个指定步长为"3"的序列

关于列表中的元素编号，软件内部就是这样的表示方法，队列中第一个元素的编号是 0，第二个才是 1，所以队列中元素的总数量，比最后的编号要多一个。

再看图 11.2.8-4，较大的数字放在前面的时候节点会报错，因为所填写的步长是正值，没有办法从 14 开始每次累加 2 以后到达 9。在图 11.2.8-5 中，节点中把步长改为负值，就可以正常运行了。

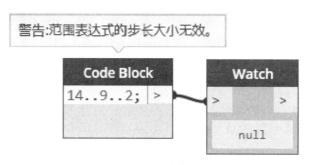

图 11.2.8-4 不支持的形式

接下来再看符号"♯"的作用，在图 11.2.8-6 里，"♯"加在第三个数字的前面，作用是在前面两个数字之间等距离的添加四个分割点，这时第一、第二个数字分别为起始点和终点。要注意的是，符号"♯"后面的数字表示的是分割点的数量，不是分段数量，分段数量会比分割点的数量少一个。在图 11.2.8-7 里，"♯"加在第二个数字的前面，表示总共生成六个结果，步长采用后面的数字的值。这时，第一个数字为起点，第二个数字为

所生成的队列里元素的数量，第三个数字为
步长。

　　那么如果把"＃"加到第一个数字前面
呢？读者可以自己尝试，应该会出现一个错
误，说明 Dynamo 不支持那样的表示方法。

　　11.2.9　回到 11.2.7 的问题，接着处
理 Y 值。我们现在已经知道了起始值是 0，
最大值与墙体数量有关，本例中当前值是
3000，步长是 1000，所以要得到四个 Y 值可
以写成"$0..ny..1000$"，双击空白区域添加

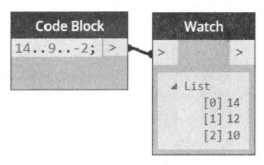

图 11.2.8-5　修改步长以后可以正常运行

一个 Code Block，输入"$0..ny..1000$"，再把节点名称加上后缀"＝Y 值 n 个"，结果如
图 11.2.9-1 所示。

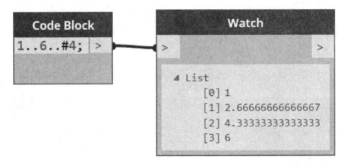

图 11.2.8-6　＃号加在这个位置是表示分割点的数量

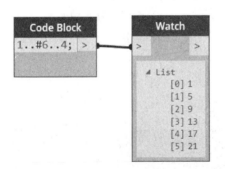

图 11.2.8-7　＃号加在这个位置
是表示所生成元素的数量

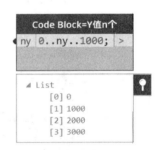

图 11.2.9-1　得到四个 Y 值

　　11.2.10　对于 X 值的处理，与 Y 值非常类似，要注意的是总共需要求出两列 X 值。
我们先处理所有线条的左端点，寻找其中的规律。还是观察前面第一步时所绘制的那些墙
体的左端点，现在的序列是"0、4000、8000、12000"，虽然具体的值不一样，但是变化
特征和 Y 值是一样的，所以再添加两个 Code Block，在其中分别写入"$4000*（n-1）$"
和"$0..nx..4000$"，并同时把名字后缀加上，运行结果如图 11.2.10-1 所示。

　　上面这个列表里是墙体左端点坐标的 X 值，右端点坐标的 X 值比左端点的要大
4000，所以我们不再另外重新准备节点了，直接利用上述结果来生成右端点坐标的 X 值

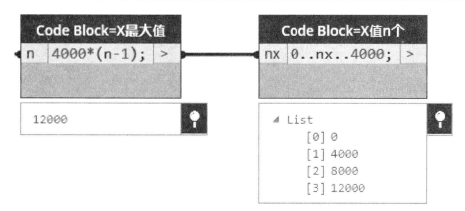

图 11.2.10-1　得到墙体左端点的 X 值

列表，双击空白区域生成一个 Code Block，写入"$nx+4000$"，并把这个新节点向右下方拖开一点距离，效果如图 11.2.10-2 所示。

11.2.11　现在所需要的坐标值已经都准备好了，接下来就是按照顺序生成点、线、墙体。在左上角的搜索框里面输入"point"，在列表里单击选择"Point.ByCoordinates"节点，功能是"通过给定的三个笛卡尔坐标形成一个点"。把这个节点拖到一个适当的位置，保持对它的选择，按组合键"Ctrl+C"和"Ctrl+V"再复制一个，放到原节点

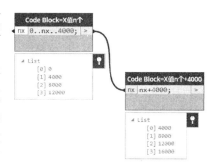

图 11.2.10-2　得到墙体右端点的 X 值

的下方，并挨个修改名称，在原有名称后面分别添加后缀"左端点"和"右端点"，然后把节点"Code Block=Y 值 n 个"连接到两个坐标节点的 y 值端口，节点"Code Block=X 值 n 个"的值给"Point.ByCoordinates 左端点"的 x 值，节点"Code Block=X 值 n 个+4000"给"Point.ByCoordinates 右端点"的 x 值，连接完毕以后如图 11.2.11-1 所示。

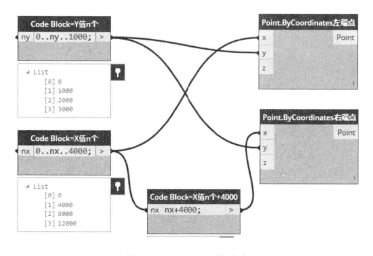

图 11.2.11-1　连接节点

11.2.12 然后创建线段。在左上角的搜索框里输入"bystart"，选择列表里面的"Line.ByStartPointEndPoint"节点，功能是"在两个输入点直接创建直线"，点击添加到工作区，拖放到坐标点节点的右侧，把节点"Point.ByCoordinates 左端点"的输出端连接到这个线节点的"startpoint"，"Point.ByCoordinates 右端点"的输出端连接到这个线节点的"endpoint"，如图 11.2.12-1 所示，已经生成了四条线段。

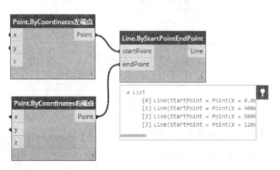

图 11.2.12-1　创建线段的节点组合

11.2.13 在左上角的搜索框输入"wall"，在列表里找到"Wall.ByCurveAndHeight"节点，功能是"由导向曲线、高度、标高和 WallType 创建 Revit 墙"，点击一次添加到工作区中，拖放到线段节点的右侧。观察这个节点的输入端，我们已经准备好的线段是要交给 curve 端口的，还有三个条件分别是墙体的高度，所在的标高和墙体的类型。在当前关于"wall"的搜索结果中，找到"Wall Types"节点，功能是"文档中所有可用墙类型"，点击一次添加到工作区中，点击其中的下拉列表，选择"常规—200mm"。关于高度，可以创建一个 Code Block 以后直接输入一个值。在搜索框里输入"level"，在列表中找到"Levels"节点，功能是"在活动文档中选择标高"，点击一次添加到工作区中。按照"Wall.ByCurveAndHeight"节点输入端的顺序，把这三个新添加的节点排好顺序，一起选中以后拖放到墙节点的左侧，如图 11.2.13-1 所示。把相应的数据都连接到墙节点的对应位置，如图 11.2.13-2 所示。

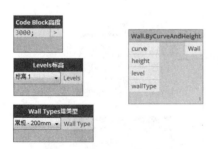

图 11.2.13-1　准备好四个节点

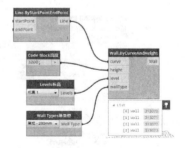

图 11.2.13-2　连接已有节点

11.2.14 回到项目文件的界面，查看结果，如图 11.2.14-1 所示。

在 Dynamo 中，找到最初添加的第一个节点，它的位置应该在当前这一堆节点的最左侧，拖动节点中的滑块，查看项目环境中墙体数量的变化是否正常。如图 11.2.14-2 所示。

426

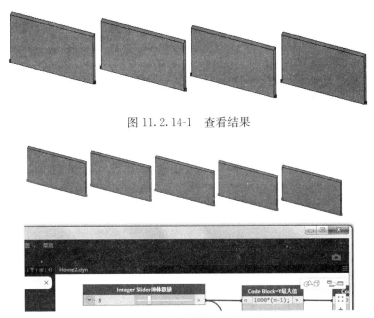

图 11.2.14-1　查看结果

图 11.2.14-2　拖动滑块检查图元的变化

11.2.15　墙体准备完毕并测试以后，开始练习用 Dynamo 的节点给它们添加覆盖颜色。要用到的第一个新节点是"Color.ByARGB"，它可以"按 Alpha、红色、绿色和蓝色分量构造颜色"，第二个新节点是"Element.OverrideColorInView"，它可以"在活动视图中覆盖颜色"，用于生成颜色，并把颜色交给项目中的 Revit 图元。在左上角的搜索框中输入"color"和"override"，可以找到这两个节点，分别单击后添加到工作区。为了看着方便，拖到整个节点网络的右侧靠下的位置，如图 11.2.15-1 所示。

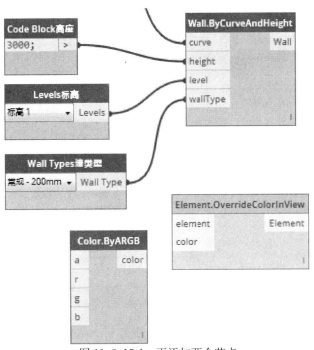

图 11.2.15-1　再添加两个节点

427

11.2.16　如图 11.2.16-1 所示，在把光标放到"Color.ByARGB"节点左侧的输入端口时，提示信息显示，所输入的值都要求是"int"整数类型。为了使每段墙体都具有不同的颜色，那么就需要在这里输入有变化的数值，而且颜色的数量与墙体的数量最好是一一对应的。同时，这四个端口能够接受的数值是有范围的，如果超过这个范围就会报错，如图 11.2.16-2 所示，要求是在 0 到 255 之间的数，包括 0 和 255。

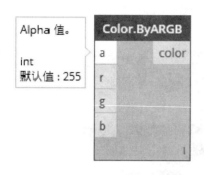

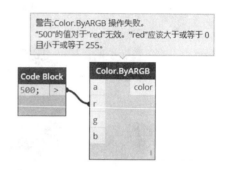

图 11.2.16-1　输入端对数据的要求　　　　图 11.2.16-2　超出允许范围以后的报错信息

在空白区域双击，创建四个 Code Block，调整它们的位置，竖向排列在"Color.ByARGB"节点的左侧。在第一个 Code Block 中输入 200，作为"Color.ByARGB"节点的 Alpha 值，第二个 Code Block 是交给 r 端口的，输入"10..250..♯n"，使最后生成的颜色中红色分量逐步增加，第三个 Code Block 是交给 g 端口的，输入"250..50..♯n"，使绿色分量逐步减少，第四个 Code Block 是交给 b 端口的，输入"60..180..♯n"，使蓝色分量的变化范围窄一些。之后把这四个 Code Block 的输出端分别连接到"Color.ByARGB"的四个输入端"a、r、g、b"，把最初的控制墙体数量的"Integer Slider 墙体数量"节点连接到三个颜色分量的"n"值端口，完成后的结果如图 11.2.16-3 所示。

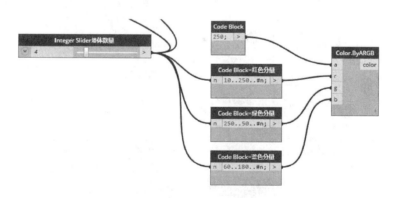

图 11.2.16-3　添加节点并连接

用前面 11.2.7 的方法，在"Color.ByARGB"节点右侧添加一个 Watch 节点，如图 11.2.16-4 所示，可以看到已经生成了四个颜色。

11.2.17　如图 11.2.17-1 所示，把"Wall.ByCurveAndHeight"节点和"Watch"节点的结果都交给"Element.OverrideColorInView"节点，切换到项目文件的三维视图，

428

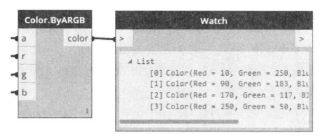

图 11.2.16-4 查看生成颜色的结果

如图 11.2.17-2 所示，查看结果。

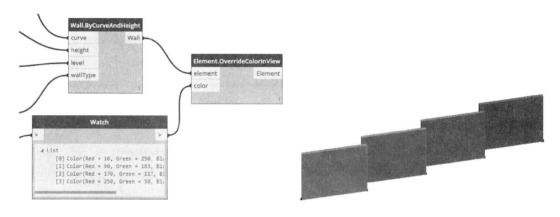

图 11.2.17-1 连接节点 　　　　　　　　　　　　　图 11.2.17-2 查看结果

拖动"Integer Slider 墙体数量"节点的滑块，调节墙体数量，如图 11.2.17-3 所示，查看项目文件中的 Revit 图元是否能够相应变化，以及颜色是否分布均匀。

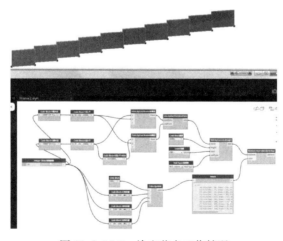

图 11.2.17-3 检查节点工作情况

11.2.18 在练习和测试过程中，注意保存文件，以保护自己的劳动成果。功能测试正常，检查无误以后，最好把各个相关节点的位置摆放整齐，便于以后的修改和调用。Dynamo 提供了"组"的功能，用于在视图中管理和操作节点。如图 11.2.18-1 所示，框选这五个节点以后，在空白区域右键单击，会弹出一个快捷菜单，单击其中的"创建组"，会生成一个带有颜色的矩形区域，如图 11.2.18-2 所示，其中包含了刚才所选择的五个节点，在这个着色区域顶部双击文字"〈单击此处编辑组标题〉"，如图 11.2.18-3 所示，可以修改组的名称，如图 11.2.18-4 所示。虽然文字提示内容是"单击"，但是经测试，双击才可以激活文字输入框。

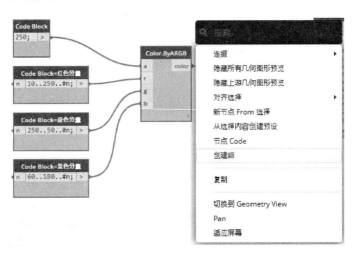

图 11.2.18-1　框选节点后的右键快捷菜单

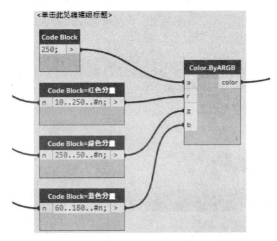

图 11.2.18-2　以着色矩形区域为标识的组

图 11.2.18-3　修改组的名称

图 11.2.18-4　修改后的名称

　　在着色区域内右键单击，弹出关于组操作的快捷菜单，如图 11.2.18-5 所示，其中可以对组的外观进行简单的设置，比如调节颜色，设置标题字体的大小。左键在着色区域按下不放开，可以整体的拖动这个组进行移动。矩形着色区域的大小，是按照组的范围内所有节点的最大外轮廓来决定的，所以在拖动组中单个节点的位置以后，可能会改变着色区域的长宽比例和大小。

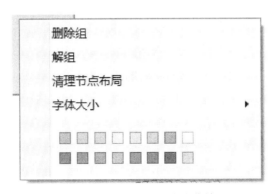

图 11.2.18-5　右键快捷菜单

11.3　莫比乌斯环

在这一节的练习中，我们将使用 Dynamo 提供的工具来制作一个莫比乌斯环。具体思路是这样的：首先在半圆形路径的节点上放置多个矩形，其次以不同的角度分别旋转这些矩形，再以旋转后的矩形来生成形状。打开 Revit 软件，新建一个概念体量文件，在功能区"附加模块"选项卡中单击 Dynamo 的图标以运行它，然后点击"文件"下的"新建"，创建一个新的 Dynamo 文件。

11.3.1　先通过半圆形的路径来创建必要的节点。在搜索框里输入"cir"，选择列表当中的"ByCenterPointRadius"，单击它一次以添加到工作区，如图 11.3.1-1 所示。观察它左侧的输入端，可以看出这个节点需要输入一个点作为圆心，以及一个数值作为半径。在不输入任何点的时候，将会默认采用原点作为圆心，所以这个端口就保持原样，不再输入其他信息。为了在生成形状之后还能够调整半径，所以使用具有滑块的 Number Slider 节点来提供半径的数值。在搜索框输入"Numb"，选择列表当中的"Number Slider"，单击它一次以添加到工作区，点击节点左侧的箭头以设置最大值、最小值和步长，如图 11.3.1-2 所示。把这个半径值交给圆形节点，如图 11.3.1-3 所示。

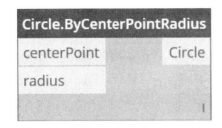

图 11.3.1-1　创建圆形的节点

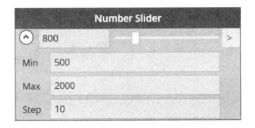

图 11.3.1-2　设置节点数据的变化范围和步长

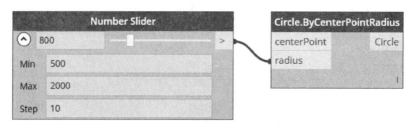

图 11.3.1-3   连接以生成一个圆形

11.3.2   在圆形路径准备好以后，开始在上面加点。Dynamo 提供了专门的工具，可以在曲线上按照"规格化曲线参数"那样的方式来添加点。但是要注意，这些点仅仅是具有三维坐标位置的点，而不会像是"参照点"那样具有方向和平面。在搜索框输入"atpa"，在节点列表中点击如图 11.3.2-1 所示的节点，其显示名称为"PointAtParameter"。查看添加到工作区的节点，如图 11.3.2-2 所示，在输入端需要两个数据：曲线和数值。因为要把这些节点均匀地分布在一个半圆形的路径上，所以对于"数值"就需要输入一个步长相等的数值列表，且最大值到最小值之间的差为 0.5。那么最简单的处理当然就是从 0 开始，以等差数列的形式变化到 0.5 为止。

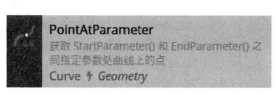

图 11.3.2-1   列表中的节点

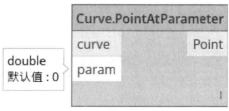

图 11.3.2-2   添加到工作区的节点

11.3.3   我们使用第二节的方法来创建一个满足这样条件的序列。双击工作区的空白位置，生成一个 Code Block，在其中输入"$0..0.5..\sharp n$"，它会变成图 11.3.3-1 所示的样子，这是因为还没有输入参数 n 的值。如果在窗口左下角把运算方式改为"手动"，那么同样的节点和同样的输入内容则不会报错，如图 11.3.3-2 中两个节点的对比。

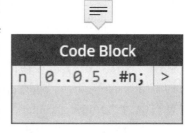

图 11.3.3-1   在自动运行模式下，因信息不足而报错的节点

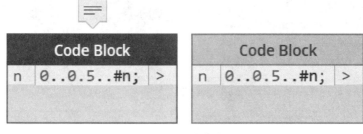

图 11.3.3-2   两个节点的对比

11.3.4 现在添加一个节点，可以输出整数类型的数据来控制 n 的值。在搜索框中输入"integ"，在节点列表中点击如图 11.3.4-1 所示的节点添加到工作区。在这个节点中设置滑块的变化范围，如图 11.3.4-2 所示，然后把它连接到第三步里添加的 Code Block。再把 Code Block 的结果连接到第二步所添加节点的"param"，第一步生成的圆形连接到该节点的"curve"，如图 11.3.4-3 所示。查看工作区的结果，如图 11.3.4-4 所示，已经有一个圆形，且在半圆范围内分布了 9 个点。

图 11.3.4-1　可输出整数的带滑块的节点

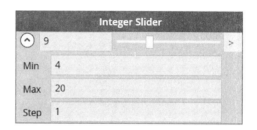

图 11.3.4-2　具有滑块的整数类型节点

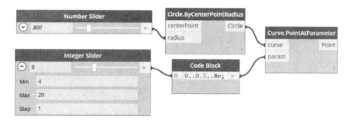

图 11.3.4-3　连接现有的五个节点

11.3.5 在节点库中 Geometry 的 Rectangle 下查看矩形的生成方式，如图 11.3.5-1 所示，适合需要的是第四个和第五个。第四个节点是根据输入的平面和长宽来生成矩形，第五个是根据输入的坐标系和长宽来生成矩形。本例中我们选择第四个，单击它一次以添加到工作区中。查看这个节点的输入端，如图 11.3.5-2 所示，它需要一个平面来定位生成矩形时的位

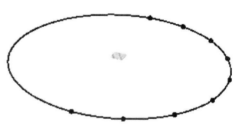

图 11.3.4-4　查看工作区中的结果

置，所以现在去寻找合适的节点来创建可用的平面。展开节点库中 Geometry 的 Plane，如图 11.3.5-3 所示，查看有哪些创建平面的形式。其中的第六个节点，看上去更简单直观一些，通过三个点来创建一个平面。因为放置矩形的平面是需要沿着半径方向通过圆心的，所以圆心算是构成平面的第一个点，在半圆路径上的点看作是第二个点，又因为放置矩形的平面是垂直于这个圆形所在的 XY 平面，所以可以考虑把路径上的点沿着 Z 轴方向向上复制一次作为第三个点。这样的三个点所生成的平面，既通过圆心和路径上的点，也垂直于圆形所在的平面，是符合要求的。单击这个节点把它添加到工作区。

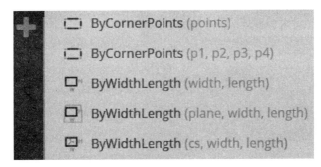

图 11.3.5-1　矩形的几种生成方式

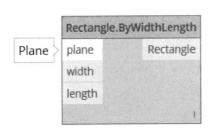

图 11.3.5-2　根据平面和长宽来生成矩形的节点

图 11.3.5-3　用于创建平面的节点

11.3.6　我们先把路径上的点沿 Z 轴方向复制出来。在搜索框输入"trans"，在节点列表中点击图 11.3.6-1 所示的节点，单击这个节点把它添加到工作区。如图 11.3.6-2 所示，把圆形上的点交给这个节点的"geometry"，双击工作区的空白位置，生成一个 Code Block，在其中输入"100"，作为点的移动距离交给这个节点的"zTranslation"。在搜索框输入"point"，在节点列表中点击图 11.3.6-3 所示的节点，添加到工作区，在不输入数据的情况下，这个节点将在原点位置生成一个点，因为现在的圆心就是在原点的位置，所以我们就直接用它来表示圆心。在工作区查看运行的结果，如图 11.3.6-4 所示，现在已经有足够的点来创建平面了。

图 11.3.6-1　按给定值在全局坐标系的方向上平移几何图形

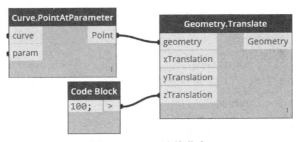

图 11.3.6-2　连接节点

434

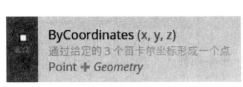

图 11.3.6-3　根据给定坐标生成点

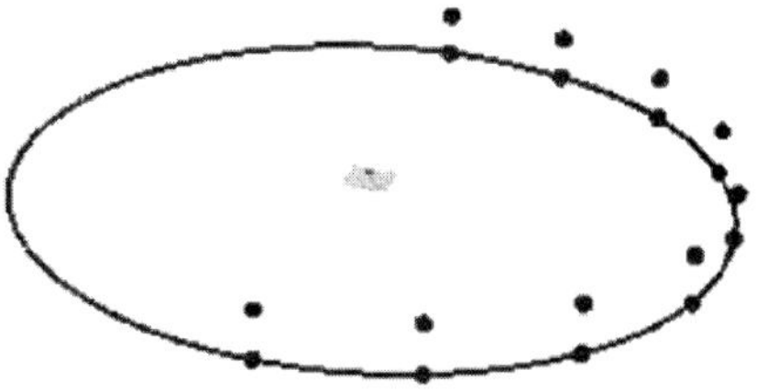

图 11.3.6-4　查看结果

11.3.7　如图 11.3.7-1 所示，连接已有的节点，这样就创建了足够的平面来放置矩形。为了能够方便地控制矩形的长宽，再以第四步的方式添加两个带有滑块的节点，把这两个节点和生成平面的节点都按照图 11.3.7-2 所示的方式连接到第五步的矩形节点上。因为 p1 的位置是所生成平面的中心，也就是之后所生成的矩形的中心，所以把圆形路径上的节点交给 p1，这样在对矩形进行角度变换时，矩形的中心会始终保持在圆形路径上。查看工作区中的运行结果，如图 11.3.7-3 所示，现在已经有了一批矩形，它们相对于 XY 平面的角度都是一样的，所以接下来要以不同的角度来对它们进行旋转。

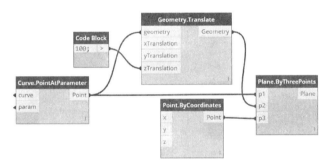

图 11.3.7-1　连接节点

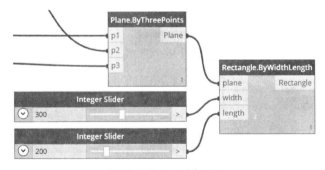

图 11.3.7-2　创建矩形

11.3.8　在工作区的空白位置双击，生成一个 Code Block，在其中输入"0..180..♯n"，并把在第四步中创建的用于控制分段数量的节点输出端连接到这个节点的输入端，如图 11.3.8-1 所示，这样就得到了一个与矩形数量相对应的均分的序列。在搜索框输入"rotate"，在节点列表选择图 11.3.8-2 所示的节

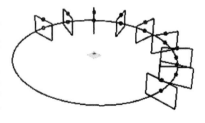

图 11.3.7-3　查看结果

435

点，单击添加到工作区中。查看这个节点，如图 11.3.8-3 所示，对于左侧输入端的三个数据，现在都已经准备好了，其中的"geometry"，当然就是那些已经放置好的矩形，"basePlane"就使用创建矩形时的那些平面，"degrees"则是本段落开始时所创建的那个序列。把这些数据连接到该节点，如图 11.3.8-4 所示的样子。为了读者观察方便，已经调整了节点在工作区的位置。

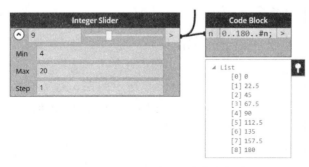

图 11.3.8-1 得到一个均分的序列

图 11.3.8-2 绕平面原点和
法线将对象旋转指定度数

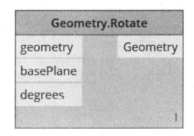

图 11.3.8-3 左侧输入端需要三个数据

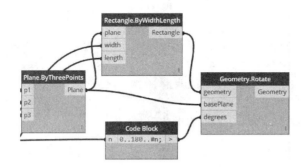

图 11.3.8-4 连接节点

11.3.9 查看工作区的运行结果，如图 11.3.9-1 所示，看上去有些乱，因为 11.3.7 和 11.3.8 生成的矩形都显示在工作区里，而我们现在是需要看到第八步的结果就可以了。在生成矩形的节点上右键单击，如图 11.3.9-2 所示，快捷菜单中默认已经勾选了"预览"，在这一行单击一次，去除对"预览"的勾选。查看工作区里图元的变化，如图 11.3.9-3 所示，现在就只有 11.3.8 里生成的旋转后的矩形了。

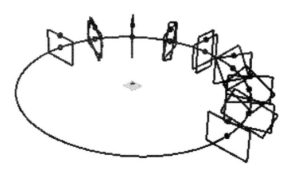

图 11.3.9-1　第八步运行后的结果

图 11.3.9-2　预览

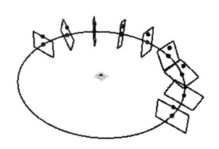

图 11.3.9-3　关闭该节点的预览属性之后，将不再显示其运行结果

11.3.10　在搜索框中输入"loft"，在节点列表里找到如图 11.3.10-1 所示的节点，单击它添加到工作区中。把前面第八步的结果交给这个节点的输入端，如图 11.3.10-2 所示，查看工作区的结果，如图 11.3.10-3 所示，已经生成了半个莫比乌斯环。我们还需要复制一个这样的形状，才能形成一个完整的莫比乌斯环。

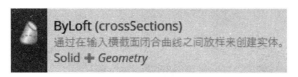

图 11.3.10-1　根据闭合曲线创建放样形状的节点

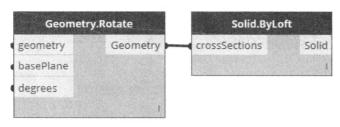

图 11.3.10-2　把旋转后的矩形交给 Loft 节点

11.3.11　可以通过旋转的方式来复制已有的放样形状。在工作区中找到刚才使用过的 Ratate 节点，按组合键"Ctrl＋C"和"Ctrl＋V"，把它复制一个，并断开这个节点与

其他节点的连接，拖放到前面第十步里 Loft 节点旁边。因为要进行水平方向的旋转，所以要为这个节点准备一个水平的平面。在搜索框里输入"XY"，在节点列表中找到如图11.3.11-1 所示的节点，单击它一次以添加到工作区中。这个节点将在 XY 平面创建一个平面，而且它的根位于原点处，也就是说与已有的半个莫比乌斯环的圆心是在同一个位置。双击工作区的空白位置，生成一个 Code Block，在其中输入"180"，这样就准备好旋转所需的三个条件了。

图 11.3.10-3　运行结果

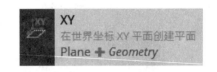

图 11.3.11-1　在 XY 平面创建一个平面

11.3.12　如图 11.3.12-1 所示，把 11.3.10 和 11.3.11 里准备的节点连接起来。查看工作区的运行结果，我们已经得到了一个完整的莫比乌斯环，而且它的主要特征都是由参数控制的。可以把第八步所生成的矩形的"预览"也关闭，如图 11.3.12-2 所示，这样查看的时候更清晰一些。双击节点的标题，可以编辑节点的名称，如图 11.3.12-3 和图11.3.12-4 所示，这样以后再打开这个文件时，寻找各节点之间的关系就会更容易一些。

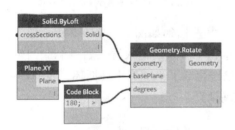

图 11.3.12-1　连接节点

图 11.3.12-2　运行结果

图 11.3.12-3　双击打开"编辑节点名称"窗口

图 11.3.12-4　修改后的样子

11.4　参控的波浪形构件

这一节我们练习如图 11.4.0-1 所示的形状，其中会用到一些关于列表（List）的操作。主要的特征都使用参数来控制，这样调整的时候会比较方便。主要思路是：对给定的路径进行均分，并在每个位置添加根据所在位置进行变化的点，处理由点组成的序列，生成多个三角形，再用这些三角形来创建形状，形状的厚度由路径和分段数量来决定。

11.4.1　打开 Revit 软件，新建一个概念体量文件，在功能区"附加模块"选项卡中单击 Dynamo 的图标以运行它，然后点击"文件"下的"新建"，创建一个新的 Dynamo 文件。先建立一个由参数控制的均分的路径。在左上角的搜索框输入"integ"，在节点列表中点击两次如图 11.4.1-1 所示的节点添加到工作区。设置这两个节点中滑块的变

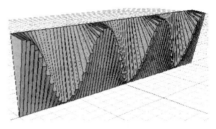

图 11.4.0-1　练习样例

化范围和步长，并修改它们的名称，如图 11.4.1-2 和图 11.4.1-3 所示。双击工作区的空白位置，在生成的 Code Block 里输入"0..W.. ♯ N"，其中的 W 代表长度，N 代表分段点的数量。不能使用"Length"作为变量名称，否则会报错，如图 11.4.1-4 所示。把准备好的前两个节点的数据交给这个节点，如图 11.4.1-5 所示，这样我们就得到了一个均分的数值序列。

图 11.4.1-1　生成整数值的滑块节点

图 11.4.1-2　设置控制长度的滑块变化范围

图 11.4.1-3　用于控制节点数量的滑块

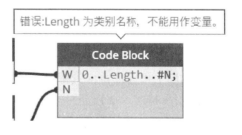

图 11.4.1-4　类别名称不能用作变量的名称

11.4.2　使用上一步的序列，再创建两个关于点的序列。在搜索框输入"point"，在节点列表中找如图 11.4.2-1 所示的节点，点击三次向工作区添加三个这样的节点。把其中的两个节点摆放到第一步中自定义节点的右侧，如图 11.4.2-2 所示，把自定义节点的

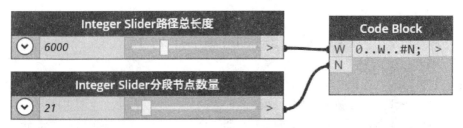

图 11.4.1-5　把准备好的数据交给这个节点

输出结果连接到这两个节点的 x 端，双击工作区的空白位置，在生成的 Code Block 里输入"3000"，连接到第二个节点的 z 端，作为这个点序列的 Z 轴方向的高度。查看工作区，如图 11.4.2-3 所示，已经可以看到这两排点了。

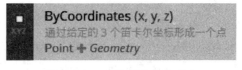

图 11.4.2-1　根据坐标生成点

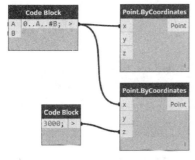

图 11.4.2-2　连接节点

图 11.4.2-3　运行结果

11.4.3　已经生成的两排点，它们的 Y 值都是相同的。为了产生起伏波动的效果，第三排点的三个坐标都要求有变化。X 值与现有的两排点是一样的，有变化的是 Y 值和 Z 值。观察本节开头的样例图像，我们用三角函数来模拟这个波动。双击工作区的空白位置，在生成的 Code Block 里输入"$0..360*RD..\#N$"，其中的 360 表示一个圆周的度数，RD 表示总共重复了几波，N 表示分段点的数量，与已有的两排点使用相同的值，如图 11.4.3-1 所示。复制一个生成整数的滑块节点，修改其名称为"循环次数"，并调整其范围，稍后将把它交给参数 RD。在搜索框输入"sin"，在节点列表中点击如图 11.4.3-2 所示的节点添加到工作区；在搜索框输入"cos"，在节点列表中点击如图 11.4.3-3 所示的节点添加到工作区。如图 11.4.3-4 所示，连接已有的这几个节点，得到两个变化的序列。

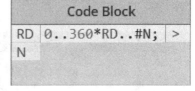

图 11.4.3-1　得到一个变化的序列

图 11.4.3-2　计算正弦的节点

图 11.4.3-3　计算余弦的节点

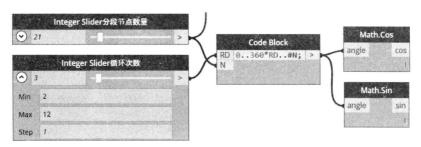

图 11.4.3-4　连接节点以得到两个序列

11.4.4　其中的余弦函数的序列，交给第三排点的 Z 值，正弦函数的序列交给第三排点的 Y 值。但是现在还不能直接的连接过去，因为它们是三角函数里正弦、余弦的计算结果，变化范围在 1 和-1 之间，所以在连接之前还需要对序列里的数据进行一次放大的操作。因为现在最高的那排的 Z 坐标是 3000，而现有两个序列的变化范围在 1 和 -1 之间，再参考本节开头的样例图，所以用于放大 Z 值的系数不能超过 1500，以免超过最高的那排点，那么就取为 1400。对于 Y 值，放大系数定为 500。双击工作区的空白位置，在生成的 Code Block 里输入"cos＊1400＋1500"，再次双击生成一个 Code Block，输入"cos＊500＋600"，然后连接各自对应的三角函数节点，如图 11.4.4-1 所示，公式中加入的第二个数值是为了避免最终结果出现负值。准备好 Z 值和 Y 值以后，把它们连接到用于第三排点的节点，如图 11.4.4-2 所示，为了便于查看，其中的节点已经重新摆放了位置并修改了名称。

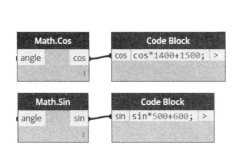

图 11.4.4-1　连接节点

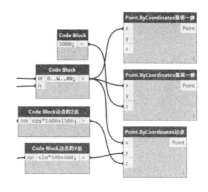

图 11.4.4-2　连接后的全部三排点

11.4.5　接下来使用这些点创建三角形。先创建一个列表，以包含这三个关于点的序列，再把列表中的行和列互相交换，使每个分段位置的三个点构成列表中的最小单元，并最后生成一个三角形。在搜索框输入"create"，在节点列表中找到如图 11.4.5-1 所示的节点，单击它一次以加入到工作区中。点击节点中的加号两次，使输入端的数量增加到三个，如图 11.4.5-2 中两个节点的对比，左侧是刚刚添加到工作区的节点，右侧是点击加号两次以后的节点。把已有的三个关于点的序列交给这个节点，运行结果如图 11.4.5-3

图 11.4.5-1　用于创建新列表的节点

所示，可以看到，已经生成了嵌套的两级列表。在搜索框输入"transp"，找到图 11.4.5-4 所示的节点，单击它一次以加入到工作区中，把图 11.4.5-3 里所生成的结果连接到这个节点的输入端。如图 11.4.5-5 所示，嵌套列表中的行和列已经发生了交换，在每个子列表中现在含有三个点。

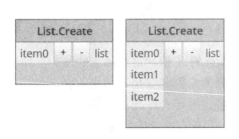

图 11.4.5-2   增加输入端的数量到三个

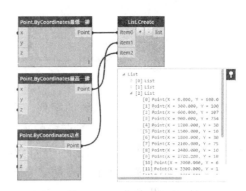

图 11.4.5-3   生成了多级列表

图 11.4.5-4   交换嵌套列表行和列的节点

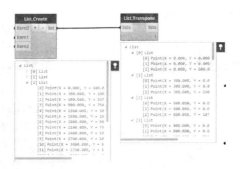

图 11.4.5-5   运行结果

11.4.6   在搜索框输入"bypoint"，在节点列表中找到图 11.4.6-1 所示的节点，单击它一次以加入到工作区中。如图 11.4.6-2 所示，这个节点的左侧有两个输入端，"points"指的是点的序列，"connectLastToFirst"是一个布尔值，指的是"是否把序列里的最后一个点连接到第一个点"，默认值是"false"，表示"否"的意思。因为我们的目的是要生成三角形，所以要在这里输入"true"才可以。在搜索框输入"bool"，在节点列表中找到如图 11.4.6-3 所示的节点，单击它一次以加入到工作区中，勾选这个节点中的"True"。现在已经准备好了生成三角形的条件，把交换行和列的结果以及这个布尔值都交给图 11.4.6-2 中的节点，连接后的结果如图 11.4.6-4 所示，已经在分段点的位置生成了三角形。

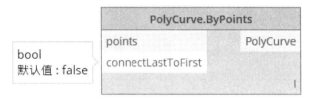

图 11.4.6-1 根据输入的点序列生成 PolyCurve 的节点

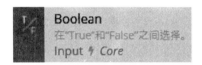

图 11.4.6-2 该节点需要输入一个布尔值

图 11.4.6-3 提供布尔值的节点

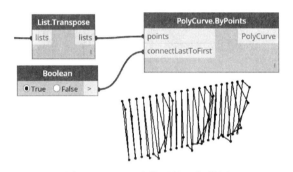

图 11.4.6-4 连接后的运行结果

11.4.7 现在可以创建实体形状了。在搜索框输入"extrude"，在节点列表中找到如图 11.4.7-1 所示的节点，单击它一次添加到工作区。查看这个节点，如图 11.4.7-2 所示，除了需要输入闭合图形以外，还需要输入一个值来决定拉伸的厚度。因为这个厚度与路径长度以及分段数量有关，所以回到最初的用于控制分段数量和长度的那两个节点，在它后面添加如图 11.4.7-3 所示的 Code Block，用于计算分段以后每段的长度。其中的"（$N-1$）"是用于根据分段点的数量来计算分段的数量。把计算后的分段长度交给如图 11.4.7-2 中节点的"distance"，把 11.4.6 中的 PolyCurve 结果交给图 11.4.7-2 中节点的"curve"，运行结果如图 11.4.7-4 所示。

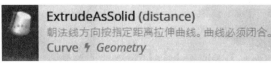

图 11.4.7-1 拉伸为实心形状的节点

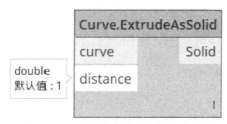

图 11.4.7-2　该节点需要的第二个条件

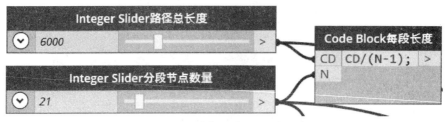

图 11.4.7-3　计算出分段后的每段长度

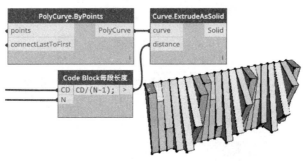

图 11.4.7-4　运行结果

11.4.8　如图 11.4.8-1 所示，增加分段数量以后，曲线的效果会明显一些。细心的读者会注意到，现在的样子和本节开头的样例图有些不一样，这是因为在计算动点坐标 Y 值的时候使用的是正弦函数的结果。如图 11.4.8-2 所示，如果把余弦的结果交给 Y 值，那么就比较相似了。也可以利用现有的节点做一些别的变化，例如图 11.4.8-3 所示的样子，通过 Loft 来得到一个流线形的结果。

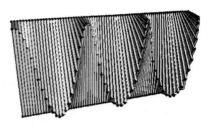

图 11.4.8-1　增加分段数量以后

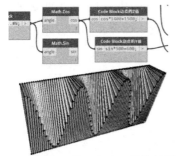

图 11.4.8-2　使用余弦函数的结果

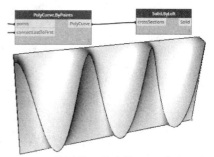

图 11.4.8-3　使用第三节中的 Loft 节点生成形状

11.5 Dynamo 中的"吸引子"

本节练习的内容类似于前面章节里提到过的报告参数，具体做法是把两个点之间的距离关联到一个圆形的半径，以及由圆形生成的拉伸形状的高度，当其中的一个点变化时，带动半径和圆柱体高度同步进行变化。我们先练习两个点和单个圆形的形式，然后再练习一个动点和一个点阵的形式。

11.5.1 打开 Revit 软件，新建一个概念体量文件，在功能区"附加模块"选项卡中单击 Dynamo 的图标以运行它，然后点击"文件"下的"新建"，创建一个新的 Dynamo 文件。在左上角的搜索框输入"integ"，在节点列表中找到如图 11.5.1-1 所示的节点，单击它一次以添加到工作区。点击节点左侧的箭头，在展开的部分设置"Max"为"20"，如图 11.5.1-2 所示。设置完毕后，按组合键"Ctrl＋C"和"Ctrl＋V"，把这个节点复制一个，复制完毕后点击节点左侧的箭头，把扩展部分收起来。在左上角的搜索框输入"point"，在节点列表中找到如图 11.5.1-3 所示的节点，单击它两次，向工作区添加两个这样的节点。在搜索框输入"from"，在节点列表中找到如图 11.5.1-4 所示的节点，单击它一次以添加到工作区。

图 11.5.1-1　生成整数值的滑块节点

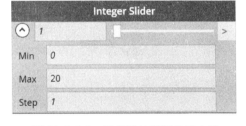

图 11.5.1-2　设置滑块范围的最大值

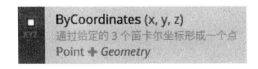

图 11.5.1-3　根据坐标生成点

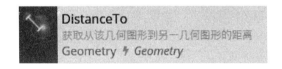

图 11.5.1-4　获得两个图形间的距离

11.5.2 现在工作区中已经有五个节点了。如图 11.5.2-1 所示，把两个滑块节点连接到坐标点的节点，再把两个坐标点的节点连接到用于测量距离的节点。为了方便检查，已经修改了部分节点的名称。其中没有输入任何值的坐标点节点，代表了全局坐标系的原点。移动光标靠近测距节点的下部，会显示出当前测量结果，因为第一个点的坐标是（1，1），所以现在的距离是大家熟悉的 2 的平方根。在搜索框输入"circle"，在节点列表中找到如图 11.5.2-2 所示的节点，单击它一次以添加到工作区。如图 11.5.2-3 所示，这个节点需要输入坐标点作为圆心，以及一个数值作为半径，在没有输入数据时将使用"1"作为默认的半径值。把动点的结果交给圆心"centerPoint"，测距的结果交给半径"radius"，连接后的结果如图 11.5.2-4 所示。

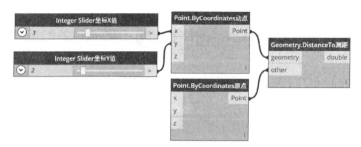

图 11.5.2-1　连接节点

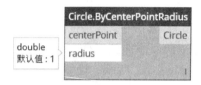

图 11.5.2-2　根据圆心和半径在 XY 平面创建圆形　　　图 11.5.2-3　根据圆心和半径
在 XY 平面创建圆形

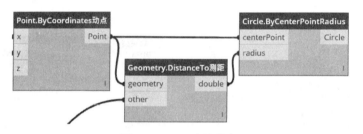

图 11.5.2-4　连接节点

11.5.3　拖动 X 值或者 Y 值节点的滑块，查看工作区中圆形的变化，如图 11.5.3-1 所示，可以看到随着动点的移动，圆形的半径也同步的在加大或者减小。因为是把两点之间的距离作为圆形的半径，所以这个圆形会始终通过原点。这是两个点和单个圆形的形式。

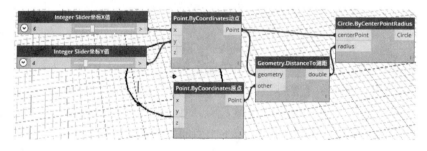

图 11.5.3-1　测试节点运行情况

11.5.4　保存这个文件为"11-5 01"，再另存为"11-5 02"。在工作区中断开动点、原点与后续节点的连接，等到布置好点阵以后，再来连接这个位置的节点以生成相应的圆形。下面开始创建点阵，在工作区的空白位置双击以创建一个 Code Block，在其中输入

"0..20..2"，生成一个步长为"2"的序列，并把这个输出结果交给"原点"节点的 X 和 Y 的输入端，如图 11.5.4-1 所示，这时的结果是一个单排的点阵，相当于边长为 20 的正方形的对角线。这时因为当前的输入值在一一配对以后，形成了"（0，0）、（2，2）、（4，4）…"这样的序列。而我们希望这个点阵是一个矩形的结果，所以还需要对这个节点的属性进行设置。先把图 11.5.4-1 中"原点"的名称改为"点阵"，双击它的标题即可修改，然后移动光标在"点阵"节点内单击鼠标右键，选择快捷菜单里面的"连缀→叉积"，如图 11.5.4-2 所示，这个选项会以最大化的方式来对列表之间的元素进行配对，或者说就是一个列表中的任意一个元素都会和另外一个列表中的每一个元素进行逐个的配对。运行结果如图 11.5.4-3 所示，已经生成了一个边长为 20 的正方形的点阵。移动光标靠近点阵节点的下部，会逐步显示现有的列表结构，如图 11.5.4-4 所示，可以看到现在的结果是一个嵌套的列表。

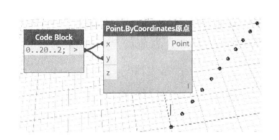

图 11.5.4-1　生成一个单排的点阵

图 11.5.4-2　修改连缀方式

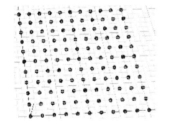

图 11.5.4-3　设置为"叉积"后的结果

图 11.5.4-4　嵌套的列表

11.5.5　在测量这些点和动点之间的距离时，我们还是希望有一个更直接易用的结果，所以需要把这个嵌套的列表转换为一个简单的结果。在搜索框输入"flatten"，找到图 11.5.5-1 所示的节点，单击一次添加到工作区中。把"点阵"的结果交给这个节点，如图 11.5.5-2 所示。现在可以重新测量距离了，如图 11.5.5-3 所示，连接现有的几个节点。目前测量到的距离还是比较大的，如果直接作为圆形的半径，那么彼此之间会有很多的交叉，看上去有点乱，如图 11.5.5-4 和图 11.5.5-5 所示。

图 11.5.5-1　把多维列表展平为一维列表

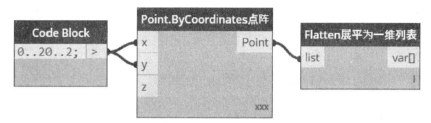

图 11.5.5-2　连接节点

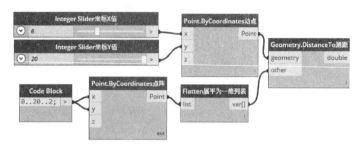

图 11.5.5-3　再次连接以测量距离

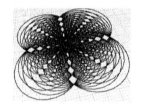

图 11.5.5-4　当动点位于中间时

图 11.5.5-5　当动点位于一角时

11.5.6　因为点阵的步长是 2，所以我们添加一个公式，把测量距离的结果转换为从 0 到 1 的范围以内。双击工作区的空白位置，添加一个 Code Block，在其中输入 "s/28.3"，其中的 28.3 是点阵对角线的粗略长度。如图 11.5.6-1 所示，把处理后的测距结果交给半径 "radius"，展平后的点阵交给圆心 "centerPoint"，查看运行后的结果，如图 11.5.6-2 所示，可以看到，距离动点越远的圆形，其半径也越大。为了让距离动点最近的圆形也能够比较明显的被观察到，远处的圆形再加大一些，把之前的公式修改为 "s/28.3∗1.25+0.2"，这样可能会产生一些重叠，但是会看得更清楚一些，如图 11.5.6-3 所示。调节 X 值或者 Y 值的滑块，查看图元的变化。

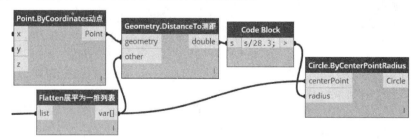

图 11.5.6-1　连接各个节点

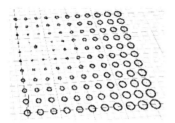

图 11.5.6-2 运行后的结果

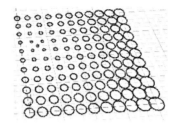

图 11.5.6-3 修改公式使效果更明显一些

11.5.7 现在可以使用这些圆形来创建圆柱体了,并把距离的远近和圆柱体的高度也关联在一起。在搜索框输入"extrude",找到图 11.5.7-1 中的节点,单击它一次添加到工作区中。如果直接使用转换后的测量距离作为圆柱体的高度,互相之间差别比较小,不方便观察,所以我们再添加一个简单的节点来把这个序列放大五倍,再交给拉伸节点的高度"distance"。双击工作区的空白位置,添加一个 Code Block,在其中输入"5 * K",然后把这几个节点按照图 11.5.7-2 所示的方式连接起来。运行以后的结果如图 11.5.7-3 所示,可以看到,随着动点的移动,圆柱体的高度和半径都在相应的变化。

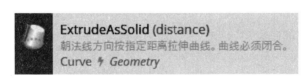

图 11.5.7-1 拉伸为实体形状

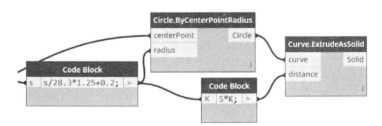

图 11.5.7-2 连接各个节点生成圆柱体

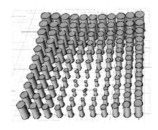

图 11.5.7-3 运行结果

Dynamo 能做的事情远不止于以上这些,它是一款专门为设计师量身打造的图形化工具,有很多奇妙而高效的功能,可以给大家的工作带来极大的便利。